H. G. L. Reichenbach

Die vollständigste Naturgeschichte der Affen

H. G. L. Reichenbach

Die vollständigste Naturgeschichte der Affen

ISBN/EAN: 9783741193439

Hergestellt in Europa, USA, Kanada, Australien, Japan

Cover: Foto ©Klaus-Uwe Gerhardt /pixelio.de

H. G. L. Reichenbach

Die vollständigste Naturgeschichte der Affen

Les singes.   The monkeys.

Die

vollständigste Naturgeschichte

der

Affen

von

H. G. L. Reichenbach

Dr. Phil. u. Medic., Hofrath u. Prof., Dir. d. K. naturhist. Museum u. bot. Garten in Dresden etc.

Hierzu ein Atlas mit 481 neuen Abbildungen.

Dresden und **Leipzig**

Expedition der vollständigsten Naturgeschichte.

Den

Manen

von

Al. v. Humboldt, Centurius Grafen Hoffmannsegg,
Etienne und Isidor Géoffroy Saint Hilaire,
Joh. Natterer,
Andreas Wagner.

Sr. Durchlaucht

des

PRINZEN MAXIMILIAN
zu Wied.

Herren

HERMANN BURMEISTER
SIR ROBERT SCHOMBURGK
JOH. JAC. von TSCHUDI

den grössten Kennern der südamerikanischen Quadrumanen

hochachtungsvoll gewidmet

vom

Verfasser.

Erste Familie.

Krallenaffen: Simiae falculatae.

Daumennagel der Hinterzehen hohlziegelförmig, Nägel aller übrigen Zehen krallenartig.

I. Jacchus Et. Géoffr. St. Hil. Seidenaffe, Saguin, Sahui, Uistiti. — L'Ouistiti. — The Marmoset. — Hapale Illig. begreift mehrere der folgenden Gattungen mit in sich. — Saguinus La Cép. Arctopithecus Géoffr. Microcebus Blainv. Schneidezähne jederseits $\frac{2}{2}$, Eckzähne $\frac{1}{1}$, Lückenzähne $\frac{2}{3}$, Mahlzähne $\frac{3}{2}$. Beide mittle obere Schneidezähne breit, abgestutzt und ausgekerbt, seitliche kleiner, verschmälert, stumpflich, untere schmal, fast walzig, mittle kürzer. Obere Eckzähne länger und breiter, dreikantig, untere schmäler und kürzer. Lückenzähne kegelförmig von aussen und innen zusammengedrückt, untere jederseits mit schwachem Höcker. Mahlzähne zweihöckerig. Schädel fast kugelig. Gesicht ziemlich flach, Winkel 60 °. Ohren ohne umgebogenen Rand, meist mit Haarbüschel. Pelz seidenartig, Haare aufrecht, dicht, dreifarbig.

a. Ohrbüschel undeutlich.

1. **J. pygmaeus** Spix Sim. Bras. 32. t. XXIV. f. 2. 1823. Der Zwerg-Seidenaffe. Ouistiti mignon. Ohren versteckt, aussen nackt, innen über den Rand hinausragend und rothgelb behaart, Pelz oben und aussen lehmgelb und schwarz melirt, dunkle Querbänder vom Rücken aus über die Seiten und Schenkel verlaufend. Pfoten rostgelb behaart. Leib 5¼", Kopf 1½", Schwanz 6". Auch bei dieser Art sind die Haare an der Wurzel schwarz, in der Mitte rothgelb, spitzewärts schwarz und weiss, 7‴ lang. Schwanz undeutlich geringelt. Prof. Spix entdeckte ihn bei Tabatinga am Ufer des Solimöens in Brasilien. Ein M. von 1845 im Pariser Museum soll aus Columbien sein und M. M. Castelnau und Deville sendeten demselben 1847 mehrere Exemplare aus Peru von Sarayacu am obern Amazonenflusse bei Ega gesammelt, wobei sich ein ganz junges, den Alten schon ganz ähnliches befindet. Hierdurch wird A. Wagner's Vermuthung, Schreb. suppl. I. 243., dass die Art nur ein junger J. penicillatus, s. no. 11—13, sei, wahrscheinlich erledigt.

2. **J. Spixii** (Midas Oedipus Var. Spix p. 30. t. XXIII.) Rchb. Kopf kurz weiss behaart, hinter den Ohren jederseits ein schwarzer Streif, Rücken, Seiten und Aussenseite der Schenkel lehmbräunlich, schwarzgebändert, Unterseite, Vorderbeine und Innenseite der Hinterschenkel nebst Hinterläufen weiss, Schwanz schwärzlich, am Grunde röthlichbraun und schwarz geringelt. Kopf 2¾", Leib 11¼''', Schwanz 1' 3½". — Prof. Spix erhielt diese Art und vermuthet, sie stamme aus Guiana. Vergl. den Oedipus oder Pinche, no. 18—20 und no. 20ᵇ. Oe. Géoffroyi.

b. Ohrbüschel weiss.

3—8. **J. vulgaris** Et. Géoffr. St. Hil. Der gemeine Seidenaffe. The Marmoset. Ouistiti vulgaire. Simia jacchus L. Hapale Jacchus Illig. prodr. 1811. Hapale leucotis Lesson Bim. et Quadr. 186. Oberflächlich aschgrau, im Winterpelz gelbgrau, meist Kopf und Hals, sowie die Querbänder über den Rücken und die Schwanzringel schwarzbraun, Ohrbüschel breit fächerartig, weiss, Gesicht blass fleischfarbig. Gewöhnlich 7—8″, auch $8\frac{1}{2}''$, Schwanz 10—13″. In voller Behaarung ist der Seidenpelz ungemein reich und weich, die Rückenhaare sind zolllang und stehen dicht aufrecht, am Grunde schwarz, gegen die Mitte rothgelb, am Ende rauchgrau mit weisslichgrauer Spitze, daher die Oberfläche weisslichgrau und rauchgrau melirt. Ein Fleck über der Nasenwurzel ist weiss und quer länglichrund, in die schwarze Stirn sich hineinziehend, der kurze Schnurrbart und die Wangenhaare sind ebenfalls weiss, der Schwanz rauchgrau und weissgrau geringelt, diese Haare ohne Rothgelb, Pfoten gelbgrau, Nägel schwarz. Gesicht wenig und sehr kurz behaart. Iris grünlichgelb. Zur Zeit der Schwanz so dick behaart, dass er walzig erscheint. Während der Härung dagegen wird der ganze Pelz gelbgrau und dünnhaarig, manche Körperstellen, insbesondere der Schwanz, fast nackt, und die Thierchen erhalten dann ein hässliches Ansehen, so wie sie Fig. 7—8 abgebildet sind. Die Figuren 3—4 stellen jüngere, die untere Figur ein ganz junges, 5—6 solche in der vollkommensten Bekleidung dar.

Scheint auf Brasilien beschränkt. Prinz Maximilian N.-W. fand ihn an der Ostküste, nicht weiter südlich, als in der Gegend der Bahia de todos os Santos, nimmt also die südlichste Grenze höchstens bis zum 14.° S. B. ein, da sie wohl nur bis zum 13.° hinabgehen. In den unmittelbaren Umgebungen der Stadt San Salvador (Bahia) kommen sie in die Pflanzungen der äusseren Wohnungen, welche am Rande der benachbarten niederen Gebüsche gelegen sind. Sie ziehen in kleinen Gesellschaften von einer oder ein paar Familien zu 3—8 Stück umher und geben beständig die fein pfeifenden Töne von sich, die man auf „uistiti“ gedeutet hat. Doch sind die Töne mehr einsylbig. Fressen Früchte, besonders Bananen, auch Insecten, Spinnen u. dergl., angeblich Fische? Sie sind den Tag über in steter Bewegung, nachts sitzen sie still, wenn sie schlafen, zusammengebogen und mit dem Schwanze bedeckt. Das Weibchen gebiert zwei, sogar drei Junge, welche, wie bei allen Affen, die Mutter zärtlich abwartet und herumträgt. Dass auch in der Gefangenschaft die Fortpflanzung geschieht, beweisen mehrere Beispiele. Schon Pallas, neue Nord. Beiträge, II. 41., berichtet, wie ein Paar dieser Thierchen in St. Petersburg beim Grafen Tscherniscref selbst bei rauher Witterung im Herbst und Frühling in ungeheiztem Zimmer gehalten wurden und seit zwei Jahren dreimal Junge geboren und glücklich aufgezogen hatten. Sie pflegten abends Schlag 6 Uhr in eine der mit Heu gefütterten Seitenhütten des Käfigs zusammenzukriechen und liessen sich erst früh 5 oder 7 Uhr wieder sehen. Selten kam ein einzelner in der Schlafzeit hervor, um etwas abzusetzen, was sie stets ausserhalb des Lagers thaten, um dies rein zu halten. Die 11—12 Tagesstunden waren sie immer mehr oder minder beweglich und ziemlich laut. Die Töne „uistiti“ hörte man besonders, wenn sie Nahrung erhielten. Wenn sie gesättigt ausruhten oder sich sonnten, so liessen die ältesten bisweilen mit weit aufgesperrtem Maule ein langes, eintöniges, höchst durchdringendes Pfeifen wiederholt hören, worin auch Scheuchen und Rufen sie nicht störte. Erblickten sie etwas Ungewöhnliches, Hunde, Krähen u. dergl., so hörte man von ihnen ein Gegacker, wie von Elstern, sie warfen dabei den Oberleib hin und her, abwechselnd auf beide Seiten guckend. Ein knarrendes oder grunzendes Schelten machten die älteren Männchen, wenn man sie ärgerte. Dabei zogen sie lange Gesichter und stotterten und suchten mit den Vorderpfoten zu kratzen und zu greifen. Auch die Jungen von diesem Sommer liessen solche Töne hören, wenn sie um Leckerbissen stritten, dann bei Misslingen einen Klageton, wie eine junge Katze. Sie nehmen, wie alle Pfotenaffen ohne vollkommenen Daumen, die Nahrung mit dem Maul und greifen nur ungeschickt mit den Vorderpfoten darnach. Grössere Bissen hielten sie, wie die Eichhörnchen, mehr mit den eingeschlagenen Fingern gegen die Handballen, als mit dem verkürzten Daumen, doch ist der der Hinterpfoten geschickter. Trinkend sassen sie auf allen Vieren, mit ausgestrecktem oder zusammengezogenem Leibe, oft wie eine Katze leckend oder mit eingetauchten Lippen. So frassen sie auch das in Milch geweichte Brot, ihre gewöhnliche Nahrung. Nach Zucker waren sie sehr begierig und nagten ihn hurtig. Ihr Beissen ist unbedeutend, geht kaum durch die Haut, auch ihr Nagen dringt nicht in das Holz ein. Nach Fliegen, Schmetterlingen und Spinnen sind sie sehr begierig. Mässig fressen sie trocknen Kuchen, Krumen von Weizen- und Roggenbrot, auch säuerliche Früchte, türkische rohe Bohnen, Erbsen u. dergl. Doch liebte Einer und der Andere, was die Uebrigen verschmähten. Sie waren gar nicht geil, wie andere Affen. Die Männchen sprützten den Harn gegen Beleidiger von sich. Dies geschah auch ohnedies früh, während sie am Käfig empor kletterten, dass sie den gelblichen, breiartigen Harn mehrere Fuss weit sprützten. Derselbe verunreinigt Alles mit einem widrigen Moschusgeruch oder ambraartigen und fauligen Gestanke, welcher der Gesundheit nachtheilig ist. — In den kalten Herbsttagen hielten sie sich im ungeheizten Zimmer am Fenster, bei wenig über dem thauenden Eis, sehr wohl und suchten nur die Sonne und wärmten sich an einem Feuerbecken am Käfig. Bei heissen Sommertagen hatten sie dagegen öfter epileptische Convulsionen erlitten. In solchem Falle kamen die Gesunden dem Kranken zu Hilfe. — Fortpflanzung. Das Weibchen verliert Blut im hitzigen Zustande, trägt drei Monate und kann zweimal im Jahre gebären. Jenes Weibchen in Petersburg hatte seit nicht ganz zwei Jahren dreimal auf jeden Wurf zwei Junge, meist Männchen, gebracht, die alle glücklich aufwuchsen und von denen nur zwei späterhin starben. Die Jungen sind in den ersten Wochen ganz kahl, die Mutter trägt sie immer umher und sie klammern sich gleich hinter den Ohren so dicht an, dass sie wie versteckt und nur Kopf und Augen sichtbar sind. Ist die Mutter ihrer überdrüssig, so reisst sie sie los und wirft sie dem Männchen um den Hals oder schlägt und zankt auf dieses, bis es die Jungen aufnimmt. Wenn diesen die Haare gewachsen sind, so sucht die Mutter sie etwa nach 4—6 Wochen zu entwöhnen und schützt sie nicht mehr vor ihren erwachsenen Brüdern, die bisweilen mit ihnen streiten, so dass manches Exemplar beinahe erwürgt wird. — Auch Fr. Cuvier giebt einen interessanten Bericht über die Fortpflanzung der Ouistiti's in seinem Prachtwerke „Mammiféres". Im September begatteten sie sich und das Weibchen gebar am folgenden 27. April drei Junge, ein M. und zwei W. Die Begattung hatte fast bis zur Geburt fortgedauert, so dass die Zeit der Trächtigkeit schwer zu bestimmen war. Die Jungen wurden mit offenen Augen und sehr kurzem grauem Flaumhaar geboren, auf dem Schwanze kaum sichtbar. Sie klammerten sich bald um den Hals der Mutter und versteckten sich in deren Pelz. War das Weibchen der Abwartung der Kleinen müde, so liess es einen sanften Klageton gegen das Männchen hören und dieses übernahm sie unter den Bauch oder auf den Rücken, wo sie sich anhielten, und trug sie so lange, bis sie das Bedürfniss zum Saugen empfanden und das Männchen sie wieder zum Weibchen zurückführte. So wechselten diese Scenen öfter. Das Männchen zeigte fast noch mehr Zärtlichkeit für die Jungen. Schon bevor diese zu saugen begannen, biss sie einem den Kopf ab, das zweite starb nach einem Monat und das dritte Mitte Juni. Von den ersten Tagen dieses Monats hatte die Begattung wieder begonnen und die Milch blieb weg. Unsere Fig. 3 zeigt das Junge 27 Tage alt. Der Kopf der Jungen ist verhältnissmässig grösser, der ganze Pelz fast einfarbig schwarzgrau, so dass alle weissen Haarspitzen noch fehlen. Der Character der Ouistiti's ist misstrauisch, daher sind sie aufmerksam auf Alles, was um sie herum vorgeht, gewöhnen sich auch nicht eigentlich an Personen, welche sie pflegen, sondern drohen immer mit ihren kleinen Bissen, da sie fast immer aufgeregt sind. Furchtsam suchen sie mit einem durchdringenden Schrei sich zu verkriechen. Ihre Behendigkeit im Klettern steht eigentlich der der Eichhörnchen nach. — Die Quelle von der Angabe, dass sie auch Fische fressen, scheint mir sich bei Edwards gleanings V. zu finden, wo zu pl. 218. p. 17 gesagt wird, dass Mad. Kennon das abgebildete Exemplar besessen, das eines Tages entfesselt sich auf einen chinesischen Goldfisch geworfen, ihn getödtet und aufgefressen habe. — Dafür, dass die Ouistiti's viel Kälte ertragen, gebe ich noch die eigene Erfahrung, dass mir vor einigen Jahren aus einer während eines sehr kalten Winters hier anwesenden Menagerie im Januar ein Ouistiti todt zum Ausstopfen zugesendet wurde. Derselbe war steifgefroren, lebte aber alsbald in der warmen Stube wieder auf, indem er zuerst mit den Hinterfüssen zuckte, dann leicht zu athmen begann und nach und nach wieder alle Bewegungen übte, so dass er nach zwei Stunden der Besitzerin als ihr wiedererwachter Liebling zurückgegeben werden konnte. Mehrere Personen sind bei diesem Vorfalle Zeugen gewesen.

1*

8ᵇ. **J. humeralifer** Eт. Géoffr. Sт. H. Desm. Weissschulter. Seidenaffe.
Ouistiti à camail. Sim. — a Humb. Hapale — Kuhl. H. leucotis age fort avancé? Less.
189. Kastanienbraun, Schwanz leicht grau geringelt, Schultern, Brust und Arme weiss,
Gesicht weiss, hellbraun umzogen, Schenkel braun, weiss punctirt, Ohrbüschel weiss. — Brasilien. Pariser Museum.

9. **J. albicollis** Spix p. 38. t. XXV. Der weisshalsige Seidenaffe.
L'Ouistiti à pinceaux et hausse-col blancs. Die langen Ohrbüschel, Hinterkopf, Genick und
Hals weiss, Vorderkopf schwarzbraun, sonst wie voriger. Nägel braun. Kopf 2¼″, Leib 10″,
Schwanz 11″. — In Wäldern um die Stadt Bahia in Brasilien: Spix. Bei einem jungen
Exemplar im Pariser Museum ist der Hals oben grau.

14. 15. **J. auritus** Eт. Géoffr. Sт. H. Weissöhriger Seidenaffe, l'Ouistiti
Oreillard, the white-eared Marmoset. Sim. aurita Humb. Hapale auritus Kuhl.
H. leucotis age moyen? Less. 188. Kopf und Brust und ganze Unterseite, auch der Gliedmaassen und Bart rings um das blasse Gesicht schwarz, nur die Stirnbehaarung und Ohrbüschel weiss. Schwanz schwarz und silbergrau schimmernd geringelt. Pfoten braun mit
einzelnen graubraun schimmernden Haaren. Unter dem untern Augenlied und an den Lippen-
seiten weisse Härchen, Scheitelhaar schwarz, gelbbraun gespitzt, Rücken gelbbraun, Haare
unten schwarz, endwärts sichtbar kurz gelbbraun, dann eine lange, feine, schwarze Seiden-
haarspitze. Ich messe: 9½″, Schwanz 1′. Das Schwarz scheint mit dem Alter zuzunehmen,
daher an jungen Thieren wohl auch die Gliedmaassen braun sind. Mr. Lesson's Ansicht
wird Niemand theilen. — Brasilien.

c. Ohrbüschel schwarz.

10. **J. trigonifer** Rchb. Der Seidenaffe mit weissem Nasenrücken.
Der weisse Stirnfleck über dem Nasenrücken bis zur Nasenspitze herabziehend. Kopf, Hals,
Brust und Ohrbüschel schwarz, übriger Pelz graulichweiss, Haare in der Mitte mehr hellgelb (als dunkel rothgelb), Pfoten gelblichgrau, Schwanz schwarz, mit 22 weisslichen Ringen.
Der schwarze Ohrpinsel aufgelöst und an den Wangen herabziehend. Nägel schwarz, Iris
grünlichgelb. Länge 8¼″, Schwanz 9¼″. Noch unbekannt, aus welchem District Brasiliens
diese hier gestorbene Art herstammt. Dresdner Museum.

11—13. **J. penicillatus** Eт. Géoffr. Sт. H. Der Schwarzpinsel-Seiden-
affe, l'Ouistiti à pinceau noir. The Gnick Gnick or black-eared Marmoset. Sim.
penicillata Humb. Hapale penicillata A. Wagn. Mico in Minas Geraës, Sahuin bei Bahia.
Der weisse Stirnfleck ist über der Nasenwurzel, die schwarzen Ohrbüschel lang, pinselförmig.
Das Kinn im Alter schwarzbärtig, wie Figur 12. Pelz wie bei dem gemeinen Seidenaffen,
auch zur Härungszeit gelbgrau, wie Fig. 11. Ich messe: Länge 8″ 5‴, Schwanz 13″ 7‴. —
9″, Schwanz 12″. Burmeister. — Brasilien, an der Ostküste südlich 14—17° S. B. Prinz
Maximilian N.-W. fand ihn zwar nur am Belmonte und nördlich bis in den Sertam von
Ilhéos oder des Rio Chachoeira, aber Prof. Spix auch in der Provinz Geraës, von wo er bis
Rio Janeiro hinabgehen soll. Burmeister traf ihn zuerst auf den weiten Campos-Flächen
westlich von Rio das Belhas hinter Santa Luzia, er sass auf einem horizontalen Aste einer
Baumkrone einsam und ruhig, liess dicht ankommen, weil es regnete, entwischte aber doch.
Ein W., das er längere Zeit in Congonhas hielt, war anfangs sehr furchtsam, sass unbeweg-
lich in einer dunkeln Ecke und rührte sich nur, wenn Niemand im Zimmer war, später
wurde es zutraulicher. Bei Störung winselte und zwitscherte es. Frass gekochten Reis und
Mais, erhielt von Früchten (im October) nur Bananen. Wird aus Minas nach Rio de Janeiro
gebracht und da als Liebling theuer bezahlt.

14—15. s. oben nach 9.

16. **J. leucocephalus** Eт. Géoffr. Sт. H. Der weissköpfige Seidenaffe,
l'Ouistiti à tête blanche, white-headed Marmoset. Hapale leucocephalus Kuhl.
— a Wagl. H. melanotis vieillesse Less. 191. Sim. Géoffroyi Humb. obs. I. 360. n. 37.
Gesicht fleischfarbig, Pelz rothgelb, Kopf, Hals und Brust weiss, der sehr lange Ohrbüschel
und ein Kragenstreif unter dem weissen Genick schwarz. Gliedmaassen aussen mit schwarzen

Haaren und weisslichen Punkten gemischt, innerseits weiss, Schwanz braun und grau geringelt. Dieser Affe wird von Géoffroy Ann. Mus. XIX. 119. im J. 1812 zum erstenmale, dann von Desmarest Mamm. f. 93. ausführlicher beschrieben. Er sagt ausdrücklich: Gesicht fleischfarbig, nackt, ein Haarbüschel vor, der andere hintere hinter den Ohren, — ein schwarzbrauner Fleck oben auf dem Rücken verlängert sich über die Oberarme und verfliesst mit der Farbe der Unterseite des Körpers und der Innenseite der Gliedmaassen, übriger Rücken rothgelb. Seiten des Rumpfes und der Gliedmaassen meist mit schwarzbraunen, unrein weiss gespitzten Haaren bedeckt, Pfoten rein braun. Damit stimmt die Abbildung überein, welche A. Wagner in Schreb. Säugeth. t. XXXIII. B. gegeben hat. — Brasilien.

17. **J. Maximiliani** Rchb. Hapale leucocephala Max. N.-W. Beitr. II. p. 135. Abbild. Gesicht graubräunlich, vor dem obern Theile des Ohres ein langer, schwarzer Haarbüschel, Haare vor und um die Ohren herum, Scheitel, Hinterhals, Schultern und Oberrücken schwarz, Unterhals blassgraubräunlich, Mittel- und Unterrücken, Seiten, Schwanz, Arme und äussere Seite der Beine schwarz mit langen, weisslichen Haarspitzen, aber überall stark rostroth durchschimmernd. Rücken- und Seitenhaare über zolllang, dunkelgrau, dann breit rostroth, nachher schwarz, weisslich gespitzt. Pfoten schwärzlich, Bauch braunschwärzlich, Nägel schwarzbraun. Länge 7" 9''', Schwanz 13" 1¼'''. Ostküste Brasiliens, 20—21º S. B. In den Wäldern des Espirito Santo, besonders in den Vorgebüschen aus Conocarpus und Avicennia, Allagoptera pumila u. a. bestehend. Fressen Früchte und Insecten.

II. Oedipomidas Rchb. Der Pinche. Schneidezähne klein, stumpf und gleichlang. Gesicht stark gewölbt, fast nackt, an der Nasenwurzel zwischen den Augen kurz und angedrückt behaart. Kopfhaare sehr lang, über die Stirnmitte weit vortretend, vom Hinterhaupt ringsum herabhängend, Stirnseiten und die abgerundeten Ohren ganz nackt. Pelz weich, gestriegelt. Schwanz ungeringelt.

18—20. **Oe. Oedipus** (Simia — Linn.) Rchb. Le Pinche (Name in Maynas.) Buff. The Pinche Penn. Midas Oedipus Géoffr. Hapale — Kuhl. Oedipus titi Lesson 197*). Gesicht und Ohren schwarz, Pelz erdbraun (Haare am Grunde graulich, spitzewärts dreimal hellbraun und dazwischen durchscheinend breit geringelt), das mähnenartige Kopfhaar, ganze Unterseite und Gliedmaassen weiss. Schwanz vom Grunde aus kastanienbraun, dann schwarzbraun. Nägel schwarz. — Ich messe: 10¼", Schwanzruthe 14¾", mit den Haaren 15¼". — The little lion Monkey, le petit Singe-Lion à tête grise Edwards IV. 195—96. pl. 195. aus Vera Crux, im Besitz der Countess of Suffolk, copirt bei Buffon XV. t. XVIII. Schreber t. XXXIV. — Pennant gen. hist. 477. Audebert VI. 2. 1. Fr. Cuv. mamif. II. 1829. — Lebt in Guiana und Columbia. — Edwards gab a. a. O. die erste Abbildung und Beschreibung der Art, dann Brisson règne anim. 210. n. 28. le petit Singe du Mexique, und A. v. Humboldt Recueil d'obs. 337. le Titi de Carthagene. Er wird nur selten nach Europa gebracht und macht seinen Besitzern wenig Freude, denn er ist immer grämlich und hält sich fast den ganzen Tag über, wie die Nachtaffen, verborgen. Am zweckmässigsten giebt man ihm ein Stück hohlen Baum oder Ast und Laub oder Heu, damit er sich einen Aufenthalt bereiten kann, welcher dem in seinem Vaterlande möglichst gleichkommt. Von einem Pärchen, das ich lebendig sah, starb ein Exemplar sehr bald durch den Einfluss zu grosser Sonnenhitze. Man muss nie vergessen, dass auch die tropischen Thiere der Tageshitze sich niemals unmittelbar aussetzen, und am allerwenigsten thun dies die nächtlichen Arten.

20ᵇ. **Oe. Géoffroyi** (Hapale—Pucheran Rev. zoolog. 1845. 336.) Rchb. Géoffroy's Pinche. Tamarin de Géoffroy. Midas Géoffroyi Is. Géoffr. Catal. Meth. p. 63. 4. Gesicht und Kopf ganz weisslich behaart, die Haare auf der Kopfmitte länger, einen Längsfleck bildend, Genick und Oberhals kastanienröthlich, Oberrücken und Seiten, Aussenseite der obern Mitte der Arme und Hüften schwarz, hier und da blond. Schwanz an der Wurzel abwechselnd schwarz und purpurroth, übrigens schwarz. Dem Oedipus nahestehend, aber ohne die weisse Mähne, und die Aussenseite der Arme und Hüften anders gefärbt; dann mit röthlichem Genick und Oberhals und geringerer Verbreitung des Roth am Schwanze, der

---

*) Oedipus ist als Gattungsname von Tschudi bereits für eine Amphibie vergeben.

nicht einfarbig ist. Isthmus von Panama. Wir erfahren durch Mr. Is. Géoffroy, dass das Originalexemplar durch Mr. Courtine 1845 der Menagerie lebendig verehrt wurde und sich seitdem im Museum befindet. Pucheran wie Mr. Is. Géoffroy, welcher Archives du Museum V. 579. unter dem Artikel Midas Géoffroy, le Tamarin Géoffroy, dies Alles wiederholt; haben Anstand genommen, Midas Oedipus var. Spix t. XXIII. hierher zu citiren, da seine Abbildung und Beschreibung einzig in der Beschreibung der Schwanzbasis übereinstimmt, in allem Uebrigen widerspricht, weshalb wir, um weitere Beobachtungen zu veranlassen, beide nach ihren Quellen gesondert zu geben, die Pflicht haben.

III. Mico Ulloa voy. I. 50. Silberäffchen. Gesicht flach und von kurzer Behaarung umgrenzt, mit Backen- und Kinnbart. Ohren klein, nackt oder gewimpert. Schwanz (ungeringelt) lang und dünn.

21—22. **M. argentatus** Lesson p. 192. Eigentliches Silberäffchen. Gesicht und Ohren lebhaft fleischfarbig, Pelz silberweisslich, Schwanz weissschwärzlich. — Le Mico Buffon XV. pl. 18. pl. col. Simia argentata L. Callithrix argentata Erxleb. Sagouin argentatus Shaw. general zool. I. pl. 26. nat. misc. XVIII. pl. 767 u. 774 b. Auder. les singes VI. 2. 2. Cebus canus Blainv. Midas argentatus Voigt. Variirt nach der Angabe von Condamine blond und sogar schwarzgefleckt, nach Dauventon, Buffon XIV. 158. pl. 456. f. 2. graulichweiss, über den ganzen Körper gelblich angelaufen, schwarzkastanienbraun oder schwärzlich. Die schwarzschwänzige Abart beschreibt A. v. Humboldt als Simia melanura obs. zool. I. 360. u. 39. Dunkelbraun, mit schwarzem Schwanz, auch Gesicht und Hände sind hier braun. Jacchus melanurus Géoffr. und Desm. und Hapale melanurus Kuhl. —a Wagn. Midas melanurus Is. Géoffr. 10 leçon stenogr. 36. Diese Form ist die ursprüngliche und der Mico argentatus (s. argentata Linn.) mit weissem Schwanz eigentlich nur der Albinos-Zustand der Art. Indessen ist dieser älteste Name beizubehalten und der später gegebene würde diese Form sogar ausschliessen. Brasilien, Provinz Para. Bolivia, Provinz von Santa Cruz: D'Orbigny. — Der in den Landschaften Orenoco und Gumilla gebräuchliche Name ist später von seiner unbestimmten Bedeutung für kleine, langschwänzige Affen auf diese Art übergetragen worden. De la Condamine hatte ihn vom Gouverneur von Para geschenkt erhalten. Ohren, Wangen und Maul waren lebhaft scharlachroth. Er hielt sich über ein Jahr lebendig in der Gefangenschaft, starb aber auf der Ueberfahrt noch im Angesicht der französischen Küsten. Es ist mir nicht bekannt, ob man ihn lebendig nach Europa gebracht hat, aber in mehreren Sammlungen existirt er und hier sind Exemplare im Museum bei der Revolution 1849 mit verbrannt.

23. **M. chrysoleucus** (Midas -- Natterer Mus Vindob.) Rchb. Weiss, Gesicht fleischfarbig, Ohren hinterseits lang gewimpert, Pfoten und Schwanz zart röthlichgelb. — Brasilien: Natterer. Das Exemplar befindet sich im K. K. Hofnaturalien-Cabinet und die schöne Abbildung verdanke ich Herrn T. F. Zimmermann in Wien.

IV. Leontopithecus Lesson p. 200 ex p. Löwenäffchen. Gesicht nackt, der ganze Kopf und Hals bis über die Vorderglieder mit sehr langer, anliegender Mähne bedeckt. Schwanz körperlang, dünn, am Ende zottig.

24. **L. leoninus** (Simia - a, Leoncito de Mocoa A. v. Humboldt recueil d'obs. zool. I. 14. pl. 5.) Rchb. Midas leoninus Géoffr. Jacchus — Desm. Leontop. fuscus Lesson p. 202. Humboldt's Löwenäffchen. Olivenbräunlich, Gesicht an der obern Hälfte schwarz, um Nase und Mund weisslich, die sehr lange, anliegende Mähne (nach der Abbildung) ochergelb, Pelz bräunlich olivenfarbig, Haare schwarz geringelt. Rücken weisslichgelb gefleckt und gestrichelt, Schwanz oberseits schwarz, unterseits leberbraun, an der Spitze gekrümmt und dicker. Pfoten ganz schwarz, unterseits nackt, Daumen überall entfernt stehend. Nägel schwarz. Länge 7—8 Zoll, Schwanz so lang als Leib. A. v. Humboldt erhielt dies Aeffchen aus den Waldebenen von Mocoa, während seines Aufenthaltes in Popayan entwarf er die Zeichnung nach dem Leben, die Mr. Turpin in Paris weiter ausführte. Die kupferfarbigen Einwohner berichteten, das Thierchen bewohne die Ebene, welche, südlich vom See von Sebondoy in dem Bisthum Popayan, den östlichen Abfall der Cordilleren begrenzt, die

heissen, aber fruchtbaren Ufer des Putumayo und Caqueta zwischen 0⁰ 15′ und 1⁰ 25′ N. B.
Er steigt nie in die mildern kühlern Berggegenden. A. v. Humboldt sagt: „er ist eins
der schönsten feingebildetsten Thiere, die ich je gesehen. Er ist lebhaft, fröhlich, gern
spielend, aber, wie fast alles Kleine in der Thierschöpfung, hämisch und zu schnellem Zorne
geneigt. Wenn man ihn reizt, so schwillt ihm sichtbar der Hals, dessen lockere Haare
sich sträuben, wodurch dann die Aehnlichkeit mit dem afrikanischen Löwen sehr vermehrt
wird. Ich habe nur zwei Individuen dieser Art selbst beobachten können. Diese waren
auch die ersten, welche man je lebendig über den Rücken der Andeskette in die westlichen
Länder gebracht hatte. Man bewahrte sie, ihrer Wildheit wegen, in einem grossen Käfig.
Sie blieben in so ununterbrochener Bewegung, dass ich lange Zeit brauchte, ihre characte-
ristischen Kennzeichen genau aufzufassen. Ihre bald zwitschernde, bald pfeifende Stimme
gleicht der von S. Oedipus, daher ich vermuthe, dass die Structur des Kehlkopfes dieselbe
sein mag. Man hat mich versichert, dass in den Hütten der Indianer von Mocoa der zahme
Löwenaffe sich fortpflanze, während dies andere Affenarten in den Tropenländern eben so
selten als in Europa thun. — Um sich diese und andere seltene südamerikanische Affen
in Europa zu verschaffen, müsste man sie nicht erst über die Cordilleren führen, sondern
an dem östlichen Gebirgs-Abfalle selbst, auf den Flüssen einschiffen. Wollte irgend ein
Staat eine Expedition unternehmen, in der das Interesse der Naturkunde dem der geographischen Entdeckungen nicht untergeordnet wäre: so müsste derselbe flache Böte oder
Canoes den Orinoco aufwärts durch den Cassiquiare und Rio Negro nach dem Amazonenflusse senden; diese letzteren gegen Westen, bis zu den Mündungen des Putumayo und
Caqueta hin beschiffen und an der Katarakte von Manseriche umkehrend, die mit Natur-
producten beladenen Fahrzeuge den ganzen Amazonenfluss bis zu seiner Mündung abwärts
segeln lassen. Ein solches Unternehmen wäre für die Gesundheit der Mitreisenden allerdings
sehr gefahrvoll, aber es ist wenig kostbar, verspricht eine sichere Ausführung und würde
die europäischen Museen mehr bereichern, als die sogenannten Weltumsegelungen, auf denen
man nur Küsten untersucht und von dem Gesammelten den grössten Theil wiederum ein-
büsst." — Lesson p. 208. hat die Ansicht, dass Midas labiatus (siehe diesen) das junge
Löwenäffchen sei, hat indessen darin doch wohl unrecht, da von dieser Art so viele übereinstimmende Exemplare in verschiedener Grösse existiren. — L. leoninus befindet sich im
Museum zu Frankfurt a. M., zwei Exemplare in Bremen bei Dr. Albers: Kuhl.

V. Marikina Père d'Abbeville mission p. 252. Marikina. Stirn kurz behaart,
Gesicht übrigens nackt, ringsum sehr lang bemähnt, Mähne aufrichtbar, auf der Stirnmitte
sich scheidend, aufrecht stehend und das Gesicht wie ein herzförmiger Schleier umgebend,
die nackten, nur auswendig behaarten Ohren ganz versteckend. Schwanz lang, dünn und
gleich, Zehen sehr lang, an den Hinterpfoten die dritte und vierte am ersten Gliede ziemlich
verwachsen, Daumen an allen Pfoten sehr verkümmert, an den hintern deutlicher und mit
hohlkehligem Nagel. Die vier Backzähne mit platter Krone, der fünfte falsche, neben dem
Eckzahn ist einhöckerig.

25—27. **M. Rosalia** (Sim. — Linn.) Schreb. t. XXXV. Rehb. Der blonde
Marikina. Callithrix Rosalia Erxl. Midas — Géoffr. Jacchus — Desm. Hapale — Kuhl.
Simia leonina Shaw gen. zool. I. pl. 25. nat. misc. XXIV. pl. 1036. — Le Marikina Bonat.
Buff. XIV. pl. 16. col. 263. Audebert sect. 2. pl. 3. f. 6. Marikina Aurore, Leontopithecus
Marikina Lesson. Gesicht bleigraulich, Mähne und Pelz gelbblond, an der Mähne und den
Obertheilen vorzüglich goldschimmernd, hinterwärts blasser, Pfoten goldbraun schimmernd,
Schwanz rothgelb, vor der Spitze schwärzlich, Iris gelbröthlichbraun, Nägel braun. — Ich
messe 9¼″; Schwanz 12″, das Haar über die Schwanzruthe hinaus noch 1¾″. — Der Name
Marikina stammt ursprünglich aus Maragnon her, in Cajenne sagt man zufolge Barrère's
France Aequin 151. Angabe: „Acarima", im Fall nicht vielmehr, wie ich aus den Worten
„dilute olivaceus" vermuthe, der Leontopithecus damit gemeint ist. — Brisson règne
animal 200. giebt von diesem Aeffchen nach einem Exemplare, welches Madame Pompadour
besass, unter dem Namen Singe-lion die erste Nachricht. Pennant's silky Monkey, Synops.
of Quadrup. 1771. 183. pl. XV. u. 101. ist dieselbe Art. Buffon beschreibt ausführlich
Aeusseres und Inneres, und Fr. Cuvier giebt 1818 Nachricht von einem, wie es scheint,

jüngeren Exemplar, 7″ 6‴ lang, welches Mr. Guebhard aus Brasilien an den Jardin du Roi gesendet hatte. Der Schwanz ist an der Abbildung, wie schon Max. Pr. N.-W. bemerkt, fälschlich zweizeilig dargestellt. — Sie leben am liebsten paarweise und müssen sehr reinlich gehalten werden. Gegen Kälte sind sie bei sicherm Versteck weit weniger empfindlich, als gegen schnellen Wechsel der Witterung und unmittelbar einwirkende Sonnenhitze. Ein Exemplar, welches ich sah, starb sehr bald plötzlich während grosser Hitze und die Section zeigte die Symptome des Sonnenstiches deutlich. Schon Buffon berichtet, dass diese Art dasselbe Betragen, die nämliche Lebhaftigkeit und die nämlichen Neigungen wie die Saguins hat, aber kräftiger im Temperament sei, denn er habe ein Exemplar gesehen, das in Paris fünf bis sechs Jahre lebte, mit dem weiter keine Umstände gemacht wurden, als dass es den Winter über in einer täglich geheizten Kammer gehalten wurde. Ihr Ton bei Furcht ist ein leises Pfeifen, sie nehmen gern Liebkosungen an, ohne aber im Geringsten sie zu erwiedern. Sie lernen gewisse Personen kennen und vorziehen und ihnen vertrauen, während sie, wie die meisten Thiere thun, vor anderen fliehen und gegen sie misstrauisch bleiben und ihnen zähnefletschend drohen. In jedem Affect richten sie die das Gesicht umgebende Mähne empor. Bei ihrer Schwäche schützen sie sich vor Angriffen nur durch die Flucht in ihre Höhlen. Sie halten sich, so lange sie wachen, am liebsten in der Höhe des Käfigs und steigen oft nur ungern herab. Von Zeit zu Zeit lassen sie ein sanftes und hohlklingendes Pfeifen hören, als ob sie sich langweilten. Sie fressen mit dem Munde sowohl, als aus den Pfoten und trinken schlürfend. Sie nehmen etwa an Volumen so viel als eine Wallnuss Nahrung zu sich. Sie klettern nicht mit den Krallen, sondern drücken den kurzen Daumen wie Siebenschläfer und Eichhörnchen an. Eine Erhebung auf die Hinterbeine dürfte wohl bei allen Affen dieser Verwandtschaft eine sehr ungewöhnliche, kaum mögliche sein, sie sitzen nur wie Eichhörnchen und stützen sich wenigstens ganz auf die hintern Läufe. Frisst Früchte und Insecten, in der Gefangenschaft auch von Zeit zu Zeit Semmel in Milch. Brasilien, nach Max. Pr. N.-W. in den grossen Wäldern der Gegend von Rio de Janeiro, Capo Frio, S. João u. s. w. nicht weit nördlich, am Parahyba schon weit mehr, also an der Ostküste nur 22′—23° S. B., angeblich auch in Guiana, doch erwähnt ihn weder Schomburgk, noch v. Sack in seiner Reise nach Surinam I. 208. als einheimisch. Er kommt nur einzeln oder als Familie vor, besonders in der Serra de Inuá, im Walde von S. João und in den Bergwäldern um Pouta Negra und Gurapina. Bewohnt die Gebüsche der Sandebenen, wie die hohen gebirgigen Wälder und verbirgt sich vorzüglich gern in den belaubten Baumkronen. Sie sind im Vaterlande unter dem Namen Sahuin vermelho sehr bekannt und werden als Lieblinge in den Häusern gehalten. Die Varietät mit weissem Leib, Fig. 25, mag seltener vorkommen. Der Schwanz ist bald ein-, bald zweifarbig.

28. **M. chrysomelas** (Midas — Kuhl. p. 51. Jacchus — Desmar. 95. n. 105.) Rchb. Der schwarze Marikina. Le Sahui noir. Hapale — Max. N.-W. Beitr. II. 153. Abb. Liefer. II. Schwarz, Gesichtskreismähne und Vorderarme rostroth, Stirn hellgelb, ein ähnlicher Streif über die Oberseite bis über die Mitte des Schwanzes. — Länge 8″ 8‴, Schwanz 11″ 11‴, der dünne Haarbüschel noch 1″ 4‴. — Gesicht klein, aus dunkelgrau röthlichbraun, Iris dunkelgraubraun, Geschlechtstheile röthlichweiss, Stirn bis zwischen die Augen behaart, also ohne das aufwärts zugespitzte nackte Dreieck voriger Art. Gebiss und sonstige Formen, ebenso Nase, Ober- und Unterlippe kurz und fein gelblich behaart, Pelzhaare sanft und dicht, zwei Zoll lang, Gesichtsmähne 2¼ Zoll und kragenartig aufrichtbar. Haare vor und um das Ohr von der Scheitelmitte an glänzend dunkelschwarzbraun. Junge von der Färbung der Alten, doch ist der Streif auf dem Schwanze nur auf einen länglichen Fleck reducirt, welcher fahlgelb und rothbraun gemischt ist, das Gesichtchen blasser. Entdeckt vom Prinzen Maximilian Neuwied in Brasilien in den grossen Waldungen des Sertam von Ilhéos: „Sahuim preto" oder „do Sertam", vier bis fünf Tagereisen von der Seeküste entfernt und nach Versicherug der Botocuden auch in den grossen inneren Wäldern am Rio Pardo, also 14—15½° S. B. (Desmarest giebt fälschlich an: Para.) Die Wilden am Belmonte nennen ihn „Pakakang". Von Ilhéos aufwärts in den grossen Waldungen ziemlich häufig zu 4—12 Stück, auch einzeln und paarweise. Klettern sehr schnell, springen geschickt, sind neugierig und nicht besonders scheu. Ihr Köpfchen ist, wenn sie sitzen,

immer in Bewegung, furchtsam drücken sie sich hinter Stämme und Aeste und gucken lauschend hervor. Fressen Früchte und Insecten. Werfen 1—2 Junge, welche die Mutter auf dem Rücken oder an der Brust angeklammert umherträgt. Sie ziehen auch mit dem Ouistiti umher Wenn sie fliehen, so eilt eins hinter dem andern springend von dannen. Hat man eine Bande erreicht, so ist es nicht schwer, sie zu schiessen, sie fallen leicht und sind sie auch nicht todt, so sträuben sie den Gesichtskragen immer empor. In den inneren Waldungen am Rio dos Ilheos oder da Cocheira waren wir, sagt Prinz MAXIMILIAN, aus Mangel an Nahrungsmitteln genöthigt, einige Tage von diesen Thierchen zu leben, obgleich ihr Körper höchst klein, etwa wie der eines Eichhörnchens, ist. Das Fellchen wird dort zu Mützen verarbeitet. Gezähmt ist er eine wahre Zierde menschlicher Wohnungen und verdient wieder aufgesucht zu werden.

Liest man solche Berichte, so wird man irre, ob man bedauern oder lachen soll, wenn ausländische Naturforscher, welche von der deutschen Literatur keine Zeile lesen können, so wie Mr. LESSON p. 205 gethan, sich einbilden, es sei von dieser Art nur ein Exemplar bekannt und sie dürften sie deshalb als Variété B. der vorigen Art aufführen. Ein junges Exemplar von Mr. VERREAUX im Pariser Museum ist ein wenig blasser, als die Alten, und der Schwanz fast ganz schwarz.

29—30. **M. albifrons** (Simia — THUNBERG Kongl. Vetenskaps Handlingar 1819. p. 65. t. 3 & 4 Weissstirniger Marikina. Jacchus albifrons DESMAR. sppl 534. LESSON p. 200. hält ihn für den jungen Oedipus, wozu er am wenigsten passt. Schwarz und weiss gemischt (Haare am Grunde weiss), Gesicht schwarz, weiss umgrenzt. Schwanz gleichfarbig, so lang als Leib. Länge 3 Finger lang, Schwanz angeblich (zu vorigem Maasse ganz unpassend, also wohl Zoll?) 10 Finger lang, Hinterglieder 8 Finger (Zoll?) lang. — Dies Aeffchen gehört unter die nicht wieder aufgefundenen Thiere. Gehen wir an die schwedische Quelle, so berichtet PETER THUNBERG, der berühmte Nachfolger LINNÉE's, dass General-Consul und Ritter WESTINS das K. naturhistorische Museum in Stockholm mit seltenen Vögeln und einem Pärchen dieser Affenart aus Brasilien, ohne nähere Angabe der Provinz, beschenkt habe. In der Beschreibung sagt THUNBERG noch, das Gesicht sei schwarz, Stirn und Halsseiten, sowie die Kehle kurz weissbehaart, Ohren und Hinterhaupt von langen, aufrecht stehenden, sehr schwarzen Haaren umgeben. Den Schwanz giebt die Beschreibung nur so lang an, als den Leib, schwarzbraun, weiss gemischt und spitzewärts etwas mehr weiss. Das Weibchen Fig. 30 ist schmächtiger und die das Gesicht umgebenden Haare kürzer. Es ist doppelt Pflicht, durch Wort und Bild an solche Arten zu erinnern, welche durch weitere Bemühung von Reisenden wieder aufzusuchen sind. — Museum zu Stockholm.

31. **M. chrysopygus** (Jacchus — NATTERER in MIKAN delectus Florae et Faunae Brasil. Fasc. III. ic. Goldsteissiger Marikina. Marikina noir, Leontopithecus ater LESSON p. 203. Schwarz, Stirn grünlichgelb, Hinterbacken und Innenseite der Hinterglieder rothgelb goldschimmernd. Länge 10″ 9‴, Schwanz mit Haarspitze 14″ 5‴, Vorderglieder 3″ 5‴, Hinterglieder 10″ 6‴. Die Mähne steigt am Scheitel aufwärts, am Rücken und seitlich herab auf die Arme. Es wurden beide Geschlechter beobachtet, am Männchen ist die goldblonde Färbung am Rückenende dunkler und mehr begrenzt. Die Nahrung besteht in saftigen und breiartigen Früchten, sowie in Insecten, auch sollen sie Vogeleier gern geniessen. Sie sind übrigens gefrässig und bissig und schwerer als die Kapuzineraffen zu zähmen NATTERER entdeckte diese Art in Brasilien in der Gegend von Ypanama, der Hauptstadt von St. Paulo, wo man sie Saguhy dos grandos nennt, und brachte einige Exemplare mit nach Europa. BURMEISTER Syst. Uebers. I. 35. sahe dies Aeffchen in der Gefangenschaft in Neu-Freiburg, es stammte aus der Serra de Macahé, sass den ganzen Tag über meist zusammengekauert in einer alten Pelzmütze und frass ausser Vegetabilien besonders gern Insecten, selbst die getrockneten von der Nadel, rührte aber keine Mistkäfer und kein Individuum an, das in Weingeist gelegen hatte, am liebsten frass es Heuschrecken, Holzböcke und Rüsselkäfer. Eine laute Stimme liess es nie hören, nur ein leises Winseln wurde zuweilen vernehmlich.

VI. Midas Géoffr. Tableau Annal. d. Mus. 1812. p. 120. **Tamarin**. Die vier Schneidezähne in beiden Kinnladen klein und in gleicher Linie abgeschnitten, oben die mittleren breiter, unten vorgeneigt, wie Clarinetten-Mundstück. Eckzähne mehr als doppelt so hoch und breit. Lückenzähne verschmälert, spitzlich. Backenzähne stumpfhöckerig. Kopf mähnenlos. Ohrmuschel **sehr gross**, häutig, ganz nackt. Oberrand der Augenhöhlen stark vortretend. Schwanz sehr lang, spitzewärts meist etwas verdickt.

32—33. s. später nach 40.

a. Lippen dunkelfarbig.

34—36. **M. rufimanus** (Simia Midas Linn.) Géoffr. l. c. **Der rostpfötige Tamarin.** Tamarin à mains rousses. Callithrix midas Erxl. Hapale — Illig. Jacchus rufimanus Desm. Tamarin ordinaire: Midas tamarin Lesson. The Tamarin. Kopf, Hals, Unterseite und Vorderglieder bis an die Pfoten und Schwanz schwarz, auf dem Rücken, den Seiten und der Aussenseite der Hinterglieder die schwarzen Haare gelbgrau gespitzt, dadurch diese Flächen gemischt, fast gebändert. Gesicht schwarz, Pfoten mit Zehen lebhaft rostroth, Nägel hornbraun. — Ich messe 8" 6''', Schwanz 1' 3''. — Diese gemeinste Art der Gattung ist schon seit Ant. Binet's Reise nach Cayenne und als „Tamary" aus des Père Abbeville's Mission an den Maragnon bekannt. Ray nannte ihn „Cai" und Barrère machte auf seine Elephantenohren aufmerksam. Buffon nannte ihn „Tamarin". Edwards gleanings IV. p. et pl. 196. giebt uns die erste Nachricht, dass der Commodore Fitzroy Lee 1747 ein Exemplar aus Westindien mitbrachte und der Countess Dowayre of Litchfield verehrte, nach diesem fertigte Edwards seine Abbildung und Beschreibung. Er beschreibt die Augen nussbraun, das Gesicht dunkel fleischfarbig, Ohren schwärzlich fleischfarbig und sehr dünn behaart. Er war sehr lebhaft. Sie springen schnell wie Eichhörnchen von einem Baum zum andern. Im Ganzen ist er selten lebendig nach Europa gebracht worden, desto häufiger ausgestopft in den Museen. Das Thierchen ist behende, sehr erregbar und launig, doch aber leicht zähmbar, nur gegen unsere besonders im Herbst und Frühling zu sehr wechselnde Witterung empfindlich, daher es nicht lange aushält. Seine Intelligenz ist so gering, wie die seiner Verwandten. Das Vaterland ist Guiana. Schomburgk sagt: Diesem niedlichen Aeffchen bin ich ebenfalls in grossen Gesellschaften an der Küste bis zu einer Meereshöhe von 12—1500 Fuss begegnet. An jener besuchen sie wegen der reifen Pisangfrüchte namentlich gern die an den Urwald grenzenden Plantagen. Ihre Stimme gleicht mehr dem pfeifenden Tone eines Vogels und wird im dichten Walde gewöhnlich die Verrätherin ihrer Gegenwart; sie sind ungemein lebhaft, aber auch eben so scheu. Sie scheinen die Gefangenschaft noch weniger als der Saimiri ertragen zu können, während meiner ganzen Reise habe ich nur ein einziges Individuum bei den Indianern gefunden. Scheint auch die Gattung Midas eine weite geographische Verbreitung über Südamerika zu besitzen, so müssen doch die verschiedenen Species nur auf abgegrenzte Localitäten beschränkt sein, da mir in British Guiana nur M. rufimanus vorgekommen ist, während Prinz Max N.-W., Spix und Tschudi mehrere andere Arten in Brasilien und Peru vorfanden und diesen nicht.

37—38. **M. ursulus** (Saguinus ursula Hoffmgg.) Géoffr. tabl. p. 121. Le Tamarin nègre Buff. suppl. VII. 116. t. XXXII. Audeb. 6. sect. 2. f. 6. Fr. Cuv. II. 1819. The black Tamarin, der schwarze Tamarin. Pfoten gleichfarbig schwarz, Rücken undeutlich röthlich, grau gebändert. Von derselben Grösse wie voriger. Wurde durch Sieber, den Reisenden des Grafen Hoffmannsegg, in Para in Brasilien entdeckt und im hiesigen Museum befanden sich zwei Exemplare aus seiner Hand, welche in der Revolution mit verbrannten. Fr. Cuvier beobachtete einige Tage lang ein lebendes Exemplar und fand dasselbe wahrscheinlich schon im krankhaften Zustande, sehr reizbar. Von voriger wie von dieser Art befinden sich in den Museen Exemplare von jedem Alter, und es ist kaum zu begreifen, wie Mr. Lesson p. 196. gegenwärtige Art als „Age moyen" der vorigen Art aufführen kann.

39. s. unten.

40. **M. rufiventer** (Jacchus — Gray Reed-bellied Marmoset, Ann. Mag. XII. 1843.
398. Erebus IV. pl. XVIII.) Rchb. Der rothbäuchige Tamarin. — Schwarz, durch
die weissen Haarspitzen grauwolkig, ein Streif über dem Scheitel, Brust und ganze Unterseite, auch Innenseite der Beine und Schwanzwurzel kastanienbraun, Pfoten schwarz. —
Mexiko.

b. Lippen hellfarbig.

32. **M. fuscicollis** Spix Sim. Bras. p. 27. t. XX. Der dunkelhalsige Tamarin. — Kopf, Hals, Brust, Bauch und Beine braunröthlich, Hinterrücken gelbröthlich
und schwarz gebändert und gemischt, Schwanz schwärzlich. Länge 11″. Schwanz 1′ 3″.
Die Leibeshaare sind vom Grunde bis zur Mitte schwarz, spitzewärts am Kopfe, Bauche
und Hinterbeinen innerseits, sowie unter der Schwanzwurzel röthlich, am Halse, der Brust
und den Vorderbeinen röthlich und schwarz geringelt, am Hinterrücken spitzewärts gelb
und rothgelb, dann schwarz gespitzt, auf dem Rücken ¾″ lang und wie auf dem Kopfe und
am Schwanze anliegend, an den Pfoten kurz, röthlich, mit schwarzen Härchen untermischt,
am Schwanze kurz und schwarz. Das Gesicht ist um Lippen und Kinn weisslich wollhaarig,
mit zerstreuten schwarzen Basten dazwischen. Ohren abstehend, ausgekerbt, etwas behaart,
schwarz, ziemlich klein. Schwanz weit länger als Leib, Krallen stark gebogen, röthlich-
schwarz, Gesichtswinkel 42°. Stirnhöhe 2¼‴. St. Paulo oder Olivença in
Wäldern zwischen den Flüssen Solimoëns und Iça. — Diesen grossen Affen mit Backenbart
hält Lesson p. 197. für den Jungen des kleinen M. labiatus, vergl. no. 39. unten. Wenn auch
R. Wagner p. 247. ihn nur als Farbenvarietät von labiatus aufführt, so ist es doch Pflicht,
hier, in einer Iconographie, diese Form, mag sie Art oder Varietät sein, so wie sie ihr Autor
gegeben, für diejenigen, denen das Werk von Spix nicht zur Hand ist, wiederzugeben.

33. **M. bicolor** Spix 30. t. XXIV. f. 1. Der zweifarbige Tamarin. — Kopf,
Nacken, Hals, Brust und Vorderglieder weiss, Rumpf und Hinterglieder aussen hellbraun, innen röthlich, Schwanz und Bauch rostfarbig. Länge 7″, Schwanz 9″ bis 9½″.
Haare an Kopf, Hals, der Brust und Vorderbeinen ganz weiss, die am Hinterrande
der Schulter und des Armes etwas röthlich, die am Hinterrücken an der Wurzel schwarz,
in der Mitte rostfarbig und schwarz geringelt, spitzewärts aschgraulich braun, an der Schwanzwurzel, sowie Bauch und Hinterglieder innerseits rostfarbig. Sohle graulich rostfarbig. Gesicht
schwärzlich, an der Seite weiss behaart, Ohren abstehend, ausgekerbt, kaum behaart, Augen
röthlich. Zehen sehr schlank, Krallen sichelförmig, ziemlich kurz, braun, am Daumen der
Hinterpfoten ziemlich lang, nicht flach. R. Wagner p. 251. hält die Art nach Vergleichung
eines jungen Exemplars, 6″, Schwanz 9″, für verschieden, während Cuvier vermuthete, dass
sie zu Oedipus gehöre. Spix entdeckte sie in den Wäldern um Rio negro in Brasilien.
Später sind auch mehrere Exemplare bekannt geworden, Natterer brachte schon die Art
mit aus Brasilien, so dass sie sich im Wiener K. K. Hofnaturaliencabinet befindet und sogar im J. 1840 an das Pariser Museum abgegeben werden konnte. Dann erhielt dasselbe
Museum diese Art jung durch Mss. Castelnau und Deville aus Brasilien, am obern Amazonenflusse bei Pébas gesammelt. Die Färbung ist hier dieselbe wie bei dem alten, aber
die Stirn allein nackt, auf dem Scheitel weisse Haare, welche so wie die am Hinterhaupt
und Genick länger sind, als die des Leibes.

34—38. vgl. p. 10.

c. Lippen reinweiss.

39. **M. labiatus** Et. Géoffr. tabl. 1812. Tamarin labié. Hapale — a A. Wagn.
Jacchus — Desm. 45. The white-whiskered Tamarin Gray list 15. Der weisslippige
Tamarin. — Schwarz, Lippen und Nase weiss, Rücken und Hüften etwas rothbraun, wellig
gebändert. Länge 8″, Schwanz 14″. Eine der schlanktesten Arten, von A. v. Humboldt rec.
obs. zool. I. 361. n. 44. entdeckt, ist in den Sammlungen selten. — Ich messe 6″, Schwanz
eben so lang. — Lesson p. 203. hält ihn für den jungen Löwenaffen, seinen Leontopithecus
fuscus, s. no. 24. — Brasilien.

40. s. oben nach 38.

2*

41. **M. mystax** Spix p. 29. t. XXII. Le Tamarin a moustache. Der Schnurr-
bart-Tamarin. Kopf, Kals, Vorderbeine, Fusssohlen, Leib unterseits und Schwanz
schwärzlich, Hinterrücken, Hüften und Schienbein goldröthlich, Lippe und Nasenspitze weiss,
Oberlippe mit langem, weissen Schnurrbart. Länge 10½'', Schwanz 1' 4½'', Rückenhaare ½''
lang, glänzend, am Grunde weiss, in der Mitte schwarz, an der Spitze, besonders auf dem
Hinterrücken, an den Hüften und Schienbeinen aussen goldigröthlich, Kopf, Vorderbeine,
Hüften und Schienbeine innerseits, besonders die kurzen Haare der Sohle ganz schwarz, am
Halse, der Brust, dem Bauch, an der Wurzel unrein weiss, gegen die Oberfläche ganz
schwarz, Schwanz an der Wurzel oben rothbraun, übrigens schwarz und kürzer behaart,
Ober- und Unterlippe, sowie um die Geschlechtstheile herum weiss. Die Schnurrbarthaare
weit länger, Kinn und Kehle schwarz, wie das übrige Gesicht, um die Augen kurz schwarz
wollhaarig, auf der Nasenmitte schwarz behaart. Ohren schwarz behaart. Krallen bräunlichschwarz, Nägel der Hinterdaumen hohlziegelartig rundlich. Gesichtswinkel 58½°. Männchen und Weibchen übereinstimmend. Spix entdeckte diese Art in Wäldern zwischen den
Flüssen Solimoens und Iça in Brasilien. Während Lesson p. 205. dieselbe für das
Junge von seinem Leontopithecus ater, vgl. unsere no. 28, hält und R. Wagner sie
p. 246. als M. labiatus aufführt, unterscheidet sie Is. Géoffroy Cat. meth. 64. und verglich übereinstimmende Exemplare im Pariser Museum aus Peru, vom obern Amazonenstrome bei St. Paulo, von Mss. de Castelnau und Deville 1847 gesendet.

42. **M. nigricollis,** Le Tamarin à hausse-col et pattes noires, et à jambes châ-
taines. Der schwarzhalsige Tamarin. Spix p. 28. t. XXI. Vorderleib, Pfoten und
Sohlen schwarz, Hinterrücken schwarz und kastanienbraun gemischt, Hinterbeine und Schwanzwurzel kastanienbraun, Lippen, auch neben der Nase herauf und Kinn weiss, Obergesicht
und Nase schwarz. Länge 9'', Schwanz 1' 3'' 2'''. Steht gleichsam zwischen fuscicollis
und mystax, durch kastanienbraune Hüften und Schienbeine, sowie längeren und schmaleren Hinterdaumennagel verschieden, von ersterem noch durch die schwarzen Sohlen, die
mehr flachen obern Schneidezähne und an ihrer Wurzel schwarzen Rückenhaare, an der
Wurzel dunkelbräunliche Kopf- und Halshaare, minder behaarte Ohren und kaum sichtbaren
Schnurrbart. Männchen, Weibchen und Junge übereinstimmend. Gesichtswinkel 59°. Spix
entdeckte ihn in den von den Eingebornen Tocunas genannten Wäldern am nördlichen Ufer
des Flusses Solimoens in der Nähe von Olivença. Von labiatus durch die schwarze Nase
schon wesentlich verschieden.

43. **M. pileatus:** le Tamarin à calotte rousse Is. Géoffr. St. Hil. & Deville
Compt. rend. XXVII. 1848. 499. Catal. d. Primates 1851. 63. Archives d. Mus. V. 569.
pl. XXXI. Der Hut-Tamarin. — Umgebung des Mundes und der Nasenlöcher, auch
ein Fleck innerseits der Hüfte weiss. Oberkopf lebhaft gelbbraunroth: mordoré, Oberkörper
schwarz mit grau melirt, ohne deutliche Binden. Gliedmaassen nebst Schwanz und Unterseite schwärzlich oder schwarz. Länge: Kaum 2 Decim., Schwanz 2¼ Decim. — Brasilien: Rio Javary: Mss. Castelnau & Deville. — Dem M. labiatus Géoffr. ähnlich,
welcher auch noch selten in Museen vorkommt. Diese: labiatus, pileatus und mystax
Spix sind ausgezeichnet durch weisse Lippen. Die Haare der Oberseite sind bei pileatus
grösstentheils braunroth, weisslich und schwarz spitzewärts geringelt, daher das melirte
Ansehen. Hintertheil der Hüften, sowie die Seiten bräunlich. Der weisse Fleck steht innerseits der Hüften gegen die Geschlechtstheile hin und den After. Das einzige Exemplar
wurde in Brasilien bei Pebas am Haut-Amazone erlangt.

43ᵃ. **M. rufoniger:** le Tamarin roux-noir Is. Géoffr. et Deville Compt. rend.
1848. XXVII. Catal. des Primates 1851. 64. Archives du Mus. V. 575. Der rothschwarze
Tamarin. — Umgebung des Mundes weiss, Pelz grösstentheils schwarz, Wangen braungraulich, Lendengegend, Hüften, Schenkel und Schwanzwurzel braunroth kastanienfarbig,
mehr oder minder lebhaft mit Andeutung von schwarzen Binden. — Ueber 2 Decim. lang,
Schwanz länger. — Peru, Brasilien, bei Pebas, am Amazonenstrome: Mss. Castelnau
& Deville. 2 Exemplare im Pariser Museum. — Hier herrscht also vorderseits Schwarz,
hinterwärts Kastanienbraunroth. Der Kopf ist also dreifarbig, weiss um den Mund, braun-

roth an den Stirnseiten, zwischen den Augen und Ohren, auf der Wange und der Kehle, schwarz mitten auf der Stirn und dem Scheitel. Bewohnt also dieselben Gegenden wie pileatus; beide sind die schönsten, von demselben Reisenden mitgebrachten Arten.

43ᵇ. **M. Devillei:** le Tamarin de Deville: Is. Gᴇᴏꜰꜰʀ. Sᴛ. H. Catal. d. Prim. 1851. 64. Archives du Mus. V. 570. Hapale Devilli Is. G. Sᴛ. H. Comptes rend. XXXI. 1850. 875. Deville's Tamarin. — Umgebung des Mundes und Nase unten weiss, Hüften, Schenkel, Hintertheil der Lenden und Schwanzwurzel kastanienroth, Rücken schwarz und grau melirt, Kopf, Hände und Füsse, der ganze Schwanz schwarz. Länge 17 Centim., Schwanz 2 Decim. — Peru, Mission von Sarayacu: MM. Cᴀsᴛᴇʟɴᴀᴜ & Dᴇᴠɪʟʟᴇ. Zwei Exemplare. — Die marmorirte Färbung des Rückens unterscheidet ihn leicht vom rufoniger, bei dem die marmorirten Farben kastanienroth und schwarz sind. Er ist übrigens unter den Arten mit marmorirtem Rücken der einzige weissmäulige.

43ᶜ. **M. nigrifrons:** le Tamarin au front noir Is. Gᴇᴏꜰꜰʀ. Sᴛ. Hɪʟ. Catal. d. Primates 1851. p. 64. Archives d. Mus. V. 572. Hapale nigrifrons Is. Gᴇᴏꜰꜰʀ. Compt rend. XXXI. 1850. 875. Der schwarzstirnige Tamarin. — Umgebung des Mundes weiss, Stirn schwarz, ebenso der Umfang des Gesichts, Oberkopf, Kehle, Hals und Vordergliedmaassen braun, fein braunroth punctirt. Rücken unregelmässig schwarz und rothgelb geringelt, Hinterglieder braunroth punctirt. Hände und Schwanz schwarz. — Vaterland? Ein altes M. ohne Angabe erkauft, im Pariser Museum. — Länge etwa 2 Decim., Schwanz etwas länger. — Die mit dem grössten Theile des Gesichts schwarze Stirn unterscheidet ihn von den meisten andern, während oben und seitlich der Kopf, sowie Hals, Vorderrücken, Schultern, Arme und Vorderarme, auch fast die ganze Unterseite braun, sehr fein braunroth punctirt ist. Der Rücken ist schwarz und gelblich gescheckt, die Haare am Ende gelb und schwarz, beide Farben bilden auf dem Rücken mehr unregelmässige Flecken oder marmorartige Mischung, als Binden. Vom M. Devillei und Illigeri durch mehrere Kennzeichen, durch seinen braunen, nicht schwarzen, und braunroth punctirten Kopf unterscheidbar.

43ᵈ. **M. flavifrons:** Tamarin à front jaune Is. Gᴇᴏꜰꜰʀ. et Dᴇᴠɪʟʟᴇ Compt rend. XXVII. 1848. 499. Cat. d. Primates 1851. 64. Archives du Mus. V. 574. — Der gelbstirnige Tamarin. — Umgebung des Mundes weiss, Stirn und Vorderkopf gelb, schwarz punctirt. Hinterhaupt, Hals, Schultern und Arme schwärzlich. Rücken rothgelb und grau gescheckt, ohne Binden. Hüften und Schwanzwurzel braunroth. Schwanz übrigens wie die Hände schwarz. — Länge 2 Decim., Schwanz etwas länger. — Peru, am Haut-Amazone. — Die gelbe Stirn unterscheidet ihn unter den weisslippigen Arten am besten, da die meisten die Stirn schwarz haben, M. Weddellii weiss und pileatus kastanienroth.

43ᵉ. **M. Illigeri:** le Tamarin Illiger: Is. Gᴇᴏꜰꜰʀ. Sᴛ. Hɪʟ. Archives du Mus. V. 580. Hapale Illigeri Pᴜᴄʜᴇʀ. Rév. zool. 1845. 336. Illiger's Tamarin. — Oberkörper schwarz, blond geflammelt; Unterhals, Genick, innere und äussere Fläche der Gliedmaassen röthlich. — Columbien? — Kopf und fast das ganze Gesicht schwarz, Oberlippe weiss behaart, Halsrücken und Genick, Innen- und Aussenseite der Gliedmaassen bis an die Hände röthlich, wie die ganze Unterseite des Körpers. Schwanz bis zur Spitze schwarz, an der Wurzel in geringer Ausdehnung röthlich. Hände schwarz, braunroth punctirt, vorn ziemlich dunkel, aber hinterwärts sehr sichtbar. — Dem M. labiatus ähnlich, aber durch die verschiedene Färbung der Aussenseite der Gliedmaassen und des Vorderhalses leicht unterscheidbar.

43ᶠ. **M. Weddellii:** le Tamarin Weddell: E. Dᴇᴠɪʟʟᴇ Magas. d. zool. 1849. 55. Is. Gᴇᴏꜰꜰʀ. Sᴛ. Hɪʟ. Archives du Mus. V. 581. Weddell's Tamarin. — Vorderseite des Körpers schwarz, Stirn, Augenbrauenbogen und Umgebung des Mundes weiss, seitliche Haare der Kinnlade länger und einen Schnurrbart bildend, Hintertheile lebhaft braunroth mit schwarz geringelt auf den unteren Theilen des Rückens; Hände, Füsse und Schwanz schwarz. — Länge 1¼ Decim. — Bolivia: Provinz Apolobamba: Dr. Wᴇᴅᴅᴇʟʟ. — Durch die angegebenen Kennzeichen wesentlich verschieden, der Schnurrbart sehr deutlich, die Lippenhaare sehr kurz. Die Haare der Hintertheile des Rückens sind goldgelblich, um

Grunde grösstentheils schwarz, dann braunroth und am Ende schwarz. Ober- und Unterschenkel lebhaft braunroth, die Haare an der Wurzel braunroth, dann in geringer Ausdehnung schwarz, am Ende lebhaft braunroth. — Diese hübsche, niedliche Art ist dem M. rufoniger sehr ähnlich, die Vertheilung der Farben ist fast dieselbe, auch hat sie den weissen Mundkreis, aber bei rufoniger fehlen die weissen Augenbrauen. — Diese Aeffchen bewegen sich meistens schnell durch die Bäume, weniger am Boden. Im ersten Anblick hält man sie für Eichhörnchen. Die Indianerinnen lieben diese Thierchen sehr und tragen sie fast immer in ihren Haaren. So wie die Saïmiris lassen sie sich sehr gern von grösseren Affen tragen. Sie klammern sich fest auf ihren Rücken und nachdem diese sie abzuschütteln vergeblich versucht haben, gewöhnen sie sich an die kleine Last. Sie leben dann beide in einer bei Affen verschiedener Art, seltenen Cameradschaft. Anfangs istder kleine sehr misstrauisch und wagt nicht einmal seiner Nahrung nachzugehen, aber bald lernen sie einander verstehen, so dass der grosse, wenn er fort will, sogar den kleinen ruft, um sich wieder aufzusetzen. Sie werden ausserordentlich leicht gezähmt. Die Hitze ist ihnen aber äusserst nothwendig und man muss sie in der Nacht bedecken. Giebt man ihnen etwas nach ihrem Geschmack, so lassen sie einen scharfen Schrei hören und fassen gierig zu. Sie erzürnen sehr leicht. Sind mehrere beisammen, so kugeln sie sich zusammen, wenn sie schlafen.

43ᴇ. **M. erythrogaster** Natterer Mus. Vindob. Tamarin à ventre rouge. Der rostbäuchige Tamarin. Oberseits schwarz, grau gewölkt, ein Längsstreif über den Scheitel und ganze Unterseite, Brust, Bauch, Innenseite der Vorder- und Hinterglieder, so wie die Unterseite der Schwanzwurzel rostroth, Lippen und Nasenscheidewand weiss, Pfoten ganz schwarz. — Länge 10¼", Schwanz 12". — Natterer entdeckte ihn in Brasilien. Jedenfalls dem M. rufiventer sehr ähnlich, indessen sind dessen Lippen nicht anders gefärbt, als das Gesicht, sein Pelz mehr graulich gewellt, sein Rothbraun beginnt unten schon vom Kinn an und seine Ohren sind oben gespitzt, dieser hier ist aber grauwolkig gezeichnet, sein Rothbraun beginnt erst mit der Brust und seine Ohren sind oben zugerundet. Die schöne Abbildung nach dem Originalexemplare erhielt ich durch die Güte des Herrn T. F. Zimmermann, erst nachdem schon die meisten Platten gestochen waren und werde sie im Nachtrage geben.

Zweite Familie.

Haarschwanzaffen: Simiae trichiurae.

Nägel, wie bei allen folgenden, hohlziegelförmig. Schwanz dünn, überall gleichförmig behaart und schlaff oder greifend.

VII. Saïmiris Is. Geoffr. Le Saïmiri. Leçon d. Mammologie. 1835. p. 10. Pithesciurus Lesson spec. Mamm. bim. 1840. Chrysothrix A. Wagn. Arch. f. Naturgesch. 1841. I. p. 357. Das Todtenkopfäffchen. Schädel langgestreckt, Hinterhauptsloch (bei dieser Gattung allein) auf der untern Schädelfläche (Schuppe und Grundtheil treffen in so stumpfem Winkel zusammen, dass sie fast in einer horizontalen Ebene liegen) und weiter vorwärts als irgendwo. Knöcherne Augenscheidewand von grossem ovalem Loch durchbohrt. Kinnlade langgestreckt, aufsteigender Ast kurz. Eckzähne sehr lang und breit, oben dreikantig, vorn ein-, aussen zweifurchig. Zunge mit 3 kelchförmigen Warzen. — Das Volumen des Gehirnes ist bei den Saïmiris verhältnissmässig grösser, als bei irgend einem Thiere. Der Mittellappen des kleinen Gehirnes ist sehr entwickelt und hinten sehr vortretend, aber die Hemisphären ragen stark über dasselbe hinaus. Dagegen hat das Gehirn sehr wenig

Windungen. Das Zahnsystem nähert sich mehr den Sajous und Nyctipitheken — Schlank, Gliedmaassen lang, Hinterglieder weit länger. Daumen mässig, vordere kaum entgegenstellbar, Nägel der hinteren Daumen platt, an den Vorderdaumen gewölbt, die übrigen rinnenförmig, wie bei Cebus. Schwanz lang, ziemlich behaart, nur schwach greifend, indessen macht er hierin einen Uebergang und auch Tschudi sagt p. 47: „wenn auch der Schwanz nicht ein wahrer Rollschwanz ist, so kann er doch um mehr als einen halben Umgang um die Zweige gebogen werden und giebt dadurch den Thieren beim Klettern einen grössern Grad von Sicherheit"*). Kopf stark länglich, sehr gross, besonders nach hinten. Hinterhaupt durch ziemlich grossen Raum von den Ohren entfernt, wegen beträchtlicher Entwickelung des Schädels und Gehirnes hinter dem Hinterhauptsloche. Stirn ziemlich hoch über der Mittellinie der Augenhöhlen, aber seitlich abweichend und in die Wülste unter den Augen übergehend. Gesicht sehr kurz, Augen gross, sehr genähert, besonders nach hinten, wo die Zwischenscheidewand nur häutig ist. Ohrmuscheln mittelmässig, einfach. Nasenlöcher verlängert, seitlich, durch grossen Zwischenraum getrennt. Pelz wenig reich, aus besonders geringelten Haaren. — Die Schneidezähne in der obern und die Schneidezähne nebst den Eckzähnen in der untern Kinnlade aufrecht und in gerader Linie. Oberste Eckzähne jederseits vom Schneidezahn durch Zwischenraum getrennt, welcher den Eckzahn der Unterkinnlade aufnimmt. Backzähne mit mässigen höckerigen Kronen, besonders die äusseren Höcker spitz. Die oberen Backzähne unregelmässig geradlinig stehend, vorn wie hinten merklich auseinander stehend. Obere, besonders die falschen, querlänglich, letzter jederseits und in beiden Kinnladen sehr klein. — Noch ist zu bemerken, dass das Scrotum und die Eichel sich ganz der menschlichen nähert (während die der Sajous und Sapajous scheibenförmig ist).

44—45. **S. sciureus** (Simia — a et S. morta Linn.) Is. Géoffr. Sapajou jaune Briss. Barr. Fermin. Lemur leucopis Herm. S. de Cayenne ou Sagoin Froger voy. 144. The orange Monkey Penn. Syn. quadr. Cebus sciureus Erxl. Le Saïmiri Buff. XV. t. X. Todtenköpfchen Schreb. t. XXX. Audeb. 5. s. 2. f. 7. The Tee Tee Gray list. 12. Oberseite aus gelblich olivengrünlich, über die Arme und Hüften in graulich ziehend, geht an den Vorderarmen und Beinen in orangegelb über. Wangen und Ohrgegend weiss, ein kleines grünliches Fleckchen mitten auf den Wangen. Hals, Brust und Bauch weisslich. Nasenlöcher, Mundgegend und Kinn schwarz, Gesicht übrigens, Ohren, Hände und Geschlechtsorgane fleischfarbig, ebenso die Krallen, nur schwarzgespitzt. Ich messe 11—14″, Schwanz 13—15″. Fr. Cuvier gab 1819 mammif. eine Abbildung und Beschreibung nach einem lebendigen Exemplare. Der Affe gehört unter diejenigen, welche ziemlich selten lebendig zu uns gebracht werden. Er ist sanft und heiter und wickelt den Schwanz wohl um einen Gegenstand, aber doch ohne ihn fest zu umfassen. Er setzt sich gern wie ein Hund und im Schlafe zieht er den Kopf zwischen die Beine, so dass derselbe die Erde berührt. Die Nahrung ergreift er sowohl mit den Pfoten, als mit dem Munde und trinkt schlürfend. Die Vorderpfoten sind insofern noch unvollkommen, als er die kurzen Daumen nur parallel anlegen kann, wenn er etwas fasst, die hinteren zeigen mehr den Uebergang in die Bildung der Hände, da er den Daumen entgegenzustellen vermag. Seine Stimme ist ein sanftes, aber scharfes Pfeifen, welches drei- bis viermal wiederholt wird, wenn er Bedürfniss oder Anstrengung ausdrücken will. Gewöhnlich ist der Rücken dunkel olivengrünlich grau. Das Pariser Museum erhielt durch Mss. Castelnau und Em. Deville ein Exemplar mit etwas röthelfarbigem Rücken 1845. Bei einem aus Santa Fé de Bogota war der Rücken durch schwarze Haarspitzen etwas schwärzlich überlaufen und ein drittes aus Santarem am Amazonenstrome war wieder mehr röthelrückig, wie das vorhin genannte, auch durch dieselben Reisenden gesendet. — Schomburgk sagt: „Auch dieser niedliche Affe gehört zu den am meisten verbreiteten Arten in British Guiana. Wie Cebus capucinus und olivaceus beleben sie in zahlreichen Heerden besonders die Waldungen der Küste und scheinen namentlich das Gebüsch der Avicennia zu lieben, sind mir aber auch bis zu einer

---

*) Aus diesem Grunde dürfte man auch vollkommen recht haben, den Saïmiris ochroleucus (Cebus fulvus Var. Desm. D'Orbg. Voy. mamm. pl. 3) in gegenwärtige Gattung und nicht zu Cebus zu rechnen.

Meereshöhe von 1500'—2000' vorgekommen; häufig habe ich sie mit der Cebus-Heerde
vereint gesehen. Ganz Junge habe ich das ganze Jahr hindurch beobachtet. Die Mütter
tragen diese die erste Zeit unter den Armen; den Rücken besteigen sie erst, wenn sie etwas
abgehärtet sind. Die Gefangenschaft scheinen sie nicht ertragen zu können, da sie in dieser
bald sterben. In Folge eines bockartigen Beigeschmackes ist ihr Fleisch bei weitem weniger
schmackhaft, als das der Cebus. Da sie weder Prinz Max. v. N.-W., noch Spix oder Tschudi
erwähnt, so scheinen sie auch zu den weniger verbreiteten zu gehören." — Jüngere Exemplare sind etwas heller gefärbt als alte. — Aus Cayenne und Guyana, eine der am
längsten bekannten und beliebtesten Arten und wohl in allen Museen vorhanden.

46. **S. ustus** Is. Géoffr. Le Saïmiri à dos brulé. Archives du Museum IV. 6. pl. 1.
Saïmiri variété Géoffr. St. Hil. Tableau d. Quadrumanes Ann. d. Mus. XIX. 1812. p. 113.
Lesson spec. S. à dos brulé: Saïmiris ustus Is. G. Comptes rend. XVI. 1843. p. 1152.
Das versengte Todtenköpfchen. — Oberkopf und Aussenseite der Gliedmaassen oliven-
graulich, Oberkörper röthlich mit schwarz gemischt, am Mittel- und Hinterrücken in
schwarz ziehend. Ihm fehlt die weisse Backenbart des vorigen. Vorderarme und Hände
goldig rothgelb. — Brasilien. Ein Exemplar des Pariser Museums brachte Géoffr.
St. H. 1808 aus Portugal mit, ein zweites sendeten Mss. Castelnau und Deville. — Etwas
grösser als sciureus. Rückenhaare an der Wurzel unrein gelb, in der Mitte rostroth, Spitze
schwarz (bei sciureus nur gelblich und schwarz gespitzt). Am Schädel tritt der Hinterkopf
anffällig, fast taschenförmig vor, die Gehirnhemisphären treten da hinein. Diese Auftreibung
ist von dem Hinterhaupttheile, welcher dem kleinen Gehirn entspricht, durch zwei noch mehr
vorstehende Grübchen getrennt, welche weit bemerkbarer sind, als bei sciureus. Der Schädel
ist auch länger, das Hinterhauptsloch ausgedehnter und mehr länglich, auch der der Jochbogen länger.

47. **S. entomophagus** (Callithr. — D'Orbg. Voy. 1836. 10. pl. 4.) Is. Géoffr.
Cat. meth. 38. Arch. IV. 6. Das insectenfressende Todtenköpfchen. — Hat dieselbe Farbeneintheilung wie sciureus, aber die Farben sind alle blasser, ein wenig auffälliges
Gelb über die Vorderglieder und Hinterhände. Der Leib ist blass graugelblich, nur auf dem
Rücken etwas lebhafter. Das Gesicht hat dieselbe Färbung, wie bei sciureus und ustus,
aber das Genick, der ganze Oberkopf und seitlich der lange Backenbart sind bei den Alten
schwarz und bei sehr Jungen schwärzlich. Die Haare dieser Gegend graugelblich und lang
schwarz gespitzt. — Bolivia, Provinz Guarayos, zwei Exemplare durch Mr. D'Orbigny
1834 an das Pariser Museum gesendet. Zwei andere Exemplare sendeten dahin Mss. Castelnau
und Deville aus der Mission Sarayacu in Peru im J. 1847. Schon damals waren also
vier Exemplare bekannt.

47b. **S. lunulatus** Is. Géoffr. Archives du Mus. IV. 18. Simia sciurea cassi-
quiariensis A. Humb. rec. d'obs. Das mondfleckige Todtenköpfchen. — Gelblich,
Schultern, Oberarme und Hüften (weder Vorderarme noch Schienbeine) aus rostfarbig aschgraulich. Stirn herzförmig, zwei schwärzliche Mondflecken, wo braungelbe Haare die Stirn
vom Hinterhaupt trennen. Schwanz länger als Leib, Spitze schwarzfleckig. Die beiden
schwärzlichen Mondflecken am Kopfe und der gelbliche Pelz unterscheiden diese Art. Am
Cassiquiare, einem Nebenflusse des Orinoco in Südamerika. — Ob eine S. nigrivittata
(Chrysothrix nigrovittata R. Wagn.) dieselbe Art ist oder nicht, wird sich künftig noch
herausstellen lassen.

83. auf Tafel VI. **S. ochroleucus** Rchb. Cebus fulvus Var. (Desm.) D'Orby.
voy. mammif. pl. 3. Ganz weissgelb, Maul schwarz, Schwanz wickelnd. — Ich habe oben
bei Betrachtung der Gattung angegeben, dass das Wickeln schon bei Saïmiris beginnt und
die gegenwärtige Art vollendet diesen Character. D'Orbigny irrt im Namen fulvus, denn
Desmarest schrieb „flavus" und Is. Géoffroy hält diesen Affen für einen Albino von
Cebus flavus aus Bolivia. Vgl. Cebus flavus no. 89—90.

Nyctipithecus: Nachtaffe.   17

VIII. Nyctipithecus Spix Sim. bras. 1823. Nachtaffe. Aote A. Humb. rec. d. obs. zool. 1811. Aotus Illig. (nom. Botan.) prodr. 1811. Nocthora Fr. Cuv. mammif. 1824. Aotes (error.) Jard. Monk. 1833. Cusi-Cusi Indig. Kopf rundlich, Ohren klein, zum Theil im Pelz versteckt. Scheidewand zwischen den Nasenlöchern etwas dünn, diese unterwärts gerichtet. Nägel zusammengedrückt und gebogen, alle Daumennägel breiter und mehr platt. Schädel mit sehr grossen Augenhöhlen. Eckzähne klein, kaum länger als die Schneidezähne, Backenzähne vierhöckerig. Gesicht mit bestimmter Zeichnung. Schwanz lang, schlaff. Pelz sehr weich, Haare aufrecht. Lebensweise nächtlich. — Vgl. Gistl, Beschr. d. Skeletes des dreistreifigen Nachtäffers. Leipzig 1836. Neun Lendenwirbel! —

47 – 48. **N, trivirgatus** (Simia trivirgata A. Humb. rec. I. 306. f. 18.) Géoffr. Dict. class. XV. 57. Douroucouli, Humboldt's Nachtaffe. Aschgrau, Unterseite und Innenseite der Gliedmaassen, auch die Unterseite des Schwanzes schwach rostfarbig, Gesicht über den Augen und Wangen weiss. Von jedem Mundwinkel entspringt eine schwarze Linie, welche zwischen Augenwinkel und Ohr emporsteigt und hier stärker wird, mit ihnen parallel läuft von der Nasenwurzel aus über die Stirn ein schmaler, schwarzer Streif und jene verbinden sich auf dem Scheitel in einer rückwärts gerichteten Spitze. Länge 11½″, Schwanz 14″ Da er den Tag über schläft, wird er am Orinoco auch „Mono dormillon" genannt. Humboldt hielt einen fünf Monate lang lebendig, er schlief von früh 9 bis abends 7 Uhr, bisweilen schon vor Tagesanbruch und er floh das Licht. Er schlief hinter Holz oder in einer Baumritze und kroch durch kleine Löcher, wie Eichhörnchen und Wiesel. Am Tage findet er sich nicht aus dem Schlafe, er kann die grossen, weissen Augenlider nicht heben und die bei Nacht glänzenden Eulenaugen sind jetzt matt. Er schläft so wie die Abbildung zeigt. Nachts ist er desto unruhiger, frisst gern Insecten, besonders Fliegen, und Vegetabilien, und gern Früchte. Er trank wenig, oft 20—30 Tage nicht. In der Nacht macht er viel Lärm und läuft an den Wänden hinauf. J. E. Gray Ann. & Mag. of N. Hist. X. 256. sagt von ihm: Blass, Vorderkopf mit drei schmalen, zusammengeneigten Streifen, welche am Nacken zusammentreffen, die seitlichen über die Wange laufend, Schwanz dunkler. Dazu N. vociferus Spix? — Brasilien: British Museum. — Humboldt's Art wurde am Cassiquiare, am Fusse des Berges Duida und an den Wasserfällen des Maypure, unter dem 2.—5.º N. B., 300 Stunden vom französischen Guiana, entdeckt und ist noch nicht wieder aufgefunden worden, weshalb sogar das Pariser Museum kein Exemplar dieses wenig bekannten Affen besitzt. Er fing zur Nachtzeit Insecten und kleine Vögel und schlief den Tag über mit zwischen die Beine eingezogenem Kopfe und frass von Früchten: Bananen, auch Zuckerrohr, Palmenfrüchte und die Kerne der Bertholetia und der Mimosa Inga. Sie leben nur paarweise und schreien in der Nacht „muh muh" und da dies der Stimme des Jaguar ähnlich klingt, nennen ihn auch die Weissen: „Titi-Tigre".

49 - 51. **N. felinus** Spix 24. t. XVIII. 1823. Der Katzen-Nachtaffe, Singe de nuit à face de chat Géoffr. St. Hil. Cours et cat. meth. 39. Lesson compl. de Buffon. Is. Géoffr. compt. rend. 1151. Douroucouli, Nocthora trivirgata Fr. Cuv. mammif. 1824. Nyctipitheque félin Is. Géoffr. Archives d. Mus. IV. 19. The Vitoe Gray list. 14. Chirogaleus Commersonii Vigors & Horsf. Zool. Journ. IV. 111. Miriquina Azara 243. Sim' Azarae Humb. I. 359. Cebus miriquina Fischer 58. Mirikina Rengger. — Graubraun, über den Rücken schwarz, Brust und Bauch rothgelb, Gesicht schwarz umzogen, grosses Augenfeld reinweiss, jederseits mit langer Spitze in die Stirn eingehend, beide einen schwarzen, oval dreieckigen, mit der Spitze nach abwärts zur Nasenwurzel gerichteten Fleck einschliessend. Länge 13″ 6‴, Schwanz 15″. — Is. Géoffroy berichtet folgendes über diese Art im Archiv du Museum: Im J. 1824 kam ein Exemplar lebendig nach Paris, einige Jahre nachher ein zweites von Moxos durch M. D'Orbigny. Fr. Cuvier hielt im J. 1824, ohne Spix's Werk zu kennen, den Affen für den Douroucouli, von Humboldt am Cassiquiare entdeckt und als Simia trivirgata und Aotus 1811 beschrieben, dann von Illiger und Et. Géoffr. St. Hil., so dass also der N. felinus Spix jetzt wieder durch Fr. Cuvier als Douroucouli, Simia oder Nocthora trivirgata beschrieben war. Und weil Fr. Cuvier's Beschreibung und Abbildung so gut war, wie die von Spix ungenügend, so sind die Zoologen grösstentheils ersterem gefolgt und haben den felinus und trivirgatus für eins gehalten.

Affen zur vollst. Naturgeschichte.   3

N. felinus ist 31—32 Centim. lang. — Beide sind oben silbergrau und unterseits ziemlich lebhaft gelb, aber noch finden sich bemerkliche Unterschiede. 1) ist bei der Art Humboldt's der Schwanz nur halb so lang als der Leib (das ist indessen zufolge der Abbildung nicht so); 2) hat er keinen dunkeln Rückenstreif; 3) hat er wirklich auf dem Vorderkopf drei schwarze Zeichen, von denen die seitlichen nur feine Streifen (raies) sind, der Mittelfleck ist so breit als lang; 4) die Nase ist ganz schwarz und die Gesichtsseiten, sowie das Kinn und ein Fleck über jedem Auge hellröthlichbraun; 5) der Schwanz ist keineswegs von der Farbe des Rückens, sondern rostroth, zieht nach und nach in schwarz am End-Dritttheil. — Bei dem felinus hat das Gesicht dieselbe Farbe, ein grosser Stirnfleck ist dreieckig, mit der Basis nach hinten, jederseits über dem Auge ein hellgelber Fleck, weiter nach aussen eine schwärzliche Linie, welche auf der Wange beginnt, auf dem Kopfe ansteigt und da mit der Ecke des Dreiecks sich verbindet. Bei dem Exemplar von Moxos sind die beiden Flecke nicht gelb, sondern mehr weisslich, 2) der Pelz ist fast rein aschgrau, Rücken an der Seite etwas silberschillernd, in der Mitte olivengrau. Das Exemplar von Moxos hat auch diese beiden Farben, doch erstere nur auf den Schultern und der Vorderseite der Gliedmaassen, die andere an den obern Theilen überall, nur nicht am Vorderkopfe. Das Exemplar von Spix gleicht darin mehr letzterem, als dem von Fr. Cuvier, vielleicht weil dieses nach langer Gefangenschaft im Käfig gestorben ist. 3) Bei dem Exemplare von Spix ist mit Ausnahme einiger grauen Haare an der Basis der Schwanz rothbraun an der ersten und schwarz an der zweiten Hälfte; bei dem von Fr. Cuvier ist nur etwa das dritte Dritttheil schwarz, doch hat auch der übrige Theil schwarze Haare in geringer Anzahl. Bei dem Exemplar von M. D'Orbigny finden sich alle Züge, welche Spix angiebt. 4) die Farbe der Unterseite, wie sie Spix beschreibt, passt auch auf beide Exemplare. Den N. trivirgatus hat, wie Is. Géoffroy meint, seit A. v. Humboldt Niemand wiedergesehen und seine Abbildung und seine Beschreibung ist Alles, was wir beurtheilen können. Das Exemplar befindet sich doch aber jedenfalls im Berliner Museum. — Zu dieser Art: N. felinus gehört nun Alles, was Rengger Paraguay, S. 58 bis 68, über seinen „Mirikina", den er mit Humboldt's Art fälschlich für einerlei hält, gesagt hat: Leben paarweise in Baumhöhlen, wo sie den Tag über schlafen und nur zur Nachtzeit ihrer Nahrung nachgehen, die hauptsächlich aus nächtlichen Insecten, doch auch aus Früchten, wie Pomeranzen, Bananen u. dgl., Vogeleiern und jungen Vögeln besteht. Rengger nährte ihn auch mit gekochtem Mais und Maniokwurzeln, die er ungern frass; rohes Rindfleisch liebte er. Der Mirikina, den er zuweilen des Nachts im Hofe losliess, erhaschte beinahe jedesmal einen der auf den Pomeranzenbäumen schlafenden Vögel, zwei andere stellten früh den Fliegen und Kakerlaken oder Blatta's nach, die sie geschickt mit den Händen fingen. Er fasst die Nahrung gewöhnlich mit den Vorderhänden und bringt sie mit diesen zum Munde. Er trinkt wahrscheinlich leckend. Seinen Ruf zur Nachtzeit haben Einige mit dem Brüllen des Jaguar verglichen, doch ist er weit schwächer, auch miaut er katzenartig, im Zorn schreit er: qrr, qrr. Er hört sehr fein. Tageslicht blendet ihn, er sieht nur bei Nacht. Die Intelligenz ist gering, er lernt nie seinen Herrn kennen und bleibt gleichgiltig bei seinen Liebkosungen und bei seinem Rufe. Nur die Pärchen unter sich sind so zärtlich wie Sympathievögel und sterben einander nach. Gern befreien sie sich aus der Gefangenschaft. Nur die Wilden verspeisen sie und benutzen ihr Fell. Nachtaffen gehören dem mittleren Districte von Südamerika vom 25.° S. B. bis 5° N. B. Rengger fand sie nur am rechten Ufer des Paraguayaflusses in Gross-Chako in den Wäldern am Wasser. Sie gehören immer unter die seltenen Thiere, da Rengger in sechs Jahren nicht mehr als sechs Exemplare zu sehen bekam.

51b. **N. Oseryi:** le N. Osery Is. Géoffr. St. Hil. & Deville Compt. rend. XXXI. 1848. Cat. d. Primates 1851. 39. Archives du Mus. V. p. 555. Osery's Nachtaffe. Oben graubraunroth, zieht längs über dem Rücken in rothbraun, unten rothgelblich, zwei schwarze S-förmige Streifen an den Gesichtsseiten, ein anderer mitten auf der Stirn schwarz, ein schwarzer Fleck über jedem Auge, die vier Hände braun, Schwanz oben schwarz, unten theilweise braunroth. — Peru, am obern Amazonenstrome, bei Santa Maria de los Yaguas: Emil Deville. — Das eine bekannte Exemplar noch nicht 3 Decimeter, der Schwanz etwa 33 Centimeter. — „Ya" in Tabatinga. — Die Art steht zwischen N. felinus Spix, dessen kurze Haare sie hat, aber anders gefärbt, und N. lemurinus, mit dem sie in der Kürze der Ohren und der Färbung der Unterseite übereinstimmt. — Die Haare der Obertheile sind am Grunde auf einem grossen Theil braun, haben dann einen gelben Gürtel und endigen in zwei kleine, schwarze und rothgelbe Ringe, daher die graubraunrothe Färbung über die Seitentheile. Die Aussenseite der Gliedmaassen ebenso gefärbt, aber längs des Rückens bis zur Schwanzwurzel rothbraun. Brust, Bauch, Innenseite der Schenkel und Arme rothgelblich, welches an der Innenseite der Vorderarme und Schenkel, am Kinn und Unterhals rothgelb-weisslich wird. Hinterkopf nur dunkler, wie die Obertheile des Körpers. Unter dem sehr kurzen Ohr ein kleiner, gelblicher Fleck, da wo bei lemurinus ein weisser steht. Der Rest des Schwanzes ist schwärzlich oder schwarz, er ist dünner, als bei den übrigen Arten, weil die Haare kürzer sind, weshalb auch das Thier schlanker aussieht, besonders gegen lemurinus. Wurde nach dem Bergwerks-Offizier M. Eugène d'Oseby genannt, einem jungen Manne von grosser Hoffnung, welcher bei de Jaen von den Leberos-Indianern hingerichtet worden ist. Mr. Deville notirte über ihn: Nächtlich und ausserordentlich sanft. Sie gewöhnen leicht ein, schlafen den ganzen Tag und nehmen ihre Nahrung zur Nachtzeit. Dann sind sie so beweglich, wie faul am Tage und ihre grossen Augen werden dann sehr lebhaft und aufgeregt. Sie werden anhänglich an Personen, die sie liebkosen und füttern. Im Pariser Museum befinden sich zwei Weibchen. Eins, das typische, ist eben das vom Haut-Amazone in Peru, von Mss. Castelnau et Deville 1847 gesendet. Das zweite Exemplar wurde 1843 aus Columbien erhalten und hat dieselbe Färbung, nur die Schwanzwurzel ist unten röthlich und der Leib seitlich etwas mehr gelbgrau.

52. **N. lemurinus:** le Nyctip. lémurin Is. Géoffr. compt. rend. l. c. p. 1151. Cat. meth. Primat. 39. Archives du Museum IV. 1844. p. 24. pl. II. „Mico dormillon" Nouv. Grenade. Der Maki-Nachtaffe. — Pelz aschgrau, oben rothbraun überlaufen, Seiten und Aussenseite der Gliedmaassen aschgrau, Bauch und Brust (aber nicht Unterhals) gelb. Schwanz schwarz, mehr oder minder rothbraun gemischt, Haare unten rothbraun, oberwärts grauröthlich. Stirnfleck wenig ausgedehnt, zwischen zwei weisslichen Flecken, nach aussen noch jederseits eine schwarze Linie. Ohren sehr kurz. Variirt mehr rothbraun oder mehr schwarz, doch bleibt die Vertheilung der Farben dieselbe. — Neu-Granada. — Das Haar ist lang und weich, wie bei Lemur, auch die Färbung ähnlich. Die Rückenhaare 3—4 Centim. lang, schwärzlich, dann ziemlich ausgedehnt aschgrauröthlichbraun, Spitze rothgelb oder rothbraun und schwarz geringelt. Der Schwanz ist am Grunde oben mehr oder minder rothbraun aschgrau, unten rothbraun. Der übrige Theil ist langbehaart, die Haare am Grunde gelblich, am Ende schwarz und erscheint bald schwarz, bald gelb gemischt, je nachdem man die eine oder die andere Art von Haaren erblickt. Ohren hier weit kürzer, als bei N. felinus, dieser auch kleiner. N. lemurinus ist 36 Centim. lang, der Schwanz etwa ebenso. Die Abbildung zeigt ein Exemplar des Pariser Museum.

N. vociferans: ganz braun, nur unter dem Bauche blasser.

N. trivirgatus: weisser Nasenstreif, Pelz oben silbergrau, dunkler Rückenstreif, Schanz weit länger.

N. Miriquonina: weit grösser, Schwanz verhältnissmässig länger.

N. felinus: Pelz kürzer, besonders am Schwanz, Farbe und Zeichnung verschieden.

N. lemurinus: Augenhöhlen merklich breiter als hoch, verhältnissmässig breiter, als bei felinus, bei dem beide Durchmesser gleich sind.

Hirnschädel bei felinus merklich schmaler nach hinten als vorn, bei lemurinus nach hinten ziemlich ebenso breit als vorn. An der Unterkinnlade ist der Unterschied auffälliger. Bei felinus ist der horizontale Ast fast gleichbreit, hat also parallele Ränder, bei lemurinus ist der Unterrand ausgebogen, nach hinten also der Ast breiter, nach vorn weit schmaler. Am zweiten und vierten Backenzahne stehen die Ränder bei felinus um 9 Millim., unter dem sechsten um 10 Millim., bei lemurinus unter dem zweiten um 8 Millim., dem vierten 10 Millim. und dem sechsten 14 Millim. ab. Dies zeigt sich schon bei einem sehr jungen Exemplare. M. Goudot hat den lemurinus oft beobachtet und schreibt über ihn: „Bewohnt die grossen Wälder des gemässigten Districtes Quindiu in Neu-Granada, bis 1400 Metres und noch höher. Gewöhnlich geht er nur bei sinkender Nacht aus, lebt trupp-

3*

oder familienweise beisammen und scheint sich von manchen Lagen, wo er seine Nahrung findet, nicht weit zu entfernen. Wenn sie des Nachts thätig sind, lassen sie fast unaufhörlich einen kleinen, dumpfen Schrei hören, der wie „Douroucou" schwach und dumpf ertönt, ohne „li" (wie A. v. Humboldt schrieb). Sie sind sehr beweglich, Goudot sahe deren, welche immer in dieselben Striche kamen, um Guyaven zu fressen. Schiesst man nach ihnen, so ziehen sie sich zurück, kommen aber bald wieder vor. Am Tage blieben sie verborgen in kleinen Gesellschaften in den Gipfeln der Bäume und nicht der höchsten, aber stark belaubten. Vielleicht rühren auch die Haufen von trockenen Blättern und kleinen Reisern, die man da, wo sie sich aufhalten, findet, von ihnen her. Sie bilden eine Art von Nest, wenn sie am Tage schlafen. Es ist schwer, diese Lager zu entdecken und selbst wenn man die Bäume schlägt, kommen sie nicht heraus, ausser durch einen Schuss. Ihre Bewegungen sind aber dann langsamer, als in der Nacht. Das Weibchen trägt sein Junges auf dem Rücken. Die Eingebornen nennen diese Art „Mico-dormillon". — Obwohl er das Thier nicht in den östlichen Cordilleren gesehen, so ist es ohne Zweifel auch dort. Dr. Roulin sahe eins in Santa Fé de Bogota, welches aus der Gegend von Mesa, einem eine Tagereise weit von der Hauptstadt gelegenen Orte, gebracht worden war, wo sie auch unter dem Namen „Micos-dormilones" bekannt sind.

52ᵇ. **N. Spixii** Pucheran Rev. 1857. 835 et 352 descr. Spixens Nachtaffe. Gesichtsseiten, Kinn und Hals silbergrau, zieht am Vorderhals in schwarz und wird dann etwas gelblich. Bruststück, Bauch, Innenseite der Vorderglieder am Ursprung, an den Hintergliedern in noch weiterer Ausdehnung, hellgelb. Schwanz unten schwarz, zur Hälfte von der Wurzel aus röthelfarbig, dann graulichgelb. Misst über den Rücken 876 Millim., der verletzte Schwanz hält nur 254 Millim. Im Wuchs dem N. felinus ähnlich, Pelz minder lang und minder dicht, mehr wie bei N. Oseryi. Haar übrigens weich und lang. Genick und Oberhals gelbgrau, Seiten grau, ebenso die Aussenseite der Hinterglieder, die vorderen aussen mehr schwärzlich, innerseits mehr weisslich. Pfoten schwärzlich. Ueber den Rücken läuft ein rothbrauner Streif bis zur Schwanzwurzel, das Rothbraun nimmt noch ein Fünftheil auf der Oberseite des Schwanzes ein, übrigens ist der Schwanz grösstentheils schwarz. Ueber die Seiten und Aussenseite der Hinterglieder sind die Haare an der Wurzel einfach schwarz, übrigens silbergrau, wo schwarze Ringe da sind, sind sie kaum bemerkbar. Am Genick und der Oberseite zieht das Grau in Gelblich und das Schwarz der Wurzel dehnt sich weiter aus, dies ist besonders an den Vordergliedern sichtlich. Auf der Rückenmitte sind die Haare oberhalb der schwarzen Wurzel und schwarzen Punkte fast ganz röthelfarbig. Am Kopfe zeigt sich in der Mitte ein schwarzer Fleck, der erst viereckig ist, dann sich verschmälernd nach hinten verschwindet und als Linie quer von einer Seite zur andern hinter das Ohr. Rechts und links von dieser Linie beginnt eine andere über den Augenbrauen durch einen grossen, weisslichen Fleck, welcher sich einwärts beugt und sich verschmälernd nach dem Hinterrande des Mittelstreifs hinzieht. Das Weissliche der beiden Seitenbinden zieht in seinen hintern beiden Dritttheilen in gelblich; endlich ausserhalb der beiden letztern, rechts und links findet sich ein schwarzer Streif, minder breit als die angrenzenden, breiter aber und einförmiger in seinem Verlauf, als der Mittelstreif, welcher von aussen nach innen eine schiefe Richtung verfolgt und kaum nach hinten die Höhe des Ohres erreicht. — Also dem N. trivirgatus durch die silbergraue Farbe der seitlichen Theile und Aussenseite der Glieder ähnlich, von ihm aber verschieden durch die grosse Ausdehnung des Schwarz über den Schwanz, während bei jenem nur die Spitze schwarz ist. Auch die Zeichnung des Gesichts ist verschieden, die Streifen sind nicht parallel, die beiden seitlichen schwarzen treffen in der Mittellinie zusammen. Dagegen ist die neue Art dem N. Oseryi sehr ähnlich. Der Pelz ist etwas weniger dicht und grau. Durch die Kopfbinden zeigt er noch Analogien mit N. infulatus Gray gleanings from the Menagerie and Aviary at Knowsley Hall p. 1. pl. 1., aber sein ganzer Pelz weit heller. — Das Exemplar kam 1852 in die Pariser Menagerie, nachdem es in der Menagerie des Jardin des plantes gelebt hatte. (Revue l. c. p. 335.)

53. **N. vociferans** Spix 25. t. XIX. Le Babillard brun. Der schreiende Nachtaffe. Bartlos, zottig wollhaarig, Kopf röthlichbraun, von den Wangen steigen feine,

schwarzbraune Streifen empor zum Hinterhaupte, auf der Stirnmitte ein kurzer, schwarzer Fleck, über jedem Auge ein gelblicher. Schwanz kaum länger als Leib, von der Wurzel an auf ein Dritttheil rostfarbig, Zehen lang. Länge 1′ 2″, Schwanz 1′ ½″. Etwas kleiner als *N.* felinus. Ganz braun, um die Augen und Nase braun und nackt, Wangen, Lippen und Unterkiefer weissbehaart, die gelben Flecke über den Augen dreieckig, ein halbkreisförmiger Fleck ausserhalb der Augen gelbbraun, der Mittelfleck der Stirn braunschwarz. Die schmale, fast fadenförmige Linie jederseits an der Stirn läuft nach hinten. Die Leibeshaare weich und dichtstehend, auf dem Rücken, den Halsseiten und den Beinen an der Wurzel schwarz, spitzewärts rothgelb und schwarzbunt, von aussen braunglänzend, in der Rückenmitte nicht dunkler. Hals-, Brust- und Bauchhaare feinflaumig dicht und ochergelb, die auf dem Kopfe und Rücken anliegend. Ohren vorstehend, wenig abstehend, oben und unten behaart. Die mittlen Oberschneidezähne platt, die untern etwas kleiner als bei felinus. Die untern Eckzähne kleiner. Nägel etwas dicker als bei felinus, Hände stumpfer, Hinterdaumennagel mehr platt. Schwanz kaum länger als Leib. Spix entdeckte ihn gesellig lebend, also nicht ein einzelnes Exemplar, an der Grenze Brasiliens gen Peru in den Wäldern von Tabatinga.

IX. Callithrix Geoffr. Callitriche, Sagouin. Tabl. d. Quadrumanes Annal. d. Mus. XIX. 1812. Springaffen. Sagouinus Lesson Bim. et quadrum. 161. (Nicht Callithrix Illiger.) Kopf kurz, kugelig, grösste Höhe am Zusammentreffen der Stirn- und Scheitelbeine. Aufsteigender Unterkiefernast sehr hoch und breit. Schneidezähne ziemlich senkrecht, Eckzähne klein, kegelförmig und innen ausgeschweift, obere Backenzähne: 3 vordere einspitzig mit kleinem Grundhöcker innen, beide folgende grösste, breiter als lang, aussen zweispitzig, innen mit 2 kleinen Höckern, letzter ein kleiner Höckerzahn; untere: die 3 ersten einspitzig mit innerem Höcker, 3 hintere etwas länger als breit und vierspitzig. Rippenwirbel 12—13, Lendenwirbel 7, Kreuzwirbel 3, Schwanzwirbel 24—32. Kehlkopf gross, Eichel sehr klein. Pelz weich, Haare aufrecht, Schwanz lang und schlaff. Paarig und familienweise vom Wendekreise des Steinbocks bis nördlich gegen das Caraibische Meer in den grossen Urwäldern. Sehr lebhaft, schnell laufend und geschickt springend, sitzen sie dagegen in der Ruhe zusammengebückt auf den Zweigen und lassen besonders bei heiterm Wetter früh und abends ihre heisere Stimme vernehmen. Ihr Fleisch wird sehr gern gegessen. Sie sind im höchsten Grade sanft und anhänglich, daher jung leicht zähmbar.

54. 55. **C. personata** (Simia personata A. v. Humb. I. 357.) Geoffr. Ann. Mus. XIX. 1812. 113.*) Le Sa-uassu Max. N.-W. Beitr. II. 107. Abb. Lief. II. 1. Le Sagoin à tête & mains noires. The Sahuassu or Masked Tee-Tee Gray list 13. Der Masken-Springaffe. Gesicht nackt, schwärzlich, nur die Backen dünn schwarz und Nase dünn weiss behaart, Kopf schwarz, Scheitel braun, wie der übrige langhaarige Pelz. Männchen dunkler, Weibchen blasser. Hände schwarz. Länge 1′, Schwanz 1¼′. Die Rückenhaare werden bis 3″ lang. Junge Exemplare sind unregelmässig heller querwellig, ihre Iris graubraun. Männchen im Alter fahl rothbraun, Weibchen mehr fahlgelblich, stellenweise weissgrau Iris gelbbraun. — Ostküste Brasiliens. Maximilian N.-W. fand ihn zumeist in den grossen Urwäldern am Ufer des Itabapuana und des Itapemirim, dann am Iritiba, am Espirito Santo und über den Rio Doçe hinaus. Spix und Burmeister trafen ihn in den Küstenwaldungen und benachbarten Gebirgsstrichen der Provinz Rio de Janeiro. — Sitzt etwas zusammengebückt auf den Zweigen mit herabhängendem Schwanze, flicht aber schnell über die dicken Baumäste. Verräth sich durch seine der Brüllaffen ähnliche Stimme, die man früh und abends bei schönem Wetter vernimnt. Werfen ein Junges, das trägt die Mutter mit sich herum, die Jungen zieht man auf, sie lernen bald fressen und werden die sanftesten Affen, die man kennt. Wenn ihnen behaglich ist, schnurren sie wie eine Katze.

56. **C. nigrifrons** Spix 21. t. XV. Le Sagoin à front noir. Burm. Syst. Uebers. I. 31. Der schwarzstirnige Springaffe. Hellbraun, graugelb gemischt. Haare des

*) Geoffroy schreibt zwar „personatus", da aber ἡ θρὶξ weiblich ist, muss es personata heissen.

Rückens schwarzbraun und hellfahl undeutlich geringelt, Hände schwarz, Hinterglieder ziehen in rostfarbig. Stirn zollbreit schwarz, der Vorderkopf über ihr gelblichweiss, jene dunkeln Haare eigentlich braunschwarz, nur am Hintertheile spitzewärts mit einzelnen hellen Ringen. Nasenspitze und Lippen etwas weiss behaart. Schwanzspitze blasser. Iris umbra, nackte Gesichtshaut grauschwarz, oberes Augenlied bräunlichweiss. Ohren schwarzgrau, weiss punktirt, Hände unten schwarzbraun, Scrotum braungrau. Weibchen: Das Schwarz der Stirn, wie das Weiss des Vorderhauptes minder auffallend, Hinterhaupt, Wangen und Arme graulich, Schwanzspitze weisslich, Mittelhand nicht röthlich. Länge 1' 5", Schwanz ungefähr eben so lang. Spix erhielt beide Geschlechter in der Provinz Minas Geraës in den Strandwäldern am Flusse das Onças.

57. **C. melanochir** Max. N.-W. Beitr. II. 114. Abbild. Lief. IV. Le Gigó ou Sapajou gris. Call. incanescens Lichtenst. Mus. Berol. Portugiesich: Gigo. Botokudisch: Brukäck. Der schwarzbändige Springaffe. Gesicht schwarz, Nase und Maul grau, Gesichtsumkreis weissgrau behaart, oberhalb der Stirn bis zum Scheitel schwarz, Pelz breit über den Rücken schön braunroth, übrigens nebst Schwanz aschgrau, Hände schwarz. Länge 14", Schwanz 22". Einem kleinen Bären nicht unähnlich. Beginnt da, wo die personata aufhört, an der ganzen Ostküste Brasiliens, nördlich vom Rio Doçe, wenigstens bis zum Rio das Contas gemein und kommt ebenfalls in den inneren Waldungen des Sertong von Bahia vor. Er lebt in Familien oder kleinen Trupps von drei bis fünf Exemplaren auf den hohen Bäumen der grossen Urwälder und hat eine laute, röchelnde Stimme. Man schiesst ihn seines Fleisches wegen und jung gefangen wird er sehr zahm, zutraulich und sanft. Am Rio St. Matthäus und nördlicher an der Lagoa d'Arara: Burmeister.

58. **C. amicta** (Sim. — A. v. Humb.) — us Géoffr. Ann. Mus. XIX. 1812. 114. Cat. meth. Primat. 40. Der Springaffe mit weisser Halsbinde. Spix 19. t. XIII. Callitriche à fraise Géoffr. Le Sagoin à collier blanc Spix. Gesicht unrein fleischfarbig, dunkelbraun, Stirn schwarz und alle Läufe schwarz, Kehle weiss, Vorderhände orangegelb. Länge 1' 6¼", Schwanz 1' 7¼", Rückenhaare flaumig, 1½"; russigbraun, Mitte und Spitze kastanienroth und schwarzbunt, Kopfhaare kürzer rückwärts, kastanienroth, am Hinterkopf aufrecht, an Stirn, Schläfen, Wangen und Läufen schwarz, am Bauche und Schwanze ziemlich lang, braunschwarz. Hand, Daumennagel ziemlich lang. Gesichtswinkel 55°. Weibchen an der Stirn bis zum Scheitel schwarz, Rücken und Hüften mehr braun, das weisse Halsband schmäler. Brasilien, in den Wäldern bei Olivença am Flusse Solimoëns.

58ᵇ. **C. torquata** (Sim. — Hffgg. Mag. d. Ges. naturf. Fr. I. 86. 1807. X. p. 86. Humb. rec. I. 357.) Géoffr. Ann. Mus. XIX. 114. Cebus torquatus Fisch. syn. Callithr. lugens G. Cuv. régne. Less. Dict. class. XV. et compl. Saguinus torquatus Less. man. Sagouin à collier. The collared Tee-Tee Gray list p. 13. Der Halsband-Springaffe. Von voriger Art unterschieden durch fuchsrothe Unterseite, übrigens kastanienbraun mit weissem Halsband. Brasilien: Gross-Para. Lesson u. A. halten ihn für den Jungen des vorigen, aber Is. Géoffroy sagt, dies geschehe mit Unrecht. — Berl. Mus.

58ᶜ. **C. lugens** (Sim. — la Viduita. Humb. rec. d'obs. I. 319.) Géoffr. Ann. Mus. XIX. 1812. 113. Saguinus lugens Less. man. 56. S. vidua Less. Bim. et quadrum. 165. Der trauernde Springaffe. Cebus torquatus B. Fischer. Schwarz glänzend, Gesicht bläulich, viereckig, weiss gefleckt, schwarze Schnurren um das Maul, Kehle schneeweiss, Vorderhände weiss, Hinterhände schwarz. Scheitelhaare purpursprenkelig. Länge 15¼", Schwanz 19¼". In den Wäldern am Cassiquiare und am Rio-Guaviaré bei San Fernando de Atabapo, den Granitgebirgen am rechten Ufer des Orenoco, wo ihn die spanischen Creolen „viudita", die Marativanischen Eingebornen „Macavacahou" nennen. Frisst Früchte und kleine Vögel und benimmt sich sanft und graciös, obwohl etwas muthwillig. Indessen rührt der Name von seinem melancholischen Temperamente her. Nur ganz einsam war er muthwillig, näherte sich ihm Jemand, so beobachtete er stundenlang Alles, ohne sich zu bewegen.

58ᵈ. **C. infulata** (—us) LICHTENST. KUHL. Beitr. 38. 2. Saguinus — FISCHER
syn. 54. n. 36. Sagouin mitré LESS. 164. als Var. A? von personatus. Mützen-Springaffe. Oben grau, unten röthlichgelb, über jedem Auge ein grosser, weisser, schwarz gesäumter Fleck, Schwanz vom Grunde aus gelbröthlich, spitzewärts schwarz. — Brasilien. Berl. Mus. Vergl. 52ᵇ.

59. **C. cuprea** SPIX 23. t. XVII. A. WAGN. Münchn. Abhdlg. II. 451. t. 2. f. 4. Saguinus Moloch Var. A. LESS. Bim. p. 162. Der kupferrothe Springaffe. Rücken graulich schwarzbraun, Kopf röthlich, Wangen, Kehle, Brust, Bauch und alle vier Beine kupferfarbig, Schwanz an der Wurzel röthlichgrau, übrigens schwarzbraun oder schwarz, weiss überlaufen. Haare am Rücken, den Seiten, Oberarmen, Hüften und Schwanz russschwarz, spitzewärts schwarz und weisslich geringelt, anderthalb Zoll lang, die am Scheitel kürzer, röthlich oder gelbröthlich, an den Wangen, Halsseiten, der Brust, dem Bauch und der Schwanzwurzel, sowie den Beinen kupferfarbig, am Schwanz länger, auf ein Drittheil schwarzbraungrau, spitzewärts weisslich, am Kopf und den Beinen angedrückt, an den Wangen rückwärts und abwärts gewendet. Gesicht schwarz, kurz, fast nackt, Lippen weissflaumig, zerstreut schwarzborstig, Ohren etwas ausgekerbt, abstehend, etwas behaart. Zehen und Nägel schwarzbräunlich. Gesichtswinkel 47⁰. SPIX entdeckte ihn in den Wäldern am Solimoëns in Brasilien an der Grenze von Peru.

60. **C. Moloch:** Le Callitriche Moloch (Cebus — HOFFMANNSEGG Mag. naturf. Fr. Berl. I. 97. 1807. Sim. Moloch HUMB. obs. zool. I. 358. SPIX Denkschriften d. Acad. d. Wissensch. in München 1813. 330—32. t. XVII.) ET. GÉOFFR. Ann. Mus. XIX. 1812. 114. Is. G. ST. HIL. Archiv. d. Mus. IV. p. 33. pl. III. ad viv. Cat. Primat p. 41. Cebus Moloch FISCHER syn. 53. n. 34. The white-handed Tee-Tee GRAY list 13. Der Moloch-Springaffe. Kopf oben, Aussenseite der Arme und Vorderarme, Hüften und Schenkel aschgrau, weiss punctirt, Halsrücken, Rücken und Kreuz röthlich. Schwanz fast ganz rothbraun. Alle Hände rothgelbweisslich, unter- und innerseits lebhaft gelbroth. Länge 11" 6"', Schwanz 1' 2" 5"'. Grösse eines Eichhörnchens. — Kam krank in die Menagerie und lebte nur einige Monate, war sehr sanft, doch nicht besonders klug und immer frostig. Er blieb immer in seinem mit Hasenfell ausgeschlagenem Kasten und sonnte sich nur, wenn er es haben konnte, dann schien er sehr glücklich und blieb unbeweglich, indem er sein Behagen durch besondere dumpfe Brusttöne zu erkennen gab, daher ihn auch wohl die Beschauer den Singe ventriloque oder Bauchredner nannten. Der Reisende des Grafen HOFFMANNSEGG hatte ihn in Para in Brasilien entdeckt, wo man ihn „Oiabussa" nannte.

61. **C. donacophila** (—us!) D'ORBGY. Voy. mammif. 1836 et 1847. 10. pl. 5. Der Schilf-Springaffe. Gesicht schwärzlich, Pelz grau, zieht mehr oder minder in gelblich oder röthlich und in braun, Hände weiss, graulich, röthlich oder braun. Haare schwarz, weiss und roth geringelt, am Schwanze einförmig graubraun. Länge fast 1', Schwanz etwas länger. — In Peru 1830. In Bolivia 1834, in der Provinz von Santa Cruz de la Sierra, im Schilf lebend, in der Provinz Moxos mehr röthelfarbig, nur an den Ohren weisslich, Schwanz dunkel. Mr. D'ORBIGNY.

62. **C. discolor:** Le Callitriche discolore IS. GÉOFFR. ST. HIL. & DEV. compt. rend. XXXI. 1848. 498. Cat. d. Primates 1851. 41. Archives du Mus. V. 551. pl. XXVIII. Der verschiedenfarbige Springaffe. Pelz oberseits grau, mehr oder minder braunroth und punctirt, unterseits und fast über die ganzen Gliedmaassen sehr lebhaft kastanienbraun, Schwanz gelbgrau, gegen das Ende zu weisslich. — Brasilien und Peru, am Amazonenstrome und Ucayali. — „Ouappo" von den Pébas-Indianern, „Ouapyoussa" von den Missionären genannt. — Länge 3 Decimeter, Schwanz 3½ Decimeter. — Eine der schönsten Arten der Gattung, gehört zu der so merkwürdigen und zierlichen kleinen Zahl, welche sich um den seit 1807 bekannten C. Moloch HOFFGG., C. cupreus SPIX und donacophilus D'ORBG. gruppiren. Er hat oberseits lange, geringelte, unterseits minder lange, einfarbige Haare. Die Färbung zieht bisweilen mehr oder minder in rostrothbraun, eins hat nicht mehr Farbe als C. discolor. Auch der Oberkopf ist bei einigen graubraunroth punctirt, nebst

der Vorderstirn schwärzlich, bei andern grau, sehr schwach braunroth überlaufen, nur mit einigen schwarzen Haaren auf der Stirn. Gesicht nackt und schwarz, um den Mund herum weisse Haare. Der Schwanz ist am Grunde graurothbraun punctirt, wie die Oberseite des Körpers, von da an braun und weiss punctirt, nämlich die Haarspitzen weiss, endlich ganz weisslich. Die Haare dieser Partie am Grunde gelblich, in der Mitte mit schwarzem Gürtel, endlich weisslich. Nur wenige sind schwarzgespitzt. — Eine schöne Reihe von Exemplaren rührt von MM. Castelnau und Deville her. Ein ganz junges Exemplar ist nur oben mehr braunroth, so dass die Farbe den Ton der Unterseite hätte, wenn die Haare nicht punctirt wären. Der Name „discolor" soll sich hier darauf beziehen, dass alte Exemplare in der Färbung sehr verschieden vorkommen. Mr. Deville bemerkt über diese Aeffchen in seinem Journal: Nichts gleicht dem Anstande (gentilesse), womit diese kleinen Affen sich von einem Baume zum andern schwingen, die Weibchen tragen dabei ihre Jungen, sie bieten da die Leichtigkeit und Sicherheit eines Vogels. Sie sind halbnächtlich, wie schon die grossen Augen zeigen und wie sie sich auch bewährt haben. Sie leben in kleinen Trupps in den grossen feuchten Wäldern um den Amazonenstrom. Den Tag über kugeln sie sich zusammen und lassen bisweilen einen kleinen, dumpfen, mehr innerlichen Schrei hören, deshalb nennt man sie auch Bauchredner: Singes ventriloques oder chantants. Zur Nacht sind sie äusserst behende, wie alle Dämmerungsaffen. Im allgemeinen sind sie überaus sanft, aber wenig intelligent. Sie fressen Früchte und Insecten. Sie sind leicht einzugewöhnen und fressen da Alles, was man ihnen giebt, doch lieben sie besonders gekochtes Fleisch und süsse Nahrung. In Europa widerstehen sie sehr schwer dem kalten Klima. Mit grosser Vorsicht erhält man sie länger.

63—66. suppl.

67. **C. cinerascens** Spix 20. t. XIV. Le Sagoin à couleur de souris. Der mäusegraue Springaffe. Gesicht klein. Rücken und Hinterhaupt braun und schwarz gemischt. Stirn, Beine und Unterseite aus schwarz und braun, Schwanz schwärzlich. Länge 1' 7¼", Schwanz 1' 6", Hinterhaupt- und Rückenhaare 1¼" lang, russschwarz, spitzewärts schwarz und rostfarbig bunt, die am Kopfe kürzer, aschgrau, rückwärts stehend, die der Unterseite an Wurzel und Spitze weisslich, in der Mitte schwarz geringelt, weiss gespitzt, an den Händen und Füssen kürzer aschgrau schwärzlich, am Schwanz blassbraun an der Wurzel, in der Mitte bisweilen weisslich, spitzewärts schwarz. Das kleine Gesicht auch über den Augen ziemlich nackt. Haare mehr aufrecht, schwarz aschgrau, an den Kinnbacken (malae) bärtig, an den Wangen (genis) weissgraulich etwas behaart, Härchen klein, rückwärts. Lippen weissflaumig und zwischen schwarzen Borsten, Ohren ziemlich kurz, nach der Basis ausgekerbt, am Rande behaart. Nägel schwarzbraun, kürzer, spitzlich. Mittle Oberzähne breit, etwas rundlich, von den seitlichen kleinern und dünnern etwas abstehend, untere verdünnt, länger, genähert. — Brasilien, an der Grenze gen Peru, in den Wäldern am Flusse Putomaio oder Iça, von Spix entdeckt. Der grosse Affe wurde von A. Wagner und Lesson für den Jungen des kleinen C. melanochir gehalten.

68. **C. gigot** Spix 22. t. XVI. Le Sagoin Chigo. C. gigo Is. Géoffr. Cat. meth. Primat. 40. n. 3. Der Gigot-Springaffe. Zottig, braun, aschgrau. Schwanz röthlichbraun. Hände, besonders Füsse, zottig, schwarz. Ohren und Kinnbacken schwarz behaart. Kinn und Kehle bartlos. Länge 1' 8", Schwanz 1' 8". Robuster und zottiger als nigrifrons, Haare am Leibe 2½", an der Wurzel braunschwarz, in der Mitte unrein braun gebändert, spitzewärts unrein weiss und schwarz geringelt. Kopfhaare kürzer, doch länger als bei nigrifrons, an der Wurzel schwarz, an der Spitze weissröthlich, über den Augen bis zur Nasenwurzel schwarz, rückwärts stehend, die Schwanzhaare an der Wurzel rostfarbig, spitzewärts blass rostfarbig und schwarz gefleckt, am Bauche schwarz aschgraulich flaumig, an Händen und Füssen zottig, ganz schwarz. Gesicht etwas dick, schwarz, etwas behaart, Lippen weiss behaart, Backen aschgrau und schwarzbärtig, über den Augen und an der Nasenwurzel, auch auf den Lippen stehen zerstreute schwarze Borsten. Zehen schwarzzottig, an den Händen ziemlich gleichlang, Fussdaumen von den andern Zehen entfernt, Nägel schwarz, etwas gekrümmt, spitz, vorstehend, die der Daumen platt. Während Spix

über das Vorkommen nichts sagt, so berichtet Is. Géoffroy a. a. O., dass er den Affen aus Brasilien, von Obidos am Amazonenstrome durch Mss. de Castelnau und Deville 1847 erhielt. Das Exemplar hatte dieselbe Farbenvertheilung wie das von Spix, doch weit dunkler, nicht blos die Stirn, sondern der Kopf schwarz, doch zeigen punctirte Haare an ihm, dass bei dem jüngeren Thiere nur die Stirn schwarz ist.

69. **C. caligata** Natterer Erichs. Arch. 1842. 357. A. Wagn. Münchn. Abhdlg. V. 454. Der gestiefelte Springaffe. Fuchsroth, Stirn und Scheitel glänzend schwarz, dazwischen eine graue Binde. Haare am Leib und den Beinen weissgran gespitzt, Schwanz von der fuchsrothen Wurzel an weisslich, alle Hände schwarzgrau. Länge 12½″, Schwanz 14½″. Natterer entdeckte ihn in Brasilien bei Borba und am Rio Madeo und Rio Soli-moëns. Wir geben hier die erste von Herrn T. F. Zimmermann gefällig für uns gefertigte Abbildung.

70. **C. brunnea** Natterer Erichs. Archiv 1842. 357. A. Wagn. Münchn. Abhdlg. V. 454. Der braune Springaffe. Dunkelbraun, Gesicht schwarzgrau, Stirn schwarz, Oberkopf und Vorderrücken durch die weisslichen Haarspitzen stark weissgrau überlaufen, nur die Schwanzspitze weisslich, Hände schwarz. Länge 12½″, Schwanz 17½″. Von Natterer aus Brasilien mitgebracht, ebenfalls im K. K. Hofnaturaliencabinet in Wien und hier zum erstenmale abgebildet, nach einem trefflichen Gemälde des Herrn T. F. Zimmermann. Ein grösseres Exemplar vor mir messe ich 15″, Schwanz 15″. Die Haare, welche grösstentheils zweimal schwarzgrau und zweimal weissgrau sind, ersteres an der Wurzel, letzteres am Ende, ragen noch 2″ über die Schwanzruthe hinaus.

70b.? **C. chlorocnemis** Lund. aus dem Thale des Rio das Velhas ist mir weder in Abbildung noch Beschreibung zugekommen.

X. Pithecia (Simia Pithecia Linn.) Desmarest, Géoffroy, G. Cuvier, Illig. Saki, Singe de nuit. Schneidezähne gedrängt, obere schief und breiter, untere schmal, vorgestreckt, mit der Spitze zusammengeneigt, gesondert von den Eckzähnen, diese stark, dreikantig. Kopf rund, Schnautze kurz. Pelz langhaarig, Haare gerade. Schwanz lang, gleichhaarig, dünn walzenförmig, die Haare von der Ruthe aus nach allen Seiten ringsum gleichförmig hinstehend.

71—72. **P. rufiventer** (Simia — Humb. rec. I. 359. 29.) Géoffroy Annal. Mus. XIX. 116. n. 3. Sim. Pithecia Audeb. VI. sect. 1. f. 1. Saki à ventre roux G. Cuv. Caqui Marcgr. Sagouin ou Singe de nuit Buff. sppl. VII. 114. f. 31. Sagoin ou Singe de nuit Latr. II. 196. pl. LXXII. Cebus Pithecia Fischer. Rothbäuchiger Saki. Schwarzbraun, die langen Haare besonders an den Vordergliedern gelblich geringelt, um das Gesicht sind die Haare wie kurz abgeschoren, ledergelb, die ganze Unterseite des Leibes von der Kehle bis zum After blassröthlich ochergelb. Hände schwärzlich behaart. Die Haare am Scheitel divergiren, wie schon Desmarest bemerkt, und bilden eine Art Mütze. Die Backen umgiebt schwarz nach hinten, wie unsere vordere Figur zeigt, während die hintere das junge Thier darstellt, an welchem dieser Farbenunterschied noch nicht hervortritt. Zu diesem jungen Thiere gehört jedenfalls die Pithecia rufibarbata Kuhl. Bcitr. p. 44. Die merk-würdigste neuere Bestimmung ist unstreitig die, dass J. E. Gray seine eigene P. pogonia (s. unsere no. 81), auf die wir sogleich zurückkommen werden, hierzu zieht. — Dieser träge, nächtliche Affe findet sich in Cayenne und Surinam und dürfte seltener lebendig nach Europa gelangen, während Exemplare in Museen ziemlich verbreitet sich vorfinden. Ein Exem-plar vor mir messe ich 10″, den Schwanz 10½″, doch die Haare noch 1½″ darüber hinaus, an ihnen wechselt dunkelgrau und hellgraulichweiss dreimal und die Spitze ist von letzterer Färbung.

73. **P. capillamentosa**: Le Saki a Peruque Spix 16. t. XI. Stirn und Gesicht wie abgeschoren, schwärzlich. Scheitel, Rücken und Schwanz langhaarig, schwarzbraun. Hals, Brust und Bauch rothgelb wollartig. Alle Hände schwarz. Länge 11¾″, Schwanz 10¾″, die Haare am Rücken, Hinterhaupt und Schwanz 3″, braunschwarz, steif, auf dem Kopfe und Schultern an der Spitze röthlichweiss, vom Scheitel aus strahlig bis über die Stirn wie eine Perrücke verbreitet, an der Stirn, den Schläfen und Backen kürzer, graulichweiss und vor-

wärts gerichtet, von den Backen gegen die Kehle hin in einen zweizeiligen Bart zusammenfliessend, über den Augen an der Stirnschneppe rückwärts gerichtet, an Armen und Schienbeinen ziemlich kurz, schwärzlich, an allen Händen ganz schwarz, an Brust und Bauch wollig, rothgelb, Gesicht schwarz, stumpf, um die Nase ziemlich nackt, auf den Lippen und dem Kinn weissliche und dazwischen schwarze Härchen, auf den Wangen ein unrein weisslicher Bart, Ohren rund, nackt, von der Behaarung verdeckt, Kehle ziemlich nackt. Obere Mittel- und Schneidezähne platt, kürzer, sehr vorstehend, äussere kleiner, zurückstehend, untere genähert, länger, kaum vorstehend, Eckzähne mittelmässig, gleich. Hinterdaumen länglich, deutlich entgegenstellbar. Hand kurz, Nägel gewölbt, vorragend, spitz, auf den Daumen, besonders den vorderen, flacher. — Wird von A. WAGNER, LESSON und J. E. GRAY für einerlei mit rufiventris gehalten, von Is. GÉOFFROY indessen nicht dazu citirt, auch will die Beschreibung der Haare, ohne weisse Ringe, sowie die nächste Umgebung des Gesichts, nicht dazu passen, weshalb wir durch Wiedergabe der Beschreibung des Autors auf die Nothwendigkeit hindeuten, hier die Beobachtungen noch fortzusetzen. SPIX giebt das Vaterland nicht an, also nur im Allgemeinen: Brasilien.

74. **P. chrysocephala**: Le Saki à tête d'or Is. GÉOFFR. ST. HIL. Compt. rend. XXXI. 1850. 875. Catal. d. Primates 1851. p. 55. Archives du Mus. V. 557. Vorderkopf und Gesicht kurz lebhaft rothgoldig behaart, Mittellinie längs über die Stirn schwarz, Körper und alle Gliedmaassen langhaarig schwarz. Grösse wie Y leucocephala, auch überhaupt dem bekannten Yarké sehr ähnlich, aber, wie der Name beider ausdrückt, doch die Farbe des Gesichts verschieden; vorzüglich aber durch das schlichte, nicht lockige Haar. Das junge Thier hat punctirtes Haar und ist auf der Unterseite bräunlichroth, zieht unter der Kehle in roth, der Kopf wie bei dem alten. J. E. GRAY zieht Proceed. 1860. 230. seine P. leucocephala Sulphur. p. 12. mit der Abb. des Kopfes pl. II. hierher, was ganz richtig ist, wie seine Worte in der Beschreibung: „hair of the body, limbs and tail very long and strait" beweisen, denn die echte P. leucocephala ist ein Pudelaffe und hat ebenso gewiss wie inusta und hirsuta lockige Schwanzhaare. — Brasilien, am Amazonenstrome: Mr. DEYROLLE. 1850 Pariser Museum.

XI. Yarkea LESSON Bim. et Quadr. p. 176. Yarqué, Pudelaffen. Haare am Kopf und Hals wie abgeschoren, sehr kurz und steif, Kinn wollig. Behaarung des Leibes, insbesondere die des langen Schwanzes sehr lang und lockig. Nächtliche, einsam lebende Affen Guiana's.

75—76. **Y. leucocephala** (Simia — HUMB. rec. I. 359. 22. Pithecia — KUHL Beitr. 44.) LESSON Bim. et Quadr. p. 177. Yarké DE LA BORDE, BUFFON suppl. VII. Simia leucocephala AUDEB. 6. sect. 1. f. 2. LATREILLE hist. d. singes II. 202. pl. LXXIII. Le Saki à tête blanche. — Nase, Maul und Ohren nackt und schwarz, die rasirten Haare auf dem ganzen übrigen Gesicht gelblichweiss, oben tritt vom Mittelpunkte der Stirn eine schwarze Schneppe herein, unten dagegen bleibt das Kinn frei von den weisslichen Borsten; der ganze Körper nebst allen Gliedmaassen kohlschwarz. Ich messe 14½", Schwanz 15". Die Behaarung ist der der Coaita's zu vergleichen, 3½ Zoll lang, etwas grob, die Haare über dem Rücken und die Aussenseite der Glieder und Oberseite des Schwanzes weisslich gespitzt SCHOMBURG Brit. Guiana III. 771. 10. sagt, er habe sie häufig in den hohen Küstenwäldern, aber nur immer in kleinen Gesellschaften von 0—10 Stück beobachtet. Das Weibchen sei hasengrau. Zeigt durchaus nicht die den Affen sonst eigenthümliche Lebhaftigkeit, ist mehr träge und langsam.

76b. **Y. ochrocephala** (Pithecia — MUS. TEMM. KUHL Beitr. 44.) RCHB. Die kurzen Gesichtshaare besonders an der Stirn weisslich ochergelb, unter den Augen ein Bart von derselben Farbe. Stirnhaare in der Mitte längs getheilt. — So gross als vorige Art. — Haare auf der Oberseite des Schwanzes und an der Aussenseite der Gliedmaassen kastanienbraun, Spitzen gelblichweiss, auf den Extremitäten sehr gross, am Rücken kaum sichtbar, an der Schwanzspitze fehlend. Hände braunschwarz. Unterseite und Innenseite der Gliedmaassen aus röthlich graugelb. — Die von A. WAGNER bei P leucocephala gegebene Nachricht, dass nach TEMMINCH's Vermuthung diese Art das Junge jener sei, findet er selbst nicht unterstüzt und sie verliert am meisten dadurch, dass das Exemplar so gross ist, als jene. J. E. Gray erwähnt sie wieder Proceed. 1860. 230. bei chrysocephala und fragt, ob die kastanienbraune Farbe vielleicht durch das Halten des Exemplars in der Gefangenschaft entstanden sein könne, was kaum Jemand bejahen dürfte. Da Kuhl's Beschreibung unzureichend, und namentlich auf die so wichtige Richtung der Haare gar keine Beziehung genommen ist, so dürfte nach Is. Géoffroy's Nachricht über das „brun-roussâtre" seines jungen Saki à tête d'or Cat. Primat. 55. wahrscheinlich werden, dass Kuhl's Species ein Saki und vielleicht gar dieses Junge selbst sei.

77. **Y. inusta** (Pithecia — Spix 15. t. X. Temm. mon. 15. Y. leucoc. jeune age? Less. 178.) Rchb. Kopf, Hände und Sohlen weisslichgelb, wie rasirt, übrigens sehr zottig schwarzhaarig, Hals unten rostfarbig, Brust und Bauch schwarz. — Länge 1″ 7‴, Schwanz gleichlang. Schwächer gebaut, als hirsuta, Haare am Leibe, den Beinen und dem Schwanze 2¼″ lang, schwarz, Wurzel braun, Spitze rostfarbig, nicht selten klein weiss gespitzte dazwischen, an den Rückenseiten, auf dem Halse und den Schultern noch länger und wallend, auf dem Arme und den Schienen kürzer aufliegend, an Brust und Bauch sparsamer, am Unterhals braunröthlich, am Kopfe, den Händen und Sohlen klein, blass ochergelb, vom Scheitel nach der Stirn vorwärts und von den Backen nach der Kehle dicht zusammenfliessend. Gesicht und Kinn schwarz, ocherflaumig, Ohren nackt, von den längeren Hinterhauptshaaren bedeckt. — Spix entdeckte diese Art in Brasilien in den Wäldern von Tonantin, am kleinen Fluss Solimoëns bei Tabatinga. A. Wagner sagt, die P. inusta sei eine P. hirsuta, bei welcher am Vorderkopf die gelbliche Farbe die Oberhand gewonnen und die schwärzliche des Gesichts ganz verdrängt habe. Is. Géoffroy vermeidet vorsichtig, sie zu erwähnen, und J. E. Gray zieht sie zu chrysocephala, welche aber ein Saki ist und mit einem Yarkea nicht gleich sein kann. Es wird demnach am sichersten sein, noch weitere Beobachtungen im Vaterlande des Thieres abzuwarten.

77ᵇ. **Y. albicans** (Pithecia — J. E. Gray Proceed. 1860. 231. pl. LXXXI.) Rchb. Haare sehr lang und locker, an Kopf, Hals und Obertheilen der Schenkel weisslich, an Schultern, Rücken, Seiten, Schwanz und Vorderbeinen schwarz, kurz weiss gespitzt, an den Hinterbeinen, Halsseiten, der Innenseite der Lenden, Brust und Bauch röthlich. Kopfhaare sehr lang, einen grossen Theil des Gesichts bedeckend. Jung: Haare an Kopf, Hals und Schultern sehr lang, noch länger als bei den Alten, an der Wurzel schwärzlich, an der Unterseite des Rumpfes mehr röthlich, Schnurrbart deutlicher. Brasilien, am obern Amazonenstrome: Mr. Bates. Fehlt Angabe der Grösse, der Farbe des Gesichts, der Hände und Sohlen. Die Abbildung konnte ich noch nicht erhalten.

77ᶜ. **Y. albinasa** (Pithecia albinasa: le Saki à nez blanc Is. Géoffr. St. Hil. und Deville Compt. rend. XXVII. 1848. 498. Cat. Primates 1851. 56. Archives du Mus. V. 559. J. E. Gray Proceed. 1860. 57.) Rchb. Ganz schwarz, nur ein weisser Fleck auf der Nase. Schwanz so lang als Leib. — Brasilien: Provinz Para: MM. Castelnau & Deville. — Länge 2½ Decimeter. — Das einzige junge Exemplar trafen die genannten Herren in Gefangenschaft bei den Indianern zu Santarem, welche es ihnen überliessen. Die Oberkopfhaare gehen alle von einem Scheitelpunkte nach aussen. Die vor diesem Punkte stehenden richten sich parallel und sehr anliegend nach den Augenbraunen. Es ist möglich, dass die Stirn bei den Alten nackt ist, wie bei einigen andern Arten der Gattung.

78—79. **Y. hirsuta** (P. hirsuta: le Saky-ours Spix. 14. t. IX.) Rchb. Haare schwarz, sehr lang, an der Spitze wollig. Innenseite der Schienbeine weisslich oder röthlich, am Kopf kürzer, braunschwarz oder schwarzbraun, russig, etwas kraus, an der Kehle zu einem mittelmässigen Barte verfliessend, Hände und Sohlen gelbschwarz. — Länge 1′ 9¼″, Schwanz 1′ 6¼″. Haare ziemlich stark, 3—4″ lang, schwarz, spitzewärts vorwärts gebogen und weissröthlich, an den Rückenseiten zottig herabhängend. Am Kopf wie rasirt, schwarz, russfarbig gespitzt, vom Scheitel über die Stirn, von den Backen vorwärts und auf die Kehle zusammengeneigt, an der Stirn nicht gescheitelt, an den Händen und Sohlen sehr kurz, blass russfarbig, an der Brust länger, aus schwarz röthlich, am Bauche, besonders an den Schulterseiten und der Innenseite der Hüften zerstreuter und schwarz. Hals unten ziemlich nackt.

4*

Gesicht kurz, schwarz, über den Augen, auf Nase und Kinn nackt, an den Wangen mit kurzem, borstigen, unrein weisslichen Backenbart, welcher vom innern Augenwinkel zum Mundwinkel herabläuft, dann rückwärts; auf den Lippen weissliche Härchen. Ohren länglich, nackt. Untere Schneidezähne länger als obere und dünner. Gesässschwielen, Aftergegend und um die Schwanzwurzel und das Hüftgelenk ziemlich nackt. Vorderbeine kürzer, Zehen schlank, besonders die der Fusshände sehr lang. Gesichtswinkel 47°. Jung hat er die Stirnhaare noch länger, Hände weisslich. — Spix traf diese Art in Brasilien in Wäldern zwischen den Flüssen Solimoëns und Negro. Die Eingebornen nennen alle zottigen Affen Paraoua. Spix berichtet, dass diese Affen früh und abends aus den Wäldern herauskommen, dabei in grossen Trupps versammelt sind und die Luft mit ihrem durchdringenden Geschrei erfüllen. Sie sind äusserst flink und vorsichtig und der Jäger erlangt sie nur schwer. Bei dem geringsten Geräusch fliehen sie mit grosser Schnelligkeit in das Innere der Wälder. Einmal gezähmt, sind sie aber sehr anhänglich an ihren Herrn, kommen auch jedesmal zu ihm, wenn sie ihn essen sehen und fliehen zu ihm, wenn sie sich fürchten. Er hatte mehrere Exemplare verglichen, alle waren schwarz, mit schwarzem Gesicht.

80. **Y. monacha** (Pithecia monachus Géoffr. Ann. Mus. XIX. 116. 4.) Rchb. Saki moine Desmar. 91. 90. Kuhl Beitr. 45. Simia monachus Humb. obs. I. 359 n. 30. Aus rothbraun und rothgelb gescheckt, Hinterhauptshaare ziemlich lang, Stirn nackt: A. v. Humboldt. Pelz gescheckt aus grossen rothbraunen und goldfarbigen Flecken, Haare grösstentheils an der Wurzel braun, spitzewärts rothgoldig, Kopfhaare vom Hinterhaupt strahlig über den Scheitel: Géoffroy. Haare sehr lang, sehr dicht, von der Spitze an rothbraun, nur die äussersten Spitzen ochergelb, an den Kopfseiten und dem Vorderhaupt angedrückt, einige wenige blass aschgrau ochergelb, an der Stirnmitte nicht getheilt, am Hinterkopf strahlig, sehr dicht. Haare an den Händen kurz, angedrückt. Unter allen die kleinste Art. Pariser Museum. Kuhl. — Diese Beschreibungen vereinigt man mit voriger Art, auf welche kein Wort passt. Allerdings erscheint für diese Vereinigung als die wichtigste Autorität Is. Géoffroy in seinem Cat. meth. Primat. 53., wo er den Saki moine: Saki monachus als Pithecia monachus seines Vaters Annal. Mus. XIX. aufführt und dazu sagt: „Diese Art, lange Zeit sehr selten, könnte als zweifelhaft angesehen werden, nicht allein weil Mr. Géoffroy St. Hilaire sie im J. 1812 nach einem einzigen Exemplare, das er aus Portugal mitgebracht, beschrieben hatte, sondern bis in diese letzten Jahre.“ Die Expedition von M. de Castelnau erlaubt uns, P. monachus als eine vollkommen bestätigte Art zu betrachten. Sie setzt uns auch in den Stand, zu versichern, dass P. hirsuta Spix von P. monachus nicht verschieden ist. Diese Art ist von allen vorhergehenden dadurch wohl verschieden, dass ihr Kopf vorn über eine grosse Ausdehnung rasirt ist, ihre langen, schwarzen Haare weisslich gespitzt und vorzüglich ihre Hände weisslich sind. Das typische Exemplar ist das von Géoffroy St. Hilaire 1808 aus Portugal mitgebrachte Exemplar aus Brasilien. An diesem jungen Exemplare sind die Haare des Vorderkopfes weisslich. (Warum bleibt aber hier Alles, was oben in Géoffroy St. Hilaire's eigener Beschreibung und in der von A. v. Humboldt, Desmarest, Kuhl u. A. gesagt worden ist, ganz unberührt?) — Zwei Männchen, zwei Weibchen und ein junges Männchen aus Peru vom Haut-Amazone, Ucayali und Rio Javari kamen 1847 von Mss. de Castelnau und Deville unter dem Namen „Parauacu“. Bei den Alten variirt die Stirn von braunroth in grau; die Bauchhaare sind bald schwarz und punctirt, bald weiss mehr oder minder ausgedehnt gespitzt. Aehnlicher Wechsel zeigt sich am Körper. Das Junge, 5—6 Tage alt, hat minder lange Haare, ist aber schon schwarz und weiss gescheckt. — Hier fällt also auf, dass die Jungen nunmehr ganz anders beschrieben werden, als dies von allen Schriftstellern vormals geschehen. Offenbar findet man sich mehr befriedigt, wenn man die Pithecia Pogonia Gray (s. folg.) mit obigen Beschreibungen vergleicht. — Sucht man einen Anhaltungspunct für die Bestimmung der P. monacha durch die von Géoffroy Annal. XIX. auf S. 117 gegebene Anmerkung: dass möglicherweise Buffon Suppl. Bd. VII. pl XXX. nach einer P. monacha habe fertigen lassen, so ist auch diese Nachweisung nicht im Stande, eine Aufklärung geben zu können. Latreille hist. nat. d. Singes II. p. 194. beschreibt L'yarqué des M. de la Borde und bildet denselben dabei pl. LXXI. ab. Auch diese Abbildung ist deutlich nur das Junge vom Saki, den Buffon

XV. 90. pl. XII. (Schreb. t. XXXII. Latreille p. 191. pl. LXX.) giebt und den wir hier unter Fig. 80 wiedergeben, weil er mit Gewissheit bis heute noch nicht bestimmt ist und meist zu Pithecia rufiventris citirt wird, welche nur in der Beschreibung mit erwähnt ist.

81. **Y. pogonias** (Pithecia Pogonias), the whiskered Jarke, J. E. Gray Ann. Mus. v. H. N. 1842. 256. Sulphur p. 13. pl. II. Rchb.) Kopf behaart, Gesicht rundlich, Haare schwarz und gelb gespitzt; Vorderkopf, ein Streif über den Scheitel und Wangen von langen, dichtstehenden Haaren bedeckt, Rücken und Lendenhaare schwärzlich, mit breitem weissen Ring vor dem Ende, an den Beinen kurz und schwarz. Unterscheidet sich von Y. leucocephala mit der sie im behaarten Gesicht übereinstimmt darin, dass die Leibeshaare nicht rein schwarz sind und von irrorata darin, dass Gesicht, Wangen und Vorderkopf nicht nackt sind. Brasilien: British Museum. — „Diese Art ist in den Londoner Sammlungen so häufig, dass man kaum begreifen kann, dass sie noch unbeschrieben ist. Obgleich sie der Pithecia rufiventris und rufibarbata Kuhl, sowie der P. capillamentosa Spix in Pelz und allgemeiner Färbung ähnlich ist, so unterscheidet sie sich doch durch eine grössere Menge röthlicher Haare, am Umfange der Brust, als bei irgend einer andern. Dennoch passt weder eine Beschreibung noch eine Abbildung auf diese unsere Art, von welcher ein Exemplar dem andern gleicht und kaum irgend eine Abweichung bietet." — Soweit die Worte des Autors, die wir mit nicht geringer Freude gelesen, da uns hier endlich offenbar jene mysteriöse Pithecia monachus Géoffr., Desmaret's, A. v. Humboldt's, Kuhl's u. A. insbesondere bei Anblick der schönen Abbildung Sulphur pl. II. mit allen ihren jener P. monachus zugeschriebenen und bei Vergleichung mit P. hirsuta Spix gänzlich unerwähnten Flecken in ihrem rothgelb und goldroth, wirklich vor Augen erschienen. Um so peinlicher ist nun die Empfindung wenn wir sehen, dass J. E. Gray Proced. 1860. p. 320. 3. seine eigene Pithecia Pogonias „so abundant in the London collections" hier wieder aufhebt und zu P. rufiventris und capilla mentosa zieht, was darum gänzlich unstatthaft ist, weil diese wegen ihres schlichten Haares echte Sakis sind, seine P. pogonias aber durch seine schöne Abbildung als eine echte Yarkea, mit gebogenem lockigem Schwanzhaare, sich unwiderruflich erweist. Wir empfehlen also die Ansicht zur weiteren Prüfung, dass in dieser Y. pogonias die ursprüngliche P. monachus Geoffr., deren Beschreibung nur allein auf sie passt, wieder erkannt worden sei. Brasilien.

82. **Y. irrorata** (Pithecia J. E. Gray Ann. Mag. N. H. 1842. 256. Sulphur p. 14. pl. III. Rchb. Gesicht nackt, nur mit wenigen geschornen und zerstreuten weissen Haaren, vorn an den Ohren längere. Leibeshaare sehr lang und härtlich, dunkelschwarz, durch lange weisse Spitzen weiss gefleckt, Brustseiten röthlichweiss, Hände kurz und weiss. Länge über 2′, Schwanz noch länger. — Haare überall stark gekrümmt, bis 4″ lang. Im Leben ist das Gesicht wahrscheinlich fleischfarbig und nur unter den Augen, an den Wangen und um den Mund stehen die weissen Haare ein wenig dichter beisammen, übrigens ist das Gesicht kahl. — J. E. Gray sagt a. a. O. selbst, dass die Figur der Pitheçia hirsuta Spix nicht zutreffe, auch seine Beschreibung die Behaarung des Gesichts ganz verschieden beschreibt. Aber auch hier finden wir dass der Verfasser seine Ansicht geändert hat und Proced. 1860. 230. seine P. irrorata mit P. hirsuta Spix zusammengestellt, als P. monachus aufführt, ohne zu beachten, dass Géoffrois ursprüngliche Beschreibung, so wenig als die von Desmaret, A. v. Humboldts und Kuhl hierher gezogen werden könnte, während sie auf seine P. pogonias sehr gut passt, welche aber Js. Geoffr. wohl nicht vorliegen hatte, als er seine P. monachus Cat. meth. p. 55. besprach. Brasilien: Natterer.

XII. Cebus Erxleben ex parte. Rollaffen, Wickelaffen. Sai, Sajou, Sapajou. — Wickelschwanz ringsum gleichförmig behaart! Kopf gross, Schnauze kurz, Augen klein, Leib schlank. Eckzähne bei den Männchen besonders auffällig gross. Lendenwirbel bei einigen 5, bei andern 6, doch sind noch zu wenige Arten im Skelet untersucht und werden die nicht untersuchten nur vermuthungsweise untergeordnet. — Burmeisr vertheilt sie folgendermaassen: I. fünf Lendenwirbel: 1 C. fatuellus L. jung: apella L. 2. robustus Max. N.-W. (variegatus Géoffr S: cirrifera Humb.) 3. Monachus Fr. Cuv. (xantho-

sternus Max N.-W. xanthocephalus Spix, — II. sechs Lendenwirbel: 4. capucinus Eicxl,
(libidinosus Spix olivaceus Schomburgk adult. flavus Gé̱offr. griseus Fr. Cuv. fulvus D'Orby.
gracilis Spix. chrysopus Fr. Cuv. albifrons Humb. nigrovittatus Natter.) 5. cirrifer Max.
N.-W. (niger Géoffr.) 6. hypoleucus Geoffr. — Erxleben verstand unter seiner Benennung
auch alle übrigen Wickelschwanzaffen mit und erst Géoffr. hat die Gattungen richtig gesondert. — Diese Gattung ist die schwierigste, da die Arten sehr variiren, wodurch A. Wagner
veranlasst wurde alle, auch die verschiedensten Formen in einer einzigen Art zu vereinen.
Burmeister sprach sich besonders dagegen aus und hat in seiner Abhandlung „Ueber
Arten der Gattung Cebus. Halle 1854" zum Theil na·h eigner Beobachtung im Vaterlande, den besten Grund zur Kenntniss dieser Gattung gelegt. In unserer Iconographie
erkennen wir die Pflicht: alle bis jetzt bekannt gewordenen Formen zu geben und bei jeder
unpartheiisch auszusprechen, was ihre Autoren über sie sagten. Die meisten bisherigen Berichte aus dem Vaterlande sind so oberflächlich und so unsicher, dass sie in der Regel
ohne alle Beachtung der Literatur abgefasst, weder auf die Beschreibung noch auf die Abbildung eines Autors sich beziehen und deshalb durch die Systematiker bald dahin bald
dorthin citirt werden konnten. So ist es gekommen, dass wir die heterogensten Formen zusammengestellt finden. Der Verfasser welcher seit vierzig Jahren so manchen Affen lebendig
und in Museen gesehen und seit jener Zeit seine nach der Natur gefertigten Abbildungen
gesammelt hat, hofft dass sein compendiöses Büchlein auch als Reisebegleiter bei Beobachtung und Untersuchung dieser Affen in ihrem Vaterlande, zu dienen im Stande sein wird
und dann dürfte mit dieser Grundlage nach Angabe der Zahl eine Vereinigung der Ansichten
vielleicht sich ergeben. Wir betrachten hier die Figuren in ihrer Folge.

83. **C. fulvus** Desmar. Var. Sajou fauve D'Orbigny voy. pl. 3. Das Exemplar
stammt aus Bolivia und befindet sich im Pariser Museum Js. Géoffr. St. Hil. Cat méth.
p. 46. erklärt es für einen Albino von C. flavus der Simia Flavia Schreb. s. unsere
Nr. 89—90 u.108 und versichert dabei, dass Desmar. nur irrig „fulvus" schrieb und allerdings
hätte „flavus" schreiben sollen. A. Wagner führt ihn unter seinem polymorphen Cebus
auf und Burrmeister hält ihn gegen seine eigene Ansicht und die allgemeine Erfahrung,
dass diese Affen im Alter immer dunkler werden, für Varietät mit weissem Gesichtsumfange
von Capucinus und stellt ihn S. 27. mit S. albifrons vergl. unsere Nr. 121ᵇ. und nigrovittatus Natterer vergl. unsere Nr. 123 als ein und dasselbe zusammen. Dieser Affe ist aber
wie genauere Untersuchung lehren wird, gar kein echter Cebus, sondern ungeachtet seines
Wickelschwanzes ein Saimiris, weshalb ich ihn bereits S. 16. Nr. 83. aufgeführt habe, indessen vergl. hierbei Nr. 89. u. 90.

84. **C. unicolor** le Sapajou à une seule couleur (unicolor!) Spix t. IV. ♂ p. 7. 8.
Bartlos, grossköpfig, gelbbraun, Scheitel und Schwanz etwas dunkler, Ohren ziemlich kurz,
Haare steiflich, Eckzähne sehr stark. Leib mit Kopf 1' 10¾". Schwanz 1' 1¼". Robust
gebaut, Kopf dick, Schwanz etwas kürzer als Leib, steifgewärts braun, die steiflichen Leibeshaare ¾" lang, einfarbig gelbbraun, am Scheitel und Hinterhaupt etwas dunkler, an allen
Beinen etwas orangeröthlich, an den Hinterhänden mehr braun, am Aussenrande der Oberfläche weisslich, nächst der Schwanzwurzel etwas rostfarbig, übrigens schwarzbraun und an
der Spitze weiss geringelt. Stirn und Schläfen blasser, Haare rückstrebend, am Männchen
gelbröthlich, nach aussen gewendet. Mittellinie der Stirn braun; Gesicht braun, flaum-
haarig, an den Lippen und am Kinn etwas behaart, rothgelb. Ueber den Augen etwas behaart; Eckzähne robust, obere Scheidezähne von ihnen entfernt, äusserste dreikantig, mittlere
etwas breit, untere dicht beisammen, stumpfer; Ohren kurz, wie verstutzt, abgerundet und
etwas behaart. Kehle, Brust und Bauch ziemlich behaart, Nägel hohlziegelförmig, eingekrümmt, gelblich, der Daumennagel der Hinterhände breiter. Lesson und Burmeister ziehen
ihn zu capucinus, er ist aber grösser als dieser und steifhaarig. Im Walde Teffé am
Abfluss des Solimoëns bei dem Dorfe Ega in Brasilien.

85. **C. gracilis** le Sapajou maigre et alongé, çai-arara, (grêle, svelte) Spix t. V.
p. 8. Schlank gebaut, oben braunröthlich-gelb, unten weisslich, Kehle etwas bärtig, Scheitel
und Hinterhaupt braunschwarz, Ohren abstehend, Kopf länglich. Leib weich behaart. Eck-

zähne kurz (also wohl ein Weibchen?). Kopf hinten sehr breit, Gesicht fleischfarbig, kurz und über den Augen nackt, Augenkreise vorstehend, Haare 1″, am Grunde weisslich, spitzwärts röthlichbraun, Schwanz gleichfarbig, spitzwärts blasser, Hinterbeine aussen mehr dunkelbraun, innen, sowie die Vorderbeine weisslich, ebenso Kehle, Brust und Vorderbauch. Vorderhaupt weisslichgelb mit brauner Mittellinie, Hinterhaupt schwarzbraun, Backen weissflaumig, Kopf- und Rückenhaar rückstrebend. Ohren ziemlich nackt. Lippe und Kinn mit zerstreuten weisslichen Härchen, Hinterbauch fast nackt. Zehen etwas kurz, fast gleichlang, Vorderhanddaumen etwas gekrümmt, stumpflich, Hinterdaumen breiter, abgerundet. Weibchen blasser, Kopfhaar schwärzer. C Brissonii (Cerc. flavus Briss.) Lesson Var. A. C. capucinus Var. Burm. Auch im brittischen Museum steht ein gelber Capucineraffe als Yellow. sapajou: C. gracilis Spix. C. flavus Géoffr.? vgl. Gray list. 12. Im Walde Jeffé, an einem Seitenaste des Flusses Solimoëns in Brasilien.

86. **C. fistulator** Renb. le siffleur Vosmaer Amstelod. 1770. IV. p. I. 6. t. VII. Gesicht kahl, röthlich grau, Oberkopf schwarz, Ohren gross und behaart, Leib braun, hell gefleckt, Schwanz schwarzbraun. Ein Männchen von sehr hitzigem Naturell, wurde in Surinam lebendig gehalten, wusch sich oft den ganzen Körper mit den eigenen Harn und zeichnete sich besonders durch sein durchdringendes Pfeifen aus, wovon es seinen Namen erhielt. Es wird gesagt: Dieser Affe besitzt diese Kunst zum Erstaunen, so dass man wirklich einen Pfeiffer zu hören glauben sollte. Der Ton war einstimmig, sehr stark, nahm aber stufenweise ab; er wiederholte ihn bisweilen zum Vergnügen, denn er schrie wenn er böse ward. Sonst war er mehr von gutem als bösem Naturel, doch konnte er einige Personen, die ihn vielleicht einmal beleidigt hatten, nicht leiden, denn bei solchen Gelegenheiten zeigte er ein gutes Gedächtniss. Seine Geschicklichkeit etwas mit dem Schwanze zu fassen war besonders gross. Ich halte ihn für nahe verwandt mit dem robustus t. Nr. 91. mit dem bereits Pr. Max. N.-W. Beitr. II. p. 82. in d. Anm. ihn vergleicht. Bei der noch so äusserst geringen Kenntniss dieser Thiere und ihres Lebens, würde es aber voreilig sein, ihn sogleich mit ihm identificiren zu wollen, auch sagt der Prinz dass die Figur auf robustus bezogen, dann unkenntlich wäre. Dagegen ist zu wünschen, dass man ihn wieder in Surinam aufsuchen mag.

87. **C. macrocephalus**: le Sapajou à grosse tête Spix t. I. p. 3—4. Kopf sehr gross, Augengrubenränder eckig, Stirnbein in der Mitte mit einer ziemlichen Leiste, Schläfen vorn nackt, Gesicht stumpf, fast viereckig, Eckzähne dick. Kopf und Rumpf 1′ 7″, Schwanz 1′ 5¾″ Er ist doppelt so gross als Apella und fatuellus und Spix sahe beide Geschlechter. Ueberhaupt robust gebaut. Rücken, Schulter, Schwanzwurzel und Hüften aussen dunkelbraun; Stirn in der Mitte, Scheitel, Hinterhaupt, Genick, Rückgrath, Schwanz, die vier Gliedmaassen vorn, Oberarm innen und oben schwärzlich. Gesicht fast nackt, schwärzlich, aussen von der Kehle zum Scheitel verläuft ringsum eine schwärzliche Binde, Schläfen hinten röthlichweiss; Wangen, Lippen, Kinn spärlich weisslich und braunschwarz behaart, Ohren abstehend, ziemlich nackt, eirund; Eckzähne herausstehend, Scheidezähne in gerader Linie stehend, untere dicht an ihren Eckzähnen, obere entfernt, obere mittlere mehr platt, seitliche dreikantig. Kehle dunkelbraun. Brust ochergelbbräunlich, Bauch etwas braun behaart. Leibeshaar kurz, über den Rücken an der Wurzel rostfarbig, spitzwärts dunkelbraun, über ¼″ lang, an Kopf und Schwanz zurückliegend, an den Halsseiten und der Aussenseite des Armes rückwärts gerichtet, an der Kehle vorwärts stehend. Schwanz so lang als Rücken. Die vier Gliedmaassen stark, ziemlick gleich. Die Zehen der Vorderhände kürzer, die der Hinterhände länger, Nägel gelblichschwarz, etwas gekrümmt stumpf, die auf den Hinterdaumen platter. Stirnhöhe 7¾‴. Das Weibchen ist vom Männchen fast nicht zu unterscheiden. Auch Burm. Cebus p. 40. erkennt diese „gute" Art an und entscheidet sich gegen die von Tschudi Fn. Per. 8. u. 42. versuchte Vereinigung mit macrocephalus, zu dem er wegen bedeutenderer Grösse und des knappen, anliegenden Haarkleides gar nicht passt und folgert mit einiger Wahrscheinlichkeit, dass dieser Affe fünf Lendenwirbel besitze und seiner ersten Gruppe beigesellt werden könne.

88. Dieses Exemplar befand sich in unserm ersten Museum, ich hielt es für einen unausgefärbten C. robustus Max Neuwied.

89—90 und 108. **C. flavus** (Simia Flavia Schreb. t. XXXI. B,) Sajou fauve Géoffr. Annal. du Mus. d'hist. nat. XIX. 1812. p. 112. Kuhl 33. Sapajou fauve: Cebus fulvus Desmar. 83. n. 67. Aschgrauröthlich ochergelb, Kopf oben röthlichbraun, Gliedmaassen gelblichröthlich, Bauchseite und Schwanz mehr gelblich. — Jung: Kopf oben röthlich, Rückenmitte, Schwanz und Hinterbeine hell kastanienröthlich, übrigens gelb. — Seba giebt I. p. 77. pl. 48. f. 3. einen Simiolus ceylonicus und Brisson règne anim. 140. n. 8. einen Cercopithecus flavus: Haare aus braun, gelblich und weisslich gemischt, Beine röthlichgelb, Schwanzspitze schwarz und Lesson führt diese Art deshalb Bim. & Quadrum. p. 155. als „Sajou de Brisson:" Cebus Brissonii auf, wozu er als „jeune age" den C. unicolor Spix rechnet. In gewohnter Weise hat man diese Citate oft nachgeschrieben, will sich aber Jemand die Mühe geben und so wie man thun muss, Seba vergleichen, so wird er sich überzeugen, dass sein Affe gar nicht hierher gehört, da er 1) ein wirklicher Indier mit schmaler Nasenscheidewand, 2) eine grosse Art „praegrandis" aus der Verwandtschaft des Entellus und nicht unwahrscheinlich der räthselhafte Atys Avdeb. war, 3) ein böses Thier, welches sogar seinen Herrn gebissen, 4) nicht gelb, sondern weiss. Momente genug, welche unstatthaft machen, ihn hierher zu ziehen. Nachdem ihn Schreb. nicht beschrieben, auch den Ursprung der von Ihle nach der Natur gemachten Zeichnung nicht angegeben hat, führt ihn Géoffr. auf, ebenfalls ohne ihn zu beschreiben, denn er sagt weiter nichts von ihm als: „pelage entièrement fauve", und wir verdanken erst Desm. eine gute Beschreibung nach der Natur: Kopf klein! Gesicht nackt aber mit kleinen, sehr feinen, graulichen Haaren besetzt (nach der Abbildung das Maul und der Untertheil der Nase schwarzgrau). Oberkopf und Hinterhaupt gelblichgrau, zieht in ein einfarbiges hellbraun nach hinten, gelbliche Haare sparsam auf der Stirn und vor den Ohren, Oberseite insgemein rothgelb, auf der Rückenmitte etwas dunkler, als an den Seiten; Unterseite fast nackt, Schwanz leiblang, reichbehaart, Haare feiner als am Leibe, sehr hell rothgelb unten, oben bräunlichgelb; Gliedmaassen am Ende nur wenig dunkler als ihr Obertheil. Jung s. oben. Die existirende Figur, an die wir uns halten können ist in den Vordertheilen nicht übel, in den Hintertheilen aber, wahrscheinlich nach schlechter Ausstopfung gänzlich verzeichnet. So kleine Hinterbeine sind für einen Cebus und für einen amerikanischen Affen überhaupt undenkbar. Unsere Figur 108 zeigt das Exemplar, welches sich vor dem Brande in unserer Sammlung befand. Schon der ganze übrige Bau und der kleine Kopf und das schwärzliche Maul deuten an wo wir ihn zu suchen haben, nämlich unter den Saïmiris. Wahrscheinlich wird man am sichersten gehen, wenn man diese mit Wickelschwänzen versehenen Formen der Saïmiris zu einer diese Gattung wiederholenden, besondern Section der Cebus, etwa mit dem Namen „Pseudocebus" erheben will. Dahin gehörte denn der C. flavus und ochroleucus s. S. 16. Näheren Aufschluss über das zweifelhafte Geschöpf giebt uns endlich Et. Géoffr. St. Hilaire in seinem Cat. meth. p. 45. wo er sagt: Diese Art wurde ursprünglich nur auf junge und schlecht gehaltene Exemplare begründet, deren Kennzeichen zu berichtigen sind. Sie hat, wie fast alle Sajous in ihrem vollkommenen und normalen Zustande eine schwarze Scheitelkappe; aber diese Kappe ist bei den normalen Jungen braun und nur gelblich bei den Albinos, welche in dieser Art nicht selten sein sollen. In allen Fällen aber nimmt die Kappe nur Scheitel und Hinterhaupt ein und hat eine kleine Spitze nach vorn, die übrige Stirn ist weisslich, Pelz gelblichbraun bei den normalen Alten, reingelb oder hellrothgelb bei den Jungen und bei den Albinos. Das erste Exemplar im Pariser Museum brachte Et. Géoffr. im Jahre 1808 aus Portugal mit, ein Männchen und ein Junges ohne Geschlechtsbestimmung sendete Dr. d'Osbigny 1834 aus Santa - Cruz in Bolivia und ferner wird als Albino hierher gerechnet unsere 83 s. oben S. 16. u. 80. 83. Wegen C. albus, des von Géoffroy's genannten Albino vergl. nach C. harbatus.

91. **C. robustus** Maximilian N.-W. Beitr. II. 82. Robuste Gliedmaassen nebst sehr dicht behaarten Schwanz muskulös, dick; Kopf dick, abgerundet beinahe schwarz, Gesicht breit, aschgraulich fleischfarbig, sparsam behaart, bei den Alten oft (?) aschgrau umgeben; Eckzähne kegelförmig, sehr stark. Scheitel mit einigen getheilten kleinen aufrechten Haarbüschelchen. Hände, Innenseite der Gliedmaassen, Vorderarme, Schienbeine und Schwanz glänzend braunschwärzlich. Uebrige Theile langbehaart, Haare

weich, glänzend, röthlich. Die Haare kastanienbraun gespitzt, am Grunde graulichbraun, in der Mitte braunröthlich. Bauch wenig behaart. Aeussere Genitalien bräunlichschwarz, nackt. Weibchen auch mit einem gelbröthlichen Streif auf der Schulter. Stimme
wie bei fatuellus, ein Pfeifen oder vogelartiges Gezwitscher. Der Prinz beschreibt p. 84
einen merkwürdigen, wie eine kleine Zunge gestalteten Anhang unter der Zunge. Jedenfalls
gehört dieser zu dem hoch ausgebildeten Pfeifapparate dieser Gruppe. Der Lockton bei
diesen ist aber von dem des fatuellus verschieden. Weibchen heller, oft nur gelblichröthlich vergl. Fig. 88. — Männchen 15″ 11‴, Schwanz 15″ 11‴. Munter und sehr zutraulich, jung durch tausend Possen und Sprünge unterhaltend, sehr unruhig und immer
beweglich, tragen die Schwanzspitze immer eingerollt. Sie nehmen mit allen Nahrungsmitteln vorlieb und sind leicht zu erhalten. Indier, Neger, Portugiesen, insbesondere Frauen
erziehen sie leicht. Im März sind sie fett, das Fett wurde anstatt des nicht zu habenden
Oeles benutzt. Sie sind die Lieblingsnahrung der Wilden, die sie mit ihren langen Pfeilen
von den höchsten Bäumen herabschiessen. Brasilien, an der Ostküste 13⁰ u. 19½⁰ S. B.,
von den Urwäldern an, welche die Ufer des Mucuri beschatten, bis in die Wildnisse
des Belmonte. Viele wurden hier südlich in den die Lagoa d'Arra einschliessenden
Berg-Wäldern erlegt. Am Belmonte belebte seine Gesellschaft mit C. xanthosternos zusammen die Dickichte. Im Pariser Museum befindet er sich aus der Hand des Prinzen
aber auch durch Mr. Augste de St. Hilaire im Jahre 1822 vom Rio Doce gesendet
und unsere Abbildung bietet ein Exemplar dieses Museums von Mr. Guerin, denn obgleich
der Prinz seine Abbildungen selbst citirt, so befindet sich dennoch dieser Affe nicht darin.
C. robustus bewohnt die tieferen Waldthäler des nordöstlichen Peru, geht aber nicht über
11⁰ S. B. nach Süden. v. Tchudi.

92. C. variegatus (Cercopith. — Brisson règne an. 141. n. 9.) Et. Géoffr. St.
Hil. Ann. Mus. XIX. 111. n. 8. Kuhl 32. Sim. variegata Humb. rec. I. 356. n. 17. Schwärzlich, Bauch ochergelb, Rückenhaar am Grunde braun, in der Mitte röthelochergelb, spitzwärts schwarz, goldschimmernd gespitzt, sehr lang, wollig, sehr weich, am Kopfe kürzer;
Schwanz und Gliedmaassen bräunlich, Genickseiten ocherweisslich. Vorderhaupt aschgraubräunlich, zwischen den Ohren braunschwarz. — Länge 15″, Schwanz kaum länger. Par.
Mus. Kuhl. Is. Géoffroy St. Hil. Cat. meth. 40. n. 3. unterscheidet diesen „Sajou varie"
vom robustus und erklärt ihn als einerlei mit xanthocephalus Spix p. 6. t. III: bartlos, Kinn, Wangen und Stirn weissgrau, Scheitel, Hinterhaupt, Nacken, Schulter inneuseits
und Lenden ochergelb, Mittelrücken braunschwarz, Backen von den Ohren nach dem Kinn
mit schwarzer Binde, Schwanz und Gliedmaassen ganz schwarz, Kehle und Brust rostfarbig.
Kopf und Rumpf 1′ 9½″, Schwanz 1′ ¼″. Brasilien in Wäldern der Provinzen Rio de
Janeiro und St. Pauli. Die Art wurde zuerst auf ein junges Exemplar in der Gefangenschaft begründet, später kamen erwachsene Exemplare in das Pariser Museum und zeigten
dass xanthocephalus nicht verschieden ist. Die alten Exemplare haben nämlich eine
weissliche oder röthliche Stirn und Oberseite des Kopfes. Die Rückenhaare sind an der
Wurzel braun, dann goldbraunschimmernd und schwarz gespitzt. In der Lendengegend ist
oft der schwarze Theil geschwunden, so dass diese röthelfarbig oder strohgelb sind, ziemlich lebhaft und mit dem übrigen Pelz contrastirend. Der gelbliche Fleck am Arm, wie bei
Apella. Das lebendig gehaltene Exemplar zeigt Spuren von Albinismus. Hier haben die
Lendenhaare noch ihre schwarze Spitze und die Färbung ist deshalb schwarz und rothbunt.
Die andern Exemplare sind meist lebendig gehalten worden, eins aus Bahia.

93—94. C. hypoleucus Et. Géoffr St. Hil. XIX. p. 111. n. 10. Schwarz,
Vorderkopf und Kopfseiten, Hals, Brust und Oberarme weiss, Gesicht und Ohren weisslich
fleischfarbig, die nackten Hände und das nackte Fell der Unterseite schwarzblau. Hierher
gehört auch C. hypoleucus Kuhl und Is. Géoffr. St. Hil. Cath. meth. 47. n. 14 und C.
hyppoleucus variété B. Less. Bim. Quadr. p. 151. und Burmeister Cebus p. 34—37. Das
niedliche Aeffchen ist durch obige Kennzeichen genau bezeichnet und nicht zu verkennen.
Länge 1′ 1″, Schwanz 1′ 3—5″ gut abgebildet bei Fr. Cuvier, le Saï à gorge blanche mammif. 1820. Ausserordentlich sanft, aufmerksam und von durchdringendem Blick, ist er ungemein lebhaft beweglich und hat viel von dem Benehmen der Coaita's. Seine Stimme war

ein kurzes, sehr sanftes Pfeifen, wenn er ein Verlangen ausdrücken wollte, im ruhigen Zustande klang es noch sanfter, aber im Schreck klang es wie Bellen. Ich habe das Thierchen selbst ein paar mal lebendig gesehen, und das letzte, das ich sah, besass Hr. Stieglitz bei seinem nackten persischen Pferde und liess es frei im Lokale herumlaufen. Es vergnügte sich vor allem am Seil und hing sich auf wie die Coaita's. — Guiana, Surinam bis St. Fé de Bogota, Carthagena.

95. (vgl. 114.) **C. capucinus** (S. capucina vgl. 114. Linnée.) Erxleben? Dunkelschwarzbraun, Schwanz heller, Vorderkopf, Oberarme und Unterseite weiss- oder grangelblich, Gesicht hellbräunlich, Stirn gerunzelt. Ich messe das abgebildete junge Exemplar über den Kopf 13" p. M., Schwanz 15", ein erwachsenes, das ich später abbilden werde, ebenso gemessen 16", Schwanz ein wenig verletzt 18". Er ist die Simia hypoleuca: Carico blanco de rio sinu A. Humb. rec. d'obs. I. 337. et 356. sp. 18. Zu ihm gehört auch Saï à gorge blanche Audebert fam. 5. sect. 2. F. 5. und C. hypoleucus var. A. Less bim. quadr. 150. Er ist nicht so selten und grösser als der vorige, kommt öfter lebendig vor und erscheint dann bei weitem plumper und minder leicht beweglich als jener mit seinem hellen und heitern Gesicht, während dieser bei seiner schon in der Jugend gerunzelten Stirn ein mehr unfreundliches Aeussere verräth. Ich habe vorläufig unter Fig. 95 nur ein junges Exemplar, das ich eben vor mir hatte, gegeben, die Figur eines Erwachsenen soll nachfolgen. Das Urtheil der Schriftsteller über diesen, gewöhnlich unter hypoleucus verstandenen Affen, auf den aber freilich der Name nicht passt, ist ein sehr verschiedenes gewesen. Unter den Exemplaren der vorigen Art im Pariser Museum ist das vierte, ein Männchen, auch Is. Géoffr. zweifelhaft erschienen, weil Gesicht und Kehle grauweiss sind, es folglich hierher gehört. Burmeister sagt von seinem hypoleucus: „Die Eigenthümlichkeit dieser Art ist so gross, dass ihre Selbstständigkeit bisher von Niemandem bezweifelt wurde; selbst A. Wagner erkannte sie nachträglich an, nachdem er es zuvor versucht hatte, sie ebenfalls bei C. Apella mit allen übrigen unterzubringen. Wir dürfen doch hiergegen bemerken, dass wir dieses Verhältniss in der Geschichte der Wissenschaft ganz anders gefunden. Denn als „Saï à gorge blanche" giebt ja Buffon XV. 51. t. q. schon S. capucina L. unsere Fig. 114. und sowohl Et. Géoffr. XIX. III. wie Desmarest p. 85. 74. citiren dieselbe Figur. Am entschiedensten spricht sich neuerlich Mr. Pucheron aus, für die Identität von S. capucina Linn. und C. hypoleucus in der Revue 1857. 348 — 52. also sehr ausführlich. Wir kommen bei unsrer No. 114. darauf zurück. A. v. Humboldt traf diese Art bei Zapote, der Mündung des Rio Sinù, in den Hütten der Bewohner.

96—98, dann 100 und 102. **C. libidinosus:** le sapajou lascif Spix p. 5. t. II. C. Pucherani Dahlboom zoologiska Studier. (S. capucina le Saï Audeb. Jam. V. 2. pl. 4.) Et. et Is. Géoffr. (Kuhl p. 36. the Sajon or Capucin Penn. Annal. XIX. III. Cat. meth. 46. 10. Braun, Gesicht bräunlich-fleischfarben, schwarzes Scheitelfeld rhombisch, gegen die Nasenwurzel schmal zugespitzt; Kopfseiten weisslich, Hände und Vorderarme mehr oder minder schwarz u. s. w. Fig. 102. Jung: Hals, Brust und Vorderarme gelblichweiss: unsre Fig. 96—97 und C. libidinosus Spix unsre Fig. 100. auch ganz ochergelb variirend mit schwarzer Scheitelplatte, dessen Abb. nach dem Leben, nachfolgen soll. — Die gemeinste aber in der Synonymik schwierigste Art. Man vergleiche hier Linnée's Capucineraffen No. 114. Gewöhnliche Kapuciner kommen oft zu unsrer Anschauung, und werden sowohl diese, als die, welche zu Apella gehören, unter einander Kapuzineraffen genannt. Ihre Länge ist gewöhnlich 14", Schwanz 15". Sie wimmern nicht, und ihre Stimme wird überhaupt selten und nur in der Aufregung als ein kurzes Pfeifen gehört. Is. Géoffroy St. Hilaire, der unstreitig grösste Kenner der Quadrumanen, spricht sich ohne Angabe irgend eines Citates, als das seines Vaters, so aus: „Scheitelplatte sehr klein, vorn mit einer Spitze aus den schwarzen Haaren, die sich hinterwärts etwas erheben; Wangen, Schultern, Hals grauweisslich. Diese Art ist ausserordentlich gemein und wird gewöhnlich C. capucinus genannt, aber es ist wenigstens zweifelhaft, ob sie der Saï des Buffon ist und gewiss, dass sie nicht die S. capucina Linnée's ist. Es würde übrigens fast unmöglich sein, diese Namen auf heut zu Tage aufgenommene Arten zurückführen zu wollen." „Ist die gewöhnlichste und verbreitetste Affenart Guiana's und ich begegnete ihnen oft in wahrhaft unzählbaren Heerden. In ihrer Lebensart stimmen sie ganz mit C.

Cebus: Rollaffe. 35

Apella überein", Schomburgk. Ebenso beschreibt diese Art v. Tschudi Per. 42 und sagt dass sie im nordwestlichen Brasilien und in Guiana sehr häufig ist. — „C. capucinus (wenn nicht olivaceus?) bewohnt die höheren Regionen, findet sich doch auch in einigen mit C. robustus beisammen. Nach Süden erstreckt er sich durch alle Montanas von Peru." Tsch. Am Carinainka, Seitenfluss des St. Francisco: Spix.

99 und 123. **C. nigrovittalus.** Braun, schwarze Scheitelkappe nur ein Streif von der Stirn zum Hinterhaupt; Fig. 99. jünger? — Rothbraun, Hinterbeine und Schwanz schwarzbraun. Fig. 123. Beide Exemplare befanden sich auch im ersten Dresdner Museum.

Natterers Exemplar war unrein gelbbraun, Schultern und Backenbart bis zur Kehle und dem Vorderhalse weissgelb oder unrein weiss; Scheitel längs der Mitte bis zum Hinterkopf rein schwarz, Nacken, Hände, Vorderarme und Unterschenkel, zumal nach innen, schwärzlich oder röthlichbraun. A. Wagn. Münch. Abthlg. V. 430. 2. Burm. Cebus 40. Hierher gehört auch sehr wahrscheinlich das Exemplar im Pariser Museum, welches Is. Géoffroy unter C. capucinus Cat. meth. p. 46. zuletzt aufführt, von dem er angibt: oben dunkelrothbraun, Gliedmaassen heller rothbraun, Scheitelplatte schwärzlich, parallelrandig in die weissliche Stirn eintretend. Brasilien: Natterer; Ex. nicht mehr da. Das dritte Exemplar des C. capuc. bei Géoffroy aus Brasilien, Bas-Amazone: M. M. Cartelnau & E. Deville 1847.

100. (96—98 u. 102.) **C. libidinosus:** le sapajou lascif Spix p. 3. t. II. bärtig, an Wangen und Kinn, Scheitel und Hinterhaupt schwarzbraun, Schläfen, Rücken und Unterleib gelbröthlich, Oberarm und Oberschenkel röthlich, Vorderarme hellbräunlich, Stirn, Gesicht und Zehen der Hände weisslichgelb, Schwanz oberseits schwarzbraun, unterseits röthlichgelb. Kopf und Rumpf reichlich 1′ 9″, Schwanz 1′ 3¼″, also ausgewachsen, wie wir unter No. 96 diese No. 100. schon mit erwähnten. Sie wird hier nach ihrem Autor aufgeführt, damit man die Gelegenheit, sie weiter zu beachten, nicht verabsäumen möge. Am Flusse Carinainha, Seitenfluss des St Franisco in Brasilien. Spix brachte ihn von da mit nach Bahia. Er war immer so lebhaft und klug wie boshaft. Der Maulthiertreiber neckte ihn immer und er suchte ihm dafür beizukommen; da dies in seiner Gefangenschaft unmöglich war, wendete er die Augen von ihm ab, um ihn nicht mehr zu sehen. Aber als eines Tages Alle sich schlafen gelegt hatten, befreite sich der Affe von seiner Kette, stürzte sich plötzlich auf den Burschen und brachte ihm heftige Bisse bei, um sich zu rächen. Er wurde wieder eingefangen und empfing einige Schläge. Ein andermal streckte er sich aber ungewöhnlich aus, um ein Buch: Linnée's Natursystem, zu erlangen und zerriss es in Stücken. Dies Verbrechen verursachte, dass er mit dem Tode bestraft wurde.

101., 116. und 118. **C. barbatus,** Sajou barbu, Et. Géoffr. Ann. XIX. 110. n. 4. Latr. pl. LXIV. p. 162. Sapajou barbu Desm. p. 82, 63. Sajou gris Buff. XV. 37. t. 5. le Sai var. B. S. capucina var. B. Auden. V. 2. pl. 6. C. barbatus Kuhl 33. Is. Géoffr. Cat. meth. 45. 8. Aschgrauröthlich, Bauchseite rothbraun, alle Haare einfarbig. Gliedmaassen und Schwanz wie Leib. Kopf rundlich, Bart dicht weisslich (goldgelb: Is Géoffroy), kastanienbraun: Desmarest). Is. Géoffroy sagt, er habe goldgelben Bart wie elegans, aber sein Pelz sei einfarbig rothgelb, die Stirn weisslich und das Hinterhaupt nur ein wenig dunkler als der Rücken; einige Exemplare des Museums gehen in den Albinismus über. Eins, welches 25 Jahre alt in einer Menagerie starb, war doch einem aus der Wildniss ganz ähnlich, zum Beweis, dass die Gefangenschaft keineswegs den Zustand veränderte.

101ᵇ. **C. albus** Et. Géoffroy, Ann. XIX. 112. n. 12. Sajou blanc. Pelz ganz weiss. Wird vom Autor selbst als Albino betrachtet und Is. Géoffr. Cat. meth. p. 45 klärt auf, dass das letzte Exemplar des barbatus, 1808 durch seinen Vater aus Portugal mitgebracht, wahrscheinlich aus Brasilien? darunter gemeint gewesen sei. 102. vgl. 96.

103.—105., dann 119.—121. **C. apella** (Simia — Linn. Mus. Reg. Ad. Frid. I. t. 1. 1754. Schreb. t. XXVIII.) Erxleben. Et. Géoffr. XIX. 109. 1. Kuhl 36. Desm. 81. n. 61. Is. Géoffr. Cat. meth. 42. 1. Le Sajou brun Buff. XV. 1771. 37. pl. 4. Auden. V. 2. f. 2. The Capuchin. — Braunröthlich, zieht in braunschwarz über den Rücken, den Schwanz und die Hinterglieder, Vorderarme und Hände, breite Kappe des Oberkopfes bis an die Ohren schwarz. Oberarm nicht selten grangelblich oder röthlichgelb. Vorderarm dunkelbraun. — Länge 1′

5*

$1\frac{1}{2}''$, Schwanz $1'$ $3\frac{1}{2}''$. — Der Ursprung dieser Art aus Linnée's Abbildung, die ich Fig. 103. aus Pietät wiedergebe, ist insofern merkwürdig, als der hier geringelte Schwanz von keinem Schriftsteller, ja von Linnée selbst nicht erwähnt worden ist. Ich habe ein nach dem Leben abgebildetes Exemplar mit gelblichen Oberarmen, wie die Art so oft vorkommt, dahinter gestellt, dagegen Figur 105. ebenfalls nach dem Leben, ein solches mit fast schwarzem Schwanz und dunkelbraunen Oberarmen. Hierher gehört nun auch der Saï bei Fr. Cuvier und sein Gesicht auf der schönen physiognomischen Tafel von Werner. Unser Affe gehört dem nördlichen Südamerika, insbesondere Guiana, an. Hören wir darüber den Selbstbeobachter Schomburgk: „Dieser niedliche Affe ist in British-Guiana nur auf gewisse Lokalitäten beschränkt. Am häufigsten fand ich ihn im Canuku-Gebirge in zahlreichen Heerden. Dass ich auch viele Individuen unter den Heerden des C. capucinus beobachtete, habe ich schon früher angegeben, aus welchem Zusammenleben mir auch jene unzählbaren Abarten entstanden zu sein scheinen, die man gerade unter diesen beiden Species häufig findet. Keine anderen Arten findet man so häufig gezähmt, als gerade diese beiden und doch habe ich nie zwei oder drei gesehen, die in ihrer Färbung oder Länge der Haare ganz miteinander übereingestimmt hätten; dasselbe war bei unserer und der Indianer Jagdbeute der Fall, obschon sich diese oft auf 10—16 Stück belief. Die Individuenzahl dieser Gesellschaften dieser und von C. capucinus betrug oft viele Hunderte. Sie sind äusserst lebhaft, gewandt und listig, und nur der Schlauheit des Indianers gelingt es, diese listigen Thiere zu beschleichen. Das geräuschlose, vergiftete Pfeilchen trifft dann sicher sein Ziel; der verwundete Affe greift nach der Wunde hin und will das Pfeilchen herausziehen, was jedoch selten gelingt, da es durchschnitten ist und abbricht. Nach einigen Minuten fängt der Affe an in Folge des Giftes zu wanken und stürzt herab. Mit langen Hälsen und unter Ausstossen kurzer, eigenthümlicher Töne sehen die Gefährten ihrem herabfallenden Freunde nach, den der Indianer wohlweislich am Boden liegen lässt. Aus dem sichern Versteck fliegt nun der zweite und dritte Pfeil geräuschlos ab und die Verwundeten fallen einer nach dem andern herab, bis der Indianer so viel erlegt hat, als er braucht. Ihr Fleisch bildet einen der gewöhnlichsten Nahrungsartikel der Indianer. Ganz junge habe ich das ganze Jahr hindurch beobachtet, demnach können sie keine bestimmte Wurfzeit haben. Die Indianerinnen beschäftigen sich vielfach mit dem Aufziehen der Jungen. Ich nahm vier zahme, zwei apella und zwei capucinus mit mir nach Europa. Sie schliefen während der Ueberfahrt alle vier in einer kleinen Hütte, die auf dem Verdeck stand; unmittelbar neben dieser befand sich eine gleiche, welche ein zahmes Aguti, einen abgesagten Feind der Affen, inne hatte. Bei Eintritt der Dunkelheit, wo die Affen schon eine zeitlang in ihrer Hütte gesessen und sie erwärmt hatten, suchte das Letztere die warme Stelle auf, biss die Affen heraus und nahm das ausgewärmte Haus für sich in Besitz. So wie das Aguti in die Hütte eindrang, erhoben jene ein jämmerliches Geschrei, unter welchem der grösste augenblicklich das Freie zu gewinnen suchte, worauf er dann unter wahrer Herzensangst, dass seine Hülfe zu spät kommen möchte, die Kleineren, einen nach dem anderen, an den Füssen oder an dem Schwanze aus der Hütte herauszog. Der C. apella, der noch in meinem Besitz ist, hat mich oft durch sein Thun und Treiben überrascht. Er liegt an einer Kette. Eines Tages brachte ich ihm Früchte und legte sie in seine Nähe, doch nicht so nahe, dass er sie mit den Vorderarmen erreichen konnte. Nachdem er sich vergebens abgemüht, versuchte er es, dieselben mit seinem Schwanze heranzuziehen; als auch dieses misslang, lief er erst eine zeitlang suchend im Kreise herum, ergriff einen in der Nähe liegenden Stab und rollte vermittelst dessen die Früchte zu sich heran. In der Gefangenschaft sind sie sehr unreinlich, lassen sich gewöhnlich den Urin in die Hände laufen, um sich damit den ganzen Körper zu waschen. Wurde er mit Tabaksrauch angeblasen oder ihm etwas Schnupftabak vorgehalten, so rieb er sich den Körper unter förmlich ekstatischen Zuckungen mit geschlossenen Augen, wobei ihm der Speichel aus dem Munde lief, den er mit den Händen auffing und dann über den ganzen Körper rieb. Der Speichelfluss war so stark, dass der Affe gewöhnlich wie gebadet aussah, dann aber ziemlich erschöpft war; dieselbe Ekstase rief auch eine angerauchte Cigarre hervor, sobald man ihm diese gab. Der Tabaksrauch scheint in ihm ein förmliches Wollustgefühl zu erregen. Dieselbe Beobachtung hat auch Hr. v. Tschudi an einigen, die er mitbrachte, gemacht. Sie lassen drei verschiedene Töne hören. Die Zufriedenheit, Angst,

Neugierde und Furcht oder Schmerz ausdrücken. Diese Töne sind ihnen übrigens in der Wildniss ebenfalls eigenthümlich." Schomburgk III. 769—70. — Wie dieser Sajou brun sich auch fortgepflanzt hat, was er nicht thun könnte, wenn er, um vollkommen zu werden, sich erst in fatuellus verwandeln müsste, davon sind mehr Beispiele bekannt. So erzählt Latreille II. 162., dass zwei Junge bei Madame Pompadour in Versailles geboren wurden, eins bei Mr. Réaumur in Paris, eins bei Mad. Poursel in Gâtinois am 13. Jan. 1764. — Von grossem Interesse ist es ferner, was derselbe Beobachter, Schomburgk, über die Gattung Cebus überhaupt und noch über Apella insbesondere sagt: „Keine Affengattung zeigt in Bezug auf Grösse, Farbe und Haarwuchs mehr Varietäten, als Cebus, wodurch neue Species in's Leben getreten sind, die weiter nichts als Varietäten waren, welche aus der Vermischung des C. capucinus mit apella entstanden. Ich bin fast nie einer Heerde des C. capucinus begegnet, unter der sich nicht einige C. apella befunden hätten. Dieses fortwährende Zusammenleben beider Species scheint auch die Vermischung herbeigeführt zu haben, aus der eine solche Menge von Varietäten in Bezug auf Behaarung und Färbung derselben entstanden, dass diese die Zoologen in Verlegenheit setzten. Ich entsinne mich nur im Canuku-Gebirge Affenheerden begegnet zu sein, die blos aus C. apella bestanden; überhaupt scheint der Aufenthalt des C. apella auf einzelne Localitäten beschränkt zu sein, da ich ihn, ausser im Canuku-Gebirge, nur an der Küste und dann immer unter C. capucinus, welchem letztern sich oft auch die kleine, niedliche Callithrix sciurea angeschlossen hatte, gesehen habe." lt. Schomburgk Brit. Guiana. II. 247.

Liest man solche Relationen und weiss überdies, dass die Fortpflanzung des C. capucinus und apella seit 1799 sogar in Deutschland bekannt ist, so wird man sich schwerlich der Ansicht hingeben, dass alle C. apella nur junge Thiere von fatuellus wären und auf dessen Stufe erst ihre Vollendung erreichten. Auch Is. Géoffroy führt Individuen auf, die er mit cirrifer und fatuellus vergleicht, hat aber wenigstens den cirrifer p. 44. noch gesondert. Mr. Pucheran Revue 1857. p. 338—43. behandelt auch in einer trefflichen Betrachtung den C. apella als reine Art. Rengger's schöne Beobachtungen über die Verwandlungen seines Cebus Azarae, auf die wir bei den letzten Arten der Gattung zurückkommen werden, haben wahrscheinlich zu weit geführt, wenn man sie auf apella als den jungen halbwüchsigen Zustand von fatuellus ausdehnen will, denn dann wäre es unwahrscheinlich geworden, dass solche halbwüchsige Thiere, wie Schomburg gesehen, sich in solchen Districten in Heerden zusammengehalten hätten, wo diejenigen, welche man für ihre Aeltern hält, gar nicht einheimisch sind. Rengger's schöne Beobachtungen in Paraguay würden weit verständlicher, nachhaltiger und ausgiebiger geworden sein, hätte ihn das Schicksal begünstigt, die von ihm beobachteten Formen mit existirenden Abbildungen zu vergleichen, oder, im Fall entsprechende nicht existirten, dergleichen besorgen zu können, denn es ist einmal der Segen einer guten Abbildung, dass sie Zweifel auflöst und Dunkelheiten erleuchtet, welche ohne diese Erleuchtung zu neuen Irrthümern führen.

106. Ein Exemplar des ersten Dresdner Museum, 107. der Sajou brun Fr. Cuv. scheinen beide junge C. olivaceus zu sein. Vgl. 124.

108. vergl. 89.

109. **C. chrysopus:** Sajou aux pieds dorés Fr. Cuv. mammif. 1825. Desm. Dict. sc. n. XLVII. 301. Is. Géoffr. Dict. class. XV. 153. Lesson compl. IV. 223. Bim. Quadr. 58. Is. Géoffr. Cat. meth. 47. 13. Pucheran Rev. 1847. 347. Kopf gross, Gesicht fleischfarbig, ringsum breit weiss, Scheitelstreif schwarzbraun, setzt sich fort über das Rückgrath, Pelz des Körpers zart gelbgrau, Unterseite und Innenseite der Gliedmaassen weisslich, Beine aussen rothgelb, goldschillernd, Schwanz bräunlich, unterseits weisslich, etwas gelb überlaufen, Zehen, Handfläche und Fusssohle bläulich, Ohren fleischfarbig. — Benahm sich muthwillig und boshaft wie seine Verwandten, bei freudiger Aufregung vernahm man ein zartes Pfeifen, bei Furcht und Zorn rauhe Töne. Seit 1852 kamen zu jenem Exemplare noch drei andere zur Beruhigung ängstlicher Anerkenner der Art. Das von 1851 glich dem ersten ganz in der Färbung, nur war die Kopfplatte dunkler, die Seiten mehr braun, die Gliedmaassen und das Ende des Rückens zogen lebhaft in roth. Das von 1852 hatte das Weiss im Gesicht weniger breit, die Kopfhaare oben fast kammartig von hinten nach vorn

gerichtet, die Kopfplatte länger. Kopf und Rumpf waren 39¼ Centim., der Schwanz an 55 Cent. lang. Das dritte Exemplar 1853 aus den Wäldern von Guayaquil ist nicht so lebhaft gefärbt, nur dunkelbraun.

109 b. **C. versicolor:** Le Sajou versicolore Pucheran Rév zool. 1845. 335. 1857. 346. Is. Géoffr. St. Hil. Cat. d. Primates 47. 12. Archives d. Mus. V. 551. nota. Pelz oberseits rothgelbblond, Raum zwischen den Ohren schwärzlich, alle Hände schwarz. — Columbia. — 0,775 m. ohne den Schwanz. — Kopf oben und seitlich bis hinter die Ohren mit weissen Haaren bedeckt, ebenso Kinn und Hals, Gegend zwischen den Ohren dunkelschwärzlich, der Fleck davon zieht sich vor auf das Weiss des Scheitels, wo er spitz wird, während er nach dem Oberhals in Braun übergeht. Der Mittelrücken ist dunkelblond und zieht über dem Kreuz in rothbraun, an den Seiten in dunkelgraubraun. Rumpf und Bauch sind lebhaft braunroth, ebenso die äussere und innere Seite der Gliedmaassen. Die Haare auf den Händen, vorderen wie hinteren, sind schwarz. Schwanz an der Wurzel wie auf dem Kreuz, wird auf dem mittlen Dritttheil dunkelgraubraun und an seinem Enddritttheil sehr hellblond. Vom ähnlichen C. chrysopus Fr. Cuvier auf den ersten Blick durch die schwarzen Hände verschieden. — In der Revue 1857 a. a. O. widerlegt Mr. Pucheran, welcher auch einige deutsche Werke kennt, Burmeister's Ansicht, dass diese Art mit nigrovittatus einerlei sei, sie habe gar nicht jenen schwarzen Scheitelstreif, auch sei die Vorderseite nicht wie bei jenem weisslichgelb u. s. w. C. versicolor ist gross und das Exemplar stammt aus der Hochebene von Santa-Fé de Bogota, Columbien: Mr. Jurgens. 1844.

110—11. **C. monachus** Fr. Cuv. Saï à grosse tête. Mammif. Juill. 1820. Stirn breit, rundlich, Haare weiss, wie rasirt, Gesicht lederfarbig, heller um die Augen. Brust, Bauch, Wangen und Vorderseite der Arme weissgelb orange, Aussenseite der Arme weiss, Vorderarme, Oberschenkel und Schwanz schwarz, Rücken und Seiten schwarz und braun gemischt. Hände violetschwarz. Is. Géoffr. Dict. class. XV. 150. Lesson compl. IV. 220. Cebus Friederici Fischer syn. 343. sp. 20. Jardine Monk. 178 et 223. pl. 22. Fr. Cuvier sagt, dass er zu der Zeit, als er diesen besessen, auch einen gesehen habe, welcher auf dem Rücken, anstatt wie dieser gelb, vielmehr weiss gemischt gewesen sei.

Hierher gehört auch: C. xanthosternus M. N.-W. Beitr. II. 90. n. 3. Kuhl 35. The Hierang or yellow-chested Capuchin Gray list. 12. Kopf oben, Genick, Schwanz und ein Band um das Gesicht schwarz; Schultern gelbgoldig. Haare der Vorderarme und Hinterläufe schwarzbraun, gelb gespitzt. Rücken braun, in der Mitte, besonders auf dem Kreuz, dunkler. Männchen: Vorderhals und Bauchseite ganz kastanienroth, Weibchen und Junges daselbst blassbraungelblich. Gliedmaassen nebst Schwanz muskulös. M. 33" 4¼'", Schwanz 17" 9¼'", W. oder jung 19", Schwanz 17". Brasilien, nicht über 15¼° südlich zum Fluss Belmonte. — Burmeister Cebus p. 23. zieht auch den C. xanthocephalus Spix hierher und erklärt ihn für eine „unnatürliche Figur". Dieser Vorwurf wird sich leicht heben, wenn wir bemerken, dass wir unter no. 92. nachgewiesen haben, dass, wie schon Is. Géoffroy gezeigt hat, dieser xanthocephalus nicht hierher gehört, sondern mit Etienne Géoffroy's C. variegatus einerlei ist. — Obgleich Kuhl diese Art sowohl im Museum zu Paris, als auch in dem des Prinzen Max. N.-W. gesehen und angiebt, so ist sie doch von Is. Géoffroy und Pucheran nicht aufgeführt worden. Der Prinz sahe auch junge Thiere, bei denen die Farben regelmässig abgesetzt sind. Stirn und Scheitel blass graugelblich, Kehle, Seiten und Unterhals, Brust, Schultern und Oberarme an ihrer Wurzel hell schmutziggelblich, der ganze übrige Körper schwarzbraun und nur der hell röthlichbraune Fleck in den Seiten ist angedeutet. Bauch röthlichbraun, das Toupet auf dem Kopfe fehlt noch. Andere haben das Gelb mehr weisslich. Der gelbbrüstige Rollaffe wurde zuerst am Flusse Belmonte in den Wäldern erlegt, welche den Botokuden zum Aufenthalte dienen und welche ihn „Hieräng" nennen. Er zieht in Gesellschaften von 6—8 in den hohen Bäumen nach Früchten umher, am südlichen Ufer ist er durch robustus ersetzt. Vom Belmonte nördlich kommt er überall vor, also wohl zwischen 14.—16.° S. B. Er ist schnell, lebhaft, gewandt, beissig und furchtsam, gewöhnt sich aber sehr an seinen Herrn und wird ihm zugethan. Am Ilhéos und Tahype fand er sich öfters gezähmt und wurde da „Macaco de bando" genannt, weil sie oft in Banden umherstreifen. Ihre Stimme ist ein tieferer und stärkerer Kehllaut als bei robustus. Ihr Fleisch wird gern gegessen.

112. zu C. frontatus Kuhl. Vgl. 125.

113. **C. cucullatus:** Le Sapajou à capuchon Spix. p. 9. t. VI. Kopf bräunlich, Seiten gelbbraun, Gesicht von einem dicht vorstehenden, dunkelbraunen Haarkreise rings umzogen, Mittelrücken, Vorderarme, Beine und Schwanz dunkelbraun, Kehle, Brust und Oberarme weisslich ochergelb. Augen hellbraun. Länge von Kopf und Rumpf 1′ 9½″, Schwanz 1′ 7″. Ziemlich stark gebaut, oben und unten dicht behaart, Gesicht fleischfarbig, ziemlich nackt, der dunkle Haarkranz an der Stirn ziemlich gerade, ein wenig in der Mitte nach unten eingebogen, an den Backen auswärts gebogen. Zehen fast scharlachfleischfarbig, zottig. Haare am Vorderleibe 1¼″ lang, am Grunde schwarz, in der Mitte braunroth, an der Spitze schwarz und weiss gescheckt, am Hinterleibe (trunci posterioris) spitzewärts braunroth, an den Gliedmaassen an der Wurzel schwarz, an der Spitze braun, auf dem Kopfe an der Wurzel weisslich, an der Stirn, den Backen und dem Kinn an der Wurzel weisslich, an der Spitze rabenschwarz und ½″ lang einen vorwärts gerichteten Umkreis bildend. Haare der Kehle, Brust und Oberarme ganz weisslichgelb, am Bauch und Hüften innerseits und am Schwanz unten an der Wurzel orangerostfarbig, übrigens am Schwanz oben schwärzlich. Kehle, Brust und Bauch sind übrigens sehr behaart. Lippen weisslich-flaumig, Ohren ziemlich gross, etwas behaart, gelblichweiss, Nasenscheidewand breit. Nägel ziemlich kurz, etwas eingekrümmt, braun, zolllang, an den Hinterhänden platter. Spix sagt, dass unter allen ihm vorgekommenen Affen keiner so ausgezeichnet sei, als dieser. Er traf ihn in Brasilien in den Wäldern bei St. Paulo. Das Münchner Museum besitzt noch ein zweites Exemplar durch einen Menageriebesitzer, welches wahrscheinlich aus Guiana herstammt. Beide sind Weibchen, von derselben Farbe und Grösse. — Die Versuche, diesen merkwürdigen Affen zu andern Arten zu ziehen, sind zum Theil freiwillig zurückgenommen worden, so wie Burmeister, Cebus, S. 38 bei Buffon's Sajou gris, mit edler Offenherzigkeit sagt: Die meiste Aehnlichkeit scheint der C. cucullatus Spix mit demselben zu haben, den ich früher in meiner systematischen Uebersicht I. S. 26. zu C. fatuellus rechnen wollte; allein die weitere Beschreibung von A. Wagner, Isis 1833. 992. macht es mir wahrscheinlich, dass der cucullatus nicht dahin gehört. Tschudi zieht ihn In. Per. 8. zu capucinus, wohin er gar nicht passt. Lesson Bim. & Quadr. 142. führt ihn S. 141 auf als variété des robustus, auch das beruht nur auf Willkühr. Wenn A. Wagner sagt, der Affe sei schon vor Spix im Museum vorhanden gewesen, so gilt dies dessen eigener Angabe zufolge von dem aus einer Menagerie herstammenden, besser erhaltenen Exemplare, während er für das seinige sagt: „Habitat in sylvis Provinciae St. Pauli" und „J'ai trouvé ce singe dans les forêts de St. Paul."

114. (95.) **C. capucinus** (S. capucina Linn. Mus. Ad. Friderici Reg. p. 2. t. 2! Syst. Nat. XII. t. 42. 30. ed. XIII. Gmel. 37. 30. Schreber I. 120. 34. t. XXIX. Copie nach Linnée.) Erxleben? nicht der übrigen Autoren. Unter die schwierigsten Aufgaben in der Geschichte der Zoologie gehört die Bestimmung des Capucineraffen. Linnée gab also am a. O. die oben citirte Figur, die Schreber copiren liess, während uns ein Affe, welcher so aussieht, ge-wöhnlich nicht vorkommt. Jedenfalls stellt sie den Affen in seinem Alter und langen Winterpelz dar und ist gewiss die seltenste Form, unter welcher er vorkommt. Ich habe einen mit dieser Abbildung wirklich übereinstimmenden Affen ein einziges Mal in meiner Jugend in Leipzig lebendig gesehen und noch ist mir die Erinnerung daran ganz klar, dass ich damals von der Wahrheit von Linnée's Schilderung seines Treibens wahrhaft erfreut war: „misera et ejulans semper", kummervoll und immer wehklagend, „clamore horrendo hostes pellit", mit furchtbarem Geschrei verscheucht er die Feinde, „stridet saepius ut Cicada", zwitschert oft wie eine Cicade, „irata latrat more catuli", erzürnt bellt er wie ein kleiner Hund, ferner: „caudam spiralem gerit, circumque collum saepius conjicit", seinen Schwanz krümmt er spiralig, schlingt ihn oft um den Hals, „moschum olet" und riecht wie Bisam". Auch der Sitz und die Haltung des Thieres tritt mir bei jedesmaligem Anblick der Figur lebendig wieder vor Augen. Aber unter den zahlreichen, später wiedergesehenen

Capucineraffen kam mir nie wieder ein so typischer wie jener vor, und ich war sehr verwundert, zu lesen, dass Burmeister diesen Typus Linnée's unter die „jungen Thiere" versetzt und den Cebus flavus für deren altes Thier hält. Ich vermisse überhaupt noch, ausser bei Rengger, die Rücksichtnahme auf die Veränderung des Haarkleides nach der Jahreszeit und bin hierauf selbst erst durch längere Beobachtung der Uistiti's, wie ich dort erwähnt habe, aufmerksam geworden. Dabei ist wohl zu bemerken, dass die tropischen Thiere ihren Winterpelz bei uns im Sommer tragen und ihre dünne Behaarung bei uns im Winter; Momente genug, um die Hitze unsers Sommers, wie die Kälte unsers Winters für sie gefahrvoll zu machen, wodurch sich ihr oft so schnelles Absterben unschwer erklärt. Geht man auf Linnée's Beschreibung ein, so ist diese leider im Systema naturae so wenig befriedigend, dass darnach keine Art bestimmt werden kann. Aber die Rückkehr zur eigentlichen Quelle im Mus. Ad. Fried., auf welche auch Mr. Pucheran Rev. 1857. 348—52. mit so vielem Gewicht aufmerksam macht, überzeugt uns bald, dass hier in der Beschreibung nur von demjenigen C. hypoleucus, den wir no. 95 aufgeführt haben, die Rede sein konnte. Hiernach ist der Affe: „bartlos, schwarz, langzottig, Gesicht gelblich. Ist auch lebendig im Museum vorhanden. Leib katzengross, schwarz, Haar schlaff, ziemlich lang, Gesicht und grösster Theil des Kopfes mit Ausnahme des schwarzen Oberkopfes blassgelblich, gleichfarbig mit der Brust und dem Oberarm bis zum Ellenbogengelenk. Gesicht nackt, klein und fleischfarbig, Augen schwarz, Nasenlöcher schief, wie aus zwei Knollen hervorragend, deren Oeffnungen klaffen, daher fast gespalten, sehr stumpf, Basis der Nase zwischen den Augen kielförmig. Ohren rund, behaart. Schwanz länger als Leib, sehr zottig, fast wollig, eingekrümmt, öfters um die Brust oder die Schultern geschlungen." — Fasst man jetzt Alles, was unter no. 95, dann 96—99 und hier 114 gesagt worden, zusammen, so wird man sich antworten können, wo Linnée's Capucineraffe, seiner Beschreibung zufolge, am wahrscheinlichsten zu finden ist. Damit ist aber noch keineswegs bewiesen, dass die Abbildung zur Beschreibung gehört, da sie mit ihr nicht übereinstimmt, wie dieser Fall öfter vorkommt. Schon das flache Gesicht und seine Ringzeichnung deutet auf ein etwas verschiedenes Thier: ungleich mehr dem Apella verwandt.

115. **C. griseus:** Sapajou gris Desmarest p. 81. 62. Encyclop. pl. 16. f. 3. Sajou gris Buff. XV. pl. 5. Pelz bräunlich-rothgelb, oben graulich gemischt, unterseits hell rothgelb, Oberkopf mit schwarzer Kappe, Gliedmaassen von der Farbe des Rückens, Gesicht fleischfarbig, weissgrau breit umkränzt mit doppelter, aus schwarzen Haarspitzen gebildeter Einfassung. Grösse von C. Apella. Es fällt auf, dass Desmarest hierbei den C. barbatus Géoffr. citirt und dennoch diese Art sogleich nachher folgen lässt, auch in der Diagnose sagt: „point de barbe", nachher aber in der Beschreibung von Daubenton: „poils du tour de la face gris-blanchâtres". Dass endlich Desmarest hierzu auch den Sajou male Fr. Cuv. unsere Fig. 118. zieht, ist dort weiter zu erklären. Auch Burmeister Cebus p. 38. behandelt diese Art aufmerksam und vorsichtig und giebt die beste Beschreibung: der Kopf ist gross und rund, das nackte Gesicht oben fleischroth, in der untern Parthie braun, mit einem weisslichen Saume eingefasst, der Backenbart falb, die Spitze der Haare schwarz, was einen dunklen Backenstreif bildet; auch die Haare am Hinterkopf bis zum Scheitel sind schwarz. Der Nacken, Rücken, die Aussenseite der Arme, des Schenkels und der Anfang des Schwanzes sind falb, mit braun gemischt, d. h. jedes Haar hat eine braune Spitze. Kehle, Hals, Brust, Schultern, Bauch und Innenseite der Beine einfach falb. Das Uebrige des Schwanzes war schwarz mit grau gemengt, die untere Hälfte der Arme und Beine nach den Händen und Nägeln schwarz. Dazu stellt das Bild einen kräftigen Körperbau und besonders einen dicken, stark und abstehend behaarten Kopf mit langem Backenbart vor.

116. (101.) **C. barbatus** Géoffroy, das Exemplar, welches Latreille lebendig vor sich hatte und in seiner Histoire des Singes pl. LXIV. als Sajou gris abbildet. Ich sahe das Exemplar im Pariser Museum, als Latreille noch lebte, und Sgr. P. Hugues hat dasselbe in seiner Storia Naturale delle Scimie e dei Maki t. LV. als „il Sajou bigiot" dargestellt. Der Sajou male Fr. Cuv., von dem der Verf. selbst sagt, er scheine dem Sajou gris sich zu nähern, lässt sich allerdings mit unserer Fig. 116. oder dem C. barbatus verbinden, wie insbesondere Werner's schönes Portrait desselben auf der physiognomischen Platte dies

erläutert, aber freilich nicht wie Desmarest gethan, mit dem C. griseus oder unserer Fig. 115, welche auch Géoffr. und Kuhl zum Cebus barbatus fälschlich citirten, während sie diesen im Sai Audeb. V. s. 2. f. 6. (unsere Fig. 101.) richtig erkannten. Ich hatte in dem ersten Verzeichnisse meiner Abbildungen, im Juli 1861, für diesen Affen den Namen C. griseocintus vorgeschlagen, im Fall er von barbatus künftig sich als verschieden erweisen sollte, was ich aber jetzt noch nicht entscheiden kann.

117. C. trepidus (S. trepida Linn. Gm. 37. n. 20. Schreb. (ex Edw.) t. XXVII. The bush-tailed Monkey: le Singe à queue touffue Edwards gleanings VII. p. 222. pl. 312.) Singe trembleur Syst. Nat. ed. fr.) Erxl. Fischer synops. 50. — Männchen: Kastanienbraun. Gesicht fleischfarben, ganzer Oberkopf, Kopfseiten, Vorderarme und Hände, ganze Hinterbeine und Schwanz, rauchgrau. Weibchen: An den Gliedmaassen nur die vier Hände schwarz, sonst wie Männchen. Etwa anderthalbmal die Grösse des C. Apella. Edwards erhielt durch den Schiffskapitain John Dobson de Rederif im Jahre 1759 ein junges Weibchen dieses Affen von der Grösse einer halbwüchsigen Katze, der Capitain hatte dasselbe einem von den westindischen Inseln kommenden Schiffe entnommen und es stammte angeblich aus Surinam her. Edwards erkannte bald, dass diese Art noch unabgebildet war und hat sie gut abgebildet und sehr gut beschrieben. Da aber Niemand das Thierchen wieder gesehen, so wurde es schon von Buffon und Pennant zu dem Saju gestellt und nur Linnées Scharfblick unterschied diese Art als S. trepida, wonach auch Schreber ihn mit der Copie aus Edw. aufnahm, doch fand man die dem Zeitgeist nachgebende Frage ob dieselbe eine Abart von Apella sei. Die später in der Naturgeschichte der Affen eingetretene Ansicht, der Wissenschaft durch Zusammenwerfen der aller heterogensten und von ihren Entdeckern wie z. B. vom Prinzen Max. N.-W. in ihrem ganzen Familienleben in allen Altersstufen beobachteten Arten in eine die wahre Kenntniss auf Kosten einer individuellen Ansicht ertödtende Allgemeinheit zusammenwerfen zu müssen, hat auch von der weitern Nachforschung nach dieser Art wieder abgelenkt und nur der die Sache genauer nehmende Is. Géffroy St. Hil. empfand, dass eine wahrhafte Belehrung über die Specieskenntniss allein in der Befolgung der Traditionen seines Vaters vermittelt werden könnte und musterte deshalb diese Formen mit schärferen Blicke. So erschien 1851 sein C. castaneus: le Sajou chatain Is. Géoffr. St. Hil. Cat. d. Primates p.46. Archives du Mus. V.550. nota. Dem capucinus ähnlich aber weit grösser, Pelz kastanienroth, am Rumpf mehr oder minder punctirt, Untertheil der Arme, Hinterglieder, Schwanz und Rückenstreif dunkler. Schultern blass rothgelbröthlich. Stirn und Kopfseiten ebenso, oben eine Kappe, am Scheitel schwarz, am Hinterhaupt rothbraun, ein schwarzer Streif von da über die Vorderstirn. Hände ganz braun. Seit sehr lange mehrere Exemplare 2 M. und 1 W. im Museum von M. M. Martin und Poiteau aus Cayenne. Ein viertes Exemplar kam dazu in die Menagerie 1854. — Es war etwa 70 Jahre nach der ersten Bekanntmachung des Affen durch Edwards im J. 1829, als ich zu meiner höchsten Ueberraschung hier in Dresden in einer kleinen Menagerie, das Männchen dieses Affen lebendig erblickte, den einer meiner damaligen guten Maler, Namens Hilscher, so treu darstellte, dass Jedermann bei dem Anblick dieser Fig. 117. ihn wieder erkennt. Sein Benehmen war gutartig, seine Bewegungen mehr gemächlich als bei Apella, seine Stimme ein schrillendes Zwitschern, dabei allerdings ein beständiges Zittern. Dieses Beispiel ist einer von den vielen Beweisen, wie langes Abwarten dazu gehört, um eine Art in unserer Kenntniss bestätigen zu können. Jene Districte in denen die Affen leben, sind gross und unermesslich und wohl manchen dürfte ein Jahrhundert lang kein Fuss eines gebildeten Menschen, am wenigsten eines Naturforschers betreten. Dazu kommt noch, dass die Mordsucht der Wilden, wie der Colonisten manche Art verscheucht, wohl gar schon gänzlich vertilgt hat. Mr. Pucheran vermuthet Rev. 1847. 346. eine Uebereinstimmung mit C. olivaceus Schomb., die mir bis jetzt noch zweifelhaft ist. Vgl. Nr. 124. Aber ich habe immer die Vermuthung gehabt, dass die Abbildung des Cebus: le Sajou in Dict. d. sc. nat. chez Lévrault Mammif. pl. 7. eher den C. trepidus als Apella darstellen dürfte.

118. C. paraguayanus (C. apella parag. Fisch. synop. 47.) Rchb. Hellbraun, Vorderkopf und Vorderglieder weiss. Die hier gegebene Abbildung ist der Sajou male FRIEDRICH CUVIER mammif. von dem sein Verfasser nur sagt: „il paroit se rapprocher du Sajou gris." Das physiognomische Bild, welches dazu gehört, macht dies allerdings deutlich, indessen ist doch die Färbung der Vorderglieder so auffällig, dass ich diesen Affen in dem ersten, im Monat Juli 1861 ausgegebenen Verzeichniss meiner Abbildungen zweifelhaft als hypoleuco ✕ capucinus d. h. als Bastard zwischen hypoleucus und dem Capucinus der Autoren d. h. des C. libidinosus aufzählte. Ich lasse dahin gestellt was weitere Beobachtungen entscheiden werden und bemerke nur noch, dass FR. CUVIER ihn beschrieb, als er ein junges Thierchen von 5″ 8‴ Länge war, sein Kopf hatte vom Hinterhaupt bis zur Nasenspitze (au bout du nez) nicht mehr als 2″ und sein Schwanz mass 8″, die Höhe des Rückens kam nur auf 3″ 10‴. Hinterkopf, Hals, Rücken, Seiten, Hüfte, Hintertheil der Schenkel ober- und unterseits und Oberseite des Schwanzes aber blass hellbraun, Unterseite des Schwanzes unrein weiss; Oberkopf mit schwarzer Platte, Oberarm, Vorderseite und Vorderarm, Hals und Brust weiss. Gesicht und Ohren fleischfarbig, alle Hände schwarzviolet, ebenso die Testikeln, Eichel fast schwarz. Diese Theile ziemlich nackt. Augen rothgelb. Alle Haare seidenartig, lang, ziemlich dicht, am Grunde grau, übrigens von oben angegebener Farbe.

119—20—21. vergl. 103—5. zu C. Apella.

Fig. 120 ist der Sai femelle FR. CUV. Er sagt das vorzügliche Kennzeichen des Sai bestehe in der fast vertikal aufsteigenden Stirn, während bei dem Sajou gris und Sai a gorge blanche dieselbe zurücktritt. Ein zweites Kennzeichen sei die schwarzbraune Farbe und die ganz schwarzen Gliedmaassen, während Oberarme, Schultern, Stirnseiten und Wangen weissgelb sind, ein dunkles Band theilt diese Färbung in zwei Theile und umzieht das Gesicht; die Haut, auch die des Gesichts und der Hände ist bräunlich. Die Stimme ist sanft pfeifend bei Sehnsucht und scharf bei Furcht oder Zorn. Das junge Thier war 1′ lang, der Kopf vom Maul bis Hinterkopf 3″, der Schwanz 13″. Die Figuren 119 und 121 sind hier nach lebendigen Thieren gezeichnet.

121b. **C. albifrons** (Simia — Ouavapavi. HUMBOLDT rec. 323. op. 19. und 357.) GÉOFFR. DESM. KUHL. Pelz hellgrau, Bauch heller, Oberkopf schwarz, Stirn und Augenkreise weiss, Gliedmaassen braungelblich. Beschreibung: Pelz graulich, Brust und Bauch heller, Gliedmaassen dunkler, braungelblich. Oberkopf hellgrau, zieht in schwarz, Stirn und Augenkreise schön weiss, Gesicht übrigens grauweisslich; Augen sehr lebhaft braun, Ohren mit eingebogenem Rande und behaart. Schwanz so lang als Leib, oben aschgrau, unten weisslich, mit schwarzbrauner Spitze. — Länge des Körpers 1′ 2″. — Fand sich in grossen Zügen an den Cascaden des Orenoco, bei den Maypures und Atures: v. HUMBOLDT beschreibt ihn als sanft, sehr behende und weniger schreiend als andere Sapajous. Nur v. TCHUDI Fauna Peruana S. 42. glaubt diesen Affen wiedergefunden zu haben und beschreibt ihn daselbst so: Scheitel, besonders aber die Stirn grauweiss, das Gesicht fleischfarben; der Gesichtskreis, sowie der untere Theil des Körpers, des Schwanzes sowie der Innenseite der Extremitäten gelblichweiss; Rücken, Oberseite des Schwanzes und äussere der Extremitäten gelblichbraun. Er theilt den spanischen Namen „Mono cariblanco" mit hypoleucus und chrysopus, die halb indianischen Namen Macaco, Macaquito und Miquito aber mit allen Cebus und Callithrixarten. Mit den drei letzten Namen werden alle Arten der Gattung bezeichnet. Er fasst sich nur in weniger höher gelegenen trockenen Thälern auf und bleibt fast immer an dieselben gefesselt. Noch sehr wenige Lokalitäten sind bekannt, in den er mit völliger Gewissheit nachgewiesen ist. Die lebenden Exemplare die von TCHUDI beobachtete, waren in der Provinz Maynas in den Thälern zwischen dem Yanayacu und Machayacu jung eingefangen worden. BURMEISTER Cebus S. 39. hält ihn für eine Varietät von capucinus, auch zugleich für einerlei mit chrysopus von denen Tschudi ihn wohl unterscheidet. Man findet kein Exemplar aufgeführt und weiss nicht wo man den Affen noch suchen soll.

122. **C. olivaceus** SCHOMBURK Brit. Guiana II. 245—46. Oberseite des Körpers und der Extremitäten dunkel olivenbraun, Schulter und Oberarme strohgelb, Scheitelplatte schwarz dreieckig, verläuft sich hinten am Nacken und als schmaler Streif bis zur Nasenwurzel,

die Haare der Oberseite sind nussbraun, spitzewärts blass goldgelblich, die Spitze schwarz. Stirn, Backen, Kehle nussgelb (?) behaart, Gesicht schwärzlich. Hände und Füsse, wie Innenseite der Unterarme und Unterschenkel schwarz. — Unterscheidet sich durch seine Grösse: Rumpf mit Kopf eines ausgewachsenen Weibchen 16″, Schwanz 18″. Extremitäten 10½″, das M. noch grösser, auch durch seine längeren Haare von capucinus und von apella. Wie die obere Seite des Leibes, so ist auch die untere gefärbt, erscheint aber hier wegen der dünneren Behaarung etwas heller. Der Schwanz ist dicht und lang behaart, am M. noch mehr. Schomburgk traf diesen Affen in sehr beschränktem Aufenthalte nicht unter der absoluten Höhe von 3000 Fuss auf dem Roraima-Gebirge bei dem Stamme der Arekunas. Der Umstand, dass das Thier den Macusis noch unbekannt war, ist besonders merkwürdig. — Unser abgebildetes Männchen hält 17″, der Schwanz vielleicht etwas verkürzt nur 16. Die hintern Extremitäten 12″, die grossen Eckzähne stehen auf 13 m. heraus und die untern sind nur wenig kürzer. Ich hielt diesen Affen anfangs für monachus aber die sehr bestimmte Angabe Schomb., dass hier die Innenseite der Unterarme und Unterschenkel schwarz ist, unterscheidet ihn deutlich. Der Sajou brun Fr. Cuv. femelle unsere Fig. 106—7. gehörten wohl als junges Thier, wahrscheinlich hierher. Es war von der Grösse des Saï. Der ganze Leib war mit seidenartigen, weichen Haaren bedeckt, grösstentheils braunschwarzgelblich, nur an der Spitze goldgelb, so dass der ganze Pelz davon einen Schiller erhielt, wenn man schief auf ihn hinsah. Arme, Schultern, Wangen und Schläfen bis zu den Ohren und Stirnseiten hatten eine blassere Färbung, Kopfplatte schwarz, eine Spitze davon zog zwischen die Augen herab. Auch der Rückenlängsstreif war dunkler als die andern Leibestheile, insbesondere die untern, wo die Haare seltener waren. Die Haut des Gesichts, der Ohren, Hände und überhaupt der nackten Theile war schwarzblauviolet. Von Apella sind diese schon durch den Mangel des Augenbraunstreifes entschieden getrennt.

123. C. nigrovittatus Natterer. Ein altes ausgefärbtes Exemplar aus dem ersten Dresdner Museum vgl. Fig. 99. als junges Exemplar.

124. C. fatuellus jung, vgl. 135.

125. **C. frontatus** Kuhl. 34. Schwärzlichbraun, ziemlich einfarbig. Scheitel, Hinterhände und Schwanzspitze schwarz. Um den Mund und an den Vorderhänden einige wenige weisse Haare. Stirnhaare aufrecht, sehr dicht. Kopf stark. Länge 15½″. Kuhl begründet seine Art durch den „Sajou Var. Audebert Fam. V. 2. t. 3. welche Abbildung er als gut bezeichnet. Auch Desmarest nahm dieselbe Art p. 82. 64. als „Sapajou cocffé" auf und gab dazu nach einem Exemplar des pariser Museum, welches Kuhl wahrscheinlich bezeichnet hatte, da er angiebt, dass er die Art nur im Pariser Museum fand, folgende Beschreibung. Kopf mässig dick; Gesicht dunkel, nackt, um das Maul herum einige weisse Haare und an der Stirn, sowie an den Wangen dunkelschwarze Härchen. Stirnhaare dicht, rückliegend, fast rein schwarz, diese Farbe zieht sich aber auch über die Kopfseiten und verbindet sich am Kinn in ein ziemlich schmales Band. Haare der Oberseite braunschwarz, am dunkelsten auf den Gliedmaassen. Unterhals und Brust wenig behaart und minder dunkel. Auf den Vorderhänden sehr feine weissgräuliche Haare zerstreut. Schwanz sehr dunkelbraun fast in seiner ganzen Länge und schwarz gespitzt. Fragweise nahm der Verfasser dabei immer auf Linnée's S. trepida Rücksicht. — Is. Géoffroy Cat. meth. 44. stellt ihn nach cirrifer und vellerosus von denen er ihn dadurch unterscheidet, dass er sagt er sei schwarz, unten unrein graubräunlich und es fehle ihm die weisse Einfassung des Gesichts. Auch habe der Kopfbüschel (?) eine verschiedene Stellung. Das Museum erhielt ein altes und ein junges Männchen im Jahre 1819 aus der Menagerie, von dem das eine die Originalbestimmung Kuhl's trägt. Die Stirnhaare liegen zurück und sind nicht in Pinsel getheilt. Das dritte Exemplar, ein sehr altes Männchen kam 1839 aus der Menagerie, trägt ein schwarzes Toupet ohne Theilung, von 35 Millimètres Länge. — Mr. Pecheran endlich, Revue 1847. p. 344. zieht den C. niger Géoffr. und C. frontatus zusammen. Vergl. hierüber weiter unten.

125ᵇ. **C. vellerosus**: le Sajou à fourrure: Is. Géoffr. St. Hil. n. 5. et Cat. d. Primates 44 Archives d. Mus. V. 550. nota. Braunlanghaarig, mehr oder minder wollig.

mitunter noch längere und steifliche weisse Haare. Gesicht weiss umzogen, jung ohne Schopf, aber im Alter erreicht der gespaltene Schopf 35—40 Millimeter. Wohl mit cirrifer G. St. Hil. auch mit frontatus Kuhl verwechselt. Im Cat. meth. sagt Is. St. Hilaire: Eine sehr eigenthümliche Art. Ein altes und ein junges Exemplar ohne Nachweisung des Geschlechts bieten den Typus. Bei dem Alten die beiden Stirnpinsel 35 Millim. lang, dem weniger braunen jungen Exemplar fehlen sie noch. Ein Weibchen aus der Menagerie, im Jahre 1845 erhalten, ist dunkler und minder wollig. Die Pinsel sehr breit und 40 Millim. lang. Die ersten Exemplare aus Brasilien von St. Paulo 1826.

126 — 27 stellen den C. cristatus dar, welcher Nr. 130 folgt, hier Exemplare im enthärten Zustande aus dem älteren Museum in Dresden.

128 — 29 gehört nebst 124 als jüngerer Zustand zu C. fatuellus vgl. Nr. 135.

129 b. **C. elegans:** le Sajou élégant Is. Géoffr. St. H. Compt. rend. XXXI. 1850. 875. Catal. d. Primates 1851. p. 45. n. 7. Archives du Mus. V. 548. — Pelz rothgelb, von goldgelb bis rothgelbgraulich, Gliedmaassen und Schwanz dunkler; Bart goldgelb, Kopf schopfartig lang schwarz behaart. — Brasilien und Peru. — Grösse des braunen Sajou. — Hände und Schwanzende von der Mitte an am meisten dunkelbraun, die braunen Haare kürzer als die gelben und diese am Grunde dunkler als an der Spitzenhälfte, lang, weich und fast wollig. Gesicht von kurzen weisslichen Haaren umgeben, oberwärts einige schwarze Haare unter den hellen. Der schöne Bart entfärbt sich in der Gefangenschaft. Die Sajou's entfärben sich überhaupt in diesem Zustande; besonders im Dunkeln gehalten, was die Kenntniss der Arten sehr erschwert und verwirrt hat. In seinem Catalogue d. Primates führt Is. G. St. H. mehrere dergleichen ausgebleichte Exemplare auf. — C. elegans steht dem C. cirrifer nahe, hat auch die Kopfhaare in zwei Richtungen rechts und links durch eine Mittellinie getheilt, aber seine bestimmte Färbung unterscheidet ihn leicht; mehrere Exemplare lebten in der Menagerie, ohne dass man genau das Vaterland kannte. Mr. Aug. St. Hilaire brachte den ersten aus Brasilien von Rio de Pilar in der Capitanerie Goyaz. Die peruanischen vom Amazonenstrome brachten M. M. De Castelnau und Deville. Die vorhandenen Exemplare sind mehr oder minder lebhaft gefärbt, eins fast gänzlich entfärbt.

129 c. **C. cirrifer:** Sajou à toupet Et. Géoffr. Ann. XIX. 110. 3. S. cirrifera A. v. Humb. I. 356. (1811.) spec. 16. The tufted capucin Gray list. 71. — Kuhl S. 31. Schwärzlich kastanienbraun, unten heller; Scheitel und der sehr zottige Schwanz nebst den Gliedmaassen bräunlich schwarz. Kopf mit einem schwarzen hufeisenförmigen aufgerichteten Haarbüschel, nach dem Hinterhaupt offen. Kopf gerundet, dick; Haare lang, weich; grösser als capucinus; Bart dick. — Länge 16″, Schwanz ebenso lang. Pariser Museum. — Et. Géoffroy brachte das Exemplar, nach dem er die Art beschrieb, im J. 1808 aus Portugal mit. Ein 1850 erhaltenes Weibchen stammte angeblich aus Guiana und ein Männchen starb schon 1828, aber in schlechtem Zustande, in der Menagerie.

130. **C. cristatus** Lesson. Bim. 138. 2. Der Prinz Max. N. W. hat diese von ihm C. cirrifer genannte Art selbst lebendig beobachtet. Er giebt Beiträge II. 97—101. die Beschreibung und die Abbildung in der vierten Lieferung: Der Rollschwanzaffe mit weisslichem Gesichtskreis. Le Sajou à tour de visage blanchâtre. Gebiss schwach, Schneidezähne etwas vorwärts geneigt und vorn etwas abgerundet. Eckzähne kurz und schwach, Haare lang, dicht und ziemlich sanft. Schwanz sehr dicht und lang behaart, länger als Körper. — Gesicht in der Mitte nackt, schwärzlich. Iris lebhaft gelbbraun, Ohren menschenähnlich, Rand flach, nicht eingerollt, dünn weisslich behaart. Lippen fein weisslich behaart. Pelz schwärzlichbraun, Halsseiten und unterseits fahlgelblich, etwas wollig, die Haare schwarzbraun gespitzt, Rücken und Gliedmaassen dunkler. Am Oberhalse, dem ganzen Kopfe, der Stirn und den Schläfen geht die Farbe in dunkel schwarzbraun über, von den Ohren nach dem Kinn läuft ein Backenbart von dieser Farbe herab. Zwischen ihm und dem nackten Gesicht eine Einfassung von unrein weissgelblichen Haaren, Backen gänzlich mit weissen Härchen bewachsen, auch läuft an den beiden Aussenwinkeln der Stirn oben die weissgelbliche Farbe mit einer kurzen Spitze in die schwarzbraune Scheitelfarbe hinauf und diese zieht wieder mit einer ähnlichen Spitze etwas nach der Stirnmitte herab. Ueber den Augen stehen einige lange

schwarzbraune Haare, welche eine Art von Augenbrauen bilden. Hände dünner behaart als Körper, aber die Haare sind lang und zum Theil von einer etwas blasser braunen Farbe, eben so ist die Innenseite der Glieder. Männchen, Länge 16″, Schwanz 17″. Temperament lebhaft aber furchtsam, sie gewöhnen sich höchst leicht an ihren Herrn, nehmen auch mit jeder Nahrung fürlieb, und das Exemplar schien auch unser Klima gut zu ertragen. Seine Stimme war der sanfte, oft wiederholte, allmälig von der Höhe zur Tiefe herabsinkende Pfiff, zuweilen in der Ruhe eine dem Vogelgezwitscher ähnliche schwache Stimme und im Zorn ein lautes gellendes Geschrei, wobei die Zähne entblösst und das Gesichtchen in Falten verzogen wurde. Der Gliederbau ist schlanker als bei den Verwandten. Der Prinz traf ihn nicht in der Wildniss, aber mehrere Exemplare in Bahia in Häusern, wo man nur hörte, sie stammten aus Pernambuco. Vgl. folgende Art.

131. und 133. **C. niger:** Sajou nègre, Et. Géoffr. St. Hil. Ann. XIX. 1812. p. 111. 7. Desmar. 83. op. 65. Kuhl p. 34. — Sajou cornu Variété. Fr. Cuv. Mammif. Braunschwarz langhaarig, Vorderhaupthaare etwas länger, ziemlich aufrecht. Bauchseite aschgraulich heller. Stirn über den Augen mit weissem Querband. — So gross als capucinus. Wangen ochergelb. Haare seidenglänzend, sehr lang, einfarbig. — Pariser Museum: Kuhl. Dessenungeachtet im Cat. meth. nicht erwähnt. F. Cuvier beschreibt das hier abgebildete Exemplar so: im Allgemeinen schwärzlich, Vorderseite der Schultern licht braun, Oberkopf sehr dunkelbraun. Weisse Haare umgeben die Wangenseiten und vereinigen sich zu einem schmalen Stirnbande, nachdem sie sich in Gestalt zweier Mondsicheln nach den Kopfbüscheln in die Höhe gezogen. Auch vor den Ohren stehen einige weisse Haare. Er ist also durch seine schwärzere Farbe und durch das weisse Stirnband verschieden vom Sajou cornu, unterscheidet sich aber noch mehr von dem des Buffon. Mr. Puscheran Revue 1857. 344. sagt endlich, dieser C. niger sei eins mit C. frontatus. Kuhl. Er bemerkt: alle diese schwarzen Formen zeigen mehrere Abänderungen in der Haarfärbung ihres Gesichts. So ziehe ich, sagt er, zu Buffon's Figur pl. XXVIII. vol VII. p. 109. auf welche Mr. Géoffroy seinen C. niger begründet, die Variété du Sajou cornu Fr. Cuv. Mammif. Ein Exemplar des Museums von 1828 gleicht sehr dieser Figur, es zeigt rechts und links die schwarzen Haarbüschel des Oberkopfs. Das Stirnband ist etwas gelblichweiss, die seitlichen ebenso. Auch die beiden von Kuhl als frontatus bezeichneten Affen sind in dieser Hinsicht verschieden. Einer hat rothgelbe Haare im Gesicht und der schwarze Stirnhaarbüschel ist beiderseits auf der Höhe des innern Augenwinkels durch röthliche Haare verletzt (entamé). Es ist ein Anfang der Stellung, welche in derselben Gegend die Abbildung des C. cirrifer, die der Prinz Max v. Neuwied gegeben, darbietet und die wir von der von Mr. Géoffr. unter demselben Namen gegebenen unterscheiden, wie Burmeister schon andeutet. Vgl. unsre No. 130. — Das von Mr. Pucheran erwähnte Exemplar von 1828 dürfte kein anderes als das von Mr. Is. Géoffroy unter seinem C. cirrifer Cat. meth. 44. zuletzt erwähnte sein und ist wohl nichts schmerzlicher zu bedauern, als dass jener schätzbare Catalog die Literatur und Synonymik, durch welche der Leser geleitet werden könnte, so unbeachtet gelassen. Wir sehen, dass zum braunen C. cirrifer Géoffroy ohne alle weisse Zeichnung, also unsrer Fig. 112. und der von Kuhl selbst citirten Figur Audeb. t. 3. die er als gut bezeichnet, unsre 125. sein frontatus recht wohl passt, nicht aber zu Géoffroy's C. niger mit seinen weissen Monden an den Wangen und weissem Stirnbande, welche den C. niger hierher offenbar ziehen, und wozu bei uns noch zur Bestätigung der Sajou nègre Lath. pl. LXV. zu p. 169. unsre Fig. 133. im Hintergrunde gehört.

132. und 134. **C. lunatus** Kuhl Beitr. 37. Sapajou lunulé Desmar. 84. 69. Braunschwärzlich. Kopf, Vorderbeine und Stirn schwarz, an jeder Wange ein halbmondförmiger, weisser Fleck, von den Augenbrauen zum Munde. So gross wie apella. — Vaterland? — Mus. Heidelberg. — Hierzu gehört ohne allen Zweifel der „Sajou cornu mâle" Fr. Cuv., welcher sich vom niger durch den Mangel des weissen Stirnbandes unterscheidet. Fr. Cuvier fand ihn grösser als die andern, die Ohrpinsel bekam er erst, nachdem er die Eckzähne erlangt hatte, und im Winter war er überaus lang behaart. Die nackte Haut war violet. Die Basis der Nase war breiter und längsgefaltet, das gab ihm ein Ansehen, als ob er bösartig wäre, aber sein Naturell war sanft und anhänglich. Lesson

Bim. et Quadr. 139. führt den C. lunatus Kuhl als „Jeune" von seinem Sajou huppé‧
C. cristatus auf, zu dem er den cirrifer Max. N.-W. zieht, zu dem der lunatus jedenfalls nicht gehört.

135. **C. Fatuellus** (Simia — Linn. Gm. 37. 28. Schreb. t. XXVII. B.) Erxl. Sajou cornu Géoffr. Annal. XIX. 1812. 109. 2. Buff. suppl. VII. t. XXIX. Audeb. V. sect. 2. t. 3. „Mico & Kaite" Bras. or. Kastanienbraun auf dem Rücken, heller an den Seiten und hellröthlich am Bauche, Kopf, Gliedmaassen und Schwanz schwarzbraun, Kopf länglichrund mit ein paar starken Ohrpinseln jederseits der Stirn. Länge des Körpers 15" 3''', Schwanz 16" 8'''. Weibchen 12" 8''', Schwanz 15" 6'''. Wir halten uns bei der näheren Beschreibung an den besten Beobachter, den Prinzen Maximilian Neu-Wied, Beiträge II. 76—82. Grösse eines starken Katers, mit starken, muskulösen Gliedern, rundem Kopfe und Gesichte, starken, kegelförmigen, von den Lippen bedeckten Eckzähnen, die unteren stehen weiter heraus, als die oberen. Gesicht um Augen und Nase herum nackt, dunkel fleischbraun, Hände inwendig glatt und dunkelbräunlich, Nägel ziemlich menschenähnlich, der des Daumen abgerundet, die der übrigen Finger etwas mehr zugespitzt. Männliche Organe nackt, Eichel pilzförmig dunkelbräunlich oder schwärzlich fleischroth, immer erregt. Backen und Schläfen dünn fein weissgelblich behaart, Unterlippe dünn und kurz behaart, um das ganze Gesicht herum bilden glänzend schwarze Haare einen Kranz, sie treten über die Nase tief herab und bilden auf dem Scheitel einen getheilten Schopf, dessen beide Büschel anderthalb Zoll lang sind. In der Mitte, zwischen beiden Theilen dieses Toupets, ist das Haar kurz, auf dem ganzen Kopfe aber glänzend schwarz, unter dem Kinn schwarzbraun, auf dem Halse wird es bräunlich, Kehle, Brust, Halsseiten, Bauch und Oberarme vorn bräunlichgelb, braun gespitzt, am ganzen übrigen Körper schwarzbraun, oberseits beinahe schwarz, überall hellgelblich gespitzt. Vorderhände schwarzbraun, Finger mit hellbräunlichen Haaren gemischt. Schwanz länger als Leib, stark, ziemlich dick, sehr dicht behaart, fast schwarz. Arme und Beine innerseits wie aussen, schwarzbraun. Rückenhaare fast 3" lang, sehr dicht, Bauchhaare in der Mitte kurz und dünn. Iris gelbbraun. — Weibchen: Gesicht nackt, dunkelgraubraun, Handfläche hellgraubraun. Clitoris 3—4" lang, beide Brustwarzen schwärzlich und lang, Scheitel und Nacken schwärzlichbraun, Schopf wie am Männchen getheilt, Körperhaar etwas lang, struppig, hellgelblich graubraun, längs des Rückens dunkler graubraun, wie die Oberarme. Schwanz schwärzlichbraun, seitlich, besonders an der Wurzel, mehr röthlich goldschimmernd, Unterarme schwärzlichbraun, Hinterbeine dunkler als vordere. Der dunkle Scheitel und Hinterhals giebt dem weiblichen Affen das Ansehen, als habe er eine Mütze auf. Kopfseiten und Kinn gelbbräunlich, sparsam mit wenigen rostgelben Haaren. Der Prinz schliesst hieran die von seinem Beobachtungsgeiste zeigenden, ausserordentlich wichtigen Worte: „Abänderung in der Farbe habe ich unter diesen Affen nicht bemerkt, daher kann ich der Vermuthung des Herrn von Humboldt, Rec. d'obs. I. 324., nicht beistimmen, dass S. fatuellus und apella vielleicht nur Abarten von einander seien. Auch Dr. von Spix glaubte dasselbe, dass nämlich apella ein fatuellus mit abgenutzten Stirnzöpfen sei; auch dieses kann ich nicht zugeben, da wir sehr viele Individuen der letzteren Species erlegt haben, wo sich aber beide Geschlechter immer mit starken Zöpfen am Kopfe zeigten. — Der gehörnte Affe wird an der Ostküste Brasiliens, in der Gegend von Rio de Janeiro, in der Serra dos Orgaos und andern grossen Waldungen, bei Capo Frio und bis zu den Flüssen Itabapuana und Itapemirim gefunden, also zwischen dem 23. und dem 21. Grade S. B. Hier haben wir ihn häufig bemerkt, weiter nördlich aber keine Spur mehr von ihnen gehabt, ich muss indessen vermuthen, dass er noch weiter südlich hinab gefunden werde. In den grossen Wäldern um Capo Frio und an den mit Urwald bedeckten Ufern des Itabapuana wurde er von unsern Jägern häufig erlegt. — Lebt zuweilen einzeln oder paarweise, gewöhnlich in kleinen Gesellschaften, sie steigen in beständiger Bewegung auf den Bäumen nach Früchten umher. Ueberhaupt höchst lebhaft, schnell und gewandt, sind sie besonders in der Jugend sehr komisch und gewöhnen sich leicht an ihren Herrn. Ihre Stimme ist ein sanfter, oft wiederholter Pfiff und zuweilen ein kleines, den Vogelstimmen ähnliches

Gezwitscher. Um sie zu überlisten, ahmen die Jäger ihren Pfiff nach. Bemerkt die Gesellschaft den Feind, so entflieht sie in weiten Sprüngen, selbst über die biegsamsten Zweige mit seltener Geschwindigkeit und selbst mit der Flinte sind sie dann leicht zu fehlen. Das Fleisch ist in der kalten Jahreszeit sehr fett und wird gern gegessen. In der Gegend von Cabo Frio trägt dieser Affe den Namen „Mico", in andern „Kaitè", auch belegt man ihn mit dem allgemeinen Namen Affe: „Macaco". — Wenn dann der Prinz sagt: Fr. Cuvier habe die Art gut abgebildet, die Abbildung aber nicht citirt, so meint er wohl den Sajou cornu und man begreift nicht, wie später S. 97 die Variété du Sajou cornu eine ganz verschiedene Abtheilung in der Gattung ausmachen kann, da beide so ganz nahe verwandt sind. Wenn nun der Prinz Max. N.-W. die Ansicht A. v. Humboldt's vom Zusammengehören des Apella und fatuellus aus eigener Beobachtung widerlegt hat, so haben sich doch auch andere Schriftsteller zu derselben geneigt. Während aber Is. Géoffroy Cat. meth Primat. p. 42. beide zusammenzicht, bemerken wir dagegen, wie vorsichtig der auch deutsche Werke beachtende Mr. Pucheran Rev. 1857. p. 338—43. die Sache behandelt und aus den Exemplaren des Pariser Museum nur diejenigen herausnimmt, welche wirklich zu Apella gehören. — Nur Burmeister Syst. Uebersicht I. 25. und Cebus p. 11—20. sucht jene Ansicht der Vereinigung in der Weise aufrecht zu halten, dass er S. Apella, den Sajou brun, dann C. frontatus Kuhl, den Sai femelle Fr. Cuv., für junge, dagegen S. fatuellus, le Sajou cornu Buff., Aud. u. Fr. Cuv., le Sapajou cornu Briss., Cebus niger Géoffr.? C. lunatus Kuhl und C. Azarae Rengger für alte Thiere hält. Wenn man seine ausführliche Auseinandersetzung liest, so bleiben immer noch die Einwürfe, dass 1) in solchem Falle Niemand über das gesonderte, häufige Vorkommen einer oder der andern Art berichtet haben würde; 2) Apella als junges Thier sich fortpflanzen und in Familien und Heerden leben könne; 3) Rengger's Art recht wohl wie alle andern nach dem Alter ändern mag, aber ohne Exemplare noch durchaus nicht bewiesen ist, dass die Stufen, welche diese Art durchläuft, in der Jugend dem Apella und im Alter dem fatuellus vollkommen identisch sind. Wir halten also bis zu weiterer Nachweisung den C. Azarae Rengger für noch viel zu wenig bekannt und empfehlen dessen nähere Erforschung in Paraguay. Wie vielfach dieser weder abgebildete, noch in einem einzigen Exemplare nach Europa gekommene Affe gedeutet werden kann, beweist auch Wagner, welcher ihn (s. Burm. Cebus p. 43.) namentlich beibehält, während er ihn auf den längstbekannten C. griseus deutet.

135ᵇ. **C. hypomelas** Pucheran Rev. 1857. 341. Oberseits röthlichbraun, längs der Rückenmitte dunkler, Seitenhaare mehr röthlich, ebenso lebhaft die Aussenseite der Hüften. An allen diesen Stellen haben die Haare eine schwärzliche Wurzel und sind schwarz und röthelfarbig klein geringelt, dann schwarz gespitzt. Innenseite der Hüften und übriger Theil der Hinterglieder dunkelschwarz, ebenso die Vorderglieder in ihrer ganzen Ausdehnung, aber auf der Aussenseite der Schultergegend ist ein vertikaler, gelblicher Streif, welcher an den hellen Schulterfleck so vieler Arten in dieser Gegend erinnert. Unterseite schwarz, ebenso Halsseiten und Schwanz, der kürzer ist, als der Leib und ohne Schwiele. Oberkopf gleichförmig schwarz, nahe am Ohr sind einige Haare der Kappe länger, als die andern. Vorn gelblichweiss. Gesicht schwarz. — Gross, vom Maul über den Rücken gemessen bis zur Schwanzwurzel an 50 Centim. Er lebte 1854 in der Menagerie und ist von allen verschieden.

135ᶜ. **C. crassipes** Pucheran Rev. 1857. 341. Die schwarzen Haare an der Nasenwurzel bilden schon einen erhabenen und zurückgelegten Kamm und rechts und links zwei seitliche, welche sich über und in die Ohren erstrecken. Hinter diesem Kamm ist die Kappe auch schwarz und aus platten Haaren gebildet, dreieckig und mit der Spitze nach hinten gerichtet. Der Rücken röthelfarbig, schwarzbraun überlaufen, letztere Nüance schwindet an den Seiten, welche von längeren, biegsameren Haaren besetzt sind. Die Rückenhaare sind nach ihrer grössten Ausdehnung schwarz, schwarzbraun gespitzt und in ihrer übrigen Ausdehnung röthelfarbig geringelt, ein Band dieser Farbe ist vor der Spitze, vor diesem braunschwarz. Seitenhaare fast einförmig röthelfarbig, die Wurzel dunkelbraun. Unten wie die Seiten. Arm innerseits wie Unterseite, aussen wie Rücken, aber heller, Haare nicht so dunkel am Grunde; letztere Färbung zeigt sich auch am Aussenrande des Vorderarmes, aber dunkler. Die Haare haben hier sehr wenig röthlich, und diese Farbe zeigt sich nur an der Spitze, an der Innenseite des Vorderarmes und an seinem Oberrande. Die Haare der Hände sind schwärzlich, die der Finger röthelgelb. Hinterglieder, Hüften und Schenkel aussen und innen schwärzlich, lebhaft röthlich überlaufen, am Hinterrande letzterer Gegend ist diese Färbung vorwaltend. Ueberall anderwärts nimmt ein sehr dunkles Schwarz fast die ganze Ausdehnung des Haares ein, es findet sich da nur sehr wenig röthlich. Schwanz fast ganz schwarz, nur die Wurzel oben und unten dunkelröthlich behaart. Kopfseiten der Stirn und die Wangen gelblich behaart, Gesicht hinten von einer Einfassung aus schwärzlichen, rothpunktirten Haaren umzogen, welche sich auf dem Kinn von beiden Seiten verbinden. — Länge von der Nasenspitze bis zur Schwanzwurzel über 50 Centim. Schwanz wenigstens 55 Centim. — Dem robustus ähnlich, aber die Färbung minder lebhaft und die Gliedmaassen ganz verschieden gefärbt; oder dem macrocephalus, von ihm aber durch diese Färbung der Glieder, wie durch die Abwesenheit des braunen Rückenstreifens, den Spix angiebt, verschieden. Er hat auch nahe Beziehungen zu C. libidinosus, doch scheint die Färbung der Haare verschieden. Das Vaterland ist nicht bezeichnet.

135ᵈ. **C.? Lacepedii:** Le Sajou de Lacépède G. Fischer nouvelle espéce qui se trouve au Museum Imp. de Moscou, Mémoires vol. I. 1806. p. 23. Schwarz, Beine röthelfarbig, Ohren kürzer als Pelz, Oberlippe ungetheilt. Der kleine Affe ist ganz schwarz, Schwanz buschig und nicht greifend. Beine und Hände röthlich. Ist dem Tamarin: Simia Midas und dem Saïmiri ähnlich, aber von jenem durch den reichbehaarten Pelz (touffu), der besonders am Kopfe weit länger ist, als die Ohren, und von diesem durch den Mangel der Lippenspalte verschieden. Das nähere Vaterland in Südamerika war nicht bekannt und es wurde eine ausführlichere Beschreibung mit Abbildung versprochen. Wahrscheinlich kein Cebus.

135ᵉ. **C. Azarae:** der Çay Rengger Naturgesch. der Säugethiere von Paraguay. Basel 1830. S. 26 — 58. Haare dicht, scheinwollig, aber nicht weich anzufühlen. Augenkreise, Nase, Lippenrand und Innenseite der vier Hände nackt. Haare des Rückens und der Seiten 2″, im behaarten Theile des Gesichts, zum Theil an den Ohren und auf den Händen kurz. — Farbe der grösseren beiden Männchen gelblichbraun. Handrücken, Bauch, Innenseite der Gliedmaassen und Schwanzunterseite bräunlichgelb, Aussenseite der Vorderarme und Beine und Oberseite des Schwanzes dunkel gelblichbraun. Kopfplatte von der Stirnmitte bis zum Hinterhaupt schwarz, die Haare stiegen als spitz zulaufender Streifen bis gegen die Nasenwurzel herab, standen über der Stirn in einem Halbkreise aufrecht und bildeten an beiden Enden desselben über jedem Ohre einen stark hervorragenden Büschel. Gesicht übrigens mit weisslichgelben Haaren eingefasst und ein Streifen solcher Haare zog sich auf jeder Schläfe rückwärts bis an den obern Ansatz des Ohres. Dieses war mit wenigen Haaren von gleicher Farbe besetzt, die aber in der Mitte der Muschel eine weit grössere Länge als am übrigen Theile erreichten. Durch die Mitte der weisslichgelben Einfassung des Gesichts zog sich auf jedem Backen ein schwarzer Streif herab, der sich an der Kehle mit dem der andern Seite vereinte. Ueber den Augen standen einige schwärzlichbraune Haare wie Augenbraun. Kehle weisslichgelb, der nackte Theil des Gesichts und der Hände graulichschwarz, ebenso der nackte Theil des männlichen Gliedes. Dies Männchen musste ein ausgewachsenes gewesen sein, denn die Zahl seiner Backenzähne war nicht nur vollständig, sondern diese waren schon abgenutzt und die Eckzähne hatten eine Länge von 6—7‴ erreicht. Länge vom Maul bis zur Schwanzwurzel 1′ 4″ 8‴, Kopf 3″ 6‴, Schwanz 1′ 7″ 4‴, mittle Körperhöhe 11″ 4‴, ganze Länge 3′. Ein zweites, um 3″ kürzeres M. war etwas heller, seine Stirnhaare standen noch nicht in die Höhe und bildeten noch keine Büschel über den Ohren, seine Eckzähne waren kaum 4‴ lang.

Das grösste Weibchen war etwas über 2″ kürzer als das ältere Männchen, ihm aber ganz ähnlich in Farbe und Zeichnung. Der Halbmond der aufrecht stehenden Stirnhaare war bei ihm kaum bemerkbar, seine Eckzähne standen beinahe 5‴ aus dem Zahnfleische hervor und von den Backenzähnen mangelte ihm keiner. Eins der beiden andern Weibchen unterschied sich nur durch in's Violblaue ziehende Farbe der unbehaarten Theile und gänzlich anliegende Stirnhaare. Das dritte, kleinste, hatte von allen die hellste Farbe, die dort gelblichbraunen Theile waren hier bräunlichgelb und was dort bräunlichgelb, war hier röthlichgelb, nur die Aussenseite der Hände war gelblichweiss. Das Gesicht war weiss eingefasst, die Kappe geringer ausgedehnt, bräunlichgrau. Die nackten Theile des Gesichts bräunlich fleischfarbig, Innenseite der Hände bräunlich violblau und die hervorstehende Clitoris blass fleischfarbig. Eben wechselten erst die oberen Schneidezähne, also war es noch jung. Die acht hinteren Backenzähne waren noch nicht durch und die Eckzähne ragten kaum 2''' hervor. Iris bei allen heller oder dunkler bräunlichroth. Die Färbung zeigte sich bei Jungen heller, bei alten dunkler, die Kappe bei Jungen weniger breit, als bei Alten. Ueber die Veränderungen hat RENGGER folgendes notirt, und er ist der einzige Beobachter, dem wir solches verdanken.

Die Haare der Säuglinge beiderlei Geschlechts sind 4—6 Wochen nach der Geburt kaum einen halben Zoll lang und weicher, überhaupt mehr wollig, als bei den Alten. Die Farbe an ihrem ganzen Körper gelbbraun, nur die Kopfmütze deutet sich an durch graulichbraun. Auf Stirn und Scheitel liegen die Haare knapp an. Die nackten Theile des Körpers gewöhnlich schwärzlichbraun. Das Gesicht hat starke Falten, was dem Thiere ein hässliches Ansehen giebt. Auch das Verhältniss der verschiedenen Theile des Körpers ist beim Säuglinge nicht das, wie bei dem Erwachsenen. Der Gesichtswinkel beträgt etwa 40°. Der Kopf, ungeachtet seiner noch zahnlosen Kinnladen, ist unverhältnissmässig gross und nimmt ⅔ des Rumpfes ein. Dagegen ist die Schwanzlänge geringer, als die von Kopf und Rumpf zusammen. Nach dem ersten, oft erst im zweiten Jahre verhält sich der Kopf zum Rumpfe = 3:9, der Schwanz erreicht die Länge des Rumpfes und Kopfes zusammen und das Thier beginnt sich dessen wie einer Hand zu bedienen. Die Farbe wird mit jedem Jahre etwas dunkler. Bei dem ausgewachsenen Thiere steht das Verhältniss: Kopf: Rumpf = 7:26 und der Schwanz übertrifft beider Länge. — Aufrechtstehende Kopfhaare findet man nur erst bei über fünfjährigen Individuen, vorzüglich Männchen. In diesem Alter verändern sie sich bei Eintritt der kalten Jahreszeit durch den Haarwechsel so sehr, dass RENGGER nach zweimonatlicher Abwesenheit ein beinahe sechsjähriges Männchen, des grossen Haarkranzes wegen, kaum wiedererkannte. Man sieht auch alte, doch dann meist Weibchen, deren Stirnhaare nicht senkrecht emporstehen. Solche sind dann gewöhnlich bräunlichgelb und ihr Kopf von geringer Ausdehnung. Statt des Kranzes haben sie dann lange, liegende Haare längs der Mittellinie des Scheitels oder längs der Pfeilnaht. Besonders über drei- oder vierjährige bedeckt der Winterpelz so sehr, dass sie ein schwerfälliges Ansehen erhalten. Im Frühling und Sommer enthaart, stehen die Haare am Bauche und der innern Seite der Schenkel und Oberarme so dünn, dass die Hautfarbe durchscheint.

Die Milchzähne mögen etwa 8 Wochen nach der Geburt durchbrechen. Die zwei mittlen untern sind die ersten, ihnen folgen die zwei mittlen obern, den in der untern dann in der obern Kinnlade, die beiden äussern Schneidezähne nach. Auf sie folgen die Eckzähne nach und nach und im siebenten Monat die drei vordersten Backenzähne, deren zwei erste zweizackig, der dritte vierhöckerig ist; wodurch sich schon in ihrer Jugend die amerikanischen Affen auszeichnen. Mit dem Hervortreten der Milchzähne verkleinert sich der Gesichtswinkel um 4 bis 5 Grade. Im 18. bis 20. Monat fängt der Wechsel der nun stark abgenutzten Milchzähne an und folgt in der Ordnung des Eintritts. Mit den zwei mittlen Oberschneidezähnen kommt auch der vierte Backenzahn heraus. Der dritte vierhöckerige wird durch einen zweizackigen ersetzt und während er erscheint, tritt auch der fünfte hervor; der sechste zeigt sich erst nach dem dritten Jahre oder noch später. Die zweiten, besonders Schneide- und Eckzähne, sind weit grösser, als die ersten; die Eckzähne mehr prismatisch als kegelförmig, mehr als doppelt so lang, als ihre Milchzähne, vorn mit Längsfurche, bei den W. sind sie kürzer, als bei M. Während der Zahnbildung schwellen die Kiefern, nach dem Durchbruch sind die Gesichtszüge auffallend verändert. Der Gesichtswinkel verkleinert sich auf 60° und noch weniger, die Nase wird platter und ausgeschweifter, als sie gewesen.

Auch in der Schädelform, selbst bei gleichem Alter der Thiere, herrscht eine merkwürdige Verschiedenheit vor. Das Stirnbein ist bei einigen breiter, als bei den andern, bei einigen erhebt es sich über den obern Rand der Augenhöhlen, um eine eigentliche, doch nicht mehr als 5—6''' hohe Stirn zu bilden, und wölbt sich dann erst nach hinten, bei andern nimmt diese Wölbung gleich beim Rande der Augenhöhlen ihren Anfang. In der Breite der Nasenwurzel, die von einem Fortsatze des Stirnbeins gebildet wird, trifft man oft einen Unterschied von 1¼''' an. Bald steht das Jochbein stärker, bald weniger stark hervor. Ebenso verhält es sich mit den beiden Kinnladen. Endlich zeigt sich in der Länge, der Breite und der Höhe beinahe aller Schädel ein grösserer oder kleinerer Unterschied. Möchten doch diejenigen Kritiker, welche nur eben auf solche Differenzen am Skelet ihre Species-Charactere zu begründen versuchen, hieraus erkennen, mit welchem Siebe sie schöpfen. Möchten sie begreifen: dass sie insbesondere bei Beurtheilung der Affen sich auf einer Stufe befinden, welche schon die Individualitäts-Differenzen der Menschheit beinahe erreicht hat.

Hierauf giebt Rengger Vermuthungen über Identification seines Çay Azarae mit mehreren bekannten Arten, die aber aus der Erinnerung, erst nach der Rückkehr, alle ohne mitgebrachte Exemplare gemacht, nicht stichhaltig sind, an denen auch von ihm selbst bei jeder erkannt wird, dass zur Gleichheit noch etwas mangelt. Ungleich wichtiger ist aber, was er über dessen Lebensweise berichtet.

Er bewohnt die ausgedehnten Wälder von Paraguay, besonders solche, deren Boden nicht mit Gestrüpp bewachsen ist. Hier bringt er den grössten Theil seines Lebens auf den Bäumen zu und verlässt sie nur auf Augenblicke, entweder um seinen Durst an einer Quelle zu löschen, oder um ein nahe gelegenes Maisfeld zu besuchen. Er hat weder ein Lager, noch einen bestimmten Aufenthaltsort. Die Nacht über ruht er zwischen den verschlungenen Aesten eines Baumes; am Tage streift er von Baum zu Baum, um seine Nahrung zu suchen. Diese besteht in Früchten, Knospen, Insekten, Honig, Vogeleiern und jungen Vögeln, die noch nicht flügge sind.

Gewöhnlich trifft man den Çay in kleinen Familien von 5—10 Individuen an, von denen immer mehr als die Hälfte Weibchen sind. Sehr selten stösst man auf einen einzelnen; geschieht dies, so kann man gewiss sein, dass er ein altes Männchen ist. Die Lebensart dieser Affen im wilden Zustande ist theils wegen ihres Wohnortes, theils ihrer Furchtsamkeit wegen, schwer und nur zufällig zu beobachten.

So konnte ich, sagt R., am Saume des Caa-guazu oder grossen Waldes dem Haushalte einer sehr zahlreichen Familie von Çay's zusehen, die sich unserm Lagerplatze genähert hatte, während meine Reisegefährten ihre Siesta hielten. Der flötende Ton, den sie von sich gaben, machte mich aufmerksam; als ich mich umsah, bemerkte ich zuerst ein altes Männchen, mit hohem Haarkranze auf dem Kopfe, welches, vorsichtig umblickend, durch die höchsten Baumgipfel gegen mich zukam. Dem folgten 12 oder 13 andere beiderlei Geschlechts, von denen drei Weibchen jedes ein Junges auf dem Rücken oder unter einem Arme mit sich trug. Plötzlich erblickte eines dieser Thiere einen nahe stehenden Pomeranzenbaum, der eben mit reifen Früchten behangen war, gab einige laute Töne von sich und sprang auf den Baum zu. In einem Augenblicke befand sich auch die ganze Gesellschaft auf demselben, mit Abreissen und Fressen der süssen Pomeranzen beschäftigt. Einige blieben dabei auf dem Baume sitzen, andere begaben sich mit ihrer Beute, die immer aus zwei Pomeranzen bestand, auf einen andern nahen Baum mit starken Aesten, wo sie dieselben bequem verzehren konnten. Zu dem Ende setzten sie sich auf einen Ast, umschlangen diesen mit ihrem Schwanze, um sich fest zu halten, nahmen dann eine der Pomeranzen zwischen die Hinterbeine, die andere in die Vorderhände und versuchten nun bei der letzteren die Schale in der Vertiefung des Stielansatzes mit einem Finger zu lösen. Gelang dieses nicht sogleich, so schlugen sie unwillig und knurrend die Pomeranzen zu wiederholten Malen gegen den Ast, wodurch dann die Schale entweder leichter zu lösen war oder gar einen Riss erhielt. Keiner hätte, wahrscheinlich des bittern Geschmackes wegen, dieselbe mit den Zähnen zu zerbeissen versucht. So wie aber auf obige Weise eine kleine Oeffnung in der Schale gemacht war, so hatten sie auch mit der grössten Schnelligkeit einen Theil davon abgezogen. Gierig leckten sie den heraustäufelnden Saft, nicht nur an der Frucht, sondern auch an ihren Händen und Armen ab und verzehrten dann das Fleisch, indem sie dasselbe erst mit der Hand von der zurückgebliebenen Schale losrissen oder auch sogleich mit den Zähnen abbissen. Da der Baum im Verhältniss seiner Grösse nicht viel Früchte trug, so suchten einige Affen, welche ihren Antheil verzehrt hatten, die übrigen des ihrigen zu berauben, jedoch mehr durch List, als durch Gewalt, wobei beide Parteien die seltsamsten Gesichter schnitten, mit den Zähnen fletschten und, einander am Ende in die Kopfhaare fahrend, sich herumzansten. Andere durchsuchten die abgestorbenen Aeste des Baumes, hoben die trockene Rinde derselben sorgfältig auf und frassen die darunter befindlichen Insektenlarven. So wie sich nichts mehr für ihren Gaumen vorfand, setzten sich die älteren jeder auf eine Gabel der Aeste, oder legten sich auf den Bauch über einen horizontalen Ast der Länge nach hin, indem sie den Schwanz um denselben herum schlangen und die Extremitäten auf beiden Seiten herunterhängen liessen. Einige jüngere fingen an, mit einander zu spielen, wobei sie grosse Behendigkeit zeigten. Sehr auffallend war der Gebrauch, den sie von ihrem Schwanze machten, indem sie sich dessen, wenigstens um sich fest zu halten, ganz wie einer fünften Hand bedienten. Zuweilen hängten sie sich daran auf, um sich zu schaukeln, oder um einen tiefer gelegenen Ast leichter erreichen zu können. Die Kraft, die sie in diesem Organe besitzen, zeigte sich unter anderm durch die Leichtigkeit, mit welcher sie, am Schwanze hängend, sich aufwärts bogen, denselben mit den Händen fassten und daran, wie an einem Stricke, wieder in die Höhe kletterten. Einen eigenen Anblick gewährten die drei Mütter mit ihren Säuglingen. Eine derselben, deren Junges mehrere Wochen alt sein mochte, hatte schon, während sie ihre Pomeranzen verzehrte, mit ihm zu schaffen. Es gelüstete dem jungen Thiere gleichfalls nach den Früchten, so dass es vom Rücken bald auf eine Schulter, bald unter einem Arme durch, nach der Brust der Mutter kroch und dieser einen Bissen weghaschen wollte. Anfangs schob sie dasselbe nur sanft mit der Hand zurück, dann zeigte sie ihm durch Grinsen ihr Missfallen. Da es hierdurch nicht folgsamer wurde, so fasste sie es zuletzt bei den Kopfhaaren und stiess es mit Gewalt auf den Rücken zurück. So wie sie aber ihre Mahlzeit geendet hatte, zog sie das Junge sachte hervor und legte es an die Brust. Ein Gleiches thaten die zwei andern Weibchen, welche Säuglinge mit sich führten. Die Sorgfalt, mit der sie dieselben behandelten, die Mutterliebe, welche sie durch das Anlegen des Jungen an der Brust, durch fortwährendes Beobachten desselben, während es sog, durch das Nachsuchen der Insekten, von denen es gepeinigt wurde, durch die drohenden Geberden gegen die übrigen, sich ihm nahenden Affen, an den Tag legten, waren bewundernswürdig. So wie die Jungen gesogen hatten, kehrten die zwei grössern derselben auf den Rücken ihrer Mutter wieder zurück; das kleinste aber blieb unter dem linken Arme der seinigen. Ihre Bewegungen waren weder leicht, noch gefällig, sondern im Gegentheil plump und unbeholfen. Auch überliessen sie sich, so schien es wenigstens, nachdem sie ihre Nahrung zu sich genommen hatten, dem Schlafe, wobei sie sich mit den vier Händen an den Haaren der Mutter festhielten.

Zu einer andern Zeit, sagt RENGGER S. 41, stiess ich auf eine Affenfamilie, welche eben ein am Saume eines Waldes gelegenes Maisfeld plünderte. Obgleich der Çay einer der furchtsamsten, zugleich der gescheidesten Affen ist, so habe ich doch von den gemeinschaftlichen Vorsichtsmaassregeln, wie ausgestellten Wachen u. s. w., deren sich nach den Berichten einiger Reisenden die mehrsten Affen und nach der Aussage der Einwohner von Paraguay auch die Çay's bei Beraubung von Pflanzungen bedienen sollen, nichts bemerken können. Jedes Individuum handelte für sich allein. Sich überall umsehend, stiegen sie von den Bäumen, wo sie versammelt waren, nach und nach herab und über die Umzäunung in das Maisfeld, brachen schnell zwei oder drei Kolben ab und kehrten, dieselben mit einer Hand an die Brust drückend, so geschwind wie möglich in den Wald zurück, wo sie ihre Beute zu verzehren anfingen. Die jüngern unter ihnen, als die weniger vorsichtigen, hatten sich zuerst in die Pflanzung gewagt. Nachdem ich einige Zeit dem Treiben zugesehen hatte, trat ich hinter dem Gebüsche hervor, worauf der ganze Trupp mit krächzendem Geschrei durch die Gipfel der Bäume die Flucht ergriff, jedoch nicht, ohne dass Jeder wenignigstens einen der geraubten Maiskolben mit sich forttrug. Ich schoss nun auf die Fliehenden eine Flinte ab und ein Weibchen, mit einem Säuglinge auf dem Rücken, stürzte von einem Aste zum andern. Schon glaubte ich, dasselbe in meiner Gewalt zu haben, als es noch im Todeskampfe seinen Schwanz um einen Ast schlang und daran hängen blieb. Da ich den Säugling nicht verletzen wollte, so musste ich eine volle Viertelstunde warten, bis das Thier, indem es anfing zu erstarren und der Schwanz durch das Gewicht des Körpers sich aufrollte, vom Baume herunterfiel. Das Junge hatte unterdessen die sterbende Mutter

nicht verlassen, sondern sich vielmehr, obgleich einige Unruhe zeigend, fest an dieselbe angeklammert. Auch nachdem sie erstarrt war und ich es von ihr wegnahm, suchte das ver-
waiste Thier dieselbe mit klagenden Tönen herbeizurufen und kroch nach ihr hin, sobald
ich es auf dem Boden frei liess. Erst nach einigen Stunden und bei völlig eingetretener
Todeskälte schien es dem Säuglinge vor seiner leblosen Mutter zu grauen, als ich ihn von
neuem auf ihren Rücken setzte, so dass er willig in meiner Busentasche verblieb.

Da bei den Familien der Çay's die Zahl der Weibchen gewöhnlich die der Männchen
übertrifft, so lässt sich vermuthen, dass die letzteren, wenigstens zuweilen, in Polygamie
leben. Auch habe ich kleine Gesellschaften von 3—4 Individuen angetroffen, unter denen
sich nur ein Männchen befand. Das Weibchen wirft im Wintermonat ein Junges, welches
es in den ersten zwei Wochen an der Brust oder unter einem Arme, später aber auf dem
Rücken mit sich führt. Seine Mutterliebe ist, wie ich schon angeführt habe, sehr gross;
es muss entweder schwer verwundet oder von einem Feinde plötzlich überfallen werden,
damit es sei Junges verlasse. So sah ich ein Weibchen, dem mein Jagdgefährte durch
einen Schuss den einen Schenkel zerschmettert hatte, seinen Säugling, welcher ihm auf der
Flucht hinderlich war, von der Brust losreissen und auf einen Ast setzen.

Der Çay wird in Paraguay häufig als Säugling eingefangen und gezähmt. Alte Individuen lassen sich nicht mehr zahm machen, auch halten sie die Gefangenschaft nur kurze
Zeit aus; sie werden traurig, verschmähen Nahrung zu sich zu nehmen und sterben nach
wenigen Wochen. Der ganz junge Çay hingegen scheint seine Hilflosigkeit zu fühlen, ver-
gisst leicht seine Freiheit, die er noch nicht zu benutzen wusste und schliesst sich an den
Menschen an. Man zieht ihn mit Milch und gekochtem Mais auf, später aber frisst er beinahe Alles, was für den Menschen geniessbar ist, Fleisch- oder Pflanzennahrung, sie mag
roh oder gekocht sein. Sein Getränk ist gewöhnlich Wasser oder Milch, oder der Saft
einiger Früchte. Jedoch kann man ihn auch an den Genuss starker Getränke, wie des
Weines und des Rums, gewöhnen, besonders wenn man sie mit Zucker versetzt.

Er wird nie in einem Käfig gehalten; man befestigt ihm blos über den Hüften einen
langen, ledernen Riemen um den Leib und hält ihn den Tag über in dem Haushofe, im
Schatten eines Baumes, angebunden; des Nachts aber oder bei Regenwetter bringt man ihn
unter Dach.

Er hat, wie alle Cebus, ein sanftes Ansehen, besitzt eine ausserordentliche Gewandtheit, aber wenig Muskelkraft. Seine gewöhnliche Stellung ist die auf den vier Händen, den
Rückgrat in etwas nach oben gebogen, und mit ausgestrecktem, nur gegen das Ende hin
nach unten eingerolltem Schwanze. Sein Gang auf ebenem Boden ist sehr verschieden, bald
im Schritte, bald im Trabe, bald läuft er pass und bald hüpft er, oder macht grosse Sprünge.
In aufrechter Stellung geht er aus eigenem Antriebe höchstens 3—4 Schritte weit, jedoch
kann er dazu gezwungen werden, wenn man ihm die Vorderhände auf den Rücken bindet.
Er fällt aber dann sehr leicht auf's Gesicht und muss deshalb von hinten mit einer Schnur
aufrecht gehalten werden. Im Zustande der Ruhe sitzt er mit eingezogenem, auf die Hinterhände gestützten Beinen oder kauert, wobei er gewöhnlich den Schwanz um die Beine herum
schlingt. Zum Schlafen rollt er sich zusammen und bedeckt das Gesicht mit den Armen
und mit dem Schwanze. Den grössten Theil des Tags über ist er unaufhörlich in Bewegung
und das um desto mehr, je fröhlicher er gestimmt ist. Die Nacht bringt er schlafend zu,
so auch die Mittagsstunden, wenn die Hitze gross ist.

Die Sinne des Çay, den Tastsinn ausgenommen, sind eben nicht sehr scharf. Er ist
kurzsichtig, wobei er jedoch einen lebhaften und ausdrucksvollen Blick hat. Bei Nacht
sieht er gar nicht. Sein Gehör ist schwach, denn man kann einen ruhenden sehr leicht von
hinten beschleichen. Noch schwächer als Auge und Ohr scheint mir sein Geruchssinn zu
sein. Er muss jeden zu beriechenden Gegenstand nahe an das Auge halten und wird auch
dann noch häufig irre geführt, so dass er Ungeniessbares für essbar hält. Der Geschmack
mag nicht fein sein, da er auch ohne grossen Hunger oder Durst seinen eignen Koth
in das Maul nimmt und seinen eignen Harn trinkt. Der Geschmack ändert auch mit dem
Alter. Der Junge zieht Süssigkeiten vor, der Aeltere Eier, junge Vögel und Fleischspeisen.
Der Tastsinn dagegen ist ausserordentlich in den vorderen, weniger in den hinteren Händen

entwickelt. Der Schwanz dient als Bewegungswerkzeug zum Festhalten durch Umschlingen mit einer oder anderthalb Windungen.

Stimme verschieden. Am häufigsten hört man den flötenden, dem Pfeifen einiger Vögel ähnlichen Ton, wobei er die Lippen zusammenzieht. Gewöhnlich ist er dann unbeschäftigt und scheint durch diesen Laut auszudrücken, dass er sich langweilt. Verlangen drückt er durch ein Stöhnen aus, wie junge Hunde. Auf Erstaunen oder Verlegenheit deutet ein pfeifender, halb schnarrender Laut. In Ungeduld oder Zorn wiederholt er mit tiefer und grunzender Stimme mehrmals die Sylbe ku-ku. In Furcht oder Schmerz hört man ein helles Gekreisch, wobei er den Mund stark verzerrt und das Gesicht runzelt. Bei dem Wiedersehen einer ihm angenehmen Person begrüsst er sie mit einem eigenthümlich kichernden Tone. Männchen und Aeltere haben eine stärkere und tiefere Stimme, als die Weibchen und Jungen. Angstgeschrei bringt ganze Gesellschaften zum Fliehen.

Angenehme und unangenehme Empfindungen sprechen sich nicht allein durch Laute und Bewegungen aus, sondern durch eine Art von wirklichem Lachen und Weinen. Bei ersterem ziehen sie auch ohne Laut die Mundwinkel zurück, bei letzterem füllen sich die Augen mit Thränen, wie bei grosser Furcht oder bei unbefriedigter Sehnsucht.

Er bringt die Nahrung, nachdem er sie berochen, mit den Häuden zum Munde, zerkleinerte, wie Maismehl, pflegt er auch zu lecken. Auch dient ihm die Zungenspitze zum Tasten. Grössere Nahrung pflegt er zu theilen, kleine Vögel rupft er, frisst ihr Gehirn und verzehrt sie dann stückweise und benagt ihre Knochen.

Flüssigkeiten schlürft er auf. Von einem Ei nimmt er die Schale stückweise nur nach und nach weg, so viel als nöthig, um zum Inhalte gelangen zu können. Zähe Stoffe, wie Syrup, leckt er.

Seiner Unreinlichkeit, seinem Beschmutzen mit dem eignen Kothe kommt man durch reinliche Haltung in grossem, weitem Raum zuvor. Aber mit dem Harn besudelt er sich fast unaufhörlich. Seine geschlechtliche Aufregung ist mit der der Affen der alten Welt gar nicht zu vergleichen. Nach anderthalbjährigem Alter hat sich der Paarungstrieb des Männchens entwickelt. Bei dem Weibchen tritt am Ende des zweiten Jahres ein Monatsfluss ein, welcher 2—4 Tage dauert und bald nach 3 oder 6 oder 10 Wochen wiederkehrt. Die Begattung in der Gefangenschaft ist überhaupt selten, auch Rengger sah nur zwei Weibchen, welche so geboren hatten. In diesem Zustande ist ihre Zärtlichkeit für das Junge noch grösser, als in der Freiheit. Den ganzen Tag geben sie sich mit ihm ab, lassen dasselbe von keinem Menschen berühren, zeigen es nur Personen, für welche sie Anhänglichkeit haben und vertheidigen es muthvoll gegen Angriffe.

Seine Haltung muss trocken sein und gegen Kälte geschützt, gegen diese und Feuchtigkeit ist er sehr empfindlich. In eine wollene Decke hüllt er sich im Winter gern ein. Er geht nie in's Wasser und kann auch in der Angst nicht schwimmen, denn er sinkt unter. Schnupfen mit Brustkatarrh unter Husten und Niesen sind seine gewöhnlichen Leiden. Gewöhnlich stirbt er bei Eiterabsonderung an der Schwindsucht; den Eiter schluckt er hinab, wirft ihn nicht aus. Auch Darmentzündungen und Schlagflüsse werden leicht tödtlich und beim Zahnwechsel tritt oft heftiges Fieber ein. Am grauen Staar leiden nicht selten die Augen. Anwendung von Arzneimitteln zeigte dieselbe Wirkung, wie bei Menschen. Brechweinstein, Rhabarber spielen da ihre Rolle. Mit Tabaksrauch angeblasen, sieht man sie harnen. Mit einer brennenden Cigarre, die sie hastig ergreifen, reiben sie sich den Kopf und den Rücken, bis sie erlischt.

Sein Alter schätzte Rengger auf 15 und mehr Jahre.

In psychologischer Hinsicht sehen wir bald, dass wir hier um einen bedeutenden Schritt weiter, als bei den Uistiti's gelangt sind. Rengger sagt: Der Çay lernt schon nach den ersten Tagen seiner Gefangenschaft seinen Herrn oder Wärter kennen, sucht bei ihm Nahrung und Wärme und richtet an ihn, so wie er Missbehagen fühlt, seine klagenden Töne. Bei guter Behandlung giebt er sich demselben mit dem grössten Zutrauen hin. Er ist alsdann nie munterer, als wenn er sich in der Gesellschaft seines Herrn befindet, spielt stundenlang mit ihm und lässt sich alle kleinen Neckereien von ihm gefallen. Wird er von demselben auf einige Tage verlassen, so zeigt er beim Wiedersehen eine ausgelassene Freude, klettert seinem Herrn sogleich auf eine Schulter, umfasst ihn mit beiden Händen das Gesicht und lässt sein Freudengeschrei ertönen. Diese Anhänglichkeit kann so gross werden, dass der Çay den Trieb zur Freiheit gänzlich verliert und gleichsam zum Hausthiere wird. So besass ich, sagt RENGGER, ein altes Männchen, das sich zuweilen von seinem Riemen losmachte und im ersten Augenblick der Freude über die erlangte Freiheit entfloh. Nach Verfluss von 2 oder 3 Tagen aber kehrte es immer wieder nach meiner Wohnung zurück, suchte seinen Wärter, den es sehr liebte, auf, und liess sich von demselben ohne Umstände wieder anbinden. So zahme, die man nie gemisshandelt hat, zeigen auch Zutrauen gegen Fremde, insbesondere gegen Neger, denen sie überhaupt weit mehr zugethan sind, als den Weissen. Die Männchen haben besondere Neigung zu Frauen und Mädchen, die Weibchen dagegen zu Männern und Knaben.

Der Çay schliesst sich gern auch an Hausthiere an; junge Hunde, mit denen sie aufgezogen werden, dienen ihnen als Reitpferd, sie lieben sie so, dass sie nach Trennung von ihnen klagen und beim Wiedersehen ihre Freude bezeigen, bei Balgereien sie auch muthig vertheidigen.

Misshandlung dagegen macht ihn boshaft und beissig und bringt ihn, wenn er den stärkern Gegner fürchtet, zur Verstellung und Rache, denn er hat ein gutes Gedächtniss. Das Merkwürdigste ist, dass sie, wenn sie geneckt werden, auch wieder necken und kein Thier in Ruhe lassen. Sie zerren dann Hunde und Katzen beim Schwanze, reissen Hühnern und Enten die Federn aus und zupfen sogar Pferde am Zaume, wobei sie um so mehr Freude bezeigen, je mehr sie dem Thiere anhaben können.

Bestrafung ihrer Naschhaftigkeit macht sie zu heimlichen Dieben, worin sie grosse List und viel Geschick entwickeln, auch gestohlene Esswaaren im Munde verbergen. Ungeheuer gross ist ihre Habsucht und die Hartnäckigkeit, womit sie das, was sie erlangten, behaupten. Darauf gründet sich eine Art, ihn zu fangen. Der Jäger schneidet ein kleines Loch in einen Kürbis, füllt ihn mit Maiskörnern, legt ihn auf den Pfad der Affen und verbirgt sich. Der Affe untersucht sorgfältig den für ihn neuen Gegenstand, und so wie einer den Inhalt entdeckt, zwängt er die Hand hinein, die er gefüllt nicht wieder herausziehen kann. Er bemüht sich nun, das Loch mit den Zähnen grösser zu machen, und so überrascht ihn der Jäger und fängt ihn.

Aus der Naschhaftigkeit entspringt ihre Neugierde und Zerstörungssucht. Seine Selbstständigkeit opfert er nie durch Gehorsam, wie etwa die Affen der alten Welt thun. Er ist nicht durch Gewalt zu einer Handlung zu zwingen, wohl aber beherrscht er selbst Thiere und Menschen. Daraus folgt, dass er ungelehrig bleibt und man ihn niemals abrichten kann. Höchstens lernt er Handlungen üben, die ihm Leckereien verschaffen, wie z. B. RENGGER einen alten Çay in wenigen Tagen belehrte, Palmennüsse mit einem Steine aufzuschlagen, um deren Kerne zu fressen.

Diese Ungelehrigkeit ersetzt der Çay durch eine Art von Selbstbildung, deren grösseres oder geringeres Maass von den Umständen abhängt, in denen das Thier lebt. Seine Lehrerin wird die Erfahrung.

Giebt man ihm zum ersten Male ein Ei, so zerbricht er es so ungeschickt, dass er den grössten Theil des Inhalts verliert. In der Folge wendet er immer mehr Sorgfalt an und öffnet die Eier nur an der Spitze. Gern nehmen sie in Papier gewickelten Zucker, war aber einmal eine Wespe darin, die sie gestochen, so hielten sie künftig die Düte an's Ohr, um zu hören, ob es darin lebte. Das Fangen in einem Kürbis gelingt auch bei einem nur einmal. Sie werden sehr aufmerksam auf die Stimme und Gesichtszüge ihres Gebieters. Die höchste Intelligenz zeigen sie durch Uebertragung ihrer Erfahrung. RENGGER sagt, dass derjenige, den er gelehrt hatte, Palmennüsse mit einem Steine zu öffnen, dies auch that, um andere harte Gefässe, wie Schachteln u. dergl., zu sprengen. Einen andern hatte man gelehrt, mit einem Stabe ein Kästchen zu erbrechen, er benutzte von da an den Stab auch als Hebel, um ein Stück Holz fortzuschaffen. Die Urtheilskraft ist nur bei denjenigen gross, welche, unter Menschen lebend, mehr Erfahrung erlangten.

Die eingebornen Wilden stellen dem Çay mit Pfeil und Bogen nach, um Fell und Fleisch zu benutzen, welches letztere bei guter Zubereitung wohlschmeckend ist. Die Colonisten essen es nicht, sondern fangen das Thier mit dem Kürbis oder nehmen dem Weibchen die Jungen. Drei bis vier Männer suchen im December und Januar, wo man die Säuglinge antrifft, eine Affenfamilie auf und suchen unbemerkt sie zu umgeben. Auf ein gegebenes Zeichen springen sie schreiend hervor und werfen mit Lehmkugeln und Stöcken nach den Weibchen oder erschiessen sie mit den Flinten. Die von allen Seiten bedrängten Weibchen lassen alsdann, um die Flucht zu erleichtern, ihr Junges bisweilen zurück und die Jäger fangen es ein.

Nächst dem Menschen sind die Feinde dieser Affen der Cuguar und der Chibiguacu: Filis pardalis; dann die grossen Falkenarten. Falco superbus stösst auf ihn auf den Gipfeln der Bäume. F. brasiliensis greift ihn nur an, wenn er sieht, dass er verwundet oder krank ist.

Werfen wir nun auf diese in der Literatur wie ein Chaos zerstreut herum liegenden Wickelaffen einen sichtenden Blick. Denn nach Betrachtung und bis jetzt möglich gewordener Erläuterung dieser Arten, fragen wir nach ihrer Stellung für die Gemeinschaft der Gattungen und nach den gegenseitigen Beziehungen derselben. Es wurde schon angedeutet, dass ein paar Arten die Saïmiris hier repräsentiren, ja sie werden bei noch zu erwartender anatomischer Prüfung als unmittelbare Uebergangsglieder erscheinen und nur die wickelnde Schwanzspitze wird sie von jenen entfernen und herüberziehen in die Gemeinschaft von Cebus. Wir haben diese einfarbige Gruppe S. 32 schon Pseudocebus genannt.

Auf sie zunächst folgen die eigentlichen Kapuciner-Affen als wahre Repräsentanten der Gattung, alle ausgezeichnet durch kleinen, schmächtigen Körper, schlanke Gliedmaassen und grosse Lebendigkeit in ihrem Benehmen, und ihr Typus versammelt die grösste Anzahl der Arten um sich, wir haben sie von ihrer schwarzen Kappe Calyptrocebus genannt.

Aus einem ähnlichen Bau entwickeln sich die meist schwarz- und langzottigen Otocebus, mit Haarbüscheln an beiden Seiten der Stirn, in allen diesen Beziehungen, wie in ihren gemächlich sich dehnenden Bewegungen, die Ateles hier repräsentirend.

Die vierte und letzte Gruppe enthält die grössten und grossköpfigsten, kräftigsten Arten, mit weitschallender Stimme, in ihrem ganzen Wesen physisch und psychisch berufen, die Repräsentanten der Mycetes zu sein.

In diese vier Gruppen vertheilen sich die Arten in folgender Weise.

I. **Pseudocebus:** Gilb-Wickelaffen.

1.	C. ochroleucus Rchb.	Abb. 88.	Seite 16. 30.
2.	C. flavus Et. Géoffroy.	„ 89. 90. 108.	„ 32.
3.	C. unicolor Spix.	„ 84.	„ 30.

II. **Calyptrocebus:** Kapuciner-Wickelaffen.

4.	C. hypoleucus Et. Géoffr.	Abb. 93. 94.	„ 33.
5.	C. capucinus (Linn.) Erxleb.	„ 95. 114.	„ 34. 39.
6.?	C. gracilis Spix (viell.z.folg.A.?)	„ 85.	„ 30.
7.	C. nigrovittatus Natterer.	„ 99. 123.	„ 35. 43.
8.	C. libidinosus Spix.	„ 96—98. 100. 102.	„ 34. 35.
9.	C. paraguayanus (Fisch.)Rchb.	„ 118.	„ 41.
10.	C. barbatus Et. Géoffr.	„ 101. 116.	„ 35. 40.
10ᵇ	C. albus Et. Géoffr.	0!	no. 101ᵇ. „ 35.
11.	C. albifrons Et Géoffr.	0!	„ 121 . „ 42.
12.	C. Apella Erxl.	„ 103—105 u.477.119—21.476u.478. „ 35.
13.	C. olivaceus Schomb.	„ 106. 107. 122.	„ 37. 42.
14.	C. chrysopus Fr. Cuv.	„ 109.	„ 37.
15.	C. versicolor Pucheran.	0!	no. 109ᵇ. „ 38.
16.	C. trepidus Erxleb.	„ 117.	„ 41.

III. **Otocebus:** Ohr-Wickelaffen.

17.	C. frontatus Kuhl.	Abb. 112. 125.	„ 39. 43.
18.	C. vellerosus Is. Géoffr.	0!	no. 125ᵇ. „ 43.
19.	C. hypomelas Pucheran.	0!	„ 135ᵇ. „ 47.
20.	C. cristatus Lesson.	„ 126. 127. 130.	„ 44.

21. C. elegans Is. Géoffr.   0!   no. 129ᵇ. Seite 44.
22. C. cirrifer Et. Géoffr.   0!   „ 129ᶜ.   „ 44.
23. C. niger Et. Géoffr.   Abb. 131—33.   „ 45.
24. C. lunatus Kuhl.   „ 132. 135.   „ 45.
25. C. Fatuellus Erxleb.   „ 124. 128. 129. 135.   „ 46.
26.? C. Azarae Rengger.   0!   no. 135ᵉ.   „ 48.

IV. Eucebus: Pfeifer-Wickelaffen.

27. C. fistulator Rchb.   Abb. 86.   „ 31.
28. C. macrocephalus Spix.   „ 87.   „ 31.
29.? C. robustus M. N.-W. (zu 30?)   „ 88. 91.   „ 31. 32.
30. C. variegatus Et. Géoffr.   „ 92.   „ 33.
31. C. monachus Fr. Cuv.   „ 110. 111.   „ 38.
32. C. cucullatus Spix.   „ 113.   „ 39.
33. C. griseus Desmar.   „ 115.   „ 40.
34. C. crassipes Pucheran.   0!   no. 135ᶜ.   „ 47.

Zweifelhaft:
C. antiguensis (Simia — Shaw) Fisch. syn. 47.

Dritte Familie.

Nacktschwanzaffen: Simiae gymnurae.

Schwanz greifend, spitzewärts unterseits nackt.

Eriodes. — Ateles. — Mycetes. — Lagothrix.

XIII. Eriodes Is. Géoffr. St. Hil. Mém. d. Mus. d'hist. nat. XVII. 1829.
p. 160. Spinnenaffe, Eriode, Miriki. Alle Theile überaus schlank gebaut, Vorderhände
vierfingerig oder Daumen verkümmert. Nägel zusammengedrückt, Nasenlöcher
rundlich und nahe beisammen. Schneidezähne symmetrisch, klein und gleich, Backenzähne dick, viereckig. — Kopf fast kugelig, Gesichtswinkel 60°, Ohren klein, behaart.
Schwanz, wie oben gesagt, sehr lang. Kopfhaare wie rasirt, vorwärts, Pelz kurz, weich
und wollig. — J. E. Gray sagt Sulphur p. 10: Spix gab seine Gattung „Brachyteles"
um mehrere Jahre vor Is. Géoffroy St. Hilaire's „Eriodes", und ich folge deshalb der
Pflicht, seine Benennung vorzuziehen. Hierauf antwortet Is. Géoffroy St. Hilaire Cat. meth.
Primat. 51: Mehrere Autoren sind bei einem mehrmals schön berichtigten Irrthum geblieben,
nämlich unsere Eriodes mit Brachyteles von Spix zu vermischen. Wir nannten
Eriodes eine durch die oben aufgeführten Kennzeichen ausgezeichnete Affengruppe. Die
Brachyteles sind im Gegentheil eine künstliche und nur durch das Verhältniss ihrer
verkümmerten Vorderdaumen bezeichnete, übrigens aber unsere weiteren Kennzeichen nicht
vereinende Gruppe, auch mit hohlziegelförmigen Nägeln und ausgespreizten linearen Nasenlöchern, verschiedenen Zähnen und anderem Bau der Geschlechtsorgane und lang seiden-
artigem Pelz. — Ich habe hierzu zu bemerken, dass für das wahrhaft natürliche, d. h. das
repräsentative System, wie wir seit dreissig Jahren dessen Grundsätzen durch die ganze
Botanik und Zoologie hindurch immer gefolgt sind, diese Gattung von Is. Géoffroy allerdings eine sehr wichtige, weil rein natürliche ist. Sie tritt nämlich hier auf als Reprä-
sentantin der Gattung Cebus. Die für die Erscheinung der reinen Affinitäten so höchst

Eriodes: Spinnenaffe.			57

wichtigen Färbungen und Zeichnungen, ja sogar die Kopfplatte der typischen Kapuciner-
affen springen hier jedem Beobachter in das Auge, welcher der objectiven Anschauung
willig sich hingiebt und nicht in Beharrlichkeit der Natur seine vorgefasste Meinung und
seine künstlichen Kennzeichen und Zerstückelung dessen, was innig verwandt ist, auf-
dringen will.

136 -137. **E. hybridus** (Ateles — Is. Géoffr. Mém. d. Mus. XVII. 168. Dict.
class. XV. 145. Cat. meth. Prim. 49. Less. Bim. 131. Guérin Mag. d. Zool. I. 1. Cebus
hybridus Fischer syn. sppl. 341. „Marimonda, Zambo vel Mono Zambo" Columbia. —
Oberseits graulichbraun, Stirn weiss, Unterseite des Leibes und Innenseite der Gliedmaassen und des Schwanzes weisslich. Länge: Kopf und Leib 1′ 10″, Schwanz 2″. —
Fand sich gesellig in der Valle St. Magdalenae in Columbia. Es existiren im Pariser Museum fünf Exemplare, zwei Weibchen und ein junges Männchen, von Mr. Plée
1826 aus der angegebenen Gegend gesendet, und ein junges Männchen, sowie ein junges
Weibchen kamen 1840 dazu aus der Menagerie. Er dürfte als Mittelglied zwischen Ateles
und Eriodes betrachtbar erscheinen, worauf auch der Name hindeutet.

138—139. **E. frontatus** J. E. Gray Ann. Mag. N. H. 1842. 256. Brachyteles —
J. E. Gray Sulphur Mamm. p.9. pl.1. Vorderdaumen fehlt. Pelz röthelbraun, innen gelblichbraun. Vorderkopf, Ellbogen, Kniee und Oberseite der Arme und Vorderhände schwarz.
Jung: an den Wangen und unter dem Schwarz am Vorderkopf lange, weisse Haare. Länge:
Kopf und Leib 19″, Schwanz 31″ engl. Diese Art repräsentirt offenbar die Kapucineraffen in
dieser Gruppe, auch die dort so oft vorkommende Eigenthümlichkeit, dass die Vordertheile
des Leibes, Hals und Brust, nebst Vorderarmen hell gefärbt sind. Centralamerika,
an der Küste bei der Harbour von Culebra, Leon: Capitain Sir Edw. Belcher.

140. **E. arachnoides** (Ateles — Et. Géoffr. Ann. Mus. VII. 25. XIII. 270.
1806. pl. 9. Schreb. suppl. XXVI. D. Simia — Humb. rec. d'obs. I. 354.) Is. Géoffr.
Mém. Mus. 1829. XVII. 160. Dict. class. XV. 145. Cat. meth. Prim. 51. Lesson Bim. 136.
Singe araignée Edw. gleau. VII. 222. 1761. Coaita fauve Cuv. Macaco Vermelho Brasil. Eriode
arachnoide. — Hellröthlichgelb, zieht am Kopf in röthlichgrau und am Schwanzende und
Füssen bis an die Fersen in goldroth. Grösse des hypoxanthus. Die Daumenspur fehlt
hier ganz. Das typische Exemplar brachte Et. Géoffroy im J. 1808 aus Portugal mit, wo
man es wahrscheinlich aus Brasilien erhalten hatte. Von einem Paar wurde durch MM. Quoy
& Gaimard durch die Expedition der Uranie im J. 1820 das M. und durch Mr. Aug. St.
Hilaire schon 1818 das W. erhalten.

141—142. **E. tuberifer:** Eriode à tubercules Is. Géoffr. Ann. Mus. XVII. 161.
pl. 27. Dict. class. XV. 145. Less. Bim. 135. Ateles hypoxanthus Kuhl 25. Max. N.-Wied
Abb. I. 1. Beitr. II. 33. Cuv. règne I. 101. Brachyteles macrotarsus Spix 36. t. XXVII.
Mono, Miriki oder Muruki Colon. Portug. Rupó Botocud. — Rothgelb-aschgraulich,
Schwanz rothgelb rostfarbig oder braun, dessen Wurzel und Hinterbacken röthelfarbig, Zehen
rostfarbig. Der verkümmerte Daumen höckerartig, ohne Nagel. Länge 19″ 10‴, Schwanz
25″ 7‴. Weibchen 20″ 5‴, Schwanz 28″. Der grösste Affe, welcher in Brasilien dem
Prinzen Max. N.-W. vorkam. Gesicht fleischfarbig, dunkelgrau punctirt, bei Jungen schwarz.
Ueber den Augen schwarze Borsten. Kopf klein, Bauch ziemlich dick. Die Nasenlöcher
beschreibt der Prinz als Ritzen (aber Is. Géoffroy zieht ihn, ungeachtet der Annahme von
runden Nasenlöchern für seine Eriodes, dennoch hierher). Arme sehr lang und dünn, Hände
schlank, Finger mit gewölbten, schwarzbraunen Kuppennägeln, Daumen nur ein kurzes Glied
ohne Nagel. Hinterhände stark und lang, ihr Daumen vollkommen. Schwanz sehr dick
und stark, an der Spitze über ein Drittheil der Länge nackt, mit feuchter, schwarzbrauner
Haut bedeckt, auch an seiner Wurzel eine nackte Stelle in der Mitte durch einen Längsstreif von Haaren getheilt. Bauch dick, Rücken gekrümmt, Zitzen bis über 1½″ lang.
Männliche Organe gross, Clitoris mit harten, schwarzen Borsten bewachsen, wie Daventon
die an Ateles paniscus abbildet. Brustwarzen fleischfarben, Umkreise schwärzlich. Haar
oberseits dichtwollig, unten kürzer. — Brasilien, zu 6—12 Stück in den grossen, hohen
Urwäldern der niedrigen, ebenen, feuchten Gegenden, so in den dunkeln Küstenwäldern, die

Affen zur vollständigsten Naturgeschichte.			8

sich bis zu den hohen, inneren Gegenden ausdehnen, sehr häufig. Der Prinz Max fand ihn zuerst bei Capo Frio in der Gegend von Campos Novos, dann am Parahyba im Innern, am nördlichen Ufer des Rio Doçe und am Belmonte, immer nur an gewissen Stellen, so am nördlichen Ufer an der Stelle der sog. Ilha grande as Barreiras, hier streifen sie landeinwärts zuweilen in zahlreichen Banden. Sehr häufig in den grossen Wäldern der niedern Gegenden der Capitania da Bahia, z. B. an den Quellen und Ufern des Flusses Ilhéos, des Rio Pardo, angeblich nicht über die Serra do Mundo Novo, also zwischen 24—14° S. B Harmlos eilen sie immer gesellig über die hohen Baumgipfel dahin, bei steter Fixirung durch den Schwanz greifen sie weit aus und ersetzen dadurch, was ihnen an Schnelligkeit abgeht. Nur selten treibt sie einmal der Durst auf die Erde. Sie fressen Früchte, gern die Beeren des hohen Tararanga, die wie Weintrauben wachsen, dann die des Iiquitibá, Maçaranduba, der Issara-Palme u. s. w. Eine bläulichweisse, etwas riechende, knorpelartige Masse, von fettiger, trockener, etwas talgartiger Substanz, welche eine Vorlage vor der Eichel bildete und mit einer Spitze in die Harnröhre eindrang, schien aus derselben ausgeflossen und verhärtet zu sein. Die Jäger der brasilianischen Wälder haben unter sich die Sage, der Affe liebe den Palmenkohl und verberge, wenn er gesättigt wäre, davon immer ein Stückchen an dieser Stelle. Fressen viel Früchte, auch Insekten, Spinnen u. s. w., erscheinen deshalb immer dickbäuchig. Im August und September fanden sich schon starke Junge, die Mütter tragen sie unter den Armen oder auf dem Rücken, zieht man sie auf, so werden sie sehr zahm, sind aber zärtlich und sterben meist bald. — Die Stimme ist ziemlich laut, doch minder stark, als die der Brüllaffen u. a. A. Angeschossen schreien sie wie ein Schwein und lassen den Harn. Die Botokuden erlegen sie mit ihren Pfeilen und lieben ihr Fleisch sehr. Die Haut des Schwanzes binden sie in ihre Haare und die Portugiesen benutzen sie als Futteral für ihre Gewehre.

143—144. s. Ateles.

145. **E. hemidactylus** Isɪᴅ. Gᴇᴏғғʀ. Mém. Mus. XVII. 163. pl. 22. 1. Cebus — Fɪsᴄʜᴇʀ Syn. Add. 340. Ateles hypoxanthus Dᴇsᴍ. Brachyteles — Cᴜᴠ. règne I. 100. Gᴜᴇʀɪɴ iconogr. Mammif. pl. 4. f. 1. Gesicht fleischfarbig, grau gefleckt, Pelz rothgelbgrau, zieht auf dem Rücken, Händen und Schwanz in schwarz, Haare um den After roströthlich, Daumen sehr kurz, dünn, mit Nagel, kaum den Ursprung des zweiten Fingers erreichend. Länge 20″, Schwanz 25″. — Nur ein Weibchen im Pariser Museum, im J. 1816 aus Brasilien durch Mr. Dᴇʟᴀʟᴀɴᴅᴇ erhalten.

XIV. Ateles Eᴛ. Gᴇᴏʏғʀ. Annal. d. Mus. XIII. 89. Coaita, Marimonda, Klammeraffe. Atèle. — Kopf fast kugelig, Gesichtswinkel 60°. Nasenlöcher länglich, seitlich. Leib und besonders alle Glieder sehr gestreckt, Nasenlöcher schief, Ohren gross und nackt. Vorderhände ohne Daumen oder derselbe verkümmert. Backenzähne der Unterkinnlade 6—7, rundlich, beide mittle Schneidezähne grösser und breiter als seitliche. Pelz sehr dunkel, meist schwarz, langzottig, etwas harthaarig, bei einigen Ohrbüschel, vielleicht bei allen im Alter. — Herr v. Tsᴄʜᴜᴅɪ sagt: „Die Ateles stimmen in ihrer Lebensweise sehr überein. Sie leben in kleinen Schaaren von 10—12 Individuen, zuweilen trifft man sie paarweise, oft sogar einzeln. Während mehrerer Monate bemerkten wir einen einzelnen A. ater immer im nämlichen Revier, als er erlegt wurde, zeigte sich, dass es ein Männchen war, von nicht sehr vorgerücktem Alter. Sie verrathen sich durch fortwährendes Knittern der Baumzweige, welche sie sehr behende beugen, um geräuschlos vorwärts zu klettern. Angeschossen erheben sie ein lautes, gellendes Geschrei und suchen zu entfliehen. Die ganz jungen verlassen ihre Mütter nicht; auch wenn diese getödtet worden, umklammern sie dieselbe fest und liebkosen sie noch lange, wenn sie schon ganz starr mit dem Schwanze um einen Baumast gewickelt hängt. Es ist daher ein Leichtes, die Jungen einzufangen; sie lassen sich leicht zähmen, was ihrer Hässlichkeit wegen nicht leicht geschieht; sie sind gutmüthig, zutraulich und zärtlich, leben aber in der Gefangenschaft gewöhnlich nicht lange. Sie werden leicht von herpetischen Ausschlägen und Diarrhöe befallen, wobei sie sich ganz jämmerlich gebehrden." — Hierzu bemerken wir, dass diese in patriarchalischer Weise die hohen Gipfel des Urwaldes gemächlich und in grosser Gesellschaft durchziehenden Coaita's, wenn sie auf den Boden herabkommen, oder gar, wie wir selbst gesehen haben, in engen Käfigen gehalten werden, dann als die unglücklichsten Thiere erscheinen und in Sehnsucht nach ihren Baumgipfeln und ihrer Geselligkeit elend verkümmern.

143—44. **A. ater:** Le Cayou Fr. Cuv. Mamm pl. 2. 1823. Is. Géoffr. Dict. class. XV. 141. Cat. meth. Prim. 48. Atèle Coaita de Cayenne Et. Géoffr. Ann. Mus. XIII. 97. A. Paniscus XIX. 105. The black spider Monkey. Der schwarzgesichtige Coaita. — Gesicht ganz mattschwarz, runzelig, Pelz grob, dunkelschwarz. — Ich messe: 21″, Schwanz 28½″, nackte Stelle 5⅞″. — Der Name „Cajou" wurde von Dabbeville, Missionär nach Maragnon, einem unbekannten schwarzen Affen gegeben, bedeutet eigentlich so viel als Sajou und wurde von Fr. Cuvier auf vorstehende Art übergetragen. Fr. Cuvier hatte nur ein sehr junges Weibchen vor sich: 9″ lang, Schwanz 18″ 4‴. Das Haar war lang, noch ziemlich seidenartig, doch schon etwas hart. An Kopf und Schwanz waren die Haare kürzer, als am übrigen Körper, wo sie sich hinterwärts richteten, auf dem Kopfe aber, insbesondere auf der Stirn, standen sie vorwärts. Die Haut selbst ist schwarz, die Pupille braun und die Geschlechtsorgane fleischfarbig, das Ohr oval, sein Rand nur oberhalb sichtbar gebogen, unterwärts von beiden Seiten stark einwärts zurückgeschlagen. Vorn dringt die Ohrleiste in die Muschel ein und bildet einen platten, dicken Wulst. Die Gegenleiste (nämlich anthelix*) ist sehr entwickelt. Die Ohrecke und Gegenecke springen sehr vor und bedecken bei Annäherung die Grube. — Tschudi Fn. Per. 25. sagt: Die Gesichtsfarbe ist bei den Affen ein sehr unsicheres Kennzeichen, denn sie variirt sehr bedeutend bei den verschiedenen Individuen der nämlichen Art. Bei A. ater haben wir alle Uebergänge vom tief Schwarzen bis zum Kupferfarbenen gesehen, Gesichtsfärbung, welche dem A. Paniscus zugeschrieben wird und durch welche er sich vorzüglich, nach Angabe aller Naturforscher, vom A. ater unterscheidet. Oft hätten wir glauben können, nur nach der Farbe des Gesichts urtheilend, dass eines von den getödteten Exemplaren A. ater, das andere A. Paniscus sei, wenn nicht beide Individuen aus der nämlichen Schaar und in der nämlichen Stunde geschossen worden wären**). Zwar können wir die von A. v. Humboldt und dem Prinzen Max. N.-W. gemachte Bemerkung, dass die Individuen einer bestimmten Species von Affen in der Färbung sehr wenig variiren, aus eigener Erfahrung als vollkommen richtig bestätigen, möchten jedoch diesen Satz nur auf den behaarten Körper beschränken, denn das oben angeführte Beispiel zeigt, dass er für das Gesicht nicht giltig ist. (Vgl. die Anm.) Sehr viele andere Species beweisen das Nämliche. Wir führen nur noch eine an: Wir besassen zwei Cebus capucinus lebend, beide waren Männchen, von gleicher Grösse, gleichem Alter und durchaus gleicher Färbung, der eine aber hatte ein schwarzbraunes, der andere ein hell fleischfarbenes Gesicht***). Hiergegen finden wir Herrn v. Tschudi's Diagnose: „A. ater: ganz schwarz, auch im Gesichte". Weit wichtiger ist aber folgender Beisatz: Bei A. ater stehen die Augen weiter auseinander, die Schnautze ist mehr zugerundet, die fünf Extremitäten sind viel länger im Verhältniss zum Körper, als bei A. Paniscus. Der Körper ist schlanker, die Farbe des Pelzes intensiver schwarz; bei diesem spielt sie mehr in's Olivengrüne oder in's tief Schwarzgraue. Die ganz jungen Individuen dieser beiden Arten lassen sich sehr leicht unterscheiden, da die von ater von der Geburt an schon ganz schwarz sind, während bei Paniscus das Jugendkleid eine schmutzig olivengrüne Farbe hat. A. ater ist die echt peruanische Form, fast ausschliesslich zwischen 2° S. B. und 14° S. B. und zwischen 70—75° W. L. P. Einige geben auch Guyana an, v. Tschudi bezweifelt aber die Richtigkeit, denn bis jetzt ist es nicht erwiesen.

146—147. **A. Paniscus** (Simia — Linn. Gm. 36. n. 14. Buff. VIII. t. 1. XV. p. 16. t. 1. Schreb. I. 115. t. XXVI.) Et. Géoffr. Ann. Mus. VII. 269. XIX. p. 105. n. 2. Kuhl, Desm., Lesson, Is. Géoffr. St. Hil. Cat. meth. 48. — Gesicht kupferröthlich, Haare

---

*) Fr. Cuvier schreibt fälschlich „arthelix", oder Druckfehler?
**) Beides beweist doch kaum, da uns alle Beobachter berichten, wie die verschiedensten Arten gesellig beisammen leben.
***) Auch dies Beispiel beweist kaum für die Behauptung, denn der Kapuziner mit dem braunen Gesicht war apella, der mit dem fleischfarbenen gehörte zu einer der andern Arten. Vgl. oben Cebus.

8*

sehr lang und grob, glänzend schwarz, Vorderhände vierfingerig, hintere fünfzehig. — Länge
21", Schwanz 31". — Schon 1761 der Cercopithecus major niger oder Quouata BARRÈRE.
Dann 1765 Quata FERMIN. Dann 1768 Quatto VOSMAER. Bosch-Duivel, Klinger-Aap. Waldteufel,
mit einer sehr menschenähnlichen Abbildung, vergl. auch deren Copie in OTTO's BUFFON
XIX. Taf. zu S. 29. Auch EDWARDS erzählt Gleanings Part III. vol. VII. 222. von 1761
nach Beschreibung des Cercop. maurus, unsere 202—3, er sei in der Oxford-Strasse nächst
dem Soho-Square an ein Haus gekommen, wo man wilde Thiere zeigte und darunter habe
sich auch ein schlanker schwarzer Affe mit langen Beinen und langem Schwanz und fleisch-
farbenem Gesicht befunden, den man den „Spider Monkey", Spinnenaffen, genannt hätte.
Seinen Schwanz habe er um Alles, was er fassen konnte, herumgeschlungen. Am auffällig-
sten sei ihm gewesen, dass er nur vier Finger an den Händen hatte. — BUFFON sahe ein
Weibchen lebendig bei dem Herzog von BOUILLON. Es hatte durch seine Vertraulichkeit
und Liebkosungen die Zuneigung seiner Wärter erlangt, konnte aber ungeachtet guter Behandlung der strengen Kälte von 1764 nicht widerstehen und BUFFON erhielt das Cadaver
für das Museum des Königs. Auch ein eben so sanftes und zahmes Männchen sahe er bei
dem Marquis von MONTMIRAIL. RUSSEL in seiner Hist. of Jamaica cap. V. sect 5. macht
darauf aufmerksam, dass die feine Benutzung des Schwanzes diesen Thieren den Mangel
des Daumens ersetzte. DAMPIERRE voy. IV. 288. spricht von Affen auf der Insel Gorgouia
an der Küste von Peru, welche bei der Ebbe Austern aufsammelten, auf einen Stein legten
und mit einem andern Steine zerschlügen, um den Inhalt zu verschlucken. Jos. ACOSTA
hist. nat. des Indes p. 200. erzählt vielleicht zuerst das Formiren einer Affenkette durch
das Aneinanderhängen mit den Schwänzen. FR. CUVIER beobachtete ein junges Weibchen
lebendig und berichtet im J. 1819 über die Langsamkeit seiner Bewegungen, in denen es
nur gleichsam sich fortzog. Doch schreibt er ihm Urtheilskraft — jugement — zu und
vielleicht mehr Fähigkeit, als andern Affen. Dabei sind sie überaus sanft und anhänglich.
Es war v. TSCHUDI, welcher den wichtigsten Artunterschied des Paniscus und ater in der
Entwickelung entdeckte, darin nämlich, dass die Jungen des erstern in olivengrün ziehen,
die des letztern reinschwarz sind. Ich füge noch hinzu: dass ich bei gänzlich verschiedener
Physiognomie beider Thiere auch noch darin zwei wichtige Unterschiede finde, dass bei
A. Paniscus die Haare über 4" lang und gerade, der Schwanz auf der Unterseite nur vom
Grunde an auf 2¼" behaart, von da an schon nackt ist, bei A. ater die Haare fast wollig und
kaum über 1" lang, der Schwanz nur auf etwa 5" der Spitze unten nackt ist. — Guiana.
— „In den hohen Waldungen über British Guiana verbreitet bis zu einer Meereshöhe
von 1200—1500 Fuss. Ich habe sie immer nur in kleinen Gesellschaften von 10—12 Stück
bemerkt, oft auch paarweise gefunden. Die Mütter tragen ihre Jungen häufiger unter den
Armen, als auf dem Rücken. Da ich fast unter jeder Gesellschaft, der ich begegnete, auch
einige Junge bemerkte, so scheinen sie keine bestimmte Wurfzeit zu haben. Auf den Boden
scheinen sie gar nicht oder doch nur äusserst selten herabzukommen. Ungeachtet der Affe
in allen seinen Bewegungen etwas Phlegmatisches zeigt, entwickelt er doch auf der Flucht
eine Schnelligkeit und Behendigkeit, die Staunen erregt. Springen sah ich sie nur selten.
Ihre Nahrung besteht in Früchten und Insekten. Bei den Indianern fand ich sie nur selten
gezähmt vor, wovon ihr unangenehmes Aeussere höchst wahrscheinlich die Ursache ist; mit
um so grösserem Eifer stellt man ihnen aber auf der Jagd nach, da ihr Fleisch von den
Indianern gern gegessen wird." SCHOMB. III. 767. Ein Beweis dazu: „Einer der Indianer
der Parthie brachte einen getödteten Coaita mit, den er in der Nähe von Maripa aus einer
Heerde erlegt hatte. Als die Jäger ihn absengten, um ihn als Abendbrod zu verzehren,
kam mir seine Aehnlichkeit mit einem Negerkinde so überraschend vor, dass ich mich von
dem Mahle abwenden musste, um nicht alle meine kaum niedergekämpften Antipathien
wieder in mir aufwachen zu lassen Die Behauptung der Indianer, dass diese Affen bei
ihrer Verfolgung trockene Zweige und Früchte abbrechen und sie nach ihren Verfolgern
schleudern, wurde durch Herrn v. GOODALL bestätigt, der an der Jagd theilgenommen hatte.
Trifft sie ein Sonnenstrahl, so legen sie sich lang ausgestreckt auf die Aeste, um sich zu
sonnen." — In Peru nach v. TSCHUDI nur in den Wäldern, welche den untern Marañon
begrenzen. Von den Ufern des Javari sendeten ihn M. M. DE CASTELNAU & DEVILLE.

148. **A. pentadactylus** Geoffr. St. Hil. Ann. VII. 1806. 267. XIX. 105. Kuhl.
Le Chamek Buff. XV. 21. Simia Chamek Humb. rec. II. 353. A. subpentadactylus
Desmar. 73. sp. 45. A. Chamek Less. Bim. 133. The Chamek. Der Chamek. — Gesicht
braun, Pelz schwarz, Vorderdaumen höcker- oder warzenförmig, ohne Nagel. Länge 21",
Schwanz 33". Etwas grösser als Paniscus. — Auch hier giebt v. Tschudi einen Beweis
seiner tiefer eingehenden und wahrhaft natürlichen Naturanschauung in folgenden Worten:
Für die Vereinigung des A. pentadactylus mit ater oder Paniscus (mit diesem kann
sie durchaus nicht stattfinden) hat Prof. A. Wagner freilich scheinbar einen schlagenden
Beweis in Händen, an einem Exemplare eines schwarzen südamerikanischen Affen, welches
an der einen Vorderhand einen Daumenstummel hat, an der andern aber keinen. Dennoch
ist dies kein Beweis für die Identität dieser beiden Species, der wir uns durchaus nicht
müssen. A. pentadactylus hat einen ganz verschiedenen Verbreitungsbezirk von A. Paniscus und ater. Die Jungen von ihm sind ebenfalls in frühester Zeit glänzend schwarz
und zeigen schon da die beiden Daumenrudimente. Bei einer Abtheilung von Wirbelthieren,
die, wie die der Vierhänder, eine so vollkommene Organisation hat und die nicht einmal in
den veränderlichen Kennzeichen, als der Färbung der Haare, variirt, spielt die Natur nicht
launenhaft mit der Erzeugung von Gebilden eines so hohen Ranges, als das Knochengerüst;
sie befolgt ihre unabänderlichen Gesetze, die vielleicht in einem Individuum einmal vom
Typus abweichen können, nicht aber bei Tausenden, ohne wieder Norm für dieselben zu
werden. Wir finden z. B. bei den Menschen Individuen mit 4 oder mit 6 Zehen oder
Fingern, die wieder solche Kinder erzeugen; diese Abnormität geht vielleicht durch drei oder
vier Generationen hindurch, am Ende kehrt aber immer die Natur zur normalen Bildung
wieder zurück. — Dieser Affe hat unter den peruanischen Ateles die weiteste Verbreitung,
er bewohnt die heissesten amerikanischen Tropengegenden zwischen 8° N. B. und 8° S. B.
und erstreckt sich durch die ganze Breite Südamerikas vom 55—82° W. L. P., denn in
mehreren Thälern von der Republik Equador soll er häufig vorkommen. Er ist dabei
immer an niedrige Lokalitäten in feuchtheissen Thälern gebunden, welche der Gesundheit
höchst nachtheilig sind, daher auch von Naturforschern nicht leicht besucht werden. Pöppig
bezeichnet die Waldregion von Quito aus nach Osten, ferner die Wälder von Es-
meraldas und wahrscheinlich auch die Landenge von Panama. In Guyana:
Martin 1819.

149—152. **A. Beelzebuth** Et. Geoffr. St. Hil. Ann. Mus. 1806. VII. 271.
Simia Beelzebuth Briss. règne 211. sp. 29. Humb. le Marimonda rec. d'obs. I. 325. Coaita
à ventre blanc G. Cuvier et le Belzébuth Fr. Cuv. mammif. 1828. — Gesicht schwärzlich
und nur Mund, Nasenkuppe und Augenkreise nebst Nasenwurzel fleischfarbig, um die hellen
Augenkreise schwarze Wärzchen mit Borsten. Pelz des Rückens und Aussenseite nebst
allen Händen und Schwanz langzottig schwarz, Unterseite und Innenseite der Gliedmaassen
weiss. Grösse wie Paniscus. Fr. Cuvier's junges Thier war 16", Schwanz 20". Fr. Cuvier
berichtet, dass das Weibchen, welches die Menagerie besass, im noch jungen, doch ausgewachsenen Zustande oberseits nur schwarzgrau war, unten weiss, nach einem halben Jahre
aber oben dunkelschwarz wurde, unterseits unverändert weiss blieb. So sind die Kopfseiten,
Unterhals, Brust, Bauch, Innenseite der Beine bis zum schwarzbleibenden Fuss vom Knöchel
an weiss, ein wenig in gelb ziehend. Alle nackten Theile violet, mit Ausnahme der fleischfarbig beschriebenen Theile im Gesicht. Auch der Schwanz nahm unterseits in seiner ersten
Hälfte theil an der weissen Farbe. — Von dieser ältesten, seit Brisson bekannten, aber
lange verkannten Art sagt A. v. Humboldt, sie sei eine der im spanischen Guyana am
meisten verbreiteten Affen, da wo der Coaita sich nicht findet. Er traf ihn an den Ufern
des Orenoco, wo die Eingebornen ihn essen. Er sagt, es ist ein in seinen Bewegungen
träges Thier, übrigens sanft und melancholisch und furchtsam. Wird er angegriffen, so
versucht er in der Furcht allerdings auch zu beissen, doch geht der Zorn bald wieder vorüber und er verzicht wieder das Maul und lässt einen Kehllaut hören wie „ou-o". Sind sie
in grosser Zahl beisammen, so hängen sie sich zu Zweien aneinander und bilden so die
bizarresten Gruppen, doch zeigen ihre Bewegungen immer die äusserste Trägheit. Oft sahen
wir sie in der Sonnenhitze, den Kopf nach vorn und die Augen gen Himmel gerichtet, die

Arme auf den Rücken gelegt und mehrere Stunden lang unbeweglich in dieser Stellung verharren. — Das lebendige männliche Exemplar, welches wir vor dreissig Jahren hier in Dresden hatten, sass in seinem Käfig gewöhnlich so, wie ich es Fig. 150 abbilden liess.

153. **A. marginatus:** Atèle à face encadrée Et. Géoffr. Annal. d. Mus. 1809. XIII. 90. pl. 10. XIX. 106. Kuhl, Desm., Lesson, Is. Géoffr. Cat. meth. 49. S. marginata A. Humb. rec. d'obs. I. 340. Le Chuva. Der Chuva. Atèle Chuva. — Gesicht ledergelb, Stirn und Seitenränder gelblich oder weisslich, erstere nach dem Oberrande mit strahligen, schwarzen Linien, Pelz übrigens schwarz. — Länge 18″, Schwanz 29″. — Fr. Cuvier beobachtete 1830 ein Exemplar lebendig und beschreibt dasselbe mit Abbildung unter dem Namen Atèle ou Coaïta à front blanc. Er bemerkt, dass es von Humboldt's Beschreibung ein wenig deshalb abweiche, weil nur Backenbart und Stirn weiss sei, der Kopf nicht gänzlich von weissen Haaren umgeben, da man dergleichen nicht an Kinn und Bart bemerkte. Im Allgemeinen hat er das Ansehen und die Verhältnisse des Coaïta, mit Ausnahme jener Eigenthümlichkeiten im Gesicht. Er hat keine Daumenspur (wie der Chamek) an den Vorderhänden. Die Innenseite der Hände und die nackte Haut unter dem Schwanze — sie nimmt etwa ein Dritttheil der Schwanzlänge ein — ist violet. Die langen Pelzhaare richten sich rückwärts und die am Kopfe vorwärts und die nach dem Scheitel hin sind aufrecht. Die Haare am Vorderarme sind gegen die Ellenbogen hin rückwärts gerichtet. Er war eben so sanft und klug, wie andere Arten. Diese Art ist eine Entdeckung von Sieber, den Graf Centurius v. Hoffmannsegg zur Beobachtung der Pflanzen- und Thierwelt nach Brasilien schickte und der diesen Chuva am Rio Janeiro ziemlich häufig antraf. A. v. Humboldt fand ihn zu derselben Zeit am Amazonenstrome und in der Provinz Jean-de-Bracameros an den Ufern des Rio-Santiago, insbesondere zwischen den Cataracten von Yariquisa und von Patorumi.

154. **A. variegatus** Natterer Mus. Vindob. Oberkopf und Kopfseiten, Rücken, Seiten, Oberseite der Gliedmaassen und des Schwanzes dunkelbraun, ein Stirnband über den Augen, so wie die ganze Unterseite des Leibes, der Glieder und des Schwanzes lehmgelblich, letzterer auf der Unterseite zu einem Fünftheil nackt, im dunkelbraunen Gesicht nur die Augenkreise, Nasenöffnung und Ohren ein wenig heller. Ganze Länge von der Nasenspitze bis zur Schwanzspitze 4′, Schulterhöhe 1′ 9″. Der verdienstvolle Natterer entdeckte diese, wie es scheint, mit Beelzebuth in der Beschreibung und Aufführung von Varietäten verwechselte Art in Brasilien und brachte eine ganze Familie, altes Männchen, altes Weibchen und Junges, mit für das K. K. Hofnaturaliencabinet in Wien, wo sie täglich Jedermann sehen und prüfen kann. Durch die Güte des Herrn Zimmermann bin ich im Stande, hier zum ersten Male die Abbildung geben zu können. Auch A. Wagner hat von dieser Familie ein Exemplar gesehen und erwähnt nicht ohne seine artenvernichtende Lieblingsidee in seinem I. Suppl.-Bande zu Schreber S. 313. und in den Münchn. Abhdlg. V. 420. — Alle drei erwähnte Exemplare des Herrn Natterer sind übereinstimmend gefärbt. Das unter Fig. 154 deshalb hier abgebildete Weibchen noch etwas intensiver. Dem Jungen fehlt noch das Diadem und seine Stirn erscheint schwarz.

155. **A. melanocheir** Et. Géoffr. in schedula. Desm. 76. n. 50. Fr. Cuv. mammif. 1829. ic. ♀ Is. Géoffr. Dict. class. XV. 141. Cat. Prim. 49. Ateles Géoffroyi Kuhl 26. 8. Cebus — Fisch syn 46. 6. — Kopf, Oberseite der Vorderarme, der Schienbeine und des Schwanzes, so wie alle vier Hände schwarz, Rücken, Seiten und Oberseite der Oberarme und Oberschenkel gelblichgrau. Augenkreise, Umgebung des Mundes, Backenbart, Unterseite des Leibes, der Gliedmaassen und des Schwanzes weiss. — Ein Schiffscapitain brachte ihn aus Peru nach Havre, wo er für die Pariser Menagerie gekauft wurde. Er betrug sich · eben so träg und sanft, wie die andern.

XV. Mycetes Illiger prodr. 1811. p. 70. Stentor: Hurleur Et. Géoffr. 1812. Alouata La Cépède. Brüllaffe. Cebus Erxl. Fisch. — Gesichtswinkel 30°. Schneidezähne $\frac{4-4}{4-4}$; Eckzähne $\frac{1-1}{1-1}$; Backenzähne $\frac{6-6}{6-6}$. Zungenbein zu taschenförmiger Blase ausgedehnt. Hände fünffingerig, Schwanz sehr lang, greifend, spitzewärts unten nackt. —

Leben in Südamerika gesellig in den Gipfeln des Urwaldes, welche sie mit grosser Behendigkeit durchziehen und lassen zur Nachtzeit in geselligen Versammlungen (wie man sonst meinte, unter einem alten Vorsänger) ihre rauhen Stimmen im weiten Umkreise erschallen. Vergl. indessen Pöppig's Bericht. Schomburgk sagt: Auch die Brüllaffen begannen bereits vor Sonnenaufgang von den höchsten Baumgipfeln herab, wo sie allemal mit dem Gesicht gegen die aufgehende Sonne sitzen, ihr schaudervolles Geheul und sangen ihr bei Untergang ein betäubendes Schlummerlied. Auffallend ist es, dass die Mycetes niemals mit andern Species vorkommen, sondern sich streng von den übrigen absondern. I. 352. In der Gefangenschaft sind sie träg und unzählmbar. Ihre Nahrung besteht im wilden Zustande aus Früchten und Wurzeln.

Wir verdanken J. E. Gray eine bessere Anordnung der Arten dieser Gattung: On the Howling Monkeys: Mycetes Illiger. Ann. and Mag. of N. H. 1845. 217. Er sagt hier: Spix beschreibt eine dieser Arten, M. Caraya: ♂ schwarz, ♀ und jung gelb, und Prinz Maximilian N -W. sagt, dass die M. und Exemplare von M. ursinus aus dem mehr nördlichen Brasilien braunroth und rostroth sind, während ihre W. und die mehr südlichen Exemplare braun und schwarzbraun wären, und Lichtenstein beschreibt das Junge dieser Art schwärzlich. Cuvier meint, dass wenig Unterschied sei zwischen ursinus und seniculus. — Das britische Museum bietet eine ziemliche Anzahl von Exemplaren dar und von den zu gleicher Zeit in denselben Gegenden gesammelten sind M. und W. von ziemlich gleicher Färbung. Gray ist geneigt, sie für Arten zu halten, muss aber zugleich bekennen, dass manche Exemplare scheinbar derselben Art in der Färbung beträchtlich abändern und dass einige der schwarzen Arten so manche rothe Haare unter den schwarzen zerstreut tragen, dass man zweifeln darf, ob nicht das Schwarz ein anderer Zustand oder Lokalabänderung von dem Roth sei. — Bei diesen Schwierigkeiten ist zu wünschen, dass die verschiedenen Exemplare genauer beschrieben werden, damit die herausgebrachten Unterschiede in Zukunft oder bei noch besseren Hilfsmitteln einst bestätigt oder genauer bestimmt werden können. — Gray meint, dass die Richtung der Haare am Vorderkopf bessere Kennzeichen darbiete, als die Färbung oder die Länge, Weichheit und Steifheit der Haare. Er theilt deshalb die Arten in zwei Gruppen, obgleich dabei die gleichgefärbten oft getrennt werden, auch der Präparateur die Richtung der Haare bisweilen vernachlässigen mag, so bewähren sich doch diese Kennzeichen gewiss als die bequemsten.

A. Vorderkopf hoch, Haare zurückgeschlagen, bilden einen Haarkamm quer über die Augen und um das Gesicht.

Hierher: 1) ursinus M. N.-W.; 2) seniculus (L.) Kuhl; 3) laniger J. E. Gray; 4) bicolor Gray.

156—157. M. seniculus (Simia — L. Gm.) Illiger prodr. p. 70. Kuhl. Stentor seniculus Et. Géoffr. Cebus — Erxl. Blumenb. Abb. t. 91. The Golden Howler Gray list p. 11. Royal Monkey Penn. Abouate Buff. XV. 5. suppl. VII. t. 25. Schreb. t. 25. C. Audeb. 5. sect. 1. f. 1. Mono colorado A. Humb. Heulaffe, Brüllaffe. — Röthlich kastanienbraun, Rückenmitte goldgelb, Haare am Grunde einfarbig, kurz, etwas steif, ohne Unterhaare, am Kopfe kurz. Ich messe 20—30''', Schwanz 24'' und noch länger. — Das Brit. Museum enthält 3 alte M., verschiedenfarbige W. sind nicht da. — Schon in den älteren Erforschungen Amerika's spielten diese Affen eine Rolle. Der „Rex simiorum" Laet. Amer. p. 553. und der Cercopithecus barbatus Barrère France équin. p. 150. und Brisson's „Singe rouge de Cayenne" waren keine andern Affen als diese. — Während man die älteren Relationen, besonders in den Ausgaben von Buffon, nachlesen mag, wollen wir hier nur neuere unbefangene Beobachtungen geben. — „Ist einer der gewöhnlichen Affen und in zahlreichen Gesellschaften über ganz British Guiana verbreitet. Ich fand sie in der Küstenwaldung, in den Oasen der Savannen und den übrigen Waldungen bis zu einer Meereshöhe von 6000 Fuss. Keine Species variirt so vielfach in ihrer Färbung als diese, und selbst unter den Exemplaren, die ich mitbrachte, finden sich Individuen vom Dunkelkastanienbraun bis zum Schwärzlichbraun. Den hohen Küstenwald scheinen sie am meisten zu lieben. Hört man auch ihr weithin schallendes Brüllen zu fast allen Tages- und Jahreszeiten, so doch am stärksten bei Sonnenaufgang und Untergang und bei eintretenden Gewittern. Ueber die

Liebe der Mütter zu ihren Jungen vergl. Bd. I. 278 u. 352. Ich habe die Brüllaffen nie auf der Erde bemerkt, wohl aber oft auch nur einzeln oder paarweise beobachtet. Ihr Fleisch ist schmackhaft und besitzt nicht den unangenehmen Geruch der kleineren Gattungen. Versammeln sie sich in Gesellschaften, so suchen sie sich dazu immer die höchsten Bäume aus, weshalb mein Begleiter oft auch einen nahestehenden Baum ersteigen musste, um sie von da herabzuschiessen. Wird der Affe nicht unmittelbar tödtlich verwundet, so sucht er sich anfänglich in der höchsten Spitze des Baumes zu verbergen und fällt erst dann von diesem sichern Zufluchtsort herab, wenn der letzte Lebensfunke entflohen ist. Wir haben sogar einige Male die unersteiglichen Bäume, um unsere Beute, die sich im Todeskampfe an den Stamm des Baumes gedrückt hatte und dort hängen blieb, zu erhalten, fällen müssen. Auch in British Guiana herrscht unter den Colonisten, Farbigen und Indianern, der Glaube, dass bei jeder Gesellschaft sich ein Vorsänger befinde, der gewöhnlich allein und höher als die übrigen sitzen soll. (Hierüber vergl. weiter unten.) Ebenso fand ich überall die Ueberzeugung verbreitet, dass er bei leichteren Verwundungen sich die Wunden mit Blättern verstopfe. Dass sie die vergifteten Pfeilchen, mit denen die Indianer durch das lange Blaserohr schiessen, augenblicklich nach der Verwundung herausziehen, habe ich häufig beobachtet, dieses thun aber auch die andern Affen. Die ersteren Behauptungen gehören mehr als wahrscheinlich zu den vielen Fabeln, die gerade von dieser Art allgemein verbreitet sind. Ich vermuthe, dass auch sie keine bestimmte Wurfzeit haben, da ich das ganze Jahr hindurch Junge, die die Mutter noch auf dem Rücken trug, bemerkt habe. Nach Prinz Max. N.-W. kommt er in Brasilien und Paraguay vor. Sein Verbreitungsbezirk muss sich daher über einen grossen Theil von Südamerika erstrecken." R. Schomburgk. III. 768. — „In der Stille der Urwälder vermag man das dröhnende Geschrei einer ihrer Heerden eine halbe Stunde weit zu vernehmen. Was schon der deutsche Reisende Marcgraf vor zweihundert Jahren von ihnen erzählte, dass sie durch einen bejahrten Vorsänger angeführt, nur von Zeit zu Zeit in ein unmelancholisches Chorgeheul ausbrechen, ist buchstäblich wahr! Unbekannt ist es freilich, welche Ursachen solche gemeinsame Stimmübungen hervorbringen mögen, denn sie sind an keine Zeit gebunden und ertönen unregelmässig die Nacht hindurch und selbst noch in den späteren Morgenstunden, wenn das Wetter trüber ist als gewöhnlich. Wahrscheinlich werden diese Thiere, durch atmosphärische Zustände, zumal durch elektrische Spannung, sehr afficirt, denn man bemerkt, dass vor Eintritt der regelmässigen Gewitter ihr Gebrüll durch die Wildniss mit verdoppelter Stärke schallt. Dieser rauhe und doch klagende und ungeachtet seiner Lautheit und Stärke stundenlang fortgesetzte Ruf hat des Nachts etwas wahrhaft Schauerliches für den Fremden, der durch ihn zum ersten Male aus dem tiefen Schlafe des friedlichen Bivouak gestört wird. — Die Arten kommen durch trauriges und grämliches Naturell überein, entschliessen sich nur im Nothfalle zu raschen Bewegungen und wagen es niemals, auf ebenem Boden aufrecht zu gehen. Verfolgt oder erschreckt, suchen sie auf den Baumästen Zufluchtsorte und bleiben da, obwohl tödtlich verwundet, an ihrem Greifschwanze aufgehängt. Hatten sie den lauernden Jäger erblickt, ehe sie unter krampfhaften Anstrengungen starben, so vermag selbst der Tod sie nicht, die Muskeln des festgewundenen Schwanzes zu erschlaffen. Die Indianer kennen diesen Umstand und verhalten sich ruhig in ihrem Versteck, nachdem sie dem Brüllaffen eine Todeswunde beigebracht haben. Ihr Fleisch gilt für schmackhafter, als dasjenige aller andern Affen und ist in der That auch fetter und weisser. Nach Europa hat man, so viel bekannt, noch nie eins dieser Thiere lebend gebracht. Aechte Kinder der wilden und herrenlosen Urwälder, vertragen sie durchaus nicht die Beschränkung der gewohnten Freiheit. Selbst in Amerika, wo die Eingebornen besonders zu Zähmungsversuchen an wilden Thieren Talent und Lust haben, gelingt es nicht, einen Brüllaffen, den man jung einfing, gross zu ziehen, denn ohne seinen Wärter kennen zu lernen, ohne zu spielen, aber häufig in ein Trauergeheul ausbrechend, magert er in kurzer Zeit ab und stirbt, von Niemand betrauert." Pöppig 31. — Schomburgk beschreibt näher das Concert der Brüllaffen. Nach öfterem Misslingen eilte ich einmal durch Dick und Dünn dem Gebrüll entgegen. Nach vieler Anstrengung, sagt er, und langem Suchen erreichte ich endlich die Gesellschaft, ohne dass sie mich bemerkte. Vor mir auf einem hohen Baume sass das musicirende Chor und führte ein so schauerliches Concert aus, dass man wähnen konnte, alle wilden Thiere des

Waldes seien im tödtlichen Kampf gegen einander entbrannt, obschon sich nicht läugnen liess, dass doch eine Art Uebereinstimmung in ihm herrschte, denn bald schwieg, wie nach einem Taktzeichen, plötzlich die über den ganzen Baum vertheilte Gesellschaft, bald liess eben so unerwartet einer der Sänger seine unharmonische Stimme wieder erschallen, und das Geheul begann von Neuem. Die knöcherne Trommel am Zungenbein, welche durch ihre Resonanz der Stimme eben jene mächtige Stärke verleiht, konnte man während des Geschreis sich auf- und niederbewegen sehen. Momente lang glichen die Töne dem Grunzen des Schweines, im nächsten Augenblick dem Brüllen des Jaguars, wenn er sich auf seine Beute stürzt, um bald wieder in das tiefe und schreckliche Knurren desselben Raubthieres überzugehen, wenn es, von allen Seiten umzingelt, die ihm drohende Gefahr erkennt. Diese schauerliche Gesellschaft hat jedoch auch ihre lächerlichen Seiten, und selbst auf dem Gesicht des düstersten Misanthropen würden für den Augenblick sich Spuren eines Lächelns gezeigt haben, wenn er gesehen, wie diese Concertisten mit langen Bärten starr und ernst einander anblickten. Herr Bach hatte mir gesagt, dass jede Heerde ihren eigenen Vorsänger habe, der nicht allein durch eine feine, schrillende Stimme von all den tiefen Bassisten, sondern auch durch eine schmächtigere Statur sich unterscheide. Ich fand die erste Angabe vollkommen bestätigt, doch nach der schmächtigen Gestalt sah ich vergeblich mich um. — Das eigentliche Vaterland dieser Art ist Guyana. Mr. D'Orbigny brachte dem Pariser Museum ein kleineres, blasseres und mehr einfarbiges Exemplar mit, welches wahrscheinlich nicht zu dem seniculus gehört, aus Santa Cruz de la Sierra in Bolivia.

158. **M. chrysurus** (Stentor —: Alouate à queue dorée Is. Géoffr. études fasc. I. pl. 7. Mag. zoolog. 1832. pl. 7. Mém. Mus. XVII. 166. Dict. class. XV. 135. Lesson compl. à Buffon IV. 173. ed. II. I. 264.) Is. Géoffr. Cat. Primat. 52. Cebus chrysurus Fischer Syn. add. 342. Er ist unter Sim. seniculus Jacquin. L. Gm. Humb., Ceb. seniculus Erxl. und Stentor senic Géoffr. mit begriffen. — Gesicht theilweise nackt und schwärzlich, Kopf und Gliedmaassen nebst Wurzelhälfte des Schwanzes dunkel rothbraun, Leib und Spitzenhälfte des Schwanzes glänzend rothgoldig. — Etwas kleiner als seniculus, Schwanz verhältnissmässig kürzer, wird sogar — aber gegen die Abbildung — nur halb so lang als der ganze Körper angegeben. Die Gesässschwielen weit breiter, Vorderkopf schmäler. — In Columbia gemein, wo er truppweise in den Wäldern lebt. An den Ufern des Magdalena-Stromes heisst er „Araguato", so erhielt das Pariser Museum 1826 ein Pärchen von Mr. Plée; in Carthagena „Mono colorado". Er fand sich in dem Cocollar-Gebirge, in den Thälern Aragua, les Llanos de l'Apure und in den Caraibischen Missionen. Von zwei von Mr. Beauperthuy erhaltenen Männchen ist das jüngere noch mehr einfarbig, auch das Schwanzende weniger hell. Ein Männchen aus der Provinz Matto-Grosso in Brasilien an den Ufern des Paraguay sendeten 1846 M. M. Castelnau & Deville. — M. laniger J. E. Gray, the Silky Howler, gehört wahrscheinlich hierher: Röthlich kastanieubraun, Rückenmitte goldiggelb, Haar lang, sehr weich und seidenartig, am Grunde dunkelbraun, goldig oder nussbraun an der Spitze, mit dichtem Unterhaar, Kopfhaar ziemlich lang. — Columbia. — Im britischen Museum 2 M. und 2 W., von jedem Geschlecht ein altes und jüngeres. Ein W. hat die Endhälfte des Schwanzes entschieden heller, so dass es in dieser Eigenheit mit dem M. chrysurus Is. Géoffroy stimmt, aber das andere Exemplar variirt wenig in der Intensität der Schwanzfarben, so dass dies wohl nicht von Wichtigkeit ist.

159—161. **M. ursinus** Max N.-W. Beitr. II. 48. n. 1. Abbild. IV. t. 6. S. ursina A. Humb. obs. I. 355. pl. 30. Araguata de Caracas. The Araguata or brown Howler. Stentor ursinus Et. Géoffr. Ann. Mus. XIX. 108. sp. 2. Isid. Géoffr. Dict. class. XV. 135. Lesson compl. Buff. IV. 176. ed. 2. I. 265. Abouate Oursou Desmar. Cebus ursinus Fischer syn. 43. 13. Abouate belzebuth: M. Belzebul Lesson Bim. 119. (Gray citirt hierher noch: S. Guariba Marcgraf, A. Humb. obs. zool. M. fuscus Kuhl Beitr. Spix Bras t. 30. var. brunnea. M. stramineus Spix t. 31. var. stram. M. barbatus ♀ Spix t. 33. var. luteola?) — Braun oder schwärzlich, gelblich überlaufen, Haare etwas steif, braungelblich gespitzt, Untergesicht blauschwarz. — Brasilien, British Guiana. — Im Brit. Mus. 2 M. und 2 W. eins jung, das andere alt. Ein M. gelb, Schwanz, Hände und Füsse, Kopfseiten, Rumpf und Glieder röther, wie stramineus Spix. Das junge W. gelbbraun, Schultern dunkler, das alte Exemplar schwarz, leicht gelblich überlaufen wegen der kleinen, gelben Spitzen der schwärzlichen Haare. Das andere M. hält die Mitte zwischen den beiden W., letzteres stimmt ziemlich mit M. fuscus Spix t. 30. Im Mus. der Zoolog. Soc. sind 2 W. aus British Guiana einfarbig braun, die Haare zwischen den Schultern sehr klein gelb gespitzt. Von dieser sehr veränderlichen und schwer zu bestimmenden Art befinden sich 11 Exemplare im Pariser Museum aus Brasilien; unter ihnen wird auch flavicaudatus und fuscus aufgezählt, über diese weiter unten. Prinz Max N.-W. giebt als Kennzeichen: Bart stark und dicht, Gesicht nackt und schwärzlich, Unterleib dünn behaart, Greifschwanz stark, unter der Spitze nackt, Pelz rothbräunlich. Er zieht auch den M. fuscus Spix fragweise hierher und giebt die Namen „Barbado" südlich in der Gegend von Cabo Frio, Rio de Janeiro und am Parahyba. Dagegen „Guariba" am Mucuri, Belmonte u. a. O. „Ruiva" im Sertam von Bahia, „Bujio barbudo" in St. Paulo, „Cupilick" bei den Botocuden. Gestalt der übrigen Arten, Iris gelbbräunlich, über ihr hoch oben an der Grenze der Stirn lange, schwarze Augenwimpern. Nasenlöcher weit geöffnet, rund, an der Oberlippe lange, schwarze Bartborsten, Ohren menschlich, schwarzbraun, ziemlich nackt, inwendig mit dünnen, gelbbräunlichen Haaren. Zähne schwarzbraun, nur ihre Kanten weiss abgeschliffen. Zunge schwarzbraun. Innere Handfläche kalt, feucht und nackt, so wie die Nägel schwärzlich, letztere reichen 1¼''' über die Fingerspitzen. Daumennagel kurz abgerundet, nicht länger als Daumen. Hinternägel noch mehr vorstehend. Die Greiffläche des Schwanzes schwarzbraun, ebenso die nackten Geschlechtsorgane und zwei Brustzitzen. Stirnhaar bürstenartig, wie abgeschoren, nahe über die Augen herabsteigend, an den Kopfseiten wird es zu einem langen Bart und dehnt sich unter dem Kinn auf 3—4" lang aus. Kopfhaare vorwärts, Rückenhaare 1½" lang, dicht, an der Wurzel etwas wellig. Alle obern Theile haben schwarzbraune Haare, in ihrer Mitte mit einer blassen, gelblichen Binde bezeichnet und mit gelbbraunen Spitzen versehen, wovon die gelbbraune Farbe auf den obern Theilen herrührt. Beine dunkelbraun, Bart und Backenhaare schwarzbraun, ersterer spitzewärts immer schwärzer. Schwanz rostbraun oder roströthlich. Aeltere Thiere überhaupt immer mehr rothbraun und rostroth, jüngere mehr schwarzbraun und kurzbärtig. An Scheitel und Mittelrücken die Haare gelbroth gespitzt. Weibchen wie Männchen. Kopf kleiner, Bart kürzer. Länge 20" 3''', Schwanz 21" 8'''. — Der alte, rothe Guariba aus dem Sertam von Bahia ist durchaus glänzend rothbraun oder rostroth, Arme und Hände oft kaum merklich dunkler, Bart mehr schwärzlichbraun. Stirnhaar rückwärts, Scheitelhaar vorwärts, vom Hinterkopf rückwärts hinab, also zwei Wirbel am Kopfe, am Ober- und Unterkiefer schwarze, mässige Borsten. Die Haare der obern Theile haben in ihrer Mitte eine dunkle Stelle, Wurzel und Spitze gelbrothbraun. Die Haare des ganzen Körpers mit schönem Goldglanz.

162. **M. fuscus** Et. Géoffr. Ann. Mus. XIX. 108. Spix: le Hurleur brun p. 43. 44. t. XXX. Kastanienbraun, Haarwurzel rothbraun, Spitze röthlich goldglänzend; der dicke Bart, die Beine und der Schwanz braunschwärzlich. Länge 22", Schwanz 18¾". Wird vom Prinzen Max N.-W., von Is. Géoffroy St. Hilaire und Burmeister Verz. 22. mit ursinus vereinigt. — Spix erhielt seine Exemplare in Brasilien in der Provinz St. Paulo, besonders in den Wäldern des Gebirges Araasoiva bei der Eisenfabrik von Ypanema. Schon die jungen Männchen haben grösseren und längeren Kopf und Bart, das Weibchen hat ein mehr rundes Gesicht, sein Bart ist vorwärts gerichtet, dünner und kleiner. — Der Guariba ist träg, klettert langsam, oft beinahe kriechend, von Ast zu Ast, sitzt gewöhnlich gebückt mit auf die Brust gestütztem Kopfe wie ein altes Männchen da und legt sich auch der Länge nach auf einen starken Ast nieder, um sich zu sonnen. Die M. lassen meist am Tage ihre röchelnde oder mehr trommelnde, weit durch die einsame Wildniss schallende Stimme hören, welche bald länger, bald kürzer gerade hin ausgehalten und zuweilen von Pausen und kurzen, rauhen Tönen unterbrochen wird, etwa wie sie unser europäischer Edelhirsch in der Brunstzeit hören lässt, wenn er auf den Kampf schreit. Nur das erwachsene M. brüllt so heftig, doch müssen auch die W. eine starke Stimme haben, da ihr Kehlkopf ebenfalls eine ähnliche, obgleich weit geringer ausgedehnte Bildung hat. Der

Prinz Max hörte es zu allen Zeiten des Jahres und des Tages, häufiger in der heissen Zeit. Man hört es nach A. v. Humboldt 600 Toiren weit, in stiller Nacht noch weiter. Junge trinken viel Wasser. Erreichen sie im gezähmten Zustande ihr Wachsthum, so werden sie äusserst zutraulich und sanft. Prinz Max besass einen am Musuri, der kläglich schrie, wenn er sich von ihm entfernte. Auch die Jungen lassen ihre knurrend röchelnde Stimme immer hören. — Wegen Fig. 163 vergl. 169.

163. = 164.

163b. **M. bicolor** J. E. Gray. Black and yellow Howler. — Schwarz, Haare ziemlich steif, einfarbig schwarz, Lendenseiten mit gelb gemischt, Haare an dieser Stelle schwarz mit breitem, röthlichgelben Band ziemlich in der Mitte. — Ein altes Männchen gleicht dem M. Caraya in der äussern Erscheinung, aber das Haar des Vorderkopfes ist entschieden zurückgebogen und bildet einen Querkamm. Pelzgefüge gleicht dem seniculus, aber die Färbung sehr verschieden. — Brasilien.

B. Vorderkopfhaare vorwärts gerichtet, Scheitel glatt, mit strahligem Haar.

Hierher: 5) M. auratus J. E. Gray. 6) Caraya Desm. 7) barbatus Spix. 8) Beelzebul (S. — Linn.) 9) villosus J. G. Gray.

163c. **M. auratus** J. E. Gray. Red and yellow Howler. — Dunkel kastanienbraun, Rücken und Seiten goldiggelb, Haare etwas kurz und steif, am Grunde dunkel, Bart dunkler. — Ein altes Exemplar, wahrscheinlich Weibchen, in Färbung dem seniculus sehr ähnlich, auch in der Kürze und Steifheit der Haare, unterscheidet sich aber darin, dass das Haar am Grunde braun ist, wie bei ursinus und laniger, und von allen Arten in der Richtung der ziemlich kurz und dicht zusammengedrängten Haare am Vorderkopf. — Brasilien.

163. 164. 165. **M. Caraya** (Caraya Azara Essai II. Simia Caraya Humb. ed. fr. II. 208.) J. E. Gray. Stentor niger Et. Géoffr. M. niger Desmar. Al. Caraya 1820. p. 79. sp. 58. Lesson Bim. 122. Hurleur noir. Black Howler. Schwarzer Brüllaffe. — Schwarz, Haar ziemlich lang und stark, einfarbig schwarz, Seiten, besonders an den Lenden, mit eingestreuten röthlichen Haaren. J. E. Gray. Nacktheit der Schwanzunterseite nimmt ein Dritttheil der Länge ein. Länge von Kopf und Leib 20″ 6‴, Kopf 4″ 6‴, Schwanz 21″ 6‴, Schulterhöhe 15″. — Weibchen mehr leberfarbig, Bart kürzer, auch wohl die Seiten und der Unterleib gelblich. — Rengger, welcher diese Art am längsten und besten beobachten konnte, beschreibt sie so. Das erwachsene Männchen ist mit schwarzen, glänzenden, feinen, jedoch nicht sehr weich anzufühlenden und geraden Haaren bedeckt, nur das Gesicht, mit Ausnahme der Stirn und des Kinnes, Ohren, Kehlkopfgegend und innere Seite der vier Hände, sowie die Greifstelle des Schwanzes nackt, einige Härchen in der Ohrmuschel und einige stärkere, etwas gekräuselte um den Mund. Auf dem Rücken und Seiten sehr dicht, an Brust und Bauch aber dünn behaart. Länge derselben beinahe 2″, auf der Stirn, Vorderarmen und Beinen, sowie spitzewärts am Schwanz kürzer, auf den Händen nur 2‴ lang und hier mit weissen gemischt. Hautfarbe röthlichbraun. Weibchen graulichgelb, Rücken bräunlichgelb. Junge wie Weibchen sind nur kurz behaart. Am Ende des ersten Jahres tritt der Haarwechsel ein und die Männchen färben sich dunkler, gelblichbraun, im zweiten Jahre röthlichbraun, im dritten schwarz, nur der Bauch behält noch zwei Jahre seine helle Farbe, so dass der Pelz erst im fünften Jahre ganz schwarz wird. Abänderungen traf Rengger nicht, ausser bei den Weibchen etwas weniger grau oder etwas mehr braun in der gelben Farbe. Azara glaubt einen Albino gesehen zu haben. Iris gelblichbraun. Augenwimpern schwarz. Nase breit und platt, Nasenlöcher rund, Maul stark vortretend. Schildknorpel mehr wie zweimal so gross, als bei seniculus, Stimmkapsel mehr kugelig, beim W. um ⅔ kleiner. Die Stimme ist für die Grösse des Thieres ungeheuer stark, da die in der Knochenkapsel zusammengepresste Luft mit Gewalt durch die Stimmritze dringt. Daumen dünner als die andern Finger und ragen über das erste Glied der andern Finger hinaus. Nägel schmal, zusammengedrückt. Die Zähne wie bei den andern. Der Gesichtswinkel mag 40° betragen. Seine Nahrung besteht vorzugsweise aus Knospen und Blättern,

9*

weniger in Früchten. Wo er seine Nahrung findet, bleibt er oft den ganzen Tag auf einem Baume und im Nothfalle frisst er auch Baumrinde. Er geht nicht in die Plantagen und der Magen vieler untersuchten enthielt nur Baumblätter, zuweilen Theile wilder Baumfrüchte. Nicht selten nähert er sich den Wohnungen. Immer sind mehrere Weibchen bei einem Männchen. Die schwarzen M. sitzen meist höher auf dem Baume. Morgens und abends hört man ihre Stimme, die schon AZARA richtig mit dem Knarren der ungeschmierten hölzernen Achsen eines amerikanischen Wagens verglich. Die M. machen den Anfang, die W. stimmen dann ein und das dauert stundenlang, wobei sie auf einem Flecke sitzen bleiben. Das Concert scheint ihnen Ergötzung zu bieten, dafür spielen sie nicht, überhaupt sind sie lange bewegungslos, wenn sie nicht fressen oder Nahrung suchen. Den erwachsenen M. folgt immer die Familie nach. RENGGER sah sie nie schwimmen, sondern erkannte immer ihre Furcht vor dem Wasser, so dass er sogar eine Familie auf einem Baume ganz abgemagert antraf, weil dieser im Wasser stand. Blätter und Rinde waren verzehrt. Das W. gebiert zwischen Mai bis August ein Junges, dass es mit sich herumträgt. Sie sind schwer aufzuziehen und s.erben leicht; gelingt es in seltenen Fällen, sie zu erhalten, so sind sie wohl sanft und zutraulich, freilich ohne eigentliche Anhänglichkeit, doch melancholisch. Sie haben wenig Intelligenz und sind nicht gelehrig. Sie sitzen gekauert in einem Winkel, den Kopf auf die Brust gedrückt, die Hände in den Schooss gelegt, den Schwanz um die Beine geschlungen. Gesicht und Gehör sind scharf. Der Tastsinn ist im Schwanze grösser, als in den Händen, sie unterscheiden die Gegenstände schon mit ihm, ohne noch sie zu sehen. Die Besitzerin jener beiden lebendigen sagte, dass man, um diese Thiere zu erziehen, die Bäume kennen müsse, von deren Blättern sie sich nährten, bei Mais, Maniok, Fleisch u. dgl. erkrankten sie bald, am meisten nach gesalzenen Speisen. Sie trinken wenig, Wasser oder Milch. Ihr Koth ist breiartig, wie bei Rindern. In der Gefangenschaft brüllen sie nicht, bei Misshandlung hört man nur einen knarrenden Laut. Sie können wahrscheinlich 15 bis 20 Jahre alt werden. Das Fleisch ist schmackhaft, wird aber nur von Eingebornen gegessen. Der Pelz der alten M. wird benutzt und Dr. FRANCIA liess die 100 Grenadiermützen seiner Garde daraus bereiten. — RENGGER traf ihn sowohl in Paraguay, als noch südlich in der Provinz Corrientes bis 28° S. B., vorzüglich in der Nähe der Flüsse und Sümpfe, am häufigsten am Fluss Paraguay.

166—68. **M. barbatus** SPIX 46. t. 32. ♂ L'Alouate noire a grosse barbe p. 47. Gray-handed Howler J. E. GRAY. Sehr robust, jung rothgelb, Männchen ganz schwarz. Bart dick, lang, dicht, umgiebt das ganze Gesicht nebst Kinn, bei dem M. zusammenhängend und grösser, dem W. kürzer und gespalten, an der Stirn ein grosser, dreieckiger Haarmondfleck aufrecht. Schwanz unterseits zur Hälfte nackt. Finger am M. schwarz und weiss behaart. — W. graulich oder schwärzlichgelb, unten weisslichgelb, Brüste, Innenseite der Oberarme, Gesicht und Hinterbacken ziemlich nackt. Jung wie W. Der Haarmondfleck und Bart noch kaum sichtbar. Länge 32¼″, Schwanz 19″. — Gesichtswinkel 32°. SPIX. — Schwarz, Gesichtskreis, Hände, Füsse, Innenseite der Schenkel und Schwanzende graulich, Haare mässig lang, etwas steif und einfarbig. GRAY. — Vom Caraya oder M. niger, bei dem auch die Färbung der Geschlechter verschieden ist, unterscheidet er sich durch seine Grösse und dadurch, dass seine Haare (nicht wie bei jenem schwarzbraun, kraus*), aufrecht, am Bauch dunkelröthlich, sondern) vollkommen schwarz, gerade, anliegend, am Bauche schwarz, der Bart des M. sehr gross, dick, der Leib des W. unten nicht fast nackt, sondern behaart, die Ohren nicht kurz, sondern äusserlich wohl sichtbar sind. — Der Prinz MAX N.-W. citirt ihn zum M. niger KUHL, unserm Caraya, unter dem ihn LESSON als Var. A. aufführt. — Ob der Exquima MARCGRAVE Bras. p. 227. mit Figur auf p. 228. hierher gehört, wie LESSON Bim. 123. citirt, dürfte wohl noch zweifelhaft sein. — SPIX traf diese Art in den niedern Waldungen, Catingas genannt, in der Provinz Bahia in Brasilien.

168ᵇ. **M. flavicaudatus** (Sim. —a, le Choro HUMB. rec.d'obs. I. 343u. 355. sp. 13. Stentor— ET. GÉOFFR. Ann. Mus. XIX. 108. sp. 5. Is. GÉOFFR. Dict. class. XV. 136. LESSON compl. IV. 179. cd. 2. I. 266.) KUHL p. 30. 5. DESMAR. 79. 57. Cebus— DESM. nouv Dict.

*) Das hiesse wohl richtiger: wellig.

I. 841. Fisch. syn. Der Choro. — Gesicht gelblichbraun, wenig behaart. Pelz braunschwärzlich, an den Gliedmaassen dunkler, zwei gelbe Streifen an den Schwanzseiten, Bart braun, gelblich gescheckt. Schwanz kürzer als Leib. Etwas kleiner als der rothe Brüllaffe. Gesicht kurz, dunkel, mit einigen grossen, zerstreuten Haaren, Leib ganz braunschwärzlich behaart, Haare nur weniger dunkel gespitzt, Haare am Oberkopf kurz, die am Rücken lang und dicht, hinten an den Wangen lange, braune, gelblich gespitzte Haare, welche unter den Hals herabsteigen und den Bart zur Seite bilden, dessen mittelmässige Mitte aus braunen Kinnhaaren gebildet ist. Gliedmaassen dunkler als Leib, nur die Innenseite der Lenden hat gelblich gespitzte Haare und am Knie zeigen sich röthelfarbige. Schwanz olivenbraun, mit zwei gelben Streifen längs der Mitte zur Spitze, Vorder- und Hinterhände oben hellbraun behaart; unterseits, besonders am Bauche, behaart. — Provinz Jaen in Neu-Granada und Maynas, am obern Amazonenstrome giebt ihn A. v. Humboldt schaarenweise an. Sein Pelz wurde zu Satteldecken benutzt, wahrscheinlich ist in diesen Satteldecken die Art ziemlich untergegangen. Herr v. Tschudi, Peru 38, war so glücklich, diesen seltenen Affen wiederzusehen, giebt die gelben Schwanzstreifen auf zwei Drittheil der Länge an, seinen Verbreitungsbezirk nach Süden noch unter 11° S. B.

169. **M. Beelzebul** (Simia — L. Gm. I. 35. 12. Schreb. 112. t. 25. B.) J. E. Gray. M. rufimanus Kuhl 31. Dict. sc. nat. XLIX. M. discolor Spix t. XXXIV.? Yellow-handed Howler or Guariba. Ouarine. Maragnon. — Schwarz, Hände und Füsse, Rückgrathstreif und Schwanzspitze, ein Fleck vorn an den Ohren und auf dem Knie röthlichgelb. Haare ziemlich weich, einfarbig schwarz oder röthlich, mit einigen untermischten braunen Haaren an den Schultern. J. E. Gray. — Ein altes und ein halbwüchsiges W. und drei sehr junge von dem alten Exemplar (?) im British Museum. — Die aus Schreber citirte Abbildung zeigt die rothen Hände deutlich, weshalb Kuhl die Art rufimanus nannte, unsere Abbildung giebt aber den M. discolor Spix, den J. E. Gray fragweise, v. Tschudi, Peru 38, dagegen mit Gewissheit hierher citirt. Er beschreibt ihn so: „Rücken und Kopf dunkelschwarzbraun, oft ganz schwarz, aber bei einfallendem Lichte kastanienbraun schimmernd. Der nur sehr spärlich behaarte Bauch matt schwarz, das Gesicht schwarzgrau, der Gesichtskreis ganz schwarz. Oberseite der Gliedmaassen und des Schwanzes rothbraun. Die Weibchen unterscheiden sich in der Färbung nicht von den Männchen". Auch Stentor fuscus Géoffr. wird von v. Tschudi hier citirt und wohl mit Recht. Er geht bis 7° S. B. Die Nordgrenze ist nicht genau bestimmt. — Kuhl traf seinen M. rufimanus in der Temminck'schen Sammlung, wohin er aus der von Bullock ohne Angabe gelangt war. Der M. discolor: l'Alouate varié Spix wurde von ihm in den Uferwaldungen am Amazonenstrome in der Nähe der Festung Curupa nächst der Stadt Para erlangt. Daher sind auch die Exemplare des British Museum.

170. 171. **M. stramineus** (Stentor — Et. Géoffr. Ann. Mus. XIX. 108. sp. 3. Lesson compl. IV. 180. Simia — Humb. rec. d'obs. I. 355. 10.) Kuhl 29. Lesson man. 51. Jardine Monk. 217. Spix p. 45. t. XXXI. Schreb. t. XXV. D. Cebus — Desmar. Nouv. Dict. I. 344. Fischer syn. 42. 12. Der „Coro" am Orenoco. Arabata, Arabate Gumilla. — Gesicht fleischfarbig, Pelz strohgelb, Schwanz dunkelgelb, Haare am Grunde bräunlich. — Gestreckt gebaut, oben dicht behaart, unten ziemlich nackt, röthlich. Haare seidenartig, kürzer, dicht, strohgelb oder orangeröthlich, goldschimmernd, Bart kastanienröthlich. — Länge 26", Schwanz 22½". Spix. — Derselbe traf ihn in Brasilien in Wäldern zwischen dem Rio Negro und Solimoëns in der Richtung nach Peru hin. Dann hat ihn v. Tschudi wieder getroffen und sagt: Der Rücken ist dicht behaart und längs der Haare betrachtet strohgelb, gegen dieselben aber gesehen ist er mehr braun. Die Basis der Rückenhaare ist dunkelbraun, die Spitzen gelblich, nur bei günstig auffallendem Lichte ist die Farbe derselben hell und scharf gelb. Der Bauch ist bräunlich und sparsam mit Haaren besetzt. Die obere Seite des Schwanzes ist wie der Rücken, die Spitze desselben, sowie die äussere Seite der Extremitäten dunkelbraun, fast schwärzlich, die innere Seite der letzteren ist wie der Bauch gefärbt. Das Gesicht dunkelbraun, oft röthlichbraun. Diese Art wurde zuerst beschrieben vom Mönche José Gumilla: el Orinoco ilustrado y defendido por el Padre J. Gumilla. Madrid 1745. Ein lebendes Exemplar war in den Wäldern östlich von

Moyabamba eingefangen. Er geht von 1⁰ N. B. bis 7⁰ S. B. v. Tschudi Fn. Peruana 36 und 39.

Anm. Diese Art würde ihre Stellung wohl passender nach ursinus finden.

172. **M. palliatus** J. E. Gray Proceed. Zool. Soc. 1848. 138. Mamm. pl. VI. — Schwarzbraun, Gesicht und Hände rauchgrau, Haare oberseits gelbbraun, schwarzgespitzt, an den Seiten bräunlichgelb, sehr lang und mantelartig (fast wie bei Colobus) herabhängend. — Am a. O. giebt der Verf. „Carracas" als Wohnort an, allein als ich eben mit dem Studium dieser Affen beschäftigt war, wurde ich durch den Besuch des Entdeckers dieser Art, Mr. Aug. Sallé, überrascht, welcher mich versicherte, dass er ihn nicht in Carracas, sondern in Nicaragua geschossen habe, was also hierdurch berichtigt wird. — Ich möchte ihn lieber Lagothrix palliata nennen.

172b. **M. villosus** J.E. Gray Ann. Mag. l. c. The villoso Howler. Schwarz, Haare sehr lang, seidenartig, einfarbig schwarz, an den Wangen unter den Ohren an Grunde bräunlich. — Ein altes Exemplar, sogleich zu erkennen durch die Menge, Weichheit und Länge des Haares, leider so beschädigt, dass die Richtung der Haare am Vorderkopfe nicht bestimmt erkannt wird, doch scheinen sie vorwärts gerichtet. — Brasilien. British Museum.

Anm. Ich mache hierbei darauf aufmerksam, wie nahe unsere 169. 172. und 172 b. der Gattung Lagothrix stehen, und dass eine weitere Vergleichung der Exemplare nothwendig wird, um entscheiden zu können, ob sie nicht selbst dahin gehören.

XVI. Lagothrix: Lagotriche Et. Géoffr. Ann. Mus. XIX. 106. Wollaffe. — Kopf gross und rund, Gesichtswinkel 50⁰. Gliedmaassen stark und proportionirt, fünffingerig. Nägel ziemlich rinnenförmig, hintere Daumennägel platt. Schwanz länger als Körper, spitzewärts nackt und greifend. Eckzähne alter Männchen prismatisch, Kanten nach vorn, nach hinten und nach innen. Zungenbein und Kehlkopf stark, obwohl minder als bei Mycetes entwickelt. Haar weich, wollig. Gesellig, Stimme ein unterdrücktes dumpfes Geheul. Fressen Früchte und benehmen sich dreist.

173—175. **L. Humboldtii** Et. Géoffr. l. c. Lagotriche Caparro Gray spicileg l. t. 1. f. 1. (unsere 175.) Simia lagotricha; le Capparo du Rio Guaviare A. Humb rec. d'obs. I. 321 u. 354. sp. 6. Kuhl 27. Desmar. Nouv. Dict. XVII. 208. Mamm. 76. sp. 51. Cebus Lagothrix Fisch. syn. 41. 9. — Gesicht schwärzlich, spärlich kurz und dünn behaart, um die Oberlippe stehen einzelne, anderthalb bis zwei Zoll lange Haare. — Länge 1' 8", Schwanz 1' 10". — Scheitel, Backen und Kinn kürzer behaart, Oberkopf ganz schwarz, in der Sonne in dunkel rothbraun ziehend, Seiten und Untertheil des Kopfes schwarzgrau, Rücken und Schwanzoberseite silbergrau. Basis der Haare weisslich, nach der Mitte folgt ein breiter, schwarzbrauner Ring, Spitze weiss. Sehr viele lange, silberglänzende Wollhaare sind den eben beschriebenen längeren und etwas steiferen untermischt. Die Färbung der Vorder- und Hinterseite der Gliedmaassen ist dunkler als die des Körpers, die der äussern und innern schwärzlich. Hände schwarz gesäumt, die langbehaarten Finger ganz schwarz. Die Behaarung der vordern obern Hälfte des Vorderarme, der Brust und des Bauches ist lang, besonders auf der Brust bildet sie eine 3¼—4" lange Mähne, welche bei dem W. etwas kürzer ist; sie ist auch da mehr struppig, einfarbig schwarzbraun oder rostbraun; auf den Oberarmen und am Bauche sind sie weicher und mit grau untermischt. Das Scrotum ist mit steifen, langen, schwarzen Haaren besetzt, die Schwanzunterseite graubraun. v. Tschudi. Ich bemerke hierzu noch, dass an dem vor mir stehenden Exemplare, wie die Abbildungen zeigen, der Backenbart mit einer Ecke nach der Nase hineinzieht. — In Columbia an den Ufern des Rio-Guaviare und am Orenoco wird er „Capparo" genannt, die Eingebornen nennen ihn „Caridaquéres", in Peru heisst er allgemein der schiefergraue Affe: „Mono oki". Ueber 10—12 Breitengrade verbreitet, von 2—12⁰ S. B., und 8—10 Längengrade, von 63—65⁰ W. L. P.

Wegen Entschiedenheit der Art vergl. auch Pucheran Rev. zoolog 1857. p. 290! Ueber die Lebensweise, welche v. Humboldt als sanft schildert, bemerkt v. Tschudi: Er lebt truppweise, auch einzeln. Wenn sich eine Schaar auf ihrer Wanderung einen Ruheplatz ausgewählt hat, so ertönt plötzlich ihr einförmiges, halbunterdrücktes, dumpfes Geheul, welches aber nicht so unangenehm und störend ist, wie das von den Brüllaffen; ein jeder sucht sich dann auf seine Art die Zeit zu vertreiben, die meisten setzen sich bequem zwischen die Zweige und sonnen sich, andere suchen Früchte, wieder andere spielen und zanken. Wir haben überhaupt bei diesen Affen nicht das sanfte Naturell bemerkt, welches Herr v. Humboldt ihnen zuschreibt. Wir fanden sie im Gegentheil bösartiger, frecher und unverschämter als alle übrigen Arten. Sehr oft sind sie so dreist, dass sie lange Strecken Wegs die Indianer verfolgen, welche in den am Rande der Urwälder gelegenen Plantagen Früchte holen, um sie in den höher gelegenen Thälern der Sierra zu verkaufen. Nicht selten geschieht es, dass sie Baumzweige und Früchte nach diesen Indianern werfen, die sich gegen den feindseligen Angriff mit Steinen zur Wehr setzen. Wir waren mehrmals Augenzeugen davon und haben durch einen Schuss diesem drolligen Gefechte ein Ende gemacht. Sie klettern langsamer als die Cebus, ja sogar als die Ateles; ihre Bewegungen sind schwerfällig und abgemessen; besonders auffallend ist es, wenn sie mit ihrem langen Wickelschwanze an einem Baume hängen und sich lange hin- und herschaukeln, ehe sie einen andern Ast erreichen, um weiter zu greifen. Angeschossen fallen sie schnell auf die Erde, wahrscheinlich wegen ihrer bedeutenden Schwere. Die dürren, leichteren Ateles dagegen fallen selten, denn im Todeskampfe klammern sie sich krampfhaft mit dem Schwanze um einen Ast und bleiben, wenn auch todt, noch tagelang hängen. Es bleibt dem Jäger nur übrig, den Schwanz wegzuschiessen oder den Baum zu ersteigen oder zu fällen, was aber mit vielen Schwierigkeiten verbunden ist. Der verwundete Lag. Humboldtii flieht auf der Erde nicht; er sucht vielmehr seinen Rücken durch einen Baumstamm zu schützen und vertheidigt sich mit den Händen und Zähnen auf's Aeusserste, den überlegenen Kräften des Jägers muss er natürlich bald unterliegen. Sehr oft stösst ein so hart bedrängter Affe einen grellen Schrei aus, welcher wahrscheinlich ein Hilferuf an seine Gefährten sein soll, denn sogleich schicken sie sich an, niederzusteigen, um ihrem bedrängten Kameraden beizustehen, aber ein zweiter, vom ersten sehr verschiedener Schrei, kurz, kläglich und dumpfer, ein Schrei der Agonie, erfolgt bald und die ganze Hilfe bringende Schaar stäubt auseinander und jeder sucht sein Heil in der schleunigsten Flucht. Das Fleisch schmeckt unangenehm, es ist trocken und zähe; wir haben es jedoch unter Umständen als Leckerbissen genossen. Die schwarzen Affen haben ein viel zarteres und feineres Fleisch und werden daher, obgleich ihr Ansehen weit abschreckender ist, den grauen vorgezogen. — Merkwürdig ist, dass sich zu Exeter Change ein lebendes Exemplar befand, welches Landseer zeichnete. Griffith theilte die Zeichnung aus Gray mit, welcher sie im Spicilegium (s. oben) publicirte. Das Thier war sehr beweglich, gut gelaunt und gehorsam.

176. **L. cana** *) Et. Géoffr. ib. (Simia lagothrix cana Humb. rec. d'obs. I. 354. Kuhl 27. Desmar. Nouv. Dict. XVII. 208. Mamm. 76. sp. 52. Is. Géoffr. Dict. class. XV. 146. L. Capparo jeune adulte Lesson Bim. 126. Cebus canus Fisch. syn. 41. 10. — Géoffroy beschreibt: Pelz olivengrau, Kopf, Hände und Schwanz grauröthlich, Haare kurz. Auch v. Humboldt sagt schon: Haare sehr kurz, aus aschgrau olivenfarbig, Kopf und Schwanz aus grau röthlich. Es möchte deshalb zu zweifeln erlaubt sein, ob v. Tschudi wirklich denselben Affen vor sich hatte, wenn er Fn. Per. 33. sagt: Behaarung etwas länger, Scheitel dunkelbraunschwärzlich, Rücken graubraun, Bauch und Gliedmaassen dunkler, Hände schwarz. Vielleicht gleicht sich damit auch der Widerspruch aus, welcher zwischen ihm und A. Wagner in Bezug auf 177 und 178 besteht. — Ich messe das schöne, vor mir stehende, ausgewachsene Exemplar vom Munde über den Kopf bis an die Schwanzwurzel 18'', den Schwanz 32''. Die Haare sehe ich sehr stark wellig gebogen, nur an der Basis gerade, schwarz und grau geringelt und weissgrau gespitzt. — Brasilien, Peru, vergl. 177.

177. ist als Gastrimargus olivaceus: le Gourmand ventru à couleur d'olive, Spix 39. beschrieben und t. XXVIII. abgebildet: Haare an Leib, Beinen und Schwanz mäusegrauolivengrünlich oder weissgrau, sehr kurz und dicht, am Kopf, der Brust, den Händen, Sohlen

---

*) Wir haben schon früher gezeigt, dass die mit „thrix" zusammengesetzten Namen nur weiblich sein können. Vgl. Anmerkung zu S. 21.

und Schwanzrücken bräunlichschwärzlich, Gesicht und Kopf aussen mit gleichfarbigen Haaren umgeben. Länge 23½", Schwanz 28". Gesellig in Wäldern bei dem Dorfe Cameta am Flusse Solimoëns vom Dorfe Villa Nova bis zur Hauptstadt von Peru. A. Wagner im Supplement zu Schreber 187. beschreibt ein Exemplar dieses Affen, 1½', Schwanz nur 2' 2", unter Lagothrix cana.

178. **L. infumata** (Gastrimargus infumatus: le Gourmand ventru à couleur de martre Spix 41—42. t. XXIX.) A. Wagner Schreb. Suppl. I. 187. Der marterfarbige Wollaffe. — Robust, Leib, Oberarme, Oberschenkel und Schwanz dunkelbraun oder umbrabraun, Unterschenkel und alle Hände schwärzlich, Haare der Oberbrust kastanienbraun, der Unterbrust schwarz, länger, schwärzlich. Gesicht länglich eirund, Augen sehr gross. Länge über 26", Schwanz 24¾". Unter den Weibchen kamen solche vor, deren Kopf und Rücken in bräunlich oder graulich zog. — A. Wagner nahm also diese Art auf, deren Physiognomie sogleich von den andern sehr abweicht und zu den Mycetes mehr hinneigt, während v. Tschudi Fn. Peruana sie geradezu zu L. cana zieht, worin wir nicht beistimmen können. Spix traf sie in Brasilien in schattigen Wäldern am Flusse Iça.

178b. **L. Castelnaui:** Le Lagotriche de Castelnau Is. G. St. Hil. et Deville Compt. rend. XXVII. 1848. 498. Archives du Mus. V. 543. Is. Géoffr. Cat. Primat. 50. „Barigoudo" der Bewohner der Mission Sarayacou. — Pelz chocoladbraun, grau punctirt. Kopf, Hände, Füsse und Oberseite des Schwanzes gegen die Spitze schwarz oder schwärzlich, lange, schwarze Haare unter der Brust und dem Bauche. — Länge über 4½ Decimeter, Schwanz 5 Decimetres. — Nach der Beleuchtung bald chocoladbraun, kaum weiss punctirt, bald wieder braun und sehr stark grau punctirt, sogar über den Rücken in silbergrau ziehend. Haare am Grunde schwarz, zum grössten Theile rothbraun, spitzewärts schwarz und die Spitze selbst weiss oder silbergrau. Die schwarzen Haare der Hände und des Kopfes behalten immer einen rothbraunen, aber schmaleren Gürtel in der Mitte. Die oberen und seitlichen Kopfhaare sehr kurz, wie rasirt. Die Schwanzhaare am längsten, dann die der Unterseite. Das Gesicht hat überall, auch um die Augen, sehr kurze, rothbraune, hinterwärts gerichtete Haare. Die nackten Hautstellen sind schwarz, ebenso die Nägel. Die Beschreibung wurde nach mehreren Aelteren beider Geschlechter gemacht, die Jungen einfarbig braun. Gastrimargus infumatus Spix t XXIX. hat die Rückenhaare spitzewärts sehr schwarz, zweitens ist er weit grösser: 1' 7½", Schwanz 2' 3'''. L. Castelnaui ist die kleinste Art. — L. Poeppigii Schinz Verz. all. Säugeth. p. 72., den Pöppig in Foriep's Notizen XXXIII. 1841. p. 1000. erwähnt hatte, nähert sich auch dem Castelnaui, da er auch dieselbe Färbung hat, aber er ist ebenfalls ein grosses Thier, 1' 9" lang, Schwanz 1' 10", also noch grösser als L. cana, welche mit 1' 6" angegeben wird. — Mr. Deville notirte über L. Castelnaui in seinem Tagebuche: Bewohnt sowohl den brasilianischen als peruanischen Theil des Amazonenstromes. Die Bewohner nennen ihn „Barigoudo" = ventru, Dickbauch, weil sein Bauch hervorragt. Sie sind auch wahre Leckermäuler und sehr diebisch. Sie sind aber leicht zu zähmen und anhänglich an ihren Wärter. Sie sind sehr intelligent und bedienen sich ihres Schwanzes zum Greifen in die Ferne, wie die Ateles, um den Gegenstand dann mit den Händen zu fassen und zum Munde zu bringen. Bindet man einem die Hände hinten auf den Rücken, so hält er sich sehr lange auf den Hinterhänden und geht so sehr leicht einher. Quält man sie, so lassen sie ein Grunzen vernehmen und strecken wie die Ateles die Lippen vorwärts. Bei den Chuntakiros-Indiern sind sie ziemlich gemein, aber man sieht sie selten im Freien und nach Versicherung finden sie sich nicht über Pachitea, d. h. zwischen 8 und 9º S. B hinaus. Mr. de Castelnau war Chef dieser Expedition. Die Entschiedenheit dieser Art ist durch eine Reihe von Exemplaren im Pariser Museum erwiesen, welche die M. M. Castelnau et Deville im J. 1847 am obern Amazonenstrome, in Peru und Ecuador sammelten. Dabei befindet sich auch ein junges, erst einige Tage altes Exemplar von derselben Färbung.

XVII.[*] **Cheiropotes** (Chiropotes Less. Bim. 178.) Rchb. Oberkopfhaar haubenartig gescheitelt, gehen in den starken Backenbart und grossen Kinnbart über. Pelz

---

[*] Diese Gattung ist nach XI. 82. S. 29 einzuschalten.

weich, dicht und gleichförmig. Schweif spitzewärts meist keulenartig verdickt. Zähne wie bei Pithecia, S. 25. — Sie sind Dämmeraffen, ihre Thätigkeit entwickelt sich wie bei Callithrix bei Sonnenuntergang bis zum Aufgang. Am Tage schlafen sie und sind schwer aufzujagen, da sie durch kein Geräusch sich verrathen und nur dann sich lebhaft bewegen, wenn der Jäger unsicher zielt. Sie leben in Trupps zu 10—14 Stück. Beim Vorwärtsschreiten lassen sie ein unangenehmes, knarrendes Geschrei hören. Sie sind leicht zähmbar, bleiben aber immer mürrisch und verdriesslich. Sie verstecken ihre Nahrung gewöhnlich bis zum Abend. Wenn sie am Tage wachen, sind sie träge und traurig. Nach v. Humboldt soll Chiropotes mit grosser Vorsicht aus der Hand trinken, um sich den Bart nicht nass zu machen, v. Tschudi bemerkte das nicht. Sie tranken wie andere Affen, liessen sich auf die Füsse nieder und hielten das Maul in das Wasser, v. Tschudi gab ihnen oft einen Krug mit engem Halse, so dass sie den Kopf nicht hineinstecken konnten, aber auch dann bedienten sie sich nicht der hohlen Hand, sondern machten es gerade so wie die Cebus, sie steckten den halben Arm in's Gefäss und saugten das Wasser von dem Arme und von der Hand *). Schomburgk sagt: v. Tschudi zählt sie zu den Dämmeraffen, dem muss ich nach meiner Erfahrung durchaus widersprechen. In der Gefangenschaft leiden sie gewöhnlich am Schnupfen, dem sie häufig unterliegen. III. 771.

179—182. **Ch. Satanas** (Cebus Satanas Hoffmannsegg Mag. d. Berl. naturf. Freunde, Apr. 1807. X. 93. le Couxio: S. Satanas Humb. rec. d'obs. I. 314. pl. 27. (unsere 179.) Pithecia Satanas Et. Géoffr. Ann. Mus. XIX. 115. 1. Kuhl. Desmar. Saki noir G. Cuv. Brachyurus Satanas Lesson Dict. class. XV. Cebus Satanas Fisch. syn. 55. 40. Chiropotes Couxio Less. Bim. 179. Saki satanique Is. Géoffr. Cat. Prim. 56. 6. — Glänzend schwarzbraun, unterseits etwas heller. Bart stark und schwarz, reicht bei dem M. bis auf die Brust. Schwanz schwarzbraun. Länge 16", Schwanz 15". Nährt sich gern von Bananen und andern Früchten. Wir hatten hier im Dresdner Museum zwei halbwüchsige, junge Exemplare, von denen ich eins unter 181. abbilde. Beide waren schon vollkommen schwarz. In Para heisst er „Couxio" oder „Couchio". Von Para aus und den Ufern des Orenoco in Brasilien bis Peru, zwischen 6° N. B. und 10° S. B., also gerade in der mittlern Tropengegend und zwischen 55° und 70° W. L. P. Keine Pithecia wurde bisher östlicher als 50° gefunden: v. Tschudi. Schomburgk sagt: Kommt weniger häufig vor als chiropotes, hat dieselbe Lebensart. III. 771.

183. **Ch. Israëlita** (Brachyurus —: le Courte-queue Juif Spix p. 11. t. VII. Pithecia — Wagn. Schreb. Suppl. I. 219. Sim. chiropotes Humb. rec. d'obs. I. 311. Le Capucin: Pithecia chiropotes Et. Géoffr. Ann. Mus. XIX. 116. Kuhl 43. Desmar. Lesson. Kopf, Vorderarme, Unterschenkel und Schwanz schwarz, Leib, Oberarme und Oberschenkel röthlichbraun, Bart dicht und vorwärts kraus. Schwanz um ein Dritttheil kürzer, als Kopf und Leib zusammen. Länge 22", Schwanz 13½". Das Scrotum ist nackt und fleischfarbig, der Gesichtswinkel 50°, die Stirn 7"'. — A. v. Humboldt traf diesen Affen in den unbewohnten Gegenden am hohen Orenoco, südöstlich von den Cataracten, er wurde im spanischen Guiana „Mono Capuchino" genannt und die Eingebornen essen sein Fleisch. Er sagt von ihm, er sei boshaft und traurig und liebe die Nüsse der Bertholetia; er tränke selten, dann aber aus der hohlen Hand. Spix traf ihn dann wieder am Rio negro, nach Peru hin in den Wäldern am Japura, einem Seitenflusse des Solimoëns. Temminck kam auf den Einfall, der Affe von Spix sei das Junge von Satanas. Nun ist aber 1) das Exemplar, welches Spix mitgebracht hat, ein altes Thier; 2) wie unsere Fig. 181 zeigt, der junge Satanas ebenso, nur wenig heller gefärbt, als seine Eltern; 3) hat sein Bart eine andere Richtung, und 4) ist sein Schwanz kürzer. Wir freuen uns deshalb, mit welcher Vorsicht A. Wagner a. a. O. ihn beschreibt: Das Exemplar ist ein altes Männchen. Die Kopfmütze hat in der Mitte des Hinterhauptes einen Wirbel, von welchem aus die nicht sehr langen und dicht anliegenden Haare strahlig sich ausbreiten, doch so, dass von diesem Wirbel aus sowohl nach der Stirn, als nach dem Nacken zu (da jedoch undeutlicher) eine

*) Ebenso sahe ich Cercopitheken und Paviane sehr oft in der Sonnenhitze so aus einem Bassin trinken, dass sie die Hände in das Wasser steckten und dann das Wasser in das Maul laufen liessen.

Längsvertiefung verläuft, wodurch auf der Stirn zwei Büschel gebildet werden. Die Kopfmütze bedeckt die Stirn nicht und hört weit vor den Augen auf. Von den Ohren an läuft rings um das Kinn herum ein sehr dichter Bart aus langen, wie vorwärts gekämmten Haaren. Die Behaarung auf dem Körper ist mässig, am ganzen Unterleibe sehr spärlich; der Schwanz dagegen ist sehr buschig und gegen das Ende stärker, als an der Wurzel. Die Farbe des eben beschriebenen Exemplars ist auf dem Rücken lichtfahlgelb, was an den Seiten und auf dem Kreuze mehr in rostgelb fällt. Die Aussenseite der Gliedmaassen ist dunkel rostbraun, mit schwarz untermischt, die Innenseite und die spärlichen Bauchhaare fast ganz schwarzbraun, die vier Hände aussen roströthlich. Kopfhaare und Backenbart sind glänzend schwarz, die einzelnen Haare des Schwanzes an der untern Hälfte rostroth, an der obern schwarz; doch wird die erstere Farbe fast ganz verdeckt, so dass der Schwanz ein schwarzes Ansehen hat. — Auch Is. Géoffroy unterscheidet Cat. Primat. 56. die S. chiropotes Humb. nach zwei Exemplaren aus Guiana, einem von 1811, dem zweiten ebendaher von den Ufern des Orenoco von Mr. Plee 1821 gesendet, nachdem dasselbe bei dem Gouverneur der Colonie auf Martinique gelebt hatte. A. Wagner verglich eine von Huet gefertigte Abbildung, welche mit dem B. Israëlita Spix übereinstimmt. Auch Schomburgk III. 771. stellt beide zusammen und sagt: Dieser schöne Affe ist nur auf bestimmte Localitäten beschränkt. Am häufigsten kam er mir am untern Rupununi, im hohen, trockenen, von Unterholz freien Urwald, ebenfalls in Gesellschaften von zahlreichen Individuen vor; ausserdem entsinne ich mich nur noch einer kleineren Gesellschaft begegnet zu sein. Von den übrigen Arten halten sie sich streng abgesondert. Sie lassen häufig ihre Stimme hören, die bei unserer Rupununi-Fahrt stets die Verrätherin ihrer Gegenwart war. Dazu I. 351: Ueberall wo die Belaubung des Ufers dichter erschien, fand ich auch Heerden von Affen in den Zweigen versammelt, unter denen die wirklich netten Schweifaffen: Pith. chiropotes die grösste Anzahl bildeten. Ihr schön geschcitltes, langes Haar, die üppigen, stolzen Kinn- und Backenbärte, die ich bei meiner Rückkehr von denen des jungen Deutschlands kaum übertroffen fand, ihre langbehaarten, fuchsähnlichen Schwänze verliehen den lebhaften, klug blickenden Thieren ein ungemein freundliches, zugleich aber auch lächerliches Aeussere. Ich schoss ein M. und ein W., doch bereute ich fast einen Schuss, als ich die bittere, das Herz tief ergreifende Wehklage des letzteren, das ich nur stark verwundet hatte, vernahm. Die Klagetöne stimmen genau mit den bittern Schmerzenslauten eines Kindes überein. Der Bart des W. ist nicht so dicht und lang, auch der Schwanz nicht so buschig, als bei dem M. Nie habe ich sie wieder so häufig getroffen, als am Rupununi.

184—186. **Ch. sagulata** (Pithecia — Stev. in Traill. Mem. of Wernerien Soc. III. 167. mit Abb. Cebus —us Fisch. syn. 56.) Renb. Chiropotes Couxio var. B. Bim. 180. Schwarz, Rücken ochergelb, Schwanz leiblang, mehr walzig. — Ich messe vom Maul über den Rücken zur Schwanzwurzel 15″, Schwanz 14½″. — Schlanker gebaut als Satanas, insbesondere ist dies im Sommerpelz Abb. 185 auffällig, während das Thier im Winterpelz 184. ungleich dicker aussieht. Das Gesicht ist kleiner, als bei Satanas, der Schwanz spitzewärts minder verdickt. Neben das Originalexemplar im Winterpelze habe ich 185. ein solches im Sommerpelze gestellt, bei dem die ochergelben Haare unter den dunkeln mehr über den Rücken zerstreut und mehr liegend sind. Eine Familie brachte dasselbe aus Rio Janeiro lebendig mit nach Dresden, wo es starb und jetzt im naturhistorischen Museum aufgestellt ist. 186. ist ein jüngeres Exemplar aus unserer vormaligen Sammlung. — Im britischen Guyana an den Ufern des Demerara.

Vierte Familie.
Kurzschwanzaffen: Simiae brachyurae.

Schwanz bedeutend kürzer als Leib.

Cacajao. — Brachyurus.

...

XVIII. Cacajao Lesson Bim. et Quadrum. 181. Kopfhaare kurz und steif, wie rasirt. Gesicht uud Ohren nackt. Maul gross, umborstet. Nur Backenbart auf den Wangen. Behaarung etwas zottig. Kehle nackt. Schwanzhaare von der Ruthe aus alle nach unterwärts gerichtet. Nägel mit Ausnahme des Daumennagels spitzig. — Nur in einzelnen Exemplaren bekannt, einer ferneren Beobachtung noch angelegentlich zu empfehlen.

187. **C. Ouakary** (Brachyurus — Spix p. 12. t. VIII. ⅗ Cebus — Fisch. syn. 59. 48.) Renn. Kopf nebst Gesicht, Vorderarme und alle Hände, die hintern vom Knöchel an schwarz, Leib und Oberarme gelbbraun, vom Kreuz an und die Hinterglieder nebst Schwanz rostfarbig. Länge von Kopf und Leib 21″, Schwanz 5¾″. Im Nacken findet sich ein Haarwirbel, von welchem aus die Haare in gerader Richtung, wie mit einem Kamm geordnet, vorwärts laufen und somit Scheitel, Stirn und Kopfseiten überdecken. Spix sah ein junges Thier, welches nur am Schwanze schwärzlich war. Man könnte hiernach annehmen, dass Humboldt's kleine Simia melanocephala das junge Thier sei, indessen bleibt dann immer die Frage zu lösen, ob nicht eben diese, Spix für das Junge gehalten und unbeachtet gelassen, dass an diesen ungeachtet des schwarzen Schwanzes dennoch die Vorderarme gelbbraun, die Vorderhände nur grau und an den Hinterhänden gar nur die Zehen so sind. Es wird also auch hier noch mehr zu beobachten geben. Spix fand ihn in Brasilien gen Peru hin, in den Wäldern zwischen dem Solimoëns und Iça, einem Seitenzweige des Amazonenstromes.

188. **C. melanocephalus** (Simia — Humb. rec. d'obs. I. 316 u. 359. u. 83. pl. 29. Pithecia — Et. Géoffr. Ann. Mus. XIX. 117. 7. Kuhl. Saki Cacajao Desmar.) Lesson Bim. 182. Cacajo à tête noir. — Kopf hinten stark gerundet, Mundtheile etwas vortretend, Stirnhaare kurz und vorwärts. Augen gross, tiefliegend, Augenbrauen starkborstig, schwarz und abstehend, Nase platt, Scheidewand sehr breit, Ohren gross. Pelz mit Ausnahme der Hände, welche schwarzgrau sind, etwas zottenhaarig und gelbbraun glänzend, die Haare gerade. Brust, Bauch und Innenseite der Arme etwas heller. Die Finger sehr lang. Der Schwanz grösstentheils schwarz. — A. v. Humboldt und Bonpland erfuhren, dass er schaarenweise in den Wäldern am Cassiquiare und Rio negro vorkommen solle und „Cacajao", Caruiri, Mono feo, der hässliche Affe, Chucuto oder Mono rabon, der dickschwänzige Affe, genannt werde. Es gelang ihnen indessen nur ein einziges Exemplar bei einem Indianer zu San Francisco Solano in seiner Hütte zu sehen. Das kleine Thier war kaum über einen Fuss lang und der Schwanz betrug nur ein Sechstheil davon.

XIX. Brachyurus (non Spix) Is. Géoffroy St. Hilaire Comptes rendues XXIV. 57. 6. Acari. — Kopf länglich eiförmig, Gesicht eirund, ziemlich flach. Nasenlöcher ganz seitlich, länglich. Gliedmaassen ziemlich stark. Schwanz ein kurzer, fast kugeliger Wulst. — Ihr Habitus zeigt, dass sie unter den amerikanischen Affen die Orang Utangs vertreten. — Der Name Ouakaria J. E. Gray Proceed. zool. Soc. 1849. p. 9. ist nicht zu empfehlen, da derselbe sich auf den Ouakary von Spix stützen würde, welcher zu den gegenwärtigen Affen durchaus nicht passt, sondern mit der Gruppe von Pithecia weit

10*

näher verwandt ist, auch wohl einst nach genauerer Kenntniss seinen Platz dort finden wird Diese Gattung Brachyurus ist vorzugsweise im Pariser Museum vertreten.

189. **B. rubicundus:** le B. rubicond Is. Géoffr. St. Hil. & Deville Compt. rend. XXVII. 1848. 498. Cat. d. Primates. 1851. p. 57. Archives d. Mus. V. 564. pl. XXX. — Schwanz sehr kurz und geschwollen. Oberkopf, vorzüglich die Stirn, mehr oder minder nackt oder wie geschoren, Haare vorwärts. Pelz lebhaft braunroth, Hals rothgelb, Genick blassgelb. — Brasilien, Haut-Amazone bei San Paulo: M.M. Castelnau & Deville. — Fünf Exemplare, zwei M. und zwei W. nebst einem jungen W., im Pariser Museum, eins kam lebendig bis Brest, wo es starb. — Ein sehr junges, vielleicht nur ein paar Wochen altes Exemplar hat kaum 2 Decimeter. Dies Junge hatte schon die lebhaften Farben der Alten. Mr. Castelnau berichtet Folgendes selbst: „Diese Acari's bilden eine sonderbare Gruppe unter den amerikanischen Thieren. Sie bewohnen nur das nördliche Ufer des Amazonas, wo sie in Gruppen von verschiedenen Farben cantoniren. B. rubicundus ist ziemlich gewöhnlich in den Wäldern, die sich vor d'Olivença ausdehnen, und scheint nicht über Putumayo zu gehen. Da tritt B. calvus auf, welcher, wie ich glaube, am Japura begrenzt ist. Die Indianer sprechen noch von einer dritten schwarzen Art, wahrscheinlich B. Ouakary Spix, die ich aber nicht erhalten konnte". — Mr. Deville verbreitet sich noch mehr über die Sitten: „Die Acari der Indianer am Amazonas, oder Huakary Spix, haben glänzend cochenillerothes Gesicht, welche Farbe im Tode vergeht. Im Leben ist diese Farbe mehr oder minder ausgeprägt, nachdem das Thier aufgeregt ist. Legt man ihnen den Finger auf die Wangen, so werden diese weiss. Sie halten sich in kleinen Trupps auf Bäumen und bleiben während der Hitze des Tages ganz ruhig. Das sieben Monate lebendig erhaltene Exemplar, welches erst in Brest starb, liess, wenn es erzürnt war, mit äusserster Schnelligkeit die Hände gegen einander. Es stand oft ganz aufrecht auf den Hinterbeinen, auf denen es ganz gut ging. Es war sehr sanft gegen mich und die Personen, die es kannte, aber unsere kleinen Indianer liebte es nicht. Es nahm sehr gern reife Bananen, Confect, Milch, besonders alle Zuckersachen. Es trank regelmässig täglich zweimal aus einem Becher, den es sehr gut hielt. In der Nacht, ausser wenn es sehr kalt war, liebte es keine Bedeckung. Tabaksrauch mochte es nicht leiden; bliess man ihm den Rauch zu, so riss es oft die Cigarre aus dem Munde und zertrümmerte sie in Staub. Als sich der Kahn dem Lande näherte, machte es grosse Anstrengung, sich zu befreien und zu entfliehen. Gab man ihm mehrere Bananen, so behielt es nur eine in der Hand, die andern legte es zu den Füssen. Es leckte gern Gesicht und Hände seiner Bekannten, denen es geneigt war.

189b. **B. calvus:** le Br. chauve Is. Géoffr. St. Hil. Comptes rend. XXIV. 1847. 586. Cat. d. Primates 1851. p. 57. Archives du Mus. V. 560. Ouakaria calvus J. E. Gray Proceed. zool. Soc. 1849. 10. — Schwanz sehr kurz, wulstig. Oberkopf, besonders die Stirn, mehr oder minder nackt oder sehr kurz behaart, die Haare vorwärts. Kehle dunkelbraunroth. Fast der ganze Pelz rothgelb, unterseits und innerseits der Gliedmaassen in goldgelb ziehend, weisslich auf dem Rücken. — Brasilien und Peru. — „Acari blanc" der Indianer am Amazonas. — Länge 4—4½ Decim., Schwanz 1 Decim. — Die ausserordentliche Kürze des Schwanzes, nicht länger als die Plattfuss, und die Nacktheit, so dass der Kopf vom Hinterhaupt bis zur Stirn wie geschoren scheint oder am Oberkopf und der Stirn nur ausserordentlich kurze Haare hat, sind merkwürdig, letzteres nur bei Alten, besonders alten M. Alle diese nackten Theile, das ganze Gesicht mit den Wangen gesättigt braunroth, was dem Thiere ein sonderbares Ansehen giebt. Der abgebildete rubicundus kommt hierin ganz mit calvus überein. Die reichlichen Haare am Schwanze sind wohl 4 Centim. lang, der Schwanz auch sehr aufgeschwollen und findet sich bei einigen so dick wie lang, fast kugelig. Das beste Exemplar kam von Para, später brachten M. M. Castelnau und Deville deren aus Peru aus der Gegend von Fonteboa am obern Amazonenstrome. Ein W. hat einige rothe Haare auf dem Rücken. Das erste Exemplar befand sich als grosse Seltenheit im Museum in Rio Janeiro, ein zweites verehrte M. d'Alcantara Lisboa dem Pariser Museum im März 1848 und wurde von M. Géoffroy schon im April bekannt gemacht. In demselben Jahre langte auch die schöne Suite durch die Herren Castelnau und Deville an. Das Pariser Museum besitzt 2 M. und 3 W.

Erklärung der Abbildungen

und

Nachweisung der Beschreibung.

(Die eingeschlossenen Ziffern zeigen die Arten an, welche noch sehr wenig bekannt sind und deren Abbildungen noch nicht zu erlangen waren. — Die Autoren in Parenthese haben die Art, welcher sie beigesetzt sind, als „Simia" oder unter einer andern nicht mehr giltigen Benennung zuerst aufgeführt, die dahinter stehenden aber die richtige Benennung gegeben.)

Affen zur vollständigsten Naturgeschichte.　　　　　　　11

11*

80   Erklärung der Abbildungen.

Die Affen der alten Welt folgen unmittelbar als:
zweite Abtheilung.

Erklärung der Abbildungen

und

Nachweisung der Beschreibung.

(Die in Parenthese stehenden Ziffern bezeichnen die noch nicht abgebildeten Arten.)

11b*

82c

Erklärung der Abbildungen.

Erklärung der Abbildungen. 82^f

Für den Buchbinder.

1) Der neue Titel mit: Buchhandlung von W. Türk.
2) Nachricht über Fortsetzung und Schluss etc.
3) Erste Dedication: Den Manen u. s. w.
4) Affen der neuen Welt etc. vom Titelbogen.
5) Text: Bogen 1—10* pag. 1—76.
6) Zweite Dedication vom Titelbogen: Viris illustrissimis etc.
7) Bogen 12—26.
8) Nachtrag von Bogen 21. pag. 203—4.
9) Erklärung der Abbildungen etc. Bogen 11. pag. 77—82.
10) Erklärung der Abbildungen etc. Bogen 11^b. pag. 82^b—82^b.

Die Abbildungen Taf. I—XXXVIII. werden mit dem gestochenen
Titel: les Singes etc. besonders gebunden.

Dresden, Druck von E. Blochmann & Sohn.

Affen
der alten Welt.

Mit schmaler Nasenscheidewand und parallelen Nasenlöchern, also mehr menschlicher Nase.

Simiae catarrhinae.

Fam. V. Cercopithecinae: Schwanzaffen.

20. **Colobus** ILLIGER. Stummelaffe.

21. **Semnopithecus** FR. CUVIER. Schlankaffe. $\left\{\begin{array}{l}\text{Trachypithecus.}\\\text{Semnopithecus.}\\\text{Presbytis.}\\\text{Kasi.}\end{array}\right.$

22. **Cercopithecus** ERXLEB. Meerkatze. $\left\{\begin{array}{ll}\text{Meiopithecus.} & \text{Petaurista.}\\\text{Cercocebus.} & \text{Diademia.}\\\text{Cercopithecus.} & \text{Mona.}\\\text{Lasiopyga.} & \text{Callithrix.}\end{array}\right.$

23. **Nasalis** ET. GÉOFFR. ST. HIL. Kahau.

Fam. VI. Macacinae: Makaks.

24. **Cynamolgus** RCHB. Makak. $\left\{\begin{array}{l}\text{Mulatta.}\\\text{Cynamolgus.}\\\text{Zati.}\end{array}\right.$

25. **Macacus** LA CÉP. e. p. Maimon. $\left\{\begin{array}{l}\text{Rhesus.}\\\text{Nemestrinus.}\\\text{Mogisurus.}\end{array}\right.$

26. **Vetulus** RCHB. Wanderu.

27. **Pithecus** AELIAN. Magot.

Fam. VII. Cynocephalinae: Paviane.

28. **Papio** BRISS. Pavian. $\left\{\begin{array}{l}\text{Papio.}\\\text{Anubis.}\end{array}\right.$

29. **Cynocephalus** ARISTOT. Hamadryas. $\left\{\begin{array}{l}\text{Theropithecus.}\\\text{Cynocephalus.}\end{array}\right.$

30. **Mormon** LESSON. Mandrill. $\left\{\begin{array}{l}\text{Drill.}\\\text{Mandrill.}\end{array}\right.$

31. **Cynopithecus** Is. GÉOFFR. ST. HIL. Mohrling.

Fam. VIII. Anthropomorphae: Menschenähnliche Affen.

32. **Hylobates** ILLIGER. Gibbon. $\left\{\begin{array}{l}\text{Siamanga.}\\\text{Hylobates.}\end{array}\right.$

33. **Simia** LINN. Orang-Utang.

34. **Pseudanthropos** RCHB. Chimpanze.

35. **Gorilla** SAUVAGES. Gorilla.

~~~~~~~~~~~~~~~

Die auffälligste Erscheinung in der aufsteigenden Morphose der Affen der alten Welt, ist ebenso wieder, wie bei den Affen Amerika's, die Verkümmerung des Caudal-Appendix; so dass auch in dieser Hinsicht eine bestimmte Analogie für beide Reihen nicht zu verkennen ist, ebenso wie wir gesehen haben, dass selbst die Formen sich parallelisiren und unter den amerikanischen Affen die Acari's endlich das erste Vorbild für die menschenähnlichen Affen gewähren. — Vergl. unsere: „Andeutung eines gewissen Parallelismus in der Fortbildung der Wirbelsäule bei den Cohorten der Polyodonten" in der Festschrift der Gesellschaft für Natur- und Heilkunde in Dresden, zum 50jährigen Doctor-Jubiläum von G. Carus, p. 41—47.

Die nach einem sehr eigenthümlichen Typus gebauten Maki's der alten Welt gehören gar nicht zu den Affen, zu denen man sie bisher irrthümlich gestellt hat. Allerdings sind dieselben „Prosimii" oder Vorbilder der Affen, aber nicht innerhalb der Grenzen des Affen-Typus selbst, wo sie nur durch Nachtaffen wiederholt werden, sondern am Ausgange der Cheiropteren oder Flederthiere, so dass sie eben so gewiss von der Flatterhaut befreite Flederthiere sind, wie diejenigen Eichhörnchen und Beutelthiere, welche in den natürlichen Reihen über den mit Flatterhäuten versehenen Gattungen uns begegnen, aber bei ihren Verwandten unzertrennlich verbleiben. Man vergleiche unsere nächstfolgende Bearbeitung der „Maki's", um von der Wahrheit des Gesagten sich selbst überzeugen zu können.

Fünfte Familie.

Schwanzaffen: Cercopithecinae.

Nasenscheidewand wie bei allen folgenden schmal, Nasenlöcher parallel. In jeder Gebissreihe **fünf** Backenzähne. Bei den meisten Backentaschen zu Aufbewahrung von Nahrung, und Gesässschwielen, um auf dem harten Boden bequemer zu sitzen. Schwanz schlaff, nicht wickelnd. Maxillartheile etwas hervortretend. Nägel alle hohlziegelförmig. Schneidezahnkronen gross, meiselförmig, Schneide bald abgestumpft. Beide mittle grösser. Obere Eckzähne grösser und länger als untere. Zwei Lückenzähne, drei Mahlzähne vierseitig mit zwei Höckerpaaren, an den unteren hier und da einer unpaarig. Hirnschädel grösser als Untergesicht. Hinterhauptsloch gross, tiefstehend. Augenhöhlen gross, ringsum geschlossen.

Die Affen bewohnten in der Tertiärzeit Mitteleuropa, Griechenland, England und Frankreich. Späterhin ist nur eine Art als Stammgast in Europa verblieben. Mögen wir daher vor Betrachtung der lebenden Gattungen eine neue Notiz über die Affen der Vorwelt voraussenden.

⚔**Mesopithecus Pentelici.** Sur les Singes fossiles de Grèce; par M. ALBERT GAUDRY, Compt. rend. hebd. 1862. n. 20. p. 1112. — Vor den Untersuchungen zu Pikermi kannte man wohl fossile Ueberreste von Affen, aber nur unvollständige Stücke. Die Akademie d. Wiss. in Paris beauftragte Mr. A. GAUDRY zu Ausgrabungen in Griechenland, wobei nicht allein 20 Schädel von Mesop. Pentelici, sondern auch fast alle Skelettheile dieses fossilen Affen gefunden wurden. Durch die Schädel, insbesondere das Gebiss, ergiebt sich, dass die Gattung zunächst mit Semnopithecus zusammentrifft. Verschieden sind aber die Gliedmaassenknochen, weit weniger schlank und die hinteren wenig länger als die vorderen. Während der Kopf von dem der Macacus sehr verschieden ist, nähert sich der Affe dieser Gattung sehr durch seine Glieder; er deutet an einen Uebergang von einer dieser Gattungen zu der andern. Aehnliche Fälle zeigten sich bereits bei Raubthieren und Wiederkäuern aus den Gruben von Pikermi. — R. WAGNER hatte den Mesopithecus mit den Gibbons verwandt geglaubt, von denen er in Wirklichkeit sehr entfernt steht, sowohl durch seinen Schädel, als durch seine kurzen Vordergliedmaassen. Alle in Attika aufgefundenen Ueberbleibsel von Affen gehören einer einzigen Art. Die älteren haben sehr starke Eckzähne und den aufsteigenden Kinnladenast sehr breit, bei anderen findet sich das Gegentheil, aber es ist dies ebenso bei Untersuchung männlicher und weiblicher Exemplare von Semnopithecus Maurus. Der Affe mag vom Scheitel bis zur Schwanzwurzel einen halben Meter lang gewesen sein, die Knochen der Hinterglieder sind länger als die der vorderen, indessen da die Schulterplatte (omoplate) die Länge der Vorderglieder bedeutend vermehrt, so mag er vorn eben so hoch gestanden haben als hinten, und mochte 30 cent. hoch gewesen sein, wenn er auf allen Vieren ging. Der Schwanz war im Verhältniss zur Höhe der Glieder so lang wie bei Semnopithecus und länger als der Leib, also über einen halben Meter. Das Männchen war noch um ein Fünftheil oder Sechstheil grösser. — Während die langarmigen

12*

Gibbons und die hochhüftigen Semnopithecus und Guénons leicht auf die Bäume klettern, so leben die Affen mit kürzeren und gleichlangen Beinen mehr an der Erde und gehen meist auf allen Vieren. So liefen auch wahrscheinlich die so gestalteten Mesopithecus auf den Marmorblöcken des Pentelikon öfterer herum, als sie Bäume bestiegen. Nach der Anzahl von Exemplaren, die man gefunden, lässt sich darauf schliessen, dass sie eine gesellige Lebensweise geführt haben, ebenso wie die gegenwärtig europäischen Affen. — Der Gesichtswinkel beträgt in seinem Mittelverhältniss 57 °. Ihre Zähne stehen nicht so wie bei den höchstorganisirten Omnivoren, sondern scheinen bestimmt gewesen zu sein, holzige und krautartige vegetabilische Theile zu zermalmen. Die Art und Weise ihrer Abnutzung zeigt deutlich, dass sie kauten und ebenso wie wir die Unterkinnlade innerhalb der obern bewegten. — Da bei ihnen die Sitzbeine hinten abgeplattet sind und unter den lebenden Affen dies auf Gesässschwielen hindeutet, so ist es wahrscheinlich, dass sie dergleichen ebenfalls hatten. Da sie einen Daumen an den Vorderhänden hatten, mochten sie geschickt die Gegenstände ergreifen, da derselbe aber dünner ist, als die mittleren Finger, so hatten sie wohl nicht die Kraft im Zugreifen, welche den höher gestellten Affen zukommt, deren Finger gleichdick sind. Die Finger der Hinterhand waren länger, als die der vorderen. Mit diesen langen, für den Gang unbequemen Fingern mögen sie, wie die jetzt lebenden, auf enge Räume beschränkt gewesen sein. Da die Affen heutzutage in Gegenden leben, wo die Winter wärmer als in Griechenland sind, so darf man vermuthen, dass die Temperatur dieses Landes vormals eine höhere war, als sie jetzt ist. — Die Mesopithecus gehören, wie die übrigen in Europa und Asien im fossilen Zustande gefundenen Affen, zu den Formen der alten Welt. Die in Amerika aufgefundenen Reste sind dagegen von dem Typus der amerikanischen Affen und dadurch erweist sich, dass schon in der geologischen Zeit der Unterschied zwischen dem alten und dem neuen Continente wirklich bestanden. Es scheint, dass keiner der von Mr. A. Gaudry aufgefundenen Affen wegen seines Alters gestorben sei, denn ihre Zähne sind noch nicht so abgenutzt, so dass man also eine gewaltsame Katastrophe (un brusque bouleversement) für ihren Untergang annehmen muss.

XX. Colobus Illiger Prodr. 69.   Stummelaffe. Nur vier lange Finger, die Vorderdaumen fehlen äusserlich, nur ein sehr verkümmertes Glied am Skelet. — Schlank von Wuchs, wie folgende, Kopf verhältnissmässig klein und hochgewölbt, Gesicht nackt, Untergesicht verkürzt. Schwanz lang, am Ende mit Quaste. Magen in seiner linken Hälfte mit Einschnürungen, in der rechten eng und darmförmig. — Afrika. — Verhält sich zu Semnopithecus, wie unter den Amerikanern Ateles zu seinen Verwandten.

190. **C. verus** Van Beneden Büll. de l'Acad. d. Brux. V. 344. 1838. H. S. Peel Bydragen tot Dierk. p. 7—8. t. 1. Oberkopf und Wangen, Hals, Rücken und Schwanzrückenpaare rostbraun, schwarz gespitzt, sehr auffällig am Oberhopf, Unterseite und Innenseite der Gliedmaassen grauweisslich, Pfoten und Schwanzquaste schwarz, am Atter mehr rothbraun, Augenbrauen lang und schwarz, Lippen weisslich behaart. — Leib von der Nasenspitze bis zur Schwanzwurzel 1' 4'' 2''', Schwanz mit der Quaste (diese 1'') 1' 6'' 8'''. — Aufgeführt in Lesson Quadrum. 70. n. 8. und Colobe vrai Is. Géoffr. Cat. meth. p. 17. 4., welcher auch versichert, dass diese Art sich von allen anderen gut unterscheidet, aber fälschlich als dick beschrieben worden sei, da sie eben so schlank ist, wie die anderen. Wagner hat ihn ganz willkührlich Semnopithecus olivaceus genannt. — Das Pariser Museum erhielt das einzige Weibchen durch das Museum von Louvain ohne Angabe des Fundortes. Peel sagt, dass er mit folgender Art auf der Goldküste lebt.

191—92. **C. ferrugineus** (Simia ferruginea Shaw gener. Zool. I. 59. Cuv. in Dict. Sc. Nat. XX. 34. Colob. ferruginosus Géoffr. St. Hil. Ann. Mus. XIX. 92. Leçons 8. 15. Kuhl p. 7. Griff. an. Kngd. V. 12.) Less. Quadrum. 68. Vorderkopf, Rücken und Aussenseite der Gliedmaassen schwarz, übrigens blass rostfarbig, Schwanz schwarzbraun. — Länge mit Schwanz 2' 7''. Ich messe ein M. am 9. Sept. 1844. Leib 1' 9'' par., Schwanz 2' 3''', Oberarm 5'' 3''', Vorderarm 5'', Hand 4'', Oberschenkel 6'', Unterschenkel 5¼'', Fuss 5¼''. — Hierher gehören noch viele Erwähnungen dieser Art: S. ferruginatus Desm. Dict. class. VII. 571. Ogilby Proceed. 1835. 99. Jardine Monk. 207. S. ferruginea Fisch. syn. 13. sp. 8.

Semn. ferrugineus Wagn. p. 308. Dann Semnopithecus fuliginosus Ogilby Proceed. 1835. III. 97. Is. Géoffr. St. Hil. Cat. meth. 17. 3. nach mehreren Exemplaren im Pariser Museum und bemerkt, dass die Verkümmerung des Daumens sehr variirt und an zwei Individuen sogar eine Spur vom Nagel vorkäme. Ein typisches Exemplar vom Gambia wurde durch das Museum in Lyon erhalten, überhaupt West-Afrika. Hierher gehört auch der neben ferruginosus beschriebene Col. Temminckii Kuhl p. 7., den Temminck aus dem Bullok'schen Museum erhalten; endlich „Bay monkey" Penn. Quadr. I. 198. 203., daher Semn. Pennantii Waterh. Ann. Nat. Hist. II. 468. Lond. Mag. 1838. 335. ein Exemplar 27" lang, Schwanz 29", von Fernando Po.

193. **C. vellerosus** (Semn. — Géoffr. Dict. N. H. 1844.) Is. Géoffr. Voy. de Belanger aux Indes or. 37. Cat. meth. 17. 1. Schwarz, Stirnbinde, Gesicht, Backenbart, Schnurrbart, Gesäss und der sehr lange Schwanz weiss. Von ursinus durch das weisse Stirnband und weissen Hinteren verschieden. Zwei schöne, vollständige Exemplare im British Museum, unvollständiger im Pariser Museum. Hierher gehört der Semnop. bicolor Wesmael Bull. Acad. Brux. II. 237. Colobus leucomerus Ogilby Proc. 1837. 69. — Westafrika: Gold-küste. — Semnopithecus vellerosus G. St. Hil. bei Belanger S. 37 u. 70. Le Semno-pitheque à fourrure. Kopf und Leib oben glänzend schwarz, Haare seidenartig glänzend, schwarz, 5—6, ja 7" lang, ähnlich denen des Coaita. Kehle und Halsunterseite schmuzig weiss, sehr weich, ein wenig kraus, Arme schwarz, wie der Leib, Hüften und Oberheil der Beine schwarz, allein jederseits nach hinten und innen der Hüften und Hinterbacken ein grosser hellgrauer Fleck, welcher um die Schwiele herum in fahlgelb zieht. Die Haare dieses Fleckes sind meist weissgraulich, mit vielen schwarzen gemischt. Schwanz ganz weiss. Die Haare an den Gliedmaassen und dem Schwanze sind ziemlich kurz, die am Kopfe länger, aber am allerlängsten, 5—6 Zoll lang, sind die des Oberkörpers und der Seiten, die der Seiten sind noch etwas länger als die des Rückens. Alle diese langen Haare sind glatt und liegen nach hinten gerichtet, die der Unterseite aber etwas gekräuselt und von sehr unregelmässiger Stellung. Er ist so gross als der Douc, dem er ähnlich ist. Man wird ihn jedoch immer vom S. nemaeus wie vom S. leucoprymnus, dem er auch im Wuchs, in Gestalt und Färbung ähnlich ist, leicht unterscheiden, vorzüglich durch den grauen Fleck an den Hinterbacken, welcher etwa in der Höhe der Schwielen steht und sich nicht über die unter langen Haaren verborgene Schwanzwurzel erhebt. G. St. Hilaire beschrieb ihn nach einem etwas unvollständigen Felle, welches Delalande im J. 1816 in Brasilien gekauft hatte. Man glaubte es stammte aus Indien oder dem indischen Archipel. Die Farbe der Vorderarme, Hände und Schenkel, auch der Plattfüsse wie des Gesichts, war freilich nach dem Zustande des trockenen Felles nicht zu beschreiben. Vaterland jetzt bekannt, s. oben.

194. **C. polycomus** (Simia — Schreb. t. X. D.) Illig. prodr. p. 69. Kuhl p. 6. Grauschwarz, Mähne an Kopf und Hals, sowie der Schwanz fahlweisslich. — Länge 3". — Full bottom Monkey Pennant Quadrup. I. 197. pl. 46. La Guénon à camail Buff. suppl. VII. 17. Griff. an. Kgd. V. 11. S. comosa Shaw gen. z. I. 59. pl. 24. Cercop. comosus Latr. Sing. I. 286. pl. XXVI. Die Neger in den Wäldern von Sierra Leone nennen ihn den König der Affen, „Roi des Singes", wahrscheinlich wegen der Schönheit seiner Farben und seiner Mähne, welche eine Art Diadem darstellt. Sein Pelzwerk wird ausserordentlich geschätzt und in mancherlei Weise benutzt. Daher ist er wohl später verschollen. Encycl. t. 15. f. 3. Fr. Cuv. Dict. sc. nat. XX. 34. Guénon Colobe Desmoul. Dict. class. VII. 571. Cebus polycomus Zimmerm. Colob. polycomus Géoffr. St. Hil. Ann. Mus. XIX. 92. Leç. 3. 15. Desm. 53. N. Dict. VII. 387. Lesson man. 33. compl. II. ed. I. 227. Quadrum. 67. 1. Ateles comatus Géoffr. Ann. Mus. VII. 273. Ogilby Proceed. 1835. 98. Jardine Monk. 206. Schreber suppl. 108. 14. 307. Wird hier für einerlei gehalten mit ursinus, doch bliebe der Name poly-comus älter. — Westafrika.

195—96. **C. Guereza** Rüpp. Abyss. Wirbelth. 1835. p. 1. t. 1. Schwarz, Gesichts-umkreis, Kehle und eine lange Mähne von den Hals- und Brustseiten, sowie dem Hinter-rücken lang und schlaff herabhängend, schneeweiss, ebenso die dicke Schwanzquaste und die Umgebung der Gesässschwielen. — Nach Rüppel: M. 24", Schwanzruthe 2'4" 6''', -quaste 2".

Ich messe unser f. 196. abgebildetes Männchen: 2′, Schwanz 16″, Haare darüber hinaus-
stehend 4″. — Dr. Rüppel, der glückliche Entdecker dieser in Abyssinien „Guereza" genannten schönen Art, erlangte mehrere Exemplare in beiden Geschlechtern, welche so wie
die Jungen gleich gefärbt sind, doch ist der weisse Mähnenmantel bei Weibchen und Jungen
kürzer. Die Art ist glücklicherweise der Kritik noch nicht verfallen und hat bei allen
Schriftstellern ihren Namen behalten, bei Wagner als Semnopithecus Guereza. Der Entdecker hat a. a. O. auch die anatomischen, mit Ausnahme des fehlenden Vorderdaumens
mit Semnopithecus übereinstimmenden Verhältnisse beschrieben, auf welche wir bei Betrachtung der Anatomie der Affen zurückzukommen gedenken. Er lebt familienweise auf hoch-
stämmigen Bäumen meist in der Nähe von fliessendem Wasser, ist behende und lebhaft,
doch nicht lärmend, überhaupt harmlos, so dass er keine Verwüstungen anrichtet. Rüppel
sahe einige durch Jäger angegriffene von Baumästen 40 Fuss hoch herabspringen. Die
Nahrung besteht aus wilden Früchten, Sämereien und Insekten und sie sind den ganzen Tag
über mit deren Einsammlung beschäftigt. Nachts schlafen sie auf den Bäumen. Hiob Ludolf
in seiner Historia Aethiopica Lib. I. Cap. 10. 68. erwähnt bereits dieses Affen, die dazu-
gesetzte Abbildung scheint aber willkührlich nach einem Uistiti gemacht. Auch Salt Append.
zu seiner zweiten Reise p. XLI. erwähnt des Affen, beschreibt ihn aber unrichtig nach
Ludolf's Abbildung, da er nur ein Stück Fell von ihm gesehen, denn in den Provinzen, die
Salt bereiste, kommt er nicht vor. Er findet sich nach Rüppel in Abyssinien nur in
den Provinzen Godjam, in der Kulla, besonders in Damat. Hier wurde in der Vorzeit regelmässig gejagt, weil es eine Auszeichnung war, wer ein ledernes Schild mit einem
Theile des Felles von diesem Colobus, mit den langen, weissen Haaren umgürtet, besass.
Man bezahlte ein solches Stück bis zu einem Speciesthaler. Der Affe gehört deshalb immer
unter die seltenen Arten und wird theuer bezahlt. Bis jetzt hat man ihn wohl noch nicht
lebendig nach Europa gebracht.

196 u. 197. **C. ursinus** Ogilby Proceed. 1835. 98. Der Bärenstummelaffe.
Langhaarig, tiefschwarz, Wangen, Kehle und Schwanz weiss. Jung: graulich. Ogilby beschreibt a. a. O. zwei Kürschnerfelle ohne Kopf und Hände. Das Schulterhaar ist etwas
silberweiss gemischt an der Stelle, wo der Kopf abgeschnitten ist, aber nicht länger als das
übrige Haar an Leib und Gliedmaassen, welches 5—6 Zoll hält und in Ansehen und Textur
dem von Ursus labiatus nicht unähnlich ist, so dass das ganze Thier einem kleinen Bären
gleicht und den Verf. veranlasste, den Namen zu geben. Mr. Gould gab an, die Felle
stammten von der Algoa-Bay, indessen fand dies Mr. Ogilby höchst unwahrscheinlich und
hielt mehr dafür, dass man die Delagoa-Bay gemeint habe. Hiernach wäre C. ursinus
der Vertreter des C. polycomus, welcher sich auf der entgegengesetzten Küste befindet.
Der C. personatus Temm. Mus. Lgdb. gehört zu derselben Art. — In den Museen noch
selten. Westafrika: Sierra Leone.

197b. **C. angolensis** Sclater Proceed. 1860. 245. Schwarz, auf den Schultern
beiderseits lange Haare, sowie die Schwanzspitze weiss. — Länge 24″, Schwanz 24″. — Er
unterscheidet sich von den anderen durch seinen schwarzen Schwanz, an dem nur die Spitze
weiss ist. Das Fell war unvollkommen, ohne Füsse und ohne Gesicht, unterscheidet indessen die Art genau. Der Verf. sagt hierbei, dass Wagner und Pel unstreitig die Arten
zu voreilig zusammengezogen hätten, daher er eine neue Aufzählung giebt. Angola.

197c. **C. Satanas** Waterhouse Loud. Mag. 1838. n. XVIII. 335. Ganz schwarz
und dadurch von allen unterschieden. — Fernando Po: British Mus.

Anm. H. S. Peel Bydragen a. a. O. zieht vellerosus, leucomerus, bicolor
und Satanas zu ursinus; wir folgen aber hier der späteren Ansicht von Sclater.
Vgl. no. 197.

XXI. Semnopithecus Fr. Cuvier. Schlankaffe. Semnopithèque.
Schnautze sehr kurz, Nase kaum vorspringend. Daumennägel platt, übrige halbwalzig. Gliedmaassen lang, Leib schlank, sehr gestreckt. Vordere Hände schmal, sehr gestreckt, Vorderdaumen sehr kurz. Schwanz sehr lang. Backentaschen fehlen oder sind nur angedeutet.
Gesässschwielen. Haare dicht und ausserordentlich lang. — Ausser den angegebenen Kenn-

zeichen, welche sie von den Guénons unterscheiden, haben sie auch noch einen Höcker mehr am letzten unteren Backenzahne und führen andere Sitten. Nach Otto Act. Leopold. XII. p. 503. anno 1825. bestätigt sich die Gattung auch anatomisch. Wenigstens ist bei dem von ihm untersuchten S. leucoprymnus der Magen wohl um dreimal so gross, als bei den Guénons und auch anders gebaut. Sein linker Theil macht eine breite Höhlung, während der rechte eng und um sich selbst gerollt ist, vollkommen vergleichbar einem Darme. Die grosse Krümmung hält nicht weniger als 2 Fuss 1 Zoll. Besonders merkwürdig wird aber die Aehnlichkeit mit einem Darme dadurch bestätigt, dass der Magen wie ein Grimmdarm mit deutlich hervortretenden Muskelbändern versehen ist, eins verläuft längs der grossen Krümmung, das andere längs der kleinen, und da dieselben weit schmaler sind, als der Magen selbst, so springen die Magenwände sehr zwischen ihnen vor und bilden so wie bei dem Colon eine ununterbrochene Reihe von weiten Fächern, welche durch Muskelfasern gespannt sind, die sich quer zwischen den Bändern verlieren. Später untersuchte Duveroy andere Arten und fand einen ähnlichen. doch etwas verschiedenen Bau der ebenfalls grossen Magen. Géoffr. St. Hilaire bei Belanger 32.

A. Trachypithecus. Struppaffen.

198—99. **S. pruinosus** Desmarest Mamm. sppl. p. 533. n. 815. Pelz schwärzlich, Haare weiss gespitzt (ohne weissen Fleck an der Schwanzwurzel), Hände schwarz, Schwanz braun. — Länge mit Schwanz 2½'. — Jung: Pelz rothgelb, dann rothgelb und schwärzlichbunt. Die Spitzen des Seidenhaares sind durchscheinend und eigentlich glänzendgrau, Gesicht nackt, schwarz, die Haare im Umkreis seitlich gerichtet, die Haare oben auf den vier Händen schön schwarz, Schwanz länger als Leib, dünn und braun. — Semnopithèque neigeux Less. Quadrum. 62. 11. Voy. au Pôle Sud pl. 3. alt und jung, s. unsere Figuren. Desmarest hält ihn für den Tchin-coo, dessen Namen indessen die meisten Schriftsteller auf S. maurus beziehen. Semn. maurus Horsf. Res. n. 2. Cercop. albocinereus Desm. und Simia albocinerca Fischer, welche Lesson hierherzieht, vergl. später. — Java, Sumatra.

200—203. **S. maurus** (Cercop. — Géoffr. St. Hil. tabl. d. Quadrum. 1812.) Fr. Cuv. Mammif. pl. 10. p. 36. 1822. Pelz schwarz, ein weisser Fleck unter der Schwanzwurzel (gewöhnlich?), Haare lang, vorzüglich am Kopfe. Jung: ganz gelb, dann gelb und schwarzbunt. — Ich messe M. 22'', Schwanz 26'', Haare darüber hinaus 1¼''. W. 19'', Schwanz 20½'', Haare darüber hinaus ½''. Junges: 9'', Schwanz 11½'', Haare darüber hinaus ½''. — Hierher gehört auch: The Black Monkey, le Singe noir Edwards glean.. pl. 311. unsere Fig. 202. und Guénon nègre Buff. suppl. VII. 83. juv. Negro Monkey Penn. Quadr. p. 206. nebst Simia maura Schreb. das junge Thier, unsere Fig. 203. Fr. Cuvier nennt diese Art Tchin-cou. Semn. maurus Lesson ist pruinosus, auch gehört die von Einigen hierhergezogene S. callithrix Prosp. Alpin nicht hierher. Nach Desmoulins gäbe es in Java zwei ähnliche schwarze Affen, die er vorläufig als Guénon maure Leschenault, d. i. der wahre Semn. maurus, und Guénon maure Diard bezeichnet. G. St. Hilaire überzeugte sich indessen, dass bei Zusammensetzung dieses Skelets, welches Desmoulins meinte, Theile von verschiedenen Exemplaren genommen, dabei aber die Normalzahl nicht eingehalten worden, so dass diese anatomischen Unterschiede keine in der Natur begründeten sind. Ueber Simia maura Horsf. s oben. Is. Géoffr. St. Hil. Cat. meth. p. 14. macht noch darauf aufmerksam, dass dieser Affe reinschwarz und der Fleck unter dem Schwanze wenigstens durch einige weisse Haare angedeutet ist. Sein Haarbusch ist kurz, nicht sehr dick. Alle Exemplare, so wie auch die unserigen, von Java. Sal. Müller und Schlegel sagen, sie sei eine der gemeinsten Arten auf den Sunda-Inseln und S. Pyrrhus Horsf., s. Fig. 216., sei eine individuelle Varietät, welche ihre Jugendfarbe beibehalten hat. Die westlichen Sundanesen nennen die Hauptart „Loetoeng" oder „Loetong"; die östlichen aber und die eigentlichen Javanesen nach Dr. Horsfield „Boedeng".

204—6. **S. chrysomelas** S. Müll. u. Schleg. Verhandlg. p. 61. u. 10. p. 71. V. t. 10. f. 1. ♂ unsere 204. f. 2. ♀ unsere 205. t. 11. f. 2. Junges, unsere Fig. 206. — Haar-

90 Semnopithecus: Schlankaffe.

busch helmartig, läuft über den ganzen Vorder- und Hinterkopf hin. Gewöhnlich ist der Affe schwarz, Schwanzunterseite und die Innenseite der Hinterbeine weisslich. Während gewisser Jahreszeiten ist er vielleicht in seiner mittlen Lebenszeit einfarbig, mehr hellbräunlichgelb, in früher Jugend gelblichgrau, aber der Rücken, Oberseite des Schwanzes und Innenseite der Vorderarme schwarz. — Das grösste M. misst 1,31 metr., davon der Schwanz 0,75. Von den beiden W. ist jedes 1,21 metr. lang, wovon 0,71 auf den Schwanz kommt. Dabei findet sich noch ein W. von derselben Grösse, das abgebildete, noch in jugendlicher, bräunlichgelber Farbe. — Bewohnt Borneo und wurde bereits vor längerer Zeit von Mr. DIARD in der Umgegend von Pontianak entdeckt. S. MÜLLER und SCHLEGEL glauben, dass auch S. auratus hierher gehöre, s. diesen.

207—8. **S. sumatranus** S. MÜLL. u. H. SCHLEG. Verhdlg. 61. n. 11. 73. n. VI. t. 10b. f. 1. ♂ unsere 207. f. 2. der Kopf, unsere f. 208. — Gewöhnlich dunkelgraubraun, mit gelbgrau gelichtet ("gloed"), Beine und Schwanzoberseite schwarz, ganze Unterseite und Innenseite aller Gliedmaassen weisslich. — Schädel, Haarbusch und übrige Theile werden mit chrysomelas von Borneo ähnlich gefunden und der Affe als dessen Vertreter auf Sumatra betrachtet. Ob femoralis MARTIN hierher gehört, bleibt bei der kurzen unbestimmten Andeutung desselben noch zweifelhaft, s. diesen.

209—10. **S. cristatus** (Sim. —a RAFFL. Linn. Trans. XIII. 244.) S. MÜLLER und H. SCHLEGEL Verhdlg. 61. n. 13. 77. n. VIII. t. 12. f. 1. jung. Der Schopfaffe. Semnopithèque huppé Is. GÉOFFR. Cat meth. 14. 8. — Aschgrau, unterseits weisslich, Schopf kegelförmig auf Stirn und Scheitel, von den Seiten abgesetzt. Jung: fahlgelb, Gesicht schwarz. -- Ich messe 21'', Schwanz 25¼'', Haare darüber hinaus 1¼''.— CUVIER und Is. GÉOFFROY und S. MÜLLER u. H. SCHLEGEL halten ihn für eins mit S. pruinosus DESM. Uns scheint, dass RAFFLES die gegenwärtige Art des auffälligen Haarschopfes wegen, welcher dem unter fig. 198. abgebildeten pruinosus fehlt, cristatus genannt hat. Die Malaien auf der Westküste von Sumatra nennen ihn „Tjingko", die Banjermassen auf Borneo „Hierangan" und die Dajakkers vom Bejadjoe-Stamm „Boehis". Er ist auch nicht selten auf Banka. Dass er sich von maurus nur durch die mehr in's Graue ziehende Farbe unterscheiden soll und einige Exemplare beinahe schwarz und kaum von maurus zu unterscheiden sind, bezieht sich auf unsere no. 198.

211—12. **S. frontatus** S. MÜLL. u. H. SCHLEG. Verhdlg. 62. n. 14. 78. n. IX. t. 8. f. 1. M. unsere fig. 211. f. 2. Kopf von vorn, unsere fig. 212. Schwarzgrau, Hände schwärzlich, ein nackter, milchweisser Fleck an der Stirn, Schopf über die Stirn vorstehend. — Länge der grössten Exemplare 1,28 metr., davon der Schwanz 0,72, Kopf 98 mill., Breite bei den Ohren 74 mill., Ohren 34 mill. lang und 36 mill. breit. — Die Bejadjoe-Dajakkers nennen ihn „Sampoelan", die Banjermassen „Djirangan-goenang", d. h. Berg-Diranjan, um ihn von cristatus zu unterscheiden. Borneo.

212b. u. 233. **S. auratus** (Cercop. — E. GÉOFFR. ST. HIL tabl. DESM.) Is. GÉOFFR. Cat. meth. 15. n. 11. Dict. class. art. Guénon, le Semnop. doré. Pelz gleichartig gelbgoldig, ein schwarzer Fleck am Knie beiderseits. — Simia aurata FISCH. syn. Semn. pyrrhus LESSON (non HORSF.) compl. BUFF. IV. 18. — Eine sehr zweifelhafte Art, das Exemplar im Pariser Museum wurde im J. 1812 von TEMMINCK eingetauscht und soll von den Molukken herstammen. Dies ist noch ebenso ungewiss, als die Vermuthung wahrscheinlich, dass der Affe ein braunes Weibchen von einer jener Arten sei, deren Männchen schwarz sind. Höchst wahrscheinlich ist es das Uebergangskleid von chrysomelas. — Simia atys AUDEB. fam. 4. sect. 2. p. 13. pl. 8. le grand Singe blanc SEBA thes. I. p. 77. Cercopithecus Atys DESMAR. mammal. p. 62. Cercocebus atys G. ST. HIL. tabl. hält GÉOFFROY ST. HILAIRE nur für einen Albino vom Semnop. auratus. Das einzige bekannte Exemplar im Pariser Museum ist ausser der Farbe nur noch durch die wahrscheinlich von der Zubereitung abhängige Verlängerung der Schnautze verschieden. Uebrigens ist es von demselben Wuchs, derselben Richtung der Haare und gleicht auch durch die kleine Nacktheit auf den Knieen ganz dem mit ihm verglichenen Exemplare von Semnopithecus auratus.

213—15. S. rubicundus S. Müll. u. H. Schleg. Verhdlg. 61. n. 9. 69. IV. t. 9. f. 1. unsere 213. f. 2. Kopf von vorn, unsere 214. t. 11. f. 1. jung, unsere 215. — Einfarbig dunkel rothbraun, Haarbusch richtet sich mehr nach hinten, Scheitelhaare spreizen sich strahlig auseinander und überragen die Augenbrauen, Gesicht schwarz. — Ich messe ein M. 20'', Schwanzruthe 21'', Haare darüber hinaus $\frac{1}{4}$''. Länge nach Angabe der Entdecker 1,34 metre, davon der Schwanz 0,74, Ohren 29 mill. lang und 38 breit. — Südküste von Borneo. Die Banjermassen nennen ihn „Kalahie", die Bejadjoe-Dajakkers aber „Kalasie", d. h. Matrose.

216. S. pyrrhus Horsfield Zool. Researches in Java (ohne pag. u. Tafelziffer aber no. 3.) Röthlich, rothgelb glänzend, Brust, Bauch und Innenseite der Gliedmaassen, sowie der Schwanz vor der Spitze*) blassfahl. — Grösse des S. maurus — so vollständige Uebereinstimmung mit ihm, dass die meisten Schriftsteller, unter ihnen die allercompetentesten S. Müller und Herm. Schlegel, ihn nur für eine Farbenabweichung dieser Art halten. — Java.

217—19 u. 222—24. S. comatus Desm. sppl. p. 533. n. 816. Der Croo. Oberseite und Aussenseite der Gliedmaassen dunkel aschgrau, Oberkopf mit schwarzem Haarkamm, welcher auf dem Hinterhaupte aufsteigt, Unterseite und Innenseite der Gliedmaassen weisslich, Hände weiss oder hellgrau, Schwanz unterseits und an der Spitze weiss. — Grösse des entellus. Länge 0,525 mtr., Schwanz 0,70 mit Quaste, die Haare noch 0,04 überstehend. — Hierher gehört Fr. Cuvier mammif. pl. 11., unsere Fig. 217., Presbytis mitrata Eschscu. Kotzebue's erste Reise III. Anh. 196. S. mitratus S. Müll. u. H. Schleg. Verhdlg. 60. n. 4. 65. n. I. t. 12. f. 2. jung, unsere Fig. 219. t. 12ᵇ. f. 1., Kopf, unsere Fig. 218. Dann für C. fascicularis Raffles Linn. Trans. XIII. ausgegeben von Wagn. Schreb. sppl. t. 24., unsere Fig. 222. Desmarest schrieb fälschlich „Crro", Desmoulins corrigirte das im Dict. class. noch fehlerhafter in „Erro". Lesson erkannte, dass Presb. mitrata dieselbe Art sei, auch zieht derselbe die Sim. maura Raffl. Linn. Trans. XIII. dazu, welche, wie wir gesehen haben, zu S. pruinosus gehört. Die Fig. 223. zeigt ein Exemplar der ersten, in Dresden verbrannten Sammlung, und 224. die Abbildung von la Guénon couronnée bei Latreille II. 25. pl. XLI., welche wahrscheinlich hierzu gehört. S. Müller und H. Schlegel sagen in einer Anm. p. 60.: Die Gründe, den Kroo Raffl. gar nicht für einen Semnopithecus, sondern für einen Cercopithecus zu halten, sind folgende: 1) Raffles kurze Beschreibung der Haarbedeckung und Farbe passt vollkommen auf den Cynomolgus von Sumatra; 2) vorzüglich entscheidend ist die Anwesenheit der Backentaschen; 3) wird er in Sumatra und den Malaischen Inseln gemein genannt, das gilt nur vom Cynomolgus; 4) der Name Kra und Croo, wie Duvaucel schreibt, kommt dem Worte „Karo" nahe, womit die Malaien in Padung den Cynomolgus bezeichnen. — Unsere Art findet sich auf Java und wird daselbst von den Sundanesen „Soerili" genannt, von seinem schellend klingenden Geschrei, das man früh und abends, manchmal auch am Tage, von ihm hört. Fr. Cuvier hielt ihn lebendig und führt ihn als „Croo" auf, ohne etwas Besonderes von ihm zu berichten.

224ᵇ. S. siamensis S. Müll. u. H. Schleg. Verhdl. 60. n. 6. Früher unbeschriebene Art, kommt bis auf einige Abweichungen in der Farbe mit comatus überein und scheint eine örtliche Verschiedenheit von ihm zu bilden. Mr. Diard, welcher ihn in Siam entdeckte, sendete vier Exemplare an das Museum, welche von mitratus vornehmlich in folgenden Punkten abweichen: Die Hände sind anstatt grau, dunkel braunschwarz, welche Farbe an der Aussenseite der Füsse nach und nach in die Farbe übergeht, welche alle Aussen- und Obertheile bedeckt und hier als graubraun verläuft (nicht als grauschwarz, wie bei mitratus). Der Haarbusch ist vorn graubraun, viel heller als bei comatus, welche Farbe sich auch über dem grössten Theil der Wangenhaare zeigt. Schwanz einfarbig schwarzbraun. Der helle Streif längs der Innenseite der Hinterfüsse läuft in die dunklere Farbe derselben Hinterseite, stark abgesetzt und ist viel deutlicher als bei mitratus. Schädel und übrige Theile vollkommen gleich. — Siam: Mr. Diard.

---

*) Nach der Abbildung, im Texte heisst es: „caudaeque basi subtus pallide flavis".

220—21. S. melalophos (Simia — Raffl. Linn. Trans. XIII. 245. Le Simpai)
Fr. Cuv. mamm. pl. 7. Le Cimepaye. Licht rothbraun, Hinterbauch und Innenseite der
Beine gelblichweiss, Haarbusch in schwarz ziehend. — Das lebende Exemplar war 1' 6"
lang, der Schwanz 2' 8", Kopfhöhe vom Kinn 4", Schulterhöhe 1' 1", Kreuzhöhe 1' 4". —
Als Cuvier im Juli 1821 diese Art beschrieb, gab er ihr und dem Entellus zuerst den
Gattungsnamen Semnopithecus, wegen des gravitätischen und ernsten Charakters dieser
Affen. Das Gebiss gegenwärtiger Art zeigte die Eigenthümlichkeit, dass der letzte untere
Backenzahn in einen einfachen Höcker ausgeht. Seine Gliedmaassen sind sehr lang und
dünn, auffällig in dieser Hinsicht der Schwanz; dieser endet angeblich in eine Stachelspitze,
wie der Schwanz des Löwen: Rev. zool. 1856. 93. Er wird auch von Is. Géoffr. St. Hil.
bei Belanger p. 40. erwähnt und Cat. meth. 16. n. 16. wird Martin's Ansicht, dass diese
Art mit flavimanus einerlei sei, widerlegt. S. Müller u. H. Schlegel berichten Verhdlg.
60. 7. u. 66. II. über ihn und geben t. 12. f. 2. den Kopf, unsere Fig. 221. nach dem Leben.
Die Malaien nennen nach ihrer Versicherung den Affen „Simpei". Das Gesicht zeigt den
Ausdruck von Vorsicht, Misstrauen und Scheuheit, besonders durch die tiefliegenden dunkelbraunen Augen. Sie messen den Affen 0,543, Schwanz 0,764, Kopf 0,11, Breite an den
Ohren 0,076, Gesichtslänge 0,041, Breite 0,062, Vorderhand 0,126, hintere 0,54, Schwanzlänge
bei Individuen ungleich. Das Junge trägt schon das Kleid der Alten. Der Affe fand sich
sowohl in den Bergwäldern bis 3000 Fuss hoch, als auch in den Ebenen am Strande, selten-
einzeln, meist 6 — 8 — 12 Stück beisammen. Sein Ruf klingt wie hoe-ikikikikikik und man
hört ihn meist früh und abends. Den Tag über lebt er in den Gipfeln hoher Bäume, besonders Ficus lucescens und procera, Flacurtia cataphracta und einer Bassia, deren Früchte
ihnen vorzüglich wohlzuschmecken scheinen. Auch thun sie in den Pflanzungen der Bataten
und des spanischen Pfeffers bedeutenden Schaden. — Sumatra.

221ᵇ. S. nobilis (Presb. — J. E. Gray Ann. and Mag. of N. H. X. p. 256. Dec.
1842.) Rchb. Schön braunroth, ohne Streif auf den Schultern. Unterscheidet sich von
Simia melalophos Raffles durch dunklere Färbung und Mangel des schwarzen Kammes;
von P. flavimanus dadurch, dass er einfarbig lohfarbig „auburn" und nicht gelb ist, mit
schwarzem Rücken, auch keinen schwarzen Streif quer über die Schulter oder die Wange
hat. — Indien: British Museum.

221ᶜ. S. pileatus Blyth. Journ. As. Soc. Beng. XII. 174. XIII. 467. Presbytis
pil. XVI. 735. t. 26. f. 2. Häufig an den Grenzen von den Tipperah-Hügeln, während
der Regenzeit zieht er sich in das Innere und verbreitet sich wohl spärlich über den Ge-
birgszug Naga, östlich von Upper Assam. Ein schönes altes M. hatte eben Rev. Barbe,
Missionär, auf seinem neuesten Besuche bei dem wilden Kookie-Stamme auf den Chitta-
gong-Hügeln geschossen und derselbe sendete auch früher ein halbwüchsiges M., bei Tipperah erlegt. Beide sind beträchtlich verschieden in der Schattirung von einem früher
beschriebenen W. Bei ihnen sind Backenbart, Kehle, Brust und die Schulter vorn sehr tief
rostroth, Unterseite übrigens, Beine vom Knie an überall und vorzüglich der Schenkel weniger so, Kopf und Rücken mehr dunkelbraun aschgrau, mit vorwaltender Rostfarbe schattirt.
Das halberwachsene W. hat an seinen weissen Unterteilen einen zarten Zug von Rostfarbe
und Rücken und Gliedmaassen sind hier sehr zart reingrau. Am alten M. ist der Schwanz
am Grunde so wie der Rücken und wird stufenweise schwarz, welches das Enddritttheil oder
mehr einnimmt. Finger und Zehen schwärzlich, eine Mischung davon am Handrücken. Die
langen, schwarzen Augenwimpern spreizen sich an allen drei Exemplaren in zwei seitliche
Massen aus und sind sehr dicht und zwischen und über ihnen unmittelbar über der glabella
oder dem Raum zwischen den Augen. Die Haare des Vorderkopfes sind auffällig rostfarbig,
die Scheitelhaare nicht wie bei maurus verlängert, auch keinen aufrechten Kamm bildend,
aber ein wenig verlängert sind die am Hinterhaupt, Vorderhaupt und Schläfen, welche folglich überhängen und eine kleine, flache Kappe bilden, daher der Name. Vorderarm mit Hand
ist bei dem alten M. über 1 Fuss lang, Knie bis zur Ferse 9 Zoll, Fuss über 7 Zoll, Schädel
5 Zoll. Journ. As. Soc. Bengal. N. Ser. XIII. 1. 844. 467—68. Seine Heimath sind also
die Chittagon- und Tipperah-Gebirge in Indien.

222—24. vgl. 217.

225. **S. flavimanus** Is. Géoffr. St. Hil. bei Belanger S. 39 u. 74. Lesson Cent. pl. XI. Le S. aux mains jaunes. Leib oben braunröthlich, mit wenigen zahlreichen schwarzen Haaren gemischt, Innenseite der Arme und Oberseite des Schwanzes ebenso, dessen Unterseite im ersten Viertheile weiss, dann roth, die Spitze ringsum reinroth, aussen sind die Vorderarme und Hinterglieder, sowie die Hände fahlgoldig, diese Farbe zieht an den Hüften und Vorderarmen in roth, auf den Fingern sehr hell. Diese Aussenseite der Gliedmaassen, die Unterseite des Leibes und Kopfes und die sehr langen, weissen Haare um die hintere Seite der Wangen lassen ihn vorzüglich auf den ersten Blick von S. melalophos unterscheiden. Die Stirn und die Kopfseiten bis zu den Ohren sind mit fahlgelben Haaren von gewöhnlicher Länge bedeckt, welche etwas in's Röthliche ziehen. Die Haare des Mittelkopfes und Nackens sind aber sehr lang und bilden eine Art zusammengedrückte Haube, wie bei dem S. melalophos und comatus, hier aber ist diese Haube weiss, nur vorn in der Mitte schwärzlich. Das Gesicht schien schwarz gewesen zu sein, die Augenlider weiss, die Nägel bräunlich. Wuchs und Verhältniss der Theile wie bei S. melalophos, der Schwanz aber etwas länger. — Sumatra: Diard u. Duvaucel. Java, nach Angabe von Belanger. — Is. Géoffr. St. Hil. bespricht diese Art wieder im Cat. meth. 16. n. 15. und in den Arch. d. Mus. II. 1842. 543. Haarkamm nach der Kopfmitte und dem Hinterhaupt zusammengedrückt, vorn aus schwärzlichen, hinterwärts aus grauen Haaren bestehend, Kopfseiten hellrothgelb oder rothschillernd, Oberkörper braunröthlich, Unterseite weiss, Schwanz oben rothbräunlich, unten weisslich, am Ende rothbraun, Gliedmaassen aussen hellroth, innen weiss, Hände gelbröthlich. — Géoffroy beschrieb ihn 1830 und kannte damals nur das eine alte Exemplar, welches in Frankreich das einzige war. Das Museum erhielt neuerlich ein zweites in vollkommenem Zustande, welches bei allgemeiner Uebereinstimmung einige Unterschiede bietet. Rücken und Schwanz sind mehr grau, wie bei mitratus. Der rothe Stirnfleck ist kleiner und von beiden Seiten von einer schwarzen Haarlinie eingefasst, welche vom Aussenwinkel des Augenringes zum Ohr geht. Diese Linie fehlt dem ersten Exemplar oder ist wenigstens nur angedeutet. Das erste Exemplar rührte von Mr. Diard u. Duvaucel. her. Das Vaterland des zweiten Exemplars ist nicht bekannt, sollte es aus Java sein, wo nach verschiedenen Nachrichten S. flavimanus vorkommen soll? Martin hält die S. melalophos Raffl. nicht für die der Autoren, sondern für S. flavimanus. Seine Worte „nearly white" für die Bauchfarbe könnten darauf hindeuten, indessen ist bei flavimanus der Haarkamm nicht schwarz, höchstens vorn, übrigens grau oder unrein weiss. Also ist es gar nicht wahrscheinlich, dass Raffles den flavimanus beschrieben habe, da er ausdrücklich sagt: „Crest on the head composed of black hairs". „Simpay" nennen die Sumatraner beide Arten, welche verschiedene Theile der Insel bewohnen. S. Müller und H. Schlegel sind nicht dagegen, diese Art als örtliche Farbenabweichung von melalophos zu betrachten. — Sumatra: Duvaucel u. Diard.

B. Echte Semnopithecus: Hullmanns.

226. **S. albigena** (Presbytis — Grey-cheeked Presbytis J. E. Gray Proceed. 1850. 77. t. XVI.) Rchb. Schwarz, Kehle, Halsseiten und Vorderbrust graulich, Gesicht schwarz, fast kahl, mit wenigen kurzen, steifen Lippenhaaren, ein Büschel langer, steifer Haare über jedem Auge, Wangen kurz, angedrückt, graulich behaart. Leibeshaare gleichartig schwarz am Grunde, ziemlich lang und schlaff, jederseits eine fransenartige Mähne bildend und einen zusammengedrückten Scheitelkamm bis an den Nacken. Hände und Füsse kurz, Vorderdaumen klein, hinterer ziemlich lang und breit. Dem S. obscurus. vgl. unsere Fig. 236., ähnlich, aber schwärzer und ohne den blassen Fleck am Genick, auch das Leibeshaar länger, mehr seidenartig und mit dem Haarkamm, welcher dem obscurus fehlt. Auch dem melalophos ist er zu vergleichen, doch könnte man ihn wohl nicht für eine schwarze Varietät desselben halten. Er befand sich lebend in der Menagerie des zoologischen Gartens in London und stammt, wie J. E. Gray vermuthet, aus West-Afrika? — Anm. Mit diesem Affen S. albigena, beginnt die Gruppe des entellus. Diese Gruppe charakterisirt sich durch eine eigenthümliche Physiognomie und alle haben am Vorderkopfe die Haare von einem Mittelpunkte strahlig ausgehend, wenig hinter der Augenbrauenleiste. Man hat sie meist mit entellus verwechselt, und wir verdanken Blyth im

13*

Journ. As. Soc. Beng. N. Ser. XIII. 1844. 469—70. eine gute Beleuchtung derselben. Auch Mr. B. H. Hodgson Esq. sagt schon in demselben Bengal. Journ. N. Ser. IX. II. 1840. 1211. u. X. II. 1841. 907. über Semnopithecus: Gesichtswinkel 45—50°. Gesicht flach, Nase kurz, mit langen, schmalen Nasenlöchern, Kopf niedergedrückt, Gliedmaassen lang, Daumen klein, entfernt, Schwielen gross, Backentaschen fehlen. Fünfter Höcker am letzten Backenzahne da oder nicht da (present or absent; a trivial idle mark), Eckzähne veränderlich, gross nur bei erwachsenen Männchen. Magen durch Einschnürung vielsackig. Schwanz sehr lang, gewöhnlich gebüschelt und meist länger als das Thier. Sehr beweglich, gravitätisch einherschreitend, gesellig, ungelehrig.

227—30. **S. entellus** (Simia — Dufresn. Bull. philom. 1797. p. 49. Audeb. fam. 4. sect. 2. f. 2. p. 3. Cercop. — Géoffr. St. Hil. tabl. Ann. Mus. XIX. 95. Desmar. mamm. 59. 22.) Fr. Cuv. mammif. Le Semn. entelle 1821. pl. 8 et 9. p. 30. — Pelz weissgelblich, Rücken, Gliedmaassen und fast der ganze Schwanz etwas dunkler, Gesicht und Hände schwarz. — Länge 1′ 1′, Schwanz 2′ 2″ 2‴, Kopfhöhe 4″, Schulterhöhe 9″, Kreuzhöhe 1′. — Die in einem Querkamm hervorspringenden schwarzen Augenbrauen fallen vorzüglich auf und geben dem schwarzen Gesicht, welches nur bei jüngeren Individuen blass vorzukommen scheint, einen sehr ernsthaften Ausdruck. Auch die Haut des Kopfes, der Kehle, der Gliedmaassen und der Handrücken ist schwarzviolet, die Rückenhaut blasser und die des Bauches weiss, die des Schwanzes aber, der Innenhandfläche, der Ohren und Schwielen kohlschwarz. Die Iris im Auge braunroth, Pupille schwarz. Das Seidenhaar ist ziemlich lang, weich, aber nicht eben sehr glatt. Seine Gliedmaassen sind ausserordentlich lang und dünn und er repräsentirt hier gleichsam die Gibbons. Auch seine Bewegungen sind so langsam, seine Physiognomie und sein Blick deuten an, dass ihn nichts beunruhigen kann, und so verhält er sich überhaupt zu den Meerkatzen, wie die Klammeraffen zu den Sapajous. Mr. Duvaucel berichtet von ihm, dass die Indier ihn göttlich verehren und ihm unter ihren dreissig Millionen von Gottheiten einen der ersten Ehrenplätze anweisen. In Bengalen erscheint er gewöhnlich am Ende des Winters. Alle Mühen, ein Exemplar zu erhalten, wurden durch die Bengalen, die ihn nicht tödten lassen, vereitelt, sie glauben auch, dass der Mörder eines solchen Affen in demselben Jahre selbst sterbe. Sieben bis acht Exemplare hielten sich über einen Monat zu Chandernagor auf und kamen bis in die Häuser, um die Opfer der Brama-Söhne zu empfangen, und der Garten war von einer Wache alter Bramas umgeben, welche mit dem tam-tam spielten, um den Gott zu zerstreuen, wenn er kam, sich seine Früchte zu holen. Der „Houlman", so nennen sie den Affen, ist ihnen ein ruhmvoller Held durch seine Kraft, seinen Geist und seine Behendigkeit, und er spielt seine Rolle in voluminösen Sammlungen der Mysterien des indischen Volkes. Man verdankt ihm hier eine der köstlichsten Früchte, die Mango, welche er aus dem Garten eines berüchtigten Riesen in Ceylon entwendete. Zur Strafe wurde er zum Feuertode verdammt, er verlöschte zwar das Feuer, verbrannte sich aber dabei Gesicht und Hände, welche schwarz blieben. Duvaucel kam zu Gouptipara an die heiligen Orte oberhalb Hougly, wo Bramas wohnen und welche mit Pagoden besetzt sind; an einem bewahrt man die Haare der Göttin Dourga auf; etwa so wie Pythagoras zu Benares, um Menschen zu suchen, so ging Duvaucel, um Thiere zu finden. Er sahe Bäume mit den langschwänzigen Houlmans besetzt, welche entflohen und grässlich schrieen. Als die Indier seine Flinte sahen, erriethen sie ebenso wie die Affen die Absicht seines Besuchs und ein Dutzend von ihnen kam auf ihn zu, ihn an die Gefahr zu erinnern, die ihn bedrohte, im Fall er einen dieser verzauberten Prinzen erschösse. Als er sich wieder allein sah, schoss er ein Weibchen, wurde aber schmerzlich betroffen, als das sterbende Thier sein Junges auf einen Zweig setzte und zu seinen Füssen verschied. Er sagt, diese Scene mütterlichen Schmerzes habe ihn tiefer ergriffen, als alle Demonstrationen jener Bramanen. — Die Art scheint mit dem Alter dunkler zu werden. Die beiden mit blassen Gesichtern, Fig. 228 u. 29, befanden sich im J. 1824 in einer Menagerie hier lebendig, der vordere hatte nur schwarze Hände, bei dem hinteren waren auch die Vorderarme schwarz. Aehnlicherweise verhält sich Fig. 230, von Fr. Cuvier 1820 abgebildet, hat aber bereits das schwarze Gesicht, Kopf, Leib und Schwanz sind noch hell behaart. Fig. 227 ist Fr. Cuvier's „entelle vieux", dessen Abbildung er im J. 1825 gegeben. Der Pelz ist hier blondgraulich, am Rücken und Gliedern mit vielen schwarzen Haaren gemischt, an den Brustseiten sind die Haare röthlichgelb, fast orange. Der Schwanz, welcher bei vorigem weisslich war, ist hier fast ganz schwarz. In der Jugend steht der Kiefertheil wenig vor, die Stirn ist ziemlich breit und fast in derselben Linie mit den übrigen Gesichtstheilen, der Schädel hoch, rundlich und ganz vom Gehirn erfüllt. Zu diesen organischen Verhältnissen tritt grosse Intelligenz, durchdringende Einsicht in das, was nützlich oder schädlich sein kann, grosse Fähigkeit, sich an gute Behandlung zu gewöhnen und unbesiegbare Neigung, sich mit List zu verschaffen, was durch Kraft nicht erlangt werden kann, oder Gefahren zu entgehen, denen auf keine andere Weise zu entkommen ist. Der alte entellus, welcher hier nach einer Zeichnung von Duvaucel gegeben ist, hat eigentlich keine Stirn mehr, sein Kiefertheil ragt vor und die Scheitelwölbung zeigt nur noch einen grossen Kreisbogen, so sehr hat die Intelligenz abgenommen. An die Stelle des lebendigen Verstandes trat Apathie und das Thier fühlt das Bedürfniss der Einsamkeit. So sehen wir bei allen Affen, dass, so lange sie jung sind, ihre Geisteskräfte sich entwickeln so lange sie schwach sind, haben sie aber ihre körperliche Kraft erreicht, so werden sie bösartig und benutzen ihre physischen Kräfte mit Nachdruck. — Das entscheidende Urtheil über die Bestimmung ostindischer Affen gestehen wir Ed. Blyth zu und legen darauf das meiste Gewicht, was dieser erfahrene Kenner über diesen Gegenstand im Journ. Asiat. Soc. Bengal. N. Ser. XIII. 1844. p. 470. sagt: Der entellus verus des Fr. Cuvier ist der Repräsentant seiner Gruppe in Bengalen und Assam bis nach Cuttak. Er hat beständig schwarze Hände und Füsse, Vorderarme und Beine äusserlich mit dem Kreuz (croup) wie Milchchokolade, mehr oder minder über dem Rücken verbreitet, Oberarme und Dickbeine, übrigens lichtstrohgelb oder blass isabell, zufällig mit rostfarbenem Zug am Bauche. In Bennet's Gard u. Menag. of the zoolog. Soc. I. p. 81. abgebildet. Journ. As. Soc. Beng. XIII. 1. 1844. Nächst dieser typischen Art unterscheiden sich folgende nahe verwandte Arten. — Bengalen, indische Halbinsel diesseits des Ganges.

230ᵇ. **S. Priamus** (Presb. — Elliot) Rchb. Ist wesentlich verschieden, hat nichts von der gelblichen Färbung, der ganze Rücken und Oberseite der Gliedmaassen, nebst Scheitel, bei Entellus milchchokoladefarbig, ist hier eigentlich milchweiss und wie gewöhnlich am ausgezeichnetsten auf dem Kreuz, Hände und Füsse blass und einfarbig wie der übrige Theil der Gliedmaassen, Backenbart und Hinterkopf weisslich, und eine scharf ausgeprägte Eigenthümlichkeit ist ein schroff aufstehender Scheitelkamm, analog dem von S. cristatus. — Drei Exemplare dem Museum in Calcutta verehrt. Küste Coromandel: Elliot.

230ᶜ. **S. Anchises** (Presb. — Elliot) Rchb. Vertritt den Priamus im Deccan und längs des Fusses der westlichen Ghauts. Nach einem von Mr. Elliot dem Museum in Calcutta verehrten Exemplare ist er dem dunkelsten Entellus ähnlich, aber die Beine vom Knie an weisslich (doch nicht als beständiger Charakter), Hände weiss und schwärzlich gemischt, Fuss weisslich, mit düster schwarz über der Basis der Zehen und an deren Endgliedern; aber der Pelz im Allgemeinen länger als bei Entellus, die Haare an den Seiten von 4—5", sogar 6" Länge und die über den Zehen und in minderem Grade die auf den Fingern, die sehr häufig sind, auch merkwürdig lang, beträchtlich über die Zehenspitzen hinausragend, wie bei einem langhaarigen Wasserhunde. J. As. Soc. Beng. N. Ser. XIII. 1. 1844. — Mr. Elliot gab Mr. Blyth ein unvollständiges halbwüchsiges Exemplar vom Coimbatore-District, welches die Färbung des wahren Entellus zeigt und die schwarzen Hände und Füsse ausgezeichnet besitzt, aber der Pelz ist in seinem Gefüge verschieden, die Haare sind fast steif und nicht so wellig, wie sonst die des Entellus in jedem Alter, wenn das Licht auf das einzelne Haar fällt, wogegen bei diesem Exemplar, wie bei dem Anchises, das Haar einfach gerade erscheint, wie dieselbe Steifheit der Haare an Priamus bemerklich ist. Dies mag eine triviale Unterscheidung genannt werden, aber nichtsdestoweniger ist sie sehr wichtig und Blyth ist geneigt, dieses Exemplar zweifelhaft als Varietät vom Anchises betrachten zu wollen, um so mehr, als sein Pelz länger ist, als sonst bei Entellus von diesem Alter. J. As. Soc. Beng. N. Ser. XIII. 1. 1844. — Dr. R. Templeton of Colombo: Zwei lebende Affen, ein altes M. von Hoonumann von Ceylon wird betrachtet als identisch mit dem p. 732. erwähnten Pr. Priamus der östlichen und westlichen ghats der Halbinsel, aber ein Blick auf die lebendigen Exemplare reicht hin, ihn von dem und mehreren andern verwandten und unter Pr. entellus vermischten Arten, unterscheiden zu lassen. Nach Mr. Elliot's Ansicht muss er bestimmt werden:

230ᵈ. **S. Thersites** (Presb. — Ell. pl. — f. 3.) Rchb. Altes M., kleiner als Pr. entellus verus aus Bengalen, Orissa und Central-Indien, einfarbig dunkelgrau, ohne rothgelben Zug, an den oberen Theilen, Scheitel und Vorderglieder dunkler, geht in schieferbraun an den Handgelenken und Händen über, das Haar auf den Zehen weisslich oder düster weiss, Scheitel ohne Kamm (Priamus hat einen Kamm!), auch bildet das Haar keinen Kamm (ridge) wie bei entellus. Gesicht weiss, rings umzogen schmal über den Brauen, der Backenbart und Bart mehr entwickelt, als in den anderen dem entellus ähnlichen, indischen Arten und sehr auffällig weiss, dadurch mit Scheitel und Körper stark kontrastirend, welche dunkler sind, als bei Priamus, dem vorher untersuchten kleineren Exemplare. Dieser stark abstehende weisse Bart ist in der That der entscheidendste Charakter dieser Art von Ceylon, wenn man sie mit den nahe verwandten vergleicht. Blyth Journ. As. Soc. Beng. XVI. II. 1847. p. 1271.

230ᵉ. **S. schistaceus** Hodgson J. A. S. Beng. IX. 1212. S. Nipalensis im ersten Catalog. Wuchs von Maurus. Oben dunkel schieferfarbig, unten so wie der ganze Kopf blassgelblich, Hände und Füsse etwas dunkler, doch gleichfarbig mit der Oberseite, ein schwarzer Haarpinsel über den Augenbrauen strahlig, gleichfarbig. Schwanz länger als Leib, mehr oder minder gebüschelt. Fell schwarz. Gesicht nackt, ebenso die letzten Fingerglieder der Hände. Scheitelhaare kurz und strahlig, an den Wangen lang rückwärts gerichtet, die Ohren verdeckend. Pelzhaare von einer Art, weder hart noch weich, mehr oder minder wollig, 3 —5½" lang am Körper, dichter und kürzer an dem verdünnten Schwanze, welcher 30" lang ist, Fuss 8½", Daumen reicht bis an die Basis der Mittelhand. W. kleiner mit kürzeren Eckzähnen. — Nepal: Tarai-Wald und niedere Hügel, selten auch im Kachâr. Dann das. X. II. 1841. 907. und XIII. 471. Nähert sich zumeist dem Anchises. Journ. As. Soc. Beng. N. Scr. 1844. XIII. 1. 471. — Capt. Th. Hutton schreibt an Blyth: 30. Dec. 1844. Ich traf diesen Morgen eine ganze Rotte Affen und bewachte sie mit Vergnügen. Sie waren dunkelgraulich, Hände und Füsse blass, Kopf weiss, Gesicht dunkel, Kehle und Brust weiss und weisse Schwanzspitze. Ich denke, das ist die Art von Nepal und Simla.

231—32. Dresd. mus. **S. hypoleucus** Blyth J. As. Soc. Beng. N. Scr. X. II. 1841. 839. Dem Entellus nahe verwandt, aber beträchtlich kleiner, ein M. misst 21", der Schwanz 22", ein Verhältniss, wie bei cephalopterus. Der ganze Rücken und die Schultern nebst Aussenseite von Oberarm und Oberschenkel etwas dunkelbraun, mit einem Zug in chokoladbraun, an den Seiten blasser, geht daselbst in das Weiss der Unterseite und der Innenseite des Oberarms und Oberschenkels über. Gesicht, die über die Augenbrauen überstehenden Haare, die wenigen an Wangen und Lippen, der ganze Schwanz und übrige Glieder tief schwarz, Innenseite des Vorderarms und Schienbeins weisslich gemischt, Scheitel, Hinterhaupt, Kopfseiten, Backenbart und Bart bräunlichweiss, mit feinem Zug dieser Färbung vom Leib auf den Scheitel. Backenbart nicht beträchtlich lang, doch häufig, derselbe nicht so besonders abstehend, wie bei cephalopterus. — Er führte in Madras den Namen: „Travancore Monkey".

233. **Simia Atys** Audeb. Vergl. was über dieselbe p. 32. unter no. 212ᵇ. gesagt worden ist, und wir fügen dem nur noch wenige Worte bei. Die grösste Verwirrung in der Wissenschaft entsteht durch gedankenlose Abschreiberei verjährter Irrthümer. Wer über den Gegenstand urtheilen will, hat die Pflicht, an die Quelle zu gehen und wird sich dadurch augenblicklich heilen, von dem in unglaublicher Weise fortgepflanzten Irrthume, der Atys sei ein amerikanischer Affe, da die Abbildung deutlich genug zeigt, dass er eine schmale Nasenscheidewand hat. Seba's Affe kam mit dessen Cabinet in das Pariser Museum und Audebert bildete ihn 4. 2. pl. 8. wieder ab und beschrieb ihn p. 13—14. als den „Grand Singe blanc" Seba. Er maass ihn 1' 5—6", den Schwanz etwas länger als Leib und Kopf. Alles Haar war weissgelblich, Gesicht, Ohren und alle Zehen nackt und fleischfarbig. Er war aus Ostindien. Audebert vergleicht ihn mit dem Mangabey, von dem er ein Albino sein könnte, zeigt aber doch die Abweichung an, dass letzterer unter den

Augenbrauen eine vorspringende Leiste hat, langhaarige Augenbrauen, beides fehlt dem Atys. Die neueste Ansicht war nun die, dass Is. Géoffr. St. Hil. den Atys für S. auratus hält, vergl. no. 212.

233ᵇ. **S. albipes:** Le S. aux pieds blancs Isid. Géoffroy St. Hil. Cat. d. Primates 1851. p. 14. Archives V. 536. Pelz bräunlichgrau, über den Kopf mehr oder minder rothgelb, Unterseite weisslich, Schwanz unrein grau oder bräunlich, Vorderhände unrein gelbgrau, Hinterhände gelbgrau. — Manilla. — Länge 7 Decimetres, Schwanz noch mehr als 80 Centimetres. — Erinnert auf den ersten Blick an Entellus, dem er auch an Grösse ziemlich gleicht. Er hat auch das schwärzliche Gesicht, die langen, schwarzen Augenwimpern und seine Physiognomie. Aber die Färbung der Hände unterscheidet ihn sehr bestimmt, da diese bei Entellus schwarz sind. Die Oberseite des Körpers und die Aussenseite der Gliedmaassen ist bei dem Alten dunkler als bei Entellus, der Schenkel dagegen heller, Genick, Wangen und Stirn gelb überlaufen, auch dies nur im Alter, in der Jugend daselbst wie Entellus. Die Kopfhaare haben dieselbe Richtung, bei beiden dieselbe Mittellinie, drei Centimetres von den Augenwimpern ein Divergenzpunkt, von dem die Vorderhaare vorwärts gehen, die der Seiten rechts und links und die hinteren nach dem Hinterhaupte. Bei Entellus liegen alle diese nach hinten, bei albipes nur die, welche in der Nähe des Divergenzpunktes entspringen. Die Haare heben sich in eine Art von Busch (houppe), welcher sich in einem kleinen Mittelkamm bis zum Genick erstreckt. So zeigt sich schon bei albipes diese Eigenthümlichkeit angedeutet, welche an melalophos, flavimanus, mitratus, auch bei frontatus, siamensis und rubicundus so bekannt ist. — Auch S. Dussumierii hat wie albipes lange, graubräunliche Haare über den Rücken, und Wangen, Genick, Stirn, eigentlich der ganze Kopf ist bei ihm gelblich, doch sind beide leicht zu unterscheiden, da Dussumierii wie Entellus schwarze oder schwärzliche Hände hat und beinahe die ganzen Gliedmaassen nebst Schwanz von derselben Farbe sind. So bilden diese drei Arten eine Gruppe verwandter Glieder, während die übrigen schon durch die Lage der Kopfhaare leicht zu unterscheiden sind. — Ein altes und ein junges Exemplar wurde durch M. Jaurès, Offizier der Marine während der Expedition der „Danaide" gesammelt. Er gehört also dem indischen Archipel an.

234—35. **S. Dussumierii** Géoffr. St. Hil. Archives du Mus. II. 1848. 538. pl. II. Pelz braungrau am Körper und röthlichgelb am Kopf, Hals, Seiten und Unterseite, Schwanz und Gliedmaassen braun, welches am Schwanze grösstentheils in schwarz zieht, ebenso an den Vorderarmen und Händen. Kopfhaare nach beiden Seiten gerichtet. — Semn. Johnii Var. Martin general introduction to the natural history of Mammif. an. 1841. p. 489. Semn. Dussumierii Géoffr. compt. rend. XV. 719. 1842. Kopf ringsum mit langen, gelben Haaren bedeckt, dieselbe Farbe zieht auch über Nacken und Hals, so dass das Thier gleichsam eine Kapuze trägt, welche heller ist als das Kleid. Auch die Unterseite hat diese Farbe, die Aussenseite der Arme und die Seiten und das Gesäss haben dieselbe Farbe. Der übrige Pelz ist dunkler, der Oberkörper braungraulich. Die Gliedmaassen sind zunächst dem Rumpf von derselben Farbe, aber auf den Schultern, Armen und dem grössten Theile der Beine dunkler braun. Die Vorderarme und alle vier Hände schwarz. Der Schwanz verhält sich etwas umgekehrt zu den übrigen Gliedmaassen. Er ist schwarz auf den beiden ersten Drittheilen, das dritte zieht in braun, endlich braungraulich wie der Rücken. Gesicht schwarz, von schwarzen Haaren umwachsen. Ausser den schwarzen Augenbrauen seitlich noch schwarze, nach hinten gerichtete Borsten, solche zeigen sich auch auf beiden Lippen und an der Innenfläche der Ohren. Kopf- und Körperlänge 0,62, Schwanz 0,85, Hand 0,11, Vorderdaumen 0,02, Handbreite 0,03, Fusslänge 0,16, Fussbreite 0,04. — Géoffroy beschrieb ein erwachsenes W., welches Mr. Dussumier mit einem Säugling mitgebracht hatte. Das kleine Thier ist ohne den Schwanz nur 3 Decimetres lang, schwarz, der Kopf nur wenig heller, Brust und Kehle gelb behaart wie das Kinn, unter dem ein Büschelchen gelber Haare. Mr. Dussumier sahe Truppen dieser Art, aber diese Exemplare sind die einzigen in Sammlungen bekannten. Martin hielt ihn a. a. O. für Varietät des cucullatus, indessen bietet Géoffroy die Unterschiede dar. — Indiens Festland.

236. **S. albo-cinereus** (Cercop. — Desm. Mammal. 534. sppl. sp. '817. Simia albo-cinerea Fisch. syn. 534. Semnop. obscurus Reid proceed. 1837. 14. Martin Mag. of nat. hist. II. series II. 440. ej. hist. of Mammif. animals I. 486. — Bonite p. 4.*) — Pelz graubraun, Haare lang und an den Seiten, an den Vorderarmen und den vier Gliedmaassen dunkler, in schwärzlich ziehend, Unterseite, Vorderhaupt und Schwanz aschgrau, Gesicht schwärzlich, Backenbart klein, bis zum Mundwinkel, einige schwarze Haare länger als übrige vorn um die Stirn und den Augenbrauenbogen, Kinn und einige Schnurrbarthaare weisslich, Bart kurz und wenig dicht, Schwanz sehr lang, an der Spitze nicht fockig, Vorderdaumen ziemlich kurz, mit Nagel. — Kopf und Körper 2′, Schwanz 2″ 8‴, Schulterhöhe 1′, Kreuzhöhe 1′ 2″. Schädel sehr ähnlich, auch in den Zähnen, mit Semn. pruinosus, maurus, cucullatus oder Johnii. — Malacca. Desmarest's Exemplar aus Sumatra von Diard. Mus. Par. Malaisch: „Lolong", ein Name, der auch bei S. maurus u. a. vorkommt. — Semnopithecus maurus, von Helfer in Tenasserim gesammelt, ist wahrscheinlich S. obscurus Reid. Die Societät besitzt Exemplare der letzteren Art vom Capt. Phayre und mehrere lebendige junge Exemplare von Mr. Albot, und der Schädel dieses Thieres, verglichen mit dem eines von Dr. Helfer in Spiritus präparirten Skelets (vgl. VII. 669.) lässt mich auch diesen zu dieser Art ziehen, welche die einzige ist, die man bis jetzt in Arracans, südlich von den Strassen,' wo Mr. Cumming in der Nähe von Singapore Exemplare erhielt, fand. Die Felle sind von ausgewachsenen und stimmen ganz mit der von Mr. Martin gegebenen Beschreibung überein. Aber zwei im Leben auffallende Merkmale mögen auch am Felle nicht unerwähnt bleiben, namentlich das gescheckte Gesicht (the variegation of the face), welches bleigrauschwarz ist, mit abstehend nelkenrothem Mund und Lippen, welche sich bis zu den Nasenlöchern verlaufen, an deren Seite ein grosser, halbkreisrunder, blasserer und mehr schlagblauer (livid) Fleck, die innere Hälfte jedes Augenkreises — und zweitens ein längsverlaufender, aufrechter Kamm auf dem Scheitel, welcher abgerissen von der Mitte der übrigen Haare dieses Theiles aufsteigt und dem von S. cristatus Raffles in Sumatra analog ist. Ich würde nicht überrascht sein, ihn mit dieser Art gleich zu finden, aber Raffles sagt nichts über die farbigen Zeichen im Gesicht und bemerkt: Der junge „Chingkaus" ist röthlichfahl und bildet einen eignen Contrast mit der dunklen Farbe der Alten, während sehr junge Exemplare der gegenwärtigen Art mit ausgewachsenen übereinkommen, auch bemerkt er, dass die Unterseite des Körpers blasser ist, während bei der Art von Arracan diese Theile mattweiss sind, nur bei den Jungen reinweiss. Bei Alten ist das ganze Scheitelhaar mehr lang, der Kamm reicht noch über die übrigen vor, und die, welche den Backenbart bilden, stehen jederseits heraus und bilden seitliche Spitzen zu den mittlen verticalen. Bei Untersuchung von fünf Exemplaren, wovon drei lebendig, zeigt sich kaum eine Verschiedenheit in der Schattirung, alle sind aschgrau dunkelschwarz, am dunkelsten am Kopf und den Gliedmaassen, ein gut Theil am Rücken silberschillernd, weiss unterseits oder von vorn, der Schwanz mehr oder minder weisslich, entweder nur am Grunde oder auf zwei Drittel der Basalhälfte, oder auch der ganze Schwanz. Er hat kaum eine Spur von Bart und die kurzen, sparsamen Haare auf den fleischrothen Lippen sind weiss. Die Jungen lassen als Ausdruck ihrer Bedürfnisse weinerliche Töne vernehmen und oft auch ein Miauen wie von Katzen. Blyth Journ. As. Soc. Beng. N. Ser. XIII. I. 1844. 466—67. — Cercop. albo-cinereus Desmar. mammol. suppl. p. 534. wurde von Diard u. Duvaucel aus Sumatra gebracht und würde demnach in Hinsicht auf seinen geographischen Ursprung von der Gattung Cercopithecue eine Ausnahme machen. Geoffr. St. Hil. versichert indessen, dass jene Beschreibung auf einem Irrthum beruhen muss, da sich in den Sammlungen des Pariser Museums unter den von Diard und Duaaucel oder von anderen Reisenden aus Java und Sumatra gesendeten Cercopitheken, ja auch Semnopitheken, kein Exemplar vorfindet, auf welches Mr. Desmarest's Beschreibung bezogen werden könnte. Belanger S. 50.

---

*) Voyage autour du monde exécuté pendant les années 1836 et 37, sur la Corvette la Bonite commandée par Mr. Vaillant Cap. de Vais., publié par ordre du Roi sur les auspices du département de la marine. Zoologie par MM. Eydoux et Souleyet médicin de l'expedition. Tome I. Paris. Arthur Bertrand édit. Libr. de la Soc. du Géogr., rue de hautefeuille 23. 1841.

237—38. S. maurus: le Tchincou, gehört zu p. 89. no. 200—203. und ist Fr. Cuvier's Abbildung nach dem lebenden Affen in Paris, welche derselbe Mammif. pl. 10. im J. 1822 veröffentlicht hat. Die Iris ist schön orangegelb, der Pelz aus ganz schwarzen Haaren sehr dicht, besonders oberseits, nur der Bauch wenig behaart, Ohren und Gesicht sind nackt, die Lippen und Mundseiten weiss behaart, die Haut unter ihnen bläulich, auf den Händen schwarz. Er nähert sich in der Grösse dem entellus und ist 2' lang, Schwanz 2¼', Schulterhöhe 15'', Kreuzhöhe 18''. — Er hat so wie entellus und der Cimepaye einen Luftsack unter der Gurgel, welcher mit dem Schlunde in Verbindung steht, die Backentaschen sind kaum angedeutet. Blinddarm lang und aufgeblasen, Leber aus zwei ungleichen Lappen, rechte Lunge vierlappig, linke dreilappig. Die Brama-Indier haben eine besondere Achtung für das Thierleben im Allgemeinen, vorzüglich verehren sie gewisse Thiere und so auch diese Schlankaffen, so sehr, dass sie durch dieselben ihre Culturen ruhig verwüsten lassen, so dass diese Affen in ihre Häuser kommen und ihnen sogar die Nahrung, die sie haben wollen, aus den Händen reissen. So weit überwiegt das Vorurtheil ihre Vernunft.

238b. S. leucomystax S. Müll. u. H. Schleg. Verhdlg. 59. n. 4. Von Mr. Diard in Siam entdeckt, mehrere Exemplare im Holl. Reichsmuseum. Scheint auch Malakka zu bewohnen, wie Felle von dort beweisen. Grösse und Gestalt von cucullatus. Haarbusch einfach, nicht helmartig. Augenbrauen stark entwickelt. Haare seidenartig, bilden schöne Wellenlinien, weisse Haare bedecken die hellen Lippen. Die Hauptfarbe ist glänzend graubraun, schwach roth schimmernd, Hinterpfoten heller, zieht am Schopf in gelbbraun, auf den Händen in dunkler braunschwarz. — S. obscurus Reid Proc. 1837. 14. gehört möglicherweise hierher, doch ist er nur unzureichend beschrieben. Vgl. unsere no. 236.

238c. S. nigrimanus Is. Géoffr. St. Hil. Archives du Mus. II. 1842. 546. Le S. aux mains noires. Kopfhaare lang, in zusammengedrücktem Kamm aufgerichtet*). Obertheil, Aussenseite der Arme und Vorderarme und Schenkel aschgrau, bräunlich überlaufen, Untertheile, Innenseite der Ober- und Vorderarme, Innenseite und grösster Theil der Aussenseite der Hüften weiss, die vier Hände und fast der ganze Schwanz schwarz. — Géoffroy beschrieb ihn nach zwei Exemplaren, ein altes M., von Mr. Diard gesendet, und ein junges M., welches erkauft worden. Das Gesäss ist so wie die Rückenmitte aschgraubräunlich, aber nach unten und innen ist es weiss, ebenso der hintere und äussere Theil und die ganze Innenseite der Hüften. Im Gegentheil zeigt sich das Aschgraubraun wieder auf der vorderen und äusseren Seite derselben. Der Kopf ist bei dem alten M. weiss oder graulichweiss an Wangen, Kehle und Lippen. Die Stirn ist auch weisslich, aber die Haare wie abgeschoren. Die Stelle zwischen den Augen und Ohren schwarz, oberhalb und vor den Ohren und der Haarkamm aschgraubraun, die langen Kammhaare meist unten aschgrau, ihre zweite Hälfte braun. Gesicht schwärzlich um die Augen und überall, weit heller, wahrscheinlich fleischfarbig oder lohfarbig (ou de tan). Der Pelz ist insgemein wollig, wellig und mässig lang, man bemerkt indessen lange Haare, ausser denen des Kammes, an den Wangen nach hinten, vorwärts gerichtet und weiss. Er hat die Statur der meisten Arten, etwas über einen halben Meter Kopf und Leib, der Schwanz ist etwas länger als Kopf und Leib. Das Junge ist nur halb so gross, aber dem alten schon ganz ähnlich. Der junge mitratus ist schon durch seinen zweifarbigen Schwanz zu unterscheiden. Nur die schwarzen Theile zeigen bei dem Jungen erst den Uebergang in diese Farbe. — S. nigrimanus hat auch in der Färbung Aehnlichkeit mit leucoprymnus, doch sind seine Hinterbacken nur halb weiss. — Neue Art aus Java.

C. Presbytis: Priesteraffe.

239. S. cephalopterus (Cercop. — Zimmerm. geogr. Gesch. II. 185.) Lesson. — Mr. Edw. Blyth, Curator des Calcutta-Museum, sagt Journ. As. Soc. Beng. XVI. II. 1847. 1271.: Das lebendige Exemplar von Presb. cephalopterus ist ein sehr hübsches Geschöpf, mehr als irgend ein früher besessenes Exemplar und ein drittes, welches ich sah,

---

*) Zusammengedrückten Haarkamm tragen in Sumatra, Borneo und Java: S. mitratus, flavimanus, melaiophos, rubicundus, nigrimanus.

alle drei waren Weibchen. Bei den beiden letzteren war der Körper schwarz, leicht graulich gemischt, Kreuz, Schwanz und Aussenseite der Dickbeine weisslich, blasser am Kreuz und am Ende des Schwanzes, Kopf röthlichbraun, ein wenig schwärzlich an den Seiten, der Backenbart und das kurze Haar am Kinn und den Lippen düster weiss, auffällig abstehend. Das jetzt von Dr. Templeton gesendete Exemplar ist einfarbig dunkelbraun, zieht an den Händen und Füssen in braun (dusky), Kopf mehr blasser und mehr röthlich, Backenbart und Kinn- und Lippenhaare weisslich, Kreuz, Aussenseite der Dickbeine und Schwanz vergleichsweise etwas blasser und weisslich. Das männliche Fell von Mr. Jerdon aus Ceylon, wo die Art beschränkt zu sein scheint, ist wie bei den anderen gezeichnet, aber etwas lichter röthlichbraun, dunkler an Händen und Füssen, und Kreuz und Schwanz gelbrothweisslich, Scheitel und besonders die langen Haare des Hinterhauptes sind blasser als der Rücken. Die allgemeine Färbung dieses letzten Exemplars ist in der That die, welche auf den Kopf der schwarzen Individuen beschränkt ist, während in Dr. Templeton's lebendem Exemplare die gewöhnlichen Farben fast zur Einförmigkeit gemischt sind. Die weissen Backenbärte jedoch bleiben dieselben bei allen, ebenso der Umstand, ʳdass Kreuz und Schwanz blasser sind als die übrigen Theile und mehr oder minder weisslich, die Schwanzspitze gewöhnlich weiss oder schmutzig weiss. — Mr. Ed. Blyth sagt bereits im Journ. As. Soc. Beng. N. Ser. XIII. I. 1844. 468—69.: Dieser Art fügt Mr. Martin hinzu den S. cephalopterus Zimmerm. von Ceylon, den Lion-tailed Monkey β. und Purple-faced Monkey Pennant, den Guénon à face pourpre Buffon, Simia dentata Shaw, Cercop. latibarbatus Géoffr., Kuhl u. Desmar., C. leucoprymnus Otto, Simia fulvogrisea Desm., S. leucoprymna u. cephaloptera Fischer, S. Nestor Bennet und Semn. leucoprymnus u. Nestor Lesson, auch Simia Johnii Fischer aus den Neilgherries, wozu Mr. Martin nur den S. cucullatus Is. Géoffr. citirt. Hierher gehört also auch: Note sur le Guénon à face pourpre de Buffon (Barbique, Simia latibarbatus Temm., Vanderou Monkey des Anglais); par Fr. Hamilton. Edinb. Journ. of science. XIII. Jul. 1827. p. 60. — Blyth zweifelt nach den ihm vorstehenden Exemplaren nicht an der Uebereinstimmung aller dieser genannten und dass sie sowohl die Neilgherries, als die Gebirge von Ceylon bewohnen. Mr. Martin verbindet damit, wie Blyth J. As. S. XII. 170. gezeigt hat, irrig eine Art des Pariser Museum; dies Thier ist offenbar Semn. hypoleucus Blyth J. As. S. X. 839. Ein halberwachsenes W. ähnelt der Figur, die Mr. Martin zu cephalopterus zieht, aber das Kreuz ist blassgrau nach der Beschreibung, das Haar daselbst kürzer, auch ist eine Beimischung davon auf den Schenkeln und eine geringe auf dem Rücken. Backenbart, Lippen- und Kinnhaare düster weiss, Scheitelhaare dunkelkastanienbraun, auf dem Hinterhaupte verlängert, Schwanz am Ende weisser. Ein altes M. hat im Gegentheil kastanienbraue Wimpern, gleichfarbig mit dem Scheitelhaar, und einige schwärzliche Haare an der Stirn, das Schwanzende ist schwärzer. Das Scheitelhaar ist verlängert, nimmt aber über dem Hinterhaupt zu, einige Haare sind über 5″ lang und werden weisslich, eine dunkelbraune Isabellfarbe waltet vor und lässt sich kaum wörtlich beschreiben. Das kurze Haar auf dem Kreuz wie bei dem jungen W. aber schwarz gemischt und weit weniger weisslich. Uebrigens sind Leib und Gliedmaassen beide tief schwarz, am jungen W. etwas graulich punktirt. Nach Blyth repräsentiren diese beiden den Semn. cephalopterus und Johnii in Martin's Werk. Letzterer, das alte M., ist bestimmt aus den Neilgherries und der andere wurde in Calcutta lebendig gekauft und Blyth hat auch Uebergänge gesehen. — In Deutschland haben wir diese vorgesehene Art Zimmermann's eigentlich erst durch den Cercopithecus? leucoprymnus Otto (Ueber eine neue Affenart. Nov. Act. Soc. Leop. Carol. XII. II. 1824. p. 503. tab. XLVI. bis XLVII.) wieder kennen gelernt, denn derselbe bot hier eine gute Abbildung und ausführliche Beschreibung der Art, nach einem Exemplar, welches im J. 1823 in einer herumziehenden Menagerie gezeigt wurde und in Breslau verstarb. Hierzu noch folgende Bemerkung: S. leucoprymnus Desm. Cercop. — Otto. Le S. aux fesses blanches. (Er ist nicht der Kra von Raffles, wie man vermuthete. S. fulvo-griseus Desmoul. dict. class. art. Guénon, ist zum Theil nach einem jungen S. leucoprymnus gemacht, zum Theil wahrscheinlich nach einem S. comatus. Was er vom Skelet sagt, bezieht sich auf ersteren, denn Desmoulins kannte diesen Affen nur aus seinem Pelze. Auch der Name Soulili gehört nicht dem S. leucoprymnus. — Kopf oben dunkelbraun, Leib und Glieder schwarz,

Unterseite und Innenseite der Gliedmaassen zieht in schwärzlichbraun, Kehle, Halsunterseite und Hinterseite der Wangen lang graugelblich behaart, Schwanz im Alter weisslich, ein grosser, dreieckiger, weissgraulicher Fleck fängt auf der Rückenlinie an, 4 Zoll über der Schwanzwurzel und bedeckt das Gesäss und die Oberhüften. — Ceylon: LESCHENAULT DE LA TOUR.

D. **Kasi**: Kasi-Affen.

234—35. S. Dussumierii, gehört hierher.

240—41. **S. cucullatus**: S. à capuchon Is. GÉOFFR. Belanger 1830—31. S. MÜLL. u. SCHLEG. Verhdlg. 1842. Hooded Monkey (Singe à capuchon). S. Johnii L. MARTIN l. c. 1841. GÉOFFR. Archives du Mus. II. 1842. 541. — Braun, Gliedmaassen nebst Schwanz schwarz, Kopf braunrothgelblich. Kopfhaare von der Stirn nach hinten gerichtet. Schwanz sehr lang. — Unsere Abb. 241. zeichnete CH. SCHNORR im J. 1823 nach einem hier lebendig anwesenden Exemplare, welches durch Frost den Schwanz verloren hatte. Dem S. Dussumierii in mehrerer Hinsicht nahe stehend, besonders wegen des hell gefärbten Kopfes, dessen Haare auch eine Kapuze bilden, welche heller ist, als die Obertheile; aber diese Kapuze ist hier braunrothgelb auf dem braunen Leibe des cucullatus, hellgelb auf dem braungrauen Pelze bei Dussumierii. S. cucullatus ist auf den ersten Anblick durch seine dunklere Färbung und grössere Einheit in der Farbe, zugleich weit längeres Haar zu unterscheiden. Bei cucullatus liegen die Haare von der Stirn aus nach hinten und bei Dussumierii stehen sie gescheitelt auseinander, nur die mittleren sehen wir nach hinten gerichtet. Mr. MARTIN betrachtet also diese Art fälschlich als Abart des cucullatus, dem er auch ganz fälschlich den englischen Namen „Hooded Monkey" und den lateinischen Namen S. Johnii, nach JOHN giebt, welcher im J. 1795 den cucullatus selbst oder wenigstens eine verwandte Art unter dem Namen „Affe aus Tellicherie" in den neuen Schrift. d. naturforsch. Freunde, 1795. p. 215., angedeutet hatte. Auch Mr. GERVAIS bestätigt nach Ansicht der S. Johnii den Unterschied zwischen cucullatus und Dussumierii.— S. cucullatus GÉOFFR. ST. HIL. bei BELANGER 38. u. S. 72. Le S. à capuchon. Kopf oben und an den Seiten, sowie die Kehle hell gelbbraun, vom übrigens dunklen Grunde scharf begrenzt, Seiten, Lenden und Hinterbacken braun, Rückenlinie und Hüften, Schenkel und Arme schwarz, Vorderarme, die vier Hände und der Schwanz rein schwarz, Unterseite des Körpers und Innenseite der Arme und Hüften haben wenig zahlreiche schwarze Haare, die Gurgel mit sehr hell fahlbraunen Haaren gemischt, Nägel schwarz. Gesicht wie bei den anderen Semnopitheken weit herum nackt, fast ganz von einem Kreise steifer, ziemlich langer, schwarzer Borsten umgeben, an den Seiten des Gesichts sind diese Borsten wenig zahlreich und vorwärts gerichtet, an der Stirn stehen sie aber sehr dicht und sträuben sich mehr oder weniger regelmässig empor, wie bei dem Entellus. Die Ohren sind schwarz beharrt, ihre Haare ziemlich steif und durch ihre Farbe von der fahlbraunen Farbe des übrigen Kopfes sehr abstechend. Das Körperhaar ist im Allgemeinen weich und ziemlich lang, 2—4 Zoll, die der Gliedmaassen und des Gesichts und Oberkopfes sind minder lang, nur 1—1½ Zoll. In der Nähe der Ohren sind indessen die Haare des Kopfes fast so lang als die längsten am Körper. Unter dem Kinn befindet sich ein Büschel abwärts gerichteter Haare, von denen ein Theil sehr lang ist. Die Daumen der Vorderhände sind dünn und lang, der Schwanz vorzüglich lang. Von der Schnauzenspitze bis zur Schwanzwurzel 1 Fuss 10 Zoll par. M., der Schwanz 1 Fuss 8 Zoll. — In den Gebirgen von Gates: LESCHENAULT DE LA TOUR. Im westlichen Gates traf ihn BELANGER an und fand Gelegenheit, mehrere Exemplare auf der Küste von Malabar den Engländern zu sehen, welche dieselben gezähmt hatten. Mr. DUSSUMIER brachte mehrere Exemplare aus Bombay mit. G. ST. HIL. BELANGER S. 72—74. — Presb. Johnii FISCHER von den Neilgherries ist eine dem cephalopterus in seinen fast schwarz gefärbten Exemplaren sehr nahe stehende Art, aber ersterer wird grösser und sein Schwanz erscheint immer schwarz und der Backenbart ist dunkelbraun, mit dem Scheitel gleichfarbig. Der Ausdruck im Benehmen, wenn man diese beiden Arten beisammen sieht, ist sehr ungleich. BLYTH Journ. As. Soc. XVI. II. 1847. 1272. — Obiger Name beruht auf folgendem Aufsatze in einem deutschen Journal:

14*

Beschreibung einiger Affen aus Kasi oder Benares im nördl. Bengalen, vom Missonär JOHN in Trankenbar. — Neue Schriften d. naturf. Freunde z. Berlin. 1795. I. — Der Missionär berichtet: Von ungefähr erblickte ich von meinem Altan einen Affenführer mit einer ganzen Affenfamilie, die aus M., W. und Jungen bestand, welcher auf der Strasse deren Künste vor Zuschauern sehen liess. Dr. KLEIN hatte ihn kurz darauf in mein Haus kommen lassen und indem meine Kinder und Hausleute auf die Künste achteten, suchten wir in der neuesten Ausgabe des LINNÉ, wo wir die Art unter den 48 beschriebenen nicht fanden. Der Führer kam an einem andern Tage wieder, und ich sendete nach Dr. KLEIN und einem hindostanischen Dolmetscher, damit wir den Führer, der das Malabarische wenig sprach, besser ausfragen konnten. — Die Affen waren aus Kasi, im oberen Bengalen am Ganges. Er gehört unter die Paviones oder kurzschwänzigen. Höhe des M. 2′ 6″ aufrecht. Der Führer maass ihn mit einem Stabe, sonst durfte ihm Niemand nahe kommen. Als man dem Zirkel, worin er durch einen Strick, den der Führer immer fest hielt, beschränkt wurde, sich nur ein wenig nähern wollte, machte er fürchterliche Geberden und wilde Sprünge. Selbst einen Wärter fiel er während der Untersuchung wild und im vollen Ernste an, nahm ihn bei dem Kopfe und biss boshaft um sich herum, dass jenem selbst bange wurde und er viel Mühe hatte, durch Stockschläge ihn von sich abzuhalten und zur Ruhe zu bringen. Dieses schrieb er seiner ausserordentlichen Geilheit zu, da das W. hinter dem Manne stand, welcher versicherte, dass er sich mit dem W. täglich wohl 20 und mehrmals vereinte. Frauenspersonen hätten ihn nicht zu fürchten. Die Testikeln hatten die Grösse derer des grössten Mannes und waren hellroth, die kleine Ruthe dazwischen verborgen. — Haare am ganzen Körper dickbuschig und lang, sonderlich am Bauche etwas zottig. An der Stirn fallen sie in gelb, am Vorderkörper in aschgrau, nach hinten in fuchsroth, am Halse und ganzen Bauch in weissgrau. Kopf gross, Stirn behaart, Augen mittelmässig, der schwarze Augenstern mit grüngelbem Ring umgeben, Augenlider nackt, grau, Nase kurz, eingedrückt und kahl, das Gesicht etwas runzlich und fleischfarbig, Oberkinnlade kahl und breit, untere kurz und dünn mit kurzen, weisslichen Haaren bewachsen. Vorderarme sehr fleischig, stark und schwarzgrau, Daumen kurz und abstehend, Nägel schwarz, länglich, schmal, abgestumpft. Schwanz herabhängend, an der Wurzel sehr breit und buschig, oben fuchsroth, unten grau, etwas über einen Fuss lang, reichte bis zur Entfernung von 2 Zoll gegen den Boden, Afterschwielen nackt und röthlich. — Weibchen viel kleiner, vorn mehr schwarzgrau, hinten am Rücken aschgrau, Hals und Bauch weiss. Die rothgelbe Fuchsfarbe fehlte gänzlich. Hat Menstruation und trägt 9 Monate. Es säugte noch das Junge, welches an der Brust hing, deren Warzen lang und schmal waren. Das Junge hielt sich am Bauche so fest, dass es auch bei den stärksten Sprüngen der Mutter nicht abfiel. Wenn es herumlaufen wollte, liess es die Mutter nie von sich und hielt es immer am Schwanze fest und zog es an sich. Das M. war 12 Jahre, das W. 13 alt. Leben von Wurzeln und Früchten, fressen auch gekochten Reis. Die Cujawen, die man ihnen vorwarf, verbarg das W. sogleich in seinen Backentaschen, das M. aber frass sie mit mehr Muse. Wegen der Wildheit hatte der Führer sowohl dem M. als dem W. die Vorderzähne ausreissen müssen, und er zeigte uns seinen Kopf, Arme, Schenkel und Knie, die ganz schrecklich zerbissen und mit unzähligen Narben bedeckt waren, so dass der arme Mann eine sehr saure Lebensart hat führen müssen, ehe er ihnen die Zähne ausgenommen hatte. Da ich mich sehr genau nach dem gewöhnlichen Alter eines Affen erkundigte, sagte er, dass dieselben gewöhnlich zwischen dem 30. bis 40. Jahre stürben. Sein Vater aber, welcher die gleiche Lebensart getrieben, habe einen dieser Paviane gehabt, welcher 40 Jahre alt geworden sei. Es gäbe aber auch zärtlichere Arten, die es selten über 20 Jahre brächten. — Nun unsere Art:

Ein Affe aus Tellicherie. JOHN, neue Schr. d. naturf. Freunde in Berlin. I. 1795. 215. Ein langschwänziger Cercopithecus, der ganze Körper völlig glänzend schwarz. Die Haare fast borstenartig abstehend, am Kopfe aber grau, etwas in's braune fallend und völlig stachelförmig, welches ihm ein sonderbares und von anderen Affenarten sehr unterscheidendes Ansehen giebt. Das Gesicht und Ohren völlig schwarz, Nase nicht so sehr eingedrückt, als bei anderen, sondern mehr hervorstehend und proportionirt, Gesicht kurz, Kinnbacken etwas spitzig und oben weniger als bei anderen eingedrückt, Augen mittelmässig, Pupille mit breitem, sehr dunkelbraunen Ring umgeben, Nase von den Lippen nicht so entfernt, als bei den übrigen, und diese weniger eingezogen. Die stachlich abstehenden Haare am Kopfe fast überall gleichlang, einzelne besonders hervorstehend, etwa 2 Zoll lang, am unteren Kinn aber kurz. Gesässschwielen klein, nackend und weisslichgelb. Schwanz ¼ länger als Körper. Ganze Höhe etwa 2 Fuss. Nägel schmal und convex. Er ist eben nicht wild, lässt sich aber doch nicht angreifen. — S. Müller u. H. Schlegel Verhdlg. 59. n. 3. sagen: Auf den Gebirgen an der Halbinsel, an den Seiten des Ganges, und betrachten ihn als klimatische Varietät des vorigen. Unterscheidet sich aber besonders durch die bleich rothbraunen Kopfhaare und dunkle schwärzliche Farbe der Obertheile. Der grosse, lichte Fleck auf dem Kreuz ist bei unserm Exemplar sichtbar, mehr oder minder deutlich, als bei S. leucoprymnus.

Für künftige Betrachtung verbleiben noch:

S. pileatus Blyth Journ. As. Soc. Beng. XII. 174. XIII. 467. Presb. — XVI. 735. t. 26. f. 2. Montes Chittago & Tipperah.

S. Phairei (Presbyt. — Blyth Journ. As. Soc. 1847. XVI.) Rchb.

S. Barbei (Presbyt. — Blyth Journ. As. Soc. 1847. XVI.) Rchb.

XXII. Cercopithecus Erxleben syst. mamm. Meerkatze. Wie Semnopithecus, aber deutliche Backentaschen und der Magen ohne Einschnürungen. Schwanz lang, verdünnt. Theilen sich besonders nach dem Verhältniss der Kopftheile in mehrere Gruppen. — Afrika.

A. **Meiopithecus** (*Μειοπίθηκος*: le plus petit Singe) Is. Géoffr. St. Hil. Compt. rend. XV. 720 et 1087. Archives du Mus. II. 549. 1843. Unterscheidet sich, wie Géoffroy schon 1829 bemerkte, obgleich er Afrikaner ist, durch die Stellung seiner Nasenlöcher von allen Affen der alten Welt, folglich besonders von den echten Cercopitheken oder Guénons. Die Gestalt und der kurze Bau des Kopfes, so wie die Eigenthümlichkeit des Zahnbaues charakterisiren die Gattung sehr bestimmt. Ihr Naturell ist überaus sanft und angenehm, so dass sie hierin von den übrigen Meerkatzen gänzlich abweichen und sich darin mehr den amerikanischen Affen nähern. Vergl. unten.

242—43. **M. talapoin** (Simia — L. Gm. Schreb. 101. t. XVII. Fischer. Cercopith. — Erxl.) Is. Géoffr. compt. rend. XV. 720 et 1037. 1842. Cat. meth. 18. Talapoin Buff. XIV. t. 40. Daub. Cerc. melarrhinus Desmoulins, Schinz. Talapoin ou Melarhine Fr. Cuv. livr. 43. 1824. pl. 18. — Schlank, Gliedmaassen nebst Schwanz lang, Hände ziemlich lang, Zehen am Grunde durch Bindehäute vereint, Vorderdaumen gut ausgebildet (weniger die hinteren), Nägel rinnenförmig Schädel gross, oben über die Augenhöhlen aufsteigend, Unterkopf sehr kurz, Augen und Ohrmuscheln sehr gross, Nase wenig vortretend, Scheidewand sehr dick, Nasenlöcher länglich, offen, nicht allein unter der Nase, sondern auch nach unten und seitlich. Hüfthöcker, Backentaschen. Die oberen mittlen Schneidezähne sehr entwickelt, obere Eckzähne bei den Alten lang, nach hinten schneidig, in beiden Kinnladen die beiden ersten Backenzähne vierseitig, vierhöckerig, in der Oberkinnlade die beiden äusseren, in der Unterkinnlade vorzüglich die beiden inneren Höcker vorspringend und spitz, letzter Backenzahn in jeder Kinnlade kleiner, als die übrigen, der untere hintere verengt, nur dreihöckerig. Länge des Thieres etwa 3 Decimeter. Das Gebiss bei Blainville Odontogr. Primat. t. 3. — Nase schwarz, Pelz grün, Unterseite und Innenseite der Gliedmaassen weiss, Stirnhaare zurückgelegt, bilden eine Art breiten, kurzen Schopf. — Le Talapoin Buff. wurde von einigen Schriftstellern für zweifelhaft gehalten. Buffon's Beschreibung, besonders die von Daubenton, und die beigefügte Abbildung dürften doch eine bestimmte Vorstellung zulassen. Gegenwärtig ist nach angestellter Prüfung sein Vorhandensein nicht mehr zu bezweifeln. Géoffr. St. Hil. bei Belanger S. 51. — Cercop. pileatus Is. Géoffr. St. Hil., Desm. ist eine Wiederholung des Guénon-talapoin Buff. Das Exemplar war aus Weingeist genommen, worin es verbleicht war. Géoffr. St. Hil. verglich dies von seinem Vater beschriebene Exemplar mit dem, welches in der Menagerie gelebt hatte, demselben, wornach Fr. Cuvier die Abbildung unter dem Namen „Mélarhine" gegeben, und fand allerdings keinen andern Unterschied als den der Farbe. — Guénon couronnée Buff. ist nicht hierher zu ziehen, sondern ein Macacus, wahrscheinlich einerlei mit Bonnet chinois. — Afrika, Westküste?

B. **Cercocebus**, Cercocèbe Et. Géoffr. St. Hil. tabl. 1812. Aethiops L. Martin. Schnauzentheil verlängert, Augenhöhlenränder leistenartig erhöht, der fünfte Backenzahn unten mit unpaarem Höcker. Vgl. Martin Proc. 1838. 117. u. 1840. 1. Bei den Weibchen schwellen während der Brunstzeit die Organe an, wie bei den Mandrills und Makaks.

244 u. 47. **C. fulginosus** Et. Géoffr. Cercocèbe enfumé. Le Mangabey Buff. VII. 2. t. 82. Der Mangabey. Oberseits schwarz, unten und an der Innenseite der Gliedmaassen schiefergrau, das ganze obere Augenlid in seiner Breite und Höhe weiss, Gesicht und Hände schwarz. — Fr. Cuvier maass sein junges W. 1' 9'', Schwanz 1' 6'', Schulterhöhe 1' 3'', Kreuzhöhe 1' 4''. — Der junge Affe ist mehr schiefergrau, der alte wird schwärzer. Das Gesicht erscheint auch bei jungen heller, kupferröthlich oder dunkelbleigrau. Buffon gab den falschen Namen Mangabey, weil er glaubte, die Art stamme aus dem Districte dieses Namens auf Madagaskar, während auf Madagaskar kein Affe lebt und auch gegenwärtige Art wahrscheinlich von Afrika's Westküste, von Guinea stammt. Bennet zoolog. Garden I. 77. bildet auch den „white eyelid Monkey" gut ab und bemerkt, dass er nicht ohne Intelligenz sei und die Streiche, welche der besondere Ausdruck seiner Physiognomie andeutet, geschickt ausführt, meist ist er von guter Stimmung, überhaupt gutartig, doch nicht ganz ohne Muthwillen und Capricen, sehr lebhaft und unermüdlich in seinen Grimassen. — Fig. 247. hatten wir lebendig vor uns, da er nicht selten so vorkommt, 244. ist Fr. Cuvier's noch jüngeres Exemplar. Es ist schon oben p. 96. erwähnt worden, dass Audebert den Atys für eine blasse Varietät des Mangabey hielt. Ebenso befindet sich noch jetzt ein Exemplar der Art in Weingeist im Pariser Museum, vgl. Is. G. St. Hil. Cat. meth. 25. 3.

245—46. gehören zu 373—79.

247. vergl. 244.

247b. **C. aethiops** (Simia — L. Gm. I. 33. 38.) Géoffr. St. Hil. Ann. Mus. XIX. Is. Géoffr. Cat. meth. 25. Mangab. d'Ethiopie. The white-crowned Mangabey, der Weissscheitel-Mangabey. Cercop. Crossii Clark's Mscr. — Bartlos, die aufrechten Scheitelhaare und ein Mondfleck auf der Stirn weiss. Durch diese Kennzeichen: „caudata imberbis, vertice pilis erectis lunulaque frontis albis" bestimmt Linnée im Mus. Reg. Fr. Ulric. II. 4. diese gegenwärtig wenig bekannte Art. Er fügt noch hinzu: so gross als Simia Diana, aber die Haare länger, dunkelbraun, unterseits ganz weiss. Am Kopfe nur der Scheitel blassgelblich, Ohren abgerundet, nackt, schwarz, oberes Augenlid nackt, weiss, Nase zwischen den Augen zusammengedrückt, aber stumpf. Bart fehlt eigentlich, aber die Kopfseiten oder Backen haben horizontal querabstehende, längere, bartähnliche Haare. Schwanz stielrund, gleich, behaart, so lang als Leib. — Aus Egypten? — Im Pariser Museum befinden sich noch zwei Exemplare, ein M., welches dort in der Menagerie lebte, der Fleck am Hinterhaupte ist sehr deutlich und reinweiss. Aus Afrika, das Land aber unbestimmt. Das zweite Exemplar ohne Geschlechtsbestimmung ist seit lange im Museum, sein Ursprung aber unbekannt. Was spätere Schriftsteller unter Aethiops verstanden, gehört zu folgender Art. Keine Abbildung passt auf den achten aethiops, bei dem man auch ganz unbeachtet gelassen, dass Linnée sagt: nat. ed. X. p. 28. von ihm sagt: „cauda subtus alba".

248—50. **C. collaris** (Cercop. — Gray Brit. Mus. the white collared Monkey, list 7. Cercop. Aethiops Audeb. IV. 2 f. 10. Mangabey à collier blanc Buff. XIV. t. 33.) Is. Géoffr. St. Hil. Cat. meth. 24. 1. — Oberkopf dunkel kastanienbraun, Wangen, Genick und Kehle langhaarig schneeweiss, übrigens der ganze Leib nebst den Gliedmaassen schieferschwarz. -- Die Abbildung bei Fr. Cuvier weicht darin ab, dass sie noch ein Kennzeichen des linnéischen „aethiops", nämlich eine weisse Unterseite, zeigt, während collaris unterseits aschgrau ist, wie fuliginosus. Auch hier sind Beine und Schwanz lang und dünn, die Haare ebenfalls lang und weich anzufühlen. Die beiden mittlen Schneidezähne des Oberkiefers sind auffällig gross und breit. Das von Bennet beobachtete Exemplar benahm sich weit ruhiger als fuliginosus. Es ist zu vermuthen', dass diese Art ebenfalls aus Westafrika kommt. Fr. Cuvier's Exemplar wird als vom grünen Vorgebirge gekommen, vermuthet.

C. **Cercopithecus** (Strabo) Erxl., Illig., Is. Géoffr. Schnauze wenig vorstehend, Nase bei einigen ein wenig vorragend. Nägel der Daumen platt, übrige rinnenförmig, Gliedmaassen ziemlich lang, Leib ziemlich gestreckt, Vorderhände ziemlich verlängert, Daumen kurz. Schwanz lang. Backentaschen deutlich. Gesässschwielen. Dichte Behaarung. Magen ohne Einschnürungen. Schwanz verdünnt, ohne Büschel. — Afrika.

a. **Petaurista** Rchb.*). **Schaukelaffen**. Sehr schlank und sehr langgeschwänzt, bunt und durch weisse Zeichnung auf oder unter der Nase ausgezeichnet. Sanft.

251—53. **C. cephus** (Simia — L. Gm. I. 32. n. 19.) Erxleben s. mamm. 37. Der Schnurrbartaffe, le Moustac Buff. H. N. XIV. 283. t. 39. Schreb. I. 102. t. 19. Das Blaumaul Müll. Natursyst. Fr. Cuv. mamm. t. 17. — Graubraun, gelblicher Haarbüschel vor jedem Ohr, unterseits weissgrau, Gesicht blaugrau, Oberlippe mit weisser Schnurrbartzeichnung. — Länge 1' 3", Schwanz 19", Schulterhöhe 9" 6"', Kreuzhöhe 10" 9"'. Haare an der Wurzel ganz grau, dann gelb und dunkelbraun geringelt, an den weissgrauen Theilen sehr blass, an den braunen braun, an den grünlichen rein. Hüftgegend graugrünlich, Testikeln fleischfarbig. — Fr. Cuvier beschreibt sein noch nicht ganz altes Exemplar von 9" 9"', Schulterhöhe, 10" 9"', Kreuzhöhe, 8" 9"' Kopflänge, 10" 3"' Leib - und 21" Schwanzlänge. Der Kopf hatte grünliche Haare, dunkler am Hinterhaupt als an der Stirn. Hals, Rücken, Schultern, Seiten, Kreuz und Schwanzwurzel mehr braungrün, Hüften grünlichgrau, Gliedmaassen gelblichgrau, alles durch die Ringelung der Haare veranlasst. Unterseite des Leibes und Innenseite der Glieder dunkler grau, Unterseite des Schwanzes am Grunde grau, übrigens röthlich. Der Backenbart jederseits lebhaft gelblich, blasser unter den Ohren und weisslich am Unterkiefer, schwarze Haare theilten den gelben Theil des Backenbartes, grüne von Stirn und Kopf. Ohren, Testikeln und Hände fleischfarbig, Gesicht lapisblau, seitlich der Lippen schwärzlich. Er war überaus sanft, benahm sich artig und zeigte das Bedürfniss nach Liebkosungen. — Der Name Cephus ist hier sehr falsch angewendet und bedeutet bekanntlich bei den Alten einen Vogel, den Seetaucher. Besser hat ihn deshalb Lenz in seiner Naturg. d. Säugethiere, 1831. S. 19. n. 11. Cerc. Cebus genannt. Schon Marcgrave und Ray führen ihn auf als Cercop. barbatus „alius guineensis", ja es wird sogar vermuthet, dass ihn Aelian de animalibus lib. XVI. c. 10. als Πίθηκος ἀνθρωπόνεις erwähnt. Er wird nicht oft in Menagerien gezeigt und lebt in Guinea.

254. **C. melanogenys** J. E. Gray Annal Mag. N. H. 1845. XVI. 212. Proceed. 1849. pl. IX. 1860. 112. nota et p. 240. The Black-cheeked Monkey, der schwarzwangige Schaukelaffe. Ganz olivenbräunlich, Gesicht schwärzlich, Nasenkuppe weiss, Augenbrauen, Nasenwurzel und ganze Backen schwärzlich. — Wer ihn für Varietät halten wollte, hätte zu bemerken, dass er zu Encoge, drei Tagereisen weit südlicher von Bembe in Angola, häufig vorkommt. J. J. Monteiro.

255. **C. ludio** J. E. Gray Annal. Mag. N. H. 1850. V. 54. Proced. 1849. pl. IX. Oberkopf und Oberrücken braun, Stirn und Backenbart, Augeubrauen und Nasenwurzel schwarz, Gesicht schwärzlich, Nasenkuppe weiss, Wangen, Brust und Innenseite der Gliedmaassen fahl, der übrige Körper olivenfarbig, Schwanz braun. — Westafrika.

255b. **C. petaurista** (Sim. — Schreb. I. 103. t. XIX B. L. Gm. 35. 44.) Erxleb. syst. mamm. 35. Gesicht kohlschwarz, Nasenfleck dreieckig, mit der Spitze nach unten gekehrt und wie der das Untergesicht umgebende Backenbart schneeweiss. Pelz aus olivengrün mit schwarzbraun, Vorderarme und Hände schwarz, Schwanzoberseite olivenfarbig, mit schwarzen Haaren gemischt, Gliedmaassen aussen fast schwarz, innerseits weissgrau, Bauch reinweiss. Leibeshöhe 13", Schwanz 20". — Le Blanc-nez Allamand ed. de l'hist. nat. de Buffon XIV. 141. t. 39. Prof. Allamand in Leyden besass den Affen lebendig und

---

*) Der Name wurde durch Cuvier und Desmarest der schon bestehenden Gattung **Petaurus** Shaw gegeben und ist also vacant.

schildert ihn als ausserordentlich sanft und artig, so dass er von Jedermann sich angreifen liess. Er hüpfte mit einer bewundernswürdigen Leichtigkeit, nicht anders als wenn er flöge. Ruhend hielt er den Kopf mit einer der hinteren Hände und sahe aus, als wenn er in tiefen Gedanken wäre. Gab man ihm etwas Weiches zu fressen, so rollte er es mit den Händen hin und her, wie einen Teig, ehe er davon frass. Ueber dem Fressen liess er sich nicht gern stören. Bei dem Saufen nahm er den Bart sehr in acht, dass er nicht nass wurde und trocknete ihn an irgend etwas Trockenem sorgfältig wieder ab. Der Affe mit weisser Brust, weissem Barte, einem weissen Fleck an der Nasenspitze und schwarzem Streifen um die Stirn, dessen Barbot Allg. Hist. d. Reisen IV. 261. erwähnt, gehört wohl hierher. Die Gewohnheit mancher Schriftsteller, nicht alle Quellen für ihr Urtheil zusammenzulegen, hat auch hier die Verwechselung herbeigeführt, dass die Neueren unter Petaurista folgende Art mit blauem Gesicht verstehen. Der weissnasige Affe, die Weissnase, würde, im Fall man diese Gruppe zur Gattung erheben wollte, den Namen Petaurista albinasus erhalten. Die Abbildung bringen wir später. — Guinea.

256. 57. 59 u. 62. **C. histrio** Rchb. Gesicht blau, kurz schwarz behaart, Nasenkuppe weiss, jederseits ein weisser Fleck zwischen Auge und Ohr, Scheitel gelblichgrün, Stirn braun, Oberseite grünlich, Rückgrath und Schwanz rothgelb, Unterseite und Innenseite der Glieder weiss. Länge 15″, Schwanz 18″. — Fig. 256—57. Petaurista, le Blanc-nez, Menag. du Mus. National pl. 3.*) war in Marseille gekauft und lebte nur einige Tage. Fig. 259. ist Fr. Cuvier's junges Thier, als Ascagne femelle abgebildet und beschrieben. Fig. 262. ist das im J. 1826 hier in Dresden lebend anwesende Exemplar von grosser Sanftmuth, welches ein Liebling des Publikums wurde. Seine Leichtigkeit ·der Bewegung war wahrhaft bewundernswürdig und glich der eines Eichhörnchens. — Guinea.

258. zu 261.
259. s. 256.

260. **C. Ascanius** (Simia — Auden. Fam. 4. Sect. 1. t. 13. Schreb. t. XIX. c.) Rchb. L'Ascagne. Gesicht blau, rings schwarz umzogen, Nasenkuppe weiss, Augenlider fleischfarbig, Lippenränder und Schläfen schwarz, Gesichtsseiten oben unter den Ohren weiss. Pelz braun, Kehle, Brust und ganze Unterseite bleigrau. Schwanz braun, spitzewärts rothgelb, länger als Kopf und Leib. — Audebert besass ein Exemplar und hatte sehr recht, es für eigene Art zu halten, leider haben seine Nachfolger dieselbe mit Petaurista vermischt, welcher schon durch seine weisse Unterseite leicht unterscheidbar ist. — Guinea.

258 u. 261. **C. nictitans** (Simia — L. Gm. I. 33. n. 23. Schreb. I. 108. t. XIX A.) Erxleb. s. m. 35. n. 13. Schwarzbraun, grün punctirt, Aussenseite der Gliedmaassen dunkelbraun, Schwanz braun, Gesicht schwarzblau, Nasenkuppe weiss, Oberaugenlid fleischfarbig. Länge 19″, Schwanz 26″. — The White-nosed Monkey Purchass pilg. II. 955. Cercop. angolensis alius, totus niger naso albo Marcgr. Bras. 227. The Winking Monkey Penn. syn. 120. 87. Quadr. I. 205. Guénon à nez blanc proéminent Latr. II. 289. pl. LIV. Le Hocheur Audeb. fam. 4. I. pl. 2. Lasiopyga nictitans Illig. prodr. 61. Offenbar gehört hierher auch „le Blanc-nez". — S. petaurista Audeb. 4. sect. 2. pl. 14., unsere Fig. 258. oben, der weissmäulige Affe Schreb., der nickende Affe Müll. Nat. Syst., wurde von Prof. Burmann in Amsterdam beobachtet und seine Grösse fast wie die des gemeinen Affen angegeben. Die Leibeshaare schwarz mit einigen weissen Ringen, Lippen und Kinn weisslich, Glieder nebst Schwanz schwarz. Der Daumen der Vorderhand nicht länger, als das erste Glied des Zeigefingers. Er spielte gern und nickte beständig mit dem Kopfe, davon sein Name. — Le Hocheur Fr. Cuv. namm. pl. 13. erschien im Oct. 1825. Die nach alten ausgestopften Exemplaren gegebenen Figuren von Buffon: Guénon à nez blanc proéminent suppl. VII. 72. vol. XVIII. und Hocheur Audeb. 4. pl. 2. werden hier durch eine nach

---

*) Der Titel des Prachtwerkes ist: La Menagerie du Museum National d'hist. nat. ou les animaux vivants, peints d'après nature sur vélin par le citoyen Maréchal peintre du Museum et gravés au jardin des plantes, avec l'agrément de l'administration, par le citoyen Miger, graveur, membre de la ci-devant Académie Royale de Peinture. Avec une note descriptive et historique pour chaque animal, par les citoyens Lacépède et Cuvier, membres de l'Institut. Paris. An X. — 1801.

dem lebendigen Affen gefertigte, unsere Fig. 261., ersetzt. Fr. Cuvier besass dieses Weibchen eine Zeit lang lebendig. Physiognomie, Gestaltung, Sitten und Charakter stimmten mit der Diana überein. Das Exemplar maass 16″, der Kopf allein 4″, Schwanz 26″, Schulterhöhe 8″, Kreuzhöhe 11″. Das nackte Gesicht war schwarzbläulich, die Augenlider fleischfarbig, Ohren braunschwärzlich, Hände ganz schwarz und das Fell am Leibe weiss, leicht schwärzlich überlaufen. Auf dem nackten Gesicht zeigten sich nur einige einzeln stehende, schwarze Haare, aber die Nase war ganz mit kurzen, dichten, schwarzen Haaren zwischen den Augen und übrigens in ihrer ganzen Länge mit weissen besetzt. Kopf und Oberleib schwarz, gelblich punktirt, ebenso der Backenbart. Seiten, Oberseite der Schenkel, Brust und Bauch schwarz, weis punktirt, Hals, Gliedmaassen und Schwanz ganz schwarz und ein schwarzer Streif trennte den Backenbart von den oberen Kopftheilen. Unter der Unterkinnlade und auf der Innenseite der Schenkel und unter den Achseln graulich. Die Haare meist unten grau, dann schwarz und gelb geringelt, oder schwarz und weiss für ihre übrige Länge, so dass er oben gelblich und unten weiss punktirt erscheint. Wenige längere, mehr platte, schwarze Haare zeigen sich unter die anderen gemischt, besonders längs des Rückens und der Seiten, die Haare an den Gliedern und am Schwanz sind am kürzesten. Die Geschlechtsorgane waren wenig entwickelt. — Guinea und Umgegend. An der Cap-Küste: Fraser Proceed. IX. 1841. 97.

b. Diademia*) Rchb. Diademaffe. Sehr schlank, schwarz und weiss, Haare punktirt, Gesicht dreieckig mit weisser Stirnbinde.

262. **C. Roloway** (Simia — Allamand ed. Buff. XV. 77. t. 13. L. Gm. 35. 46. Schreb. t. XXV.) Erxleb. mamm. 42. n. 21. Le Palatine ou Roloway. Schwarzbraun, Kopf, Seiten und Oberseite der Glieder weiss punktirt, Gesicht schwarz, bogenförmiges Stirnband und kurzer Bart rings um das Gesicht, sowie die ganze Unterseite und die Innenseite der Glieder weiss. Länge 1¼″, Schwanz ebenso lang. Der Palatinaffe hat ein dreieckiges, wie von einem weissen Palatin umgebenes Gesicht. Bei einem zweiten Exemplare in Amsterdam zeigten sich noch Spuren, dass das Weiss pomeranzengelb überlaufen war, was nach und nach schwand, an einem andern waren die Schenkel innerseits gelb. Das durch Allamand abgebildete Exemplar war artig und schmeichelhaft gegen Bekannte, misstrauisch aber gegen Fremde. — Die geschwänzte Figur auf dem Titelblatte zu Hoefnagelii archetypa. Francof. ad Moen. 1592. sieht diesem Affen nicht unähnlich, nur dass der Bart nicht getheilt und die Ohren langhaarig sind. Einer der seltensten Affen, in neuerer Zeit kaum wieder vorgekommen. „Roloway" in Guinea.

263—67. **C. Diana** (Simia — Linn. Act. Stockh. 1754. 210. t. 6. Schreb. I. 94. t. XIV.) Erxleb. 30. n. 9. Braunschwarz, weiss punktirt, das bogenförmige Stirnband, Backenbart, Oberbrust und Innenseite der Oberarme weiss. Länge 18″, Schwanz ebenso lang. — Dieser schöne Affe war schon in der Vorzeit Brisson, Marcgrave und Ray bekannt und der Spotted ape Pennant's, der Exquima in Kongo, sowie die Diana sind dieselbe Art. Wie wahrscheinlich es ist, dass Cercop. barbatus I. Clus. exot. hierher gehört, werden wir bei C. cynosurus, 295., weiter erläutern. In neuerer Zeit ist dieser schöne Affe sehr selten vorgekommen. Ich sah ihn hier in Dresden im J. 1859 bei Herrn Plato lebendig. Seine überaus grosse Behendigkeit im Bewegen, wie seine Gutmüthigkeit wetteiferten mit seiner höchst zierlichen Gestalt, und er verschaffte seinem Besitzer vorzüglich viele Bewunderer und Beschauer. Auch Bennet beobachtete ihn in zoologischen Societätsgarten und bildete ihn in „The Gardens and Menagerie" II. 1835. p. 33. ab, wobei er folgendes bemerkt: Kopf, Hals, Seiten und Mittelleib unterseits tief aschgrau, wird nach und nach dunkler nach der Aussenseite der Schenkel, tiefschwarz auf den Händen. Auch der Schwanz wird immer dunkler und die Spitze vollkommen schwarz. Durch die Mischung der weissen Spitzenpunkte mit dem Schwarz erscheint das Haar graulich, doch vorherrschend schwarz. Das dreieckige Gesicht ist so wie die Ohren ganz schwarz. Ein schmaler Streif langer, weisser Haare verläuft am Vorderkopf über den Augen und bis fast an die Ohren. Die Gesichtsseiten

---

*) Alle Namen der Diana, etwa mit Ausnahme der Orthia und Brauronia, welche aber zu wenig an die Diana erinnern, sind, so wie Diadema, längst und mehrfach vergeben.

Affen zu Rchb. vollständigster Naturgeschichte. 15

schmückt ein breiter, weisser Backenbart und endet am Kinn in einem dünnen Knebelbart von 2—3 Zoll Länge. Diese weissen Haare setzen sich dann über die Oberbrust und die Innenseite der Oberarme fort, als wohl umgrenztes weisses Feld. Ein ähnlicher kleiner, mehr orangegelblicher Fleck findet sich am Unterbauch und zieht sich in die Innenseite der Hinterschenkel, auf deren Aussenseite ein schmaler, weisslichgrauer Streif herabläuft. Ueber den Mittelrücken zieht sich ein dunkelrothbrauner Streif, so deutlich begrenzt wie die übrige Zeichnung, zwischen den Schultern beginnend und bis zur Schwanzwurzel auslaufend, dabei immer breiter werdend. Länge 18″, Schwanz 2′. Er hat kleine, aber deutliche Schwielen und mässige Backentaschen. Einer der anständigsten und gutartigsten Affen, doch mehr in der Jugend, als im Alter. Er lässt sich überaus gern liebkosen und nickt und fletscht die Zähne, wenn ihm behaglich ist. — Guinea. Algoa-Bay: Proceed. II. 1832. 123. Soll im District von Sierra Leone bei Bassa, wo mehrere Felle waren, häufig sein, vorzüglich zu Accra: Fraser Proceed. IX. 1841. 97.

268. **C. leucampyx** (Simia — Fischer syn. 20.) Martin proceed. 1841. Is. Géoffr. Cerc. à diadème, Cat. meth. 20. n. 8. C. Diana Fr. Cuv. mammif. pl. 14. Schwarz, weiss punktirt, unten und Innenseite der Schenkel hell weisslichgrau, Gesicht blass violet, Stirnband in einem Bogen nach oben, nebst dickem Backenbart weiss. — Fr. Cuvier beschrieb seinen für Diana gehaltenen Affen im Juni 1824. Er war sekon mehrere Jahre in der Menagerie. Bei seiner Ankunft war Kopf, Oberhals, Schultern, Arme, Hände, Brust, Bauch und Schwanz schwarz, an den Untertheilen des Körpers dunkler, ebenso auf ein gut Theil des Schwanzes. Rücken und Seiten erschienen weiss und schwarz punktirt, denn die Haare waren schmal schwarz und weiss geringelt, der Backenbart war schwarz und gelb punktirt, auch zeigte sich etwas gelb im Stirnband. Einige weisse Haare umstanden das Kinn, doch bildeten sie nicht einen so langen Bart, wie bei dem Esquima und Roloway, auch zeigten sich gelbe Haare nur unter den Schwielen und in geringer Anzahl. Das ganze Gesicht war violet und auf den Wangen und Schläfen waltete blau vor, während Mund und Augenlider roth waren. Hände ganz schwarz und die Augen röthlichgelb. Späterhin hat sich die allgemeine Färbung nicht verändert, aber die weissen Ringe der Haare am Rücken zeigten sich gelb und auch im Backenbart hat sich diese Farbe gemehrt. Die Haare an der Innenseite der Schenkel haben graue und weisse Ringe, so erscheint diese Partie als zartes grau. Die Schwanzhaare führen ähnliche Ringe, aber das Grau wird fast schwarz. Der Pelz ist oberseits sehr dicht, aber unten locker, wo das Fell wie am übrigen Leib violet ist. Is. Géoffr. St. Hil. setzt bei Belanger p. 52. diese verwandten Arten aus einander und nennt gegenwärtige hier wie im Cat. meth. C. diadematus. In den Archives du Mus. II. 1841. 557. nimmt er aber Fischer's Namen an und fügt noch C. dilophus Ogilby Monkeys 1838. dazu. Bei leucampyx fehlt der Knebelbart und das umgekehrte, mit dem Bogen nach oben gerichtete Stirnband ist weit breiter, als bei den beiden andern.

269—70. **C. Pluto** J. E. Gray Proceed. 1848. 50. pl. III. Ann. Mag. N. Hist. 1849. III. 305. Gesicht schwarz, das Diadem als verloschener Bogen nach oben auf der Stirn schwach angedeutet, der ganze Pelz schwarz, die Haare grau geringelt. Macht auch durch die Gesichtsform einen Uebergang zu folgender Gruppe. — Er erscheint wieder als Cerc. Stangeri Sclater in J. Wolf's zoological sketches made for the zoolog. Soc. of London from animals in their vivarium, pl. II. 1861. Er hat wohl einige Aehnlichkeit mit C. leucampyx, mit dem ihn Temminck sogar vereinigen wollte, aber irrig. Er gehört zu der Gruppe mit akgerundetem Backenbart aus geringelten Haaren, ohne Knebelbart, feinpunktirtem Pelz und schwarzer Nase und Lippen, und unterscheidet sich von seinen Verwandten leicht durch seine dunkle Farbe und das breite Stirnband. Dazu wird eine Abbildung nach einem zweiten Exemplare gegeben, welches Dr. Stanger aus Port Natal erhielt und der Societät im J. 1851 verehrte. Dieses ist in Einzelnheiten von dem von Gray abgebildeten verschieden, die Stirnbinde weniger deutlich und die allgemeine Färbung mehr gleichartig. Die Schwanzhaare sind verstossen und abgenutzt, deshalb wahrscheinlich der Schwanz lichter. Diese Abweichung veranlasste den Namen, den schon Mr. Mitchel im Report of the Council of the Soc. 1853. (also doch fünf Jahre später als Gray) gegeben hat. Es ist indessen nicht zu bezweifeln, dass das Exemplar zu Pluto gehört. Unglücklicherweise erhielt Dr. Stanger keine Nachricht über den genauen Fundort seines Exemplars. Gray's Exemplar war aus Angola, Stanger erhielt das seinige aus Port Natal.

c. Mona Rchb. Grössere, dickere und grossköpfige Meerkatzen mit birnenförmigem Gesicht, tiefliegenden Augen, langem, dicken Backenbart, sehr langem, dünnen Schwanze.

271—75. **C. mona** (Simia — Schreb. I. 97. t. XV. Gm. Linn. I. 34. n. 41. Erxleb. mamm. 32. Kastanienbraun, Gliedmaassen und Gesicht schwarz, Oberkopf grünlichgelb gemischt, der grosse, buffige Backenbart gelblichweiss, Unterhals, Brust, Bauch und das Innere der Arme weiss, ein schwarzer und über ihm ein blasser Bogenstreif über den Augen, ein weisser Fleck jederseits neben der Schwanzwurzel. Länge 1' 5½", Schwanz 23½". — Schon Brisson führt ihn auf, er ist der „Mone" Buff. XIV. 258. t. 36. und der Singe varié, „Varied ape" Penn. syn. 118. n. 84. und S. monacha Schreb. t. XV B. Man brachte sie sonst weit öfterer nach Europa, als jetzt, wo man sie schon seit Jahrzehnten selten mehr sieht. Sie sind schöne Affen und gutartig, dabei immer heiter und von Anhänglichkeit an ihren Wärter. Nur gegen sie neckende Fremde werden sie beissig. Sie haben eine besondere Neigung Insekten aufzusuchen, die sie begierig verzehren. Ueberflüssige Nahrung verwahren sie in den Backentaschen für die nächsten Tage. Wollte man diese Gruppe zur Gattung erheben, so könnte diese Art Mona monacha heissen. Auch Fr. Cuvier schreibt in Enthusiasmus über die Eigenschaften dieses liebenswürdigen, schönen Geschöpfes, ebenso Bennet zoolog. Gard. I. 37., welcher diese Art der Diana noch vorzieht, obgleich er von einem alten Exemplar mit grossen Eckzähnen sagt, dass es zeitweilig bös wird. Fig. 275. war im J. 1828 hier lebendig und sehr gutartig. — Am Senegal.

276. **C. Campbelli** Waterhouse Proceed. 1838. 6. Ann. Mag. N. 1838. II. 473. Fraser zoolog. typ. VIII. Pelz sehr lang, fast seidenartig, über den Mittelrücken getheilt, Kopf und Vorderleib graulich-olivenfarbig, Haare schwarz und gelb geringelt, Hinterleib und Schenkel aussen tief aschgrau, Kehle, Bauch und Innenseite der Gliedmaassen weiss, Arme aussen schwarz, Schwanzhaare schwarz und gelb, an der Spitze schwarz, dazwischen längere Haare. Länge 20", Schwanz 28". — Dem Pogonias Bennet nahe verwandt, doch hat er nicht den schwarzen Rücken, der diesen unterscheidet. Vorzüglich auffällig ist hier die lange Behaarung und die auf dem Rücken wie bei den meisten Colobus getheilten Haare, die auf 2½", am Hinterrücken bis 3" lang sind. Grau am Grunde sind sie übrigens schwarz, mit breiten, gelben Ringen, letztere Farbe waltet deshalb vor. An der hintern Hälfte des Körpers und der Aussenseite der Hinterbeine sind die Haare tief schiefergrau, meist einfarbig, einige auf dem Mittelrücken sind dunkel tiefgelb gesprenkelt, die an den Dickbeinen (the thigs) sehr undeutlich weiss gesprenkelt, Bauch, Innenseite der Glieder, Vorderseite der Dickbeine, Brust und Bauch sind weiss. Das Haar der Wangen und Halsseiten ist sehr lang und graulichweiss, spitzewärts schwarz und gelb, einige weisse Haare schwarz gespitzt, ziehen quer über den Vorderkopf. Innenseite der Ohren sehr lang graulichweiss behaart, dunkelgrau und blassgelb geringelt, diese Haare sind ⅔ bis 1" lang. Die Vorderbeine sind aussen schwarz und kurz behaart. Die Haare an der Oberseite des Schwanzes graulich mit schwarz und unrein gelb und an der Untersite schwarz und bräunlichweiss, die Schwanzspitze, lang behaart wie bei C. pogonias, ist schwarz, die schwarzen Haare nehmen ein Drittheil der ganzen Schwanzlänge ein. — Der Name wurde zur Erinnerung an den Major Henry Dundas Campbell, Gouverneur von Sierra Leone, gegeben. Die unvollständigen Felle, welche Mr. Fraser erhielt, sollten aus der Gegend von Mandingo herstammen: Proceed. X. 1842. 130.

276b. **C. pogonias** Bennet Proceed. 1833. 67. Schwärzlich, weiss fein punktirt, Mittelrücken, Kreuz und Oberseite des Schwanzes und die Spitze, sowie eine Binde über die Schläfen schwarz, Stirn und Hinterbeine aussen gelblich, schwarz punktirt, Backenbart sehr lang, weisslichgelb, Leib und Schwanz unterseits, sowie die Glieder innerseits röthlichgelb. Länge 17", Schwanz 24". Haare der Oberseite schwarz, weisslich geringelt, daher graulich erscheinend, wie solche schon den Hinterkopf und Vorderrücken, die Seiten, die Aussenfläche der Oberarme (anterior limbs) und die Hinterhände besetzen. In der Mitte des Rückens beginnt ein breiter, schwarzer Fleck, welcher sich über den Schwanz ausdehnt

15*

und über zwei Dritttheile seiner Oberfläche hinzieht, das letzte Dritttheil ist oben und unten schwarz. Am Vorderkopf sind die Haare gelblich und schwarz geringelt, einige schwarze Haare stehen auf der Mittellinie und jederseits verläuft ein breiter, schwarzer Fleck über dem Auge zum Ohr. Der Backenbart (the whiskers) zieht sich sehr jederseits am Gesicht hin und besteht aus gelblichweissen Haaren, hier und da spärlich dunkelschwarz geringelt. Im Ohr steht ein Büschel Haare von derselben Farbe wie der Backenbart. Die Aussenseite der (Hinter-) Schenkel ist gelblich schwarz melirt, ihre Farbe hält das Mittel in der Schattirung des hellsten Theiles der Seiten und des Backenbartes, Unterleib, Innenseite der Glieder und Unterseite der zwei ersten Dritttheile des Schwanzes röthlichgelb. In dieser Weise weicht diese Art in ihrer Färbung von allen bekannten Affen ab. — Fernando Po.

276ᶜ. **C. Erxlebenii** Dahlboom: Pucheran Rev. zool. 1856. 96. Ziemlich klein, wie eine Hauskatze, olivenfarbig, rothgelb, rostgelb, gelbgrau und schwarz melirt, unterseits und Innenseite der Gliedmaassen gelb, die Haare am Grunde weisslich, Schwanz am Grunde olivenfarbig und schwarz melirt, Kopf mit drei Streifen, deren mittler einen Kamm bildet, Hüft- und Kreuzgegend, Obertheil und Spitze des Schwanzes, sowie die Aussenseite der Vordergliedmaassen, alles schwarz, Hände und Gesicht dunkelbraun, Mund fleischroth. — Nach einem jungen W. in der Menagerie am Museum aus Westafrika?·

276ᵈ. **C. nigripes** Du Chaillu Boston Journ. 1861. 360. Nach J. E. Gray nur Altersverschiedenheit von C. Erxlebenii Dahlb. & Pucheran Rev. 1856. Dahlb. Studia zool. I. 102. t. 5. f. 12. Mr. Du Chaillu's Exemplar und eins im British Museum haben die Seiten schwärzer, als in der oben citirten Figur, diese soll von einem jungen Thier herrühren. Man hat ihn mit C. pogonias verglichen.

276ᵉ. **C. Burnettii** J. E. Gray Ann. and Mag. of N. H. X. p. 256. Graulichschwarz, Kopf, Hals und Oberrücken gelb gedüpfelt, Kehle, Wangen, Bauch, Innenseite der Vorderbeine und Schenkel graulichweiss, Gesicht schwarz, Haare an den Wangen und dem Vorderkopf gelb, mit kleinem, schwarzen Haarbüschel über jedem Auge, Pelz sehr dick, Haare lang, ziemlich steif, am Grunde blass, dann graulichschwarz, die am Kopf, Hals und Oberrücken, sowie an der Schwanzbasis, mit zwei oder drei gelbbraunen Bändern vor der Spitze. Länge 19″, Schwanzende war verletzt. — Fernando Po: Thomas Thomson Esq. R. N.

276ᶠ. **C. labiatus** Is. Géoffroy Compt. rend. XV. 1038. Dict. sc. nat. III. Cercopitheque aux lèvres blanches, Cat. meth. 20. 5. Pelz lang und voll, Obertheile dunkelgrau, blass olivengelb gespitzt, unterseits unrein weiss, ein schwarzer Fleck im Gesicht über dem Lippenwinkel (au dessus de la commissure des lèvres), übrigens um den Mund herum weiss, die vier Hände und die Aussenseite der Vordergliedmaassen schwarz, Aussenseite der Hinterglieder aschgraubräunlich, Innenseite beider aschgrau, Schwanz unterseits unrein rothgelb in grosser Ausdehnung, rothbraun und schwarz oberseits an demselben Theile melirt, übrigens schwarz. Länge 4 Decimeter, Schwanz ½ Meter. — Géoffroy kennt nur ein gekauftes Exemplar aus Afrika, wahrscheinlich Westafrika. Die Ohren inwendig grau und röthlich behaart wie bei C. erythrotis Waterh. — Oberkopf schwarz, gelbgrünlich punktirt, Stirn und Wangen im Gegentheil gelbgrünlich und schwarz punktirt, weil hier die hellen Ringe vorwalten. C. labiatus ist dem nictitans am ähnlichsten, auch die allgemeine Färbung des Pelzes dieselbe und die Stellung der Wangenhaare analog, aber Färbung der Unterseite und des Schwanzes sind ganz verschieden und unterscheiden beide bestimmt. — Ohne nähere Bestimmung: Südafrika, ein Exemplar 1840 erhalten. Ein Weibchen von Port Natal durch Ed. Verreaux in das Pariser Museum gelangt, hat den bei dem andern rothgelben Theil des Schwanzes mehr rothgelb weisslich.

276ᵍ. **C. Martini** Waterhouse Proceed. 1838. VI. 58. Oken Isis 1845. 386. Haare der Oberseite schwarz und gelblichweiss geringelt, Kopf oben, Arme und Schwanz schwärzlich, Kehle und Bauch graubräunlich. Länge 22″, Schwanz 26″. — Der Entdecker hatte zwei Felle vor sich, welche in der Färbung übereinstimmten und nur in der Grösse, deren höhere Ausmessung oben angegeben ist, sich unterschieden. Gesicht, Hände und Hinterfuss fehlten unglücklicherweise. Er steht sonst dem nictitans nahe, indessen sind die Haare der Obertheile des Körpers bestimmter geringelt und die allgemeine Färbung etwas graulich.

Jedes Haar ist am Grunde grau und sein Spitzentheil schwarz mit gewöhnlich drei gelblich-weissen Ringen. Oberkopf und Vorderglieder schwarz, Hinterglieder schwärzlich, die Haare nur dunkel geringelt. Die Kehle ist unrein weisslich, Bauch und Innenseite der Glieder am Grunde bräunlich, Schwanz oben schwarz, an den Seiten etwas graulich, unter der Schwanzbasis befinden sich einige röthlichgraue Haare. Die nackten Schwielen sind klein. Die Haare am Vorderkopf schwarz, bräunlichweiss geringelt, ebenso auch die an der Gesichtsseite unmittelbar unter dem Ohr. Das Pelzhaar ist mässig lang, liegt indessen nur locker am Körper. An dem kleineren Felle sind die Untertheile etwas blasser bräunlichgrau. Der Entdecker gab der Art den Namen seines Curators MARTIN. Mr. WATERHOUSE legte der Zool. Soc. am 14. Sept. 1841 wieder ein Fell vor, welches mit dem früher gezeigten ganz übereinstimmte, nur grösser war. Kopf und Leib maassen fast 26″, der Schwanz 31″. Dieser ist einfarbig schwarz nächst der Wurzel, nur sind die Haare dunkelgrau geringelt, die am Unterleib russgraulich, dunkel weisslich geringelt. Oberkopf, Hinterhaupt, Schultern und Vorderglieder schwarz, am Vorderhaupt sind die Haare deutlich gelblichweiss geringelt. — Fernando Po.

277. **C. erythrarchus** PETERS Mittheil. in der Ges. naturf. Freunde zu Berlin, 16. Juli 1850. Naturwissensch. Reise nach Mossambique, Zoologie I. 1852. S. 1. t. I. Olivengrau, schwarz und olivenfarbig wellig, Gesicht schwärzlich (ohne blasse Stirnbinde), Bart wellig, Lippen und Ohren weiss behaart, Gliedmaassen aussen schwarzgraulich, Unterseite und Skrotum weisslich, Aftergegend und Schwanzwurzel, sowie die Hinterseite der Schenkel röthlich, Schwanz übrigens schwarz. Länge 0,480, Schwanz 0,640. — Oberseite mit graugrünlich oder bräunlichgrün und schwarz geringelten Haaren bekleidet, was die Erscheinung von welligen, abwechselnd schwarz und bräunlichgrün gefärbten Querbinden hervorruft. Auf dem Kopf und bis zur Mitte des Rückens ist die Farbe dunkler und wird an den langen Haaren der Körperseite und des Backenbartes blasser. Der Unterrücken nimmt eine mehr bräunliche Färbung an. Weder die Gegend über den Augen, noch die des Backenbartes ist durch eine besondere Färbung von den umgebenden Theilen unterschieden. Die Haut des Gesichts, Nase, Augenlider und Wangen sind von schwarzvioleter Farbe, die Lippen, das Kinn und die innere Seite der Ohren sind mit weissen oder gelblichweissen Haaren besetzt. Die grünliche Färbung der Rückenseite geht nach den Seiten und der Aussenseite der Extremitäten hin in's Graue über und die einzelnen Haare sind hier weiss und schwarz oder weiss und grau beringt. Die äussere Seite der Vorderarme und der Hände ist schwarz mit eingesprengten, grau beringelten Haaren, die Unterschenkel sind an ihrer Aussenseite dunkelgrau, Kinn und Vorderhals weiss, Brust und Bauch schmuzigweiss, Innenseite der Gliedmaassen bis zu den Händen und Füssen herab grau, Sohlen der Hände und Füsse nebst den Gesässschwielen schwarz, Gegend um letztere wie um den After nebst dem ersten Sechstheil des Schwanzes und die Enden der langen Haare der Hinterseite des Oberschenkels bis zur Kniekehle herab rostroth. Skrotum ohne besondere Färbung, von langen, schmuzigweissen oder rostroth gespitzten Haaren bedeckt. Schwanzwurzel unten rein, oben vorherrschend rostroth, übrigens bis zur Spitze schwarz, mit zerstreuten, heller gefärbten Haaren, bis zur Mitte seiner Unterseite von grauer Farbe. Der Grundtheil der Körperhaare schieferfarbig, blaugrau, Nägel schwarzbraun. — Nähert sich dem C. monoides, unsere Fig. 282., welcher indessen nichts von der hier so auffallenden Färbung des Gesässes und der Schwanzbasis zeigt. Seine Landsleute in Mossambique nennen ihn „Nschógo" in Inhambane und „Coro" in Quellimane, wo er nicht selten vorkommt. Berl. Museum.

278. **C. erythrotis** WATERHOUSE Proceed. 1838. 59. FRASER zool. typ. XIV. 1. OKEN Isis 1845. 386. Gelbgrau, Leibeshaare oberseits gelb und schwarz geringelt, Kehle und Wangen weiss, Arme schwärzlich, Schwanz glänzend röthlich, oberseits mit schwarzem Streif bis an die schwärzliche Spitze, Aftergegend und Ohren röthlich. Länge 17″, Schwanz 23″. — Diese hübsche kleine Art ist etwa so gross wie C. cephus, auch mit ihm verwandt, doch durch die schön roströthliche Ohrbedeckung inwendig, den schön röthlichen Schwanz und die röthlichen Afterhaare leicht unterscheidbar. Die Haare an den Obertheilen sind schwarz und gelb geringelt, am Hintertheile des Rückens ist das Gelb goldschimmernd, doch das Schwarz hier vorwaltend. An den Seiten des Leibes und der Aussenseite der Hinterglieder sind die Haare graulich, am Bauch und der Innenseite der Glieder graulichweiss.

Die Vorderglieder aussen schwärzlich, ein dunkler Zug zieht sich vom Auge zum Ohr, unter ihm an den Wangen steht ein Büschel weisser Haare, unter dem die Haare graulichschwarz und gelb sind, — in dieser Hinsicht findet sich wieder eine Beziehung zu cephus. Das Gesicht ist unvollständig und die Hinterhände fehlten am Fell, daher sie nicht beschrieben werden. Mr. Waterhouse berichtet Proceed. IX. 1841. über ein durch G. Knapp erhaltenes Fell, an dem das Gesicht besser erhalten war, in dem sich ein röthlicher Querzug über die Nase befindet, aus kurzen, schön rostrothen Härchen gebildet. Die Oberlippe ist schwärzlich behaart und ein Band aus langen, schwärzlichen Haaren verläuft rückwärts von der Oberlippe quer über die Wangen, die übrigens weisslich behaart sind. Das Fell hielt 2' und der Schwanz 2' 5". — Fernando Po.

279. **C. albogularis** Sykes, Fras. typ. t. I. (Semnop.? — Proceed. I. 1830—31. 106.) Owen Proc. II. 1832. 18—20. Oben gelb und schwarz, unten weiss und schwarz fein gesprenkelt (irroratus), Kehle weiss, Gliedmaassen schwarz, Backenbart breit, die Ohren fast verhüllend, Augenbrauenhaare steif vorstehend. Eckzähne auffällig lang, fast ¾", schlank und scharf, Schneidezähne sehr kurz und flach. Kopf gerundet und kurz. Ohren sehr klein, ziemlich gerundet, meist in den Haaren versteckt. Augen tief liegend und vom vorwärts gerichteten Augenbrauenbogen beschattet, Iris breit, ocherbraun. Auf jeder Wange bildet das Haar einen Busch wie Backenbart, kein Knebelbart. Backentaschen nur unvollständig, äusserlich nicht sichtbar, auch wenn sie gefüllt sind, sind sie von den Wangenbüscheln bedeckt. Vorderdaumen kurz und abstehend, an den Hinterhänden lang. Ganze Oberseite schwarz und ochergelblich gemischt, da jedes Haar schwarz ist, ochergelb gebändert, das Schwarz waltet auf den Schultern vor, das Ochergelb auf Rücken und Seiten. Unterseite durch weiss und schwarz graulich, Vorderglieder einfarbig schwarz, hintere schwarz mit ein wenig von der Rückenfarbe. Kinn und Kehle reinweiss. Schwanz schwarz, anderthalbmal so lang als Leib. Lebte im Garten der zoologischen Societät. Er betrug sich ernsthaft und ruhig. Er war artig, doch nicht anhänglich, aber frei von dem leichtfertigen Muthwillen und der zornwüthigen Bosheit so mancher Afrikaner, indessen rächte er Aufregungen durch heftige Schläge mit seinen Vorderhänden. Am Bord hat er Niemand gebissen, aber die mitreisenden Affen richtete er so zu, dass zwei an ihren Wunden starben. Er genoss zubereitete Speisen und nagte gern Knochen ab, auch wenn er mit Pflanzenkost und trockenen Früchten reichlich versehen war. Man hatte ihn in Bombay erlangt und vermuthete als sein Vaterland Madagaskar. Prof. Owen zeigt a. a. O. durch die Section, dass die Art hierher gehört. Da es auf Madagaskar keine Affen giebt, stammt er wohl aus Westafrika. Wegen seiner versuchten Vereinigung mit monoides vergl. 282. S. Müller hält ihn gar für dunkle Varietät des ostindischen Entellus. — Fraser maass 2' 2", Schwanz 2' 6".

280 u. 281. s. später.

282. **C. monoides** Is. Géoffr. Compt. rend. XV. 1038. Dict. sc. nat. 303. — Archives du Mus. II. 1841. 558. pl. III. — Kopf oben und Nacken olivengrünlich, schwarz punktirt, Obertheile rothbraun und punktirt, leicht grün überlaufen, Schultern, Gliedmaassen grösstentheils und der Schwanz schwarz, Bauch und Unterbrust graulich, Vorderseite der Brust und Kehle weiss. — Die Menagerie in Paris erhielt ein Weibchen durch Frau Prinzessin Beauveau. Das Thier kam schon alt an und verstarb sehr alt, betrug sich wie Mona oder Diana. Is. Géoffr. St. Hil. sagt: Er war der erste Affe vom alten Continent, den ich seinen Schwanz bei seinen Bewegungen als Rollschwanz zur Unterstützung brauchen sah. Seine Wangenhaare sind lang, die Ohren sind oben an ihrer Innenseite mit ziemlich langen, weissen Haaren besetzt. Länge gegen einen halben Meter, Schwanz um ein Sechstheil länger als Kopf und Leib. — Die Färbung der Oberseite, sowie die Formen und Verhältnisse stimmen mit Mona überein, aber die Färbung der Unterseite ist bei Mona sehr verschieden und lässt beide leicht unterscheiden. — Cerc. albogularis Sykes, als Semnopithecus beschrieben Proceed. 1830. 31., dann aber von Mr. Sykes selbst, von MM. Ogilby und Martin unter Cercop. versetzt, ist sowohl seinem Vaterlande wie seiner nächsten Verwandtschaft nach noch nicht genau genug bekannt. Aber seine allgemeine Färbung ist grau punktirt, zieht auf dem Rücken in Olivenfarbe, die Brust ist auch reinweiss, die

Haare lang und fein, endlich die äusseren Daumen (pouces extérieures) kurz, Kennzeichen, die sich alle bei monoides nicht wiederfinden. — Westafrika.

d. Callithrix ERXLEBEN Mamm. 1777. Grüne und rothe Meerkatzen. Das Haar hat grüne oder rothbraune Grundfarben. Leidenschaftlich immer aufgeregte Arten, vom Wuchs der Schlankaffen. Schwanzspitze walzig oder mit Neigung zur Verdickung.

* Gelbliche und grüne Arten.

280. **C. Werneri?** Le C. Werner: Is. GÉOFFR. ST. HIL. Compt. rend. XXXI. 1850. p. 874. Cat. d. Primates 1851. p. 23. 15. — Archives du Mus. V. 539. pl. 27. — Gesicht schwarz, Oberkopf und Obertheile nebst Schultern und Aussenseite der Oberschenkel gelbroth, schwarz punktirt, Untertheile und Innenseite weiss, Schwanz rothgoldig, vorzüglich gegen die Spitze. — Vaterland noch unbekannt, wahrscheinlich Westafrika. — Länge 4½ Decimeter, Schwanz ziemlich ½ Meter. — Die Haare des Oberkopfes und Oberkörpers am Grunde grau, dann die erste Hälfte schwärzlich, gegen das Ende schwarz und dazwischen finden sich lebhaft rothgelbe, in olivenfarbig ziehend, daraus entsteht das schöne Gelbroth wie schwarzpunktirt. Die Oberseite des Schwanzes am Grunde wie der Rücken, aber sobald sich die gelbe Haargürtel vermindert, vermehrt sich der schwarze. Gegen zwei Fünftheile des Schwanzes wird das Gelb wieder vorwaltend und die ganze Spitze desselben, wie ein grosser Theil seiner Innenseite ist gelb oder lebhaft gelbroth. Die Aussenseite der Gliedmaassen nebst Schultern und Oberschenkeln ist grau, etwas olivenfarbig und sehr punktirt, ebenso die Hände. Die aufgerichteten Wangenhaare sind hellgelb. Zwischen Geschlechtstheilen und After befinden sich lange, rothe Haare, doch nicht an der Schwanzwurzel. Zwischen dem schwarzen Gesicht und den rothen Kopfhaaren ist eine Linie aus langen, schwarzen Haaren und darüber die kleine, weissliche Binde. Die Kopfhaare sind nach beiden Seiten gerichtet, auf der Stirnmitte zeigt sich ein länglicher, schwarzer, gelb eingefasster Längsfleck. Der schwarze Theil entspricht dem grauen und schwärzlichen Haargürtel, welcher hier bei der Richtung der Haare sichtbar wird. Die gelben Ränder entsprechen ebenso dem hellen Haargürtel, dessen schwarzes Ende mit den benachbarten Haaren verläuft. Diese Eigenheit ist aber vorübergehend, ein Exemplar in der Menagerie zeigte es nicht, daher es nicht unter die Kennzeichen gehört. — Mit C. sabaeus der Autoren (nicht LINNÉE's = C. griscoviridis et griseus?) stimmt er in der Färbung des Gesichts, dem Untertheile und der Schwanzspitze überein, auch die Gestalt des Kopfes und die Verhältnisse sind gleich, und so haben wir hier nur den Farbenunterschied zwischen olivengrün und gelbroth. Ein Exemplar lebte 1847 in der Menagerie, ein zweites, ein M., wurde später gekauft, von keinem war das Vaterland genau zu erfahren, daher nicht näher bestimmt: Afrika.

281. **C. rufoviridis:** Cercop. roux vert. Is. GÉOFFR. Compt. rend. XV. 1038. Cercopitheque Dict. univ. d'hist. nat. III. 307. — Archives du Mus. II. 1841. pl. IV. Cat. meth. 23. 12. — Eine weisse Binde vor der Stirn, Gesicht schwarz. Pelz oberseits grünröthlich, Schultern und Hüften graugrünlich, unterseits weiss, Seiten röthlich. — GÉOFFROY kannte nur ein Weibchen. Die Art gehört zu Sabaeus, pygerythraeus und den übrigen grünen Affen: Lalandii, cynosurus, griseoviridis und tantalus OGILBY, der noch nicht hinlänglich bekannt ist, und bietet auch eine Hindeutung auf die rothen: ruber und pyrrhonotus. Der Schwanz ist oberseits grau und punktirt, unterseits weisslich, die Spitze oben schwarz. Zwischen dem Schwanz und den Schwielen zeigen sich einige rothe Haare, fast wie bei cynosurus. Gesicht schwarz, wie bei griseoviridis, mit weisser Stirnbinde, Kinn schwarz, Seiten des Gesichts mit langen, weissen, in die Höhe und hinter gerichteten Haaren, fast wie bei griseoviridis. Diesem und dem pygerythraeus nahe stehend, unterscheidet sich der rufoviridis doch leicht. Ausser der Farbe der Seiten und besonders der Wollhaare, welche bei griseoviridis und pygerythraeus weiss sind, ist es hinreichend, zu beachten, dass bei rufoviridis die Schultern vorn und aussen, ebenso wie die Hüften und vorzüglich die Vorderarme und Schenkel grau sind, das Kinn weiss behaart, ebenso der After, dem also die rothen Haare fehlen. — Wahrscheinlich von der Westküste von Afrika. Nur ein Exemplar im Pariser Mus. aus der dortigen Menagerie.

282. s. oben. p. 112.

283. **C. Lalandii:** Cercop. Delalande Géoffr. Archives du Mus. II. 1841. 561. (früher: Compt. rend. XV. 1038.) Cercopitheque Dict. univers. sc. nat. III. 305. 1842. Cat. meth. 21. 9. Guénon naine Delalande, C. pusillus"Delalande Desmoulins nach jungen Exemplaren im Artikel Guénon im Dict. class. d'hist. nat. III. 568. 1825. — Weisses Band vor der Stirn. Pelz lang grau, leicht olivenfarbig über den Rücken und die Seiten, Untertheile des Körpers und Aussenseite der Gliedmaassen weisslich. Gesicht, Kinn und die vier Hände schwarz. Schwanz grau, Ende schwarz, After von lebhaft rothen wie rasirten Haaren umgeben. — Das älteste Exemplar war etwa ½ Meter lang, ein von Desmoulins für alt gehaltenes misst 35 cent. ohne den Schwanz. — Der Name des berühmten Reisenden Delalande muss ihm bleiben, es rührte der Beiname pusillus davon her, dass Mr. Desmoulins nur junge, kleine Exemplare sah. Er ist in Südafrika nicht selten und schon in manchen Sammlungen, indessen hat man ihn immer mit pygerythrus Fr. Cuv. verwechselt, wie dies auch dieser Autor selbst wie andere gethan hat. Er hat allerdings dieselbe Farbenvertheilung wie dieser, auch ist sein After mit denselben rothen Haaren besetzt, aber die Behaarung ist sehr lang, bei Lalandii nicht grün, auch nicht auf Kopf und Rücken, aber grau, kaum grünlich oder olivenfarbig überlaufen. Géoffroy verglich fünf Exemplare beider Geschlechter von Delalande und von Verreaux. — Südafrika, besonders die Cafferei.

284—87. **C. Sabaeus** (Simia Sabaea L. Gm 32. 18. La Cépède & Cuv. Menag. d. Mus. 1801. pl. II. Schreb. t. XVIII. Marechal pinx. imit. proceed. Le Callitriche Buff. II. N. XIV. 272. t. 37. 38.) Erxleben. Der grüne Affe, die grüne Meerkatze. The green ape Penn. syn. 112. t. 76. — Lebhaft grasgrün, Haare gelb und schwarz geringelt, Gesicht und Hände schwarz, Unterseite weiss, Backenbart lang und aufwärts gerichtet, Schwanz einfarbig, bis zur Spitze grünlich. — Ich messe 1′ 6″, Schwanz 2′. — Diese Art wird so oft mit den verwandten Arten verwechselt, dass in Menagerien, Museen und Reisebeschreibungen weit öfter diese verwandten Arten mit dem Namen „Sabaeus" bezeichnet erscheinen, als dieser selbst. Die Farbe ist wirklich ein reines grün, welches durch die Färbung der Ringel punktirt erscheint. Das Gesicht, die grossen, etwas gespitzten Ohren und der nackte Theil aller vier, vorzüglich der hinteren Hände ist schwarz. Ueber den Augen steht eine Reihe schwarzer Haare und das ganze Gesicht ist ringsum weiss eingerahmt, so dass die schmale, weisse Stirnbinde sich mit dem aufstrebenden Backenbarte verbindet und dieser am Kinn zusammenläuft. Die Kehle, Brust, Innenseite der Oberarme und Schenkel, sowie der Bauch sind weiss, bei jüngeren in gelblich ziehend. Nur die Verwechselung der Art ist daran schuld, dass man sie in unseren zoologischen Gärten, Menagerien und Museen für gemein hält, denn sie wird nicht eben oft zu uns gebracht. Adanson berichtete, dass er im Wald Podor längs des Niger von grünen Affen erfüllt sei. Er bemerkte ihre Anwesenheit nur dadurch, dass sie Zweige abbrachen und auf ihn fallen liessen; denn sie verhielten sich übrigens ruhig und schweigsam und waren langsam in ihren Bewegungen, dass es schwer hielt, sie zu vernehmen. Er tödtete einige, ohne dass die anderen erschreckt schienen, und sie verbargen sich erst, nachdem mehrere getroffen waren. Während einer Stunde tödtete er dreiundzwanzig Stück im Raume von zwanzig Toisen, ohne dass ein einziger schrie, doch sammelten sie sich manchmal, um ihm zähnefletschend zu drohen. Voy. au Sénégal p. 178. — Es hiesse mit einem Siebe schöpfen, wenn Jemand sich die Mühe geben wollte, die von allen Schriftstellern aufgeführten Sabaeus auf die Wahrheit reduciren zu wollen. Die Ansichten durchkreuzen sich hierin so sehr, dass auch Is. Géoffroy St. Hil. daran verzweifelt ist und nur ein paar Autoritäten genannt hat, so wie wir ebenfalls hier bei weiterer Auseinandersetzung der verwandten Arten zu thun gedenken. — In der Gefangenschaft zeigt sich diese Art wie ihre Verwandten sehr aufgeregt und boshaft, auch hört man oft ihr grelles Geschrei. — Rücksichtlich der Angabe des Vaterlandes wird in der Menag. d. Mus. hierbei sehr treffend gesagt: Die Besitzer von Cabineten werden über das Vaterland ihrer Producte immer leicht durch die Käufer getäuscht, daher ihre Autorität nicht leicht hinreicht, um darnach die Wohnorte zu bestimmen. Westafrika, besonders am Senegal.

288. C. callitrichus Is. Géoffr. St. Hil. Cat. meth. 23. 14. C. callitriche.

Die gelbgrüne Meerkatze, der gelbgrüne Affe. Gelbgrün, Haare schwarz geringelt, Gesicht schwarz, ohne weisses Stirnband, Backenbart, Unterseite und Innenseite der Gliedmaassen und Hände blass, Schwanz oberseits wie Rücken, unterseits gelblichweiss. — Länge 1'. 4''', Schwanz 2' 2'', Schulterhöhe 1' 3'' 9 ''', Kreuzhöhe 1' 5'' 3'''. Fr. Cuv. Ich messe 1' 8'', Schwanz 1' 7'', Kopf 6½'', Kopf vom Maul bis Hinterhaupt 6''. — The St. Jago Monkey oder le Singe de l'sle de St. Jacques Edwards gleanings pl. 215. wurde im J. 1755 abgebildet und bereits in seiner Beschreibung „the green Monkey“ und „le Singe verd“ genannt. Er kommt nur selten in Menagerien und in zoologischen Gärten vor, wo ihn die gelbgrüne Farbe der Oberseite, die reinweisse, fast silberschimmernde „with a white or silver-coloured hair“ und „d'un blanc argenté“ nebst dem zweifarbigen, oben gelbgrünlichen, unten der Länge nach gelblichweissen Schwanz leicht erkennen und noch überdies durch den Mangel eines weissen Stirnbandes von Sabaeus leicht unterscheiden lässt. Das Rückenhaar ist am Grunde weisslichgrau, dann lang gelb, Spitze mehr oder minder lang schwarz. Is. Géoffroy glaubt den Callitriche Buff. so zu nennen und hält den Grivet Fr. Cuv. für den Sabaeus. Wir haben den wirklichen „grünen Affen“ als Sabaeus behalten und tragen den Namen callitrichus auf den gelbgrünen über. — Kommt in zoologischen Gärten und Menagerien seltener vor, als die anderen grünen Affen. Das Exemplar, welches Fr. Cuvier pflegte, war ebenso schön als sanft, obgleich es alt war. Von Bekannten liess es sich gern streicheln und kratzen und wurde selten bös. Im Wohlbehagen hörte man von ihm ein sanftes Knurren wie „gron“ mit ausgedehntem rr, während der eigentliche grüne Affe, wie ihn Fr. Cuvier a. a. O. beschrieb, bösartig ist. — Hierher wohl auch: C. chrysurus Blyth Journ. As. Soc. Beng. XIII. 1. 1844. 477. Gehört in die kleine Gruppe von Sabaeus und steht diesem und dem Tantalus Ogilby Proc. 1841.33. nahe, dessen Schwanz in der Diagnose gelb gespitzt heisst, während in der ausführlicheren Beschreibung gesagt wird, der Schwanz sei braun am Grunde, hellgrau an der Spitze. An der hier beschriebenen Art ist das Enddritttheil des Schwanzes schön gelblich rostfarbig, wie wohl bei dem Sabaeus. Das Exemplar ist im M., 19'', Schwanz 24'', vom Ellenbogen bis zur Mittelfingerspitze 9'', Knie bis zur Ferse 7¼'', Fuss 5''. Farbe graulich (grizzled) gelblichbraun, Haare am Grunde fein und weich, Endhälfte dagegen steiflich und erst schwarz, dann rothgelb, endlich breit geringelt und schwarz gespitzt, meist 2¾'' lang, aber an den Seiten über 3''. Backenbart, ganze Untertheile und Innenseite der Gliedmaassen dunkelbraun gelblichweiss (dingy yellowish-white), Vorderarme und Schienbeine grauer oder minder gelblich als Oberseite, Hände und Füsse braun überlaufen. Gesicht meist nackt, nur mit wenig zerstreuten Haaren, aber schmalen Augenbrauen von langen, schwarzen Haaren quer über die Stirn. Schwanzoberseite dunkler als der Rücken auf die beiden ersten Drittheile der Länge, dann in schön rostgelblich übergehend, welches unterseits des Schwanzes fast bis an den Grund sich fortsetzt, doch minder schön. Die Endspitze fehlte an dem Exemplar. Schädel 4½'', Breite über die Backenknochen 2¾'', Höhe 2⅝'', Gaumenknochen 1½'', Breite ⅞''. Wohnort unbekannt. Blyth. — Inseln am grünen Vorgebirge: St. Jago, St. Jacques: Edwards.

289—91. C. griseoviridis Desmarest mamm. 61. n. 17. Le Grivet Fr. Cuv. mamm. livr. 7. 1819. Haare grüngraulich, lang schwarz geringelt und gespitzt, Nase, Maul und Augenbrauen schwarz, Beine, Hände, insbesondere der Schwanz einfarbig aschgrau, Backenbart kurz, weisslich, von der Basis an schwarz geringelt, Unterseite und Innenseite der Beine weisslich. — Ich messe das grösste M. 18'', Schwanz 19''. — Das weisse Stirnband ist hier fast gänzlich verloschen, die Umgebung der Augen grau. Kommt oft in unseren Menagerien und zoologischen Gärten vor. Man hält ihn auch in Museen gewöhnlich für den Sabaeus, von dem er durch alle angegebenen Kennzeichen sich wohl unterscheidet. Der Callitriche: Sim. Sabaea Audebert pl. 4. gehört gewiss hierher, nur ist das Gesicht fälschlich ganz schwarz gemalt. — Desmarest erwähnt noch das weisse Stirnband, auch giebt es sich bei der Abbildung bei Fr. Cuvier deutlich an, indessen bleibt in solchem Falle der graue Schwanz immer ein festes Unterscheidungskennzeichen von folgender Art. Das von Fr. Cuvier beobachtete Exemplar hörte auf zu sein seinem früheren Besitzer ihm gegebenen Namen „Grivet", d. h. eigentlich „gris-vert", auch führt die Art den Namen „Tota". Es ist sehr wahrscheinlich, dass Simia engythithia Herm. obs. zool. I. p. 1.: „graugrünlich, Gliedmaassen aschgraulich, Gesicht schwarz, Stirnband weisslich, Gesichtsumriss ziemlich behaart", ein falsch gebildeter Name für dieselbe Art ist. Auch gehört C. griseus Lesson Quadr. 81. 11., subviridis Fischer syn. 22. 26., cinereoviridis Temm. mus. Lgdb. und canoviridis Rüpp. Wirbelth. 8. hierher. Is. Géoffr. St. Hilaire erklärt ihn für die S. Sabaea L., und es ist wohl gewiss, dass ihn Linnée mit unter dieser Bezeichnung verstand, nur möchte die von ihm selbst mit eingeschlossenen älteren Autoritäten für den grünen Affen, sich nicht auf diesen beziehen. Ganz gewiss hat aber Linnée auch den pygerythraeus mit unter seinem Sabaeus verstanden, was auch bei Schreber der Fall ist, wo es S. 100. ganz deutlich heisst: „Um den After herum ist das Haar fuchsroth". — Ob C. Tantalus Ogilby Proceed. IX. 1841. 33. hierher gehört, muss zweifelhaft bleiben. Man urtheile selbst: „Oben dunkel gelbgrün, Gliedmaassen aschgraulich, unten strohgelb, Gesicht schwärzlich, um die Augen graublau, Ohren und Handteller dunkelbraun, Schwanz ebenso, dessen Spitze, Backenbart und der Damm (perinaeum) gelb, Stirnband weiss. Kopf, Rücken und Seiten gelblichbraun und grün gemischt, ebenso schattirt wie auf der Oberseite bei verwandten Arten: C. Sabaeus und pygerythraeus. Aussenseite der Schenkel heller aschgrau, Backenbart, Kehle, Brust, Bauch und Innenseite der Schenkel gelblichweiss, Schwanz braun an der Wurzel, hellgrau an der Spitze, Hand- und Fussrücken lichtgrau, Gesicht sehr kurz behaart, Nase und Wangen schwarz, graublau-fleischfarbig um die Augen und lichtbraun an den Lippen, Augenbrauen schwarz, darüber ein breites, weisses Querband, Nase sehr hervorragend und schmal zwischen den Augen, aber spitzewärts flacher und breiter, Ohren und Handteller braun. Skrotum rundlich, gelblich behaart. Grösse und Gestalt des Sabaeus, der Kopf runder, das Gesicht kürzer. Fand sich in Liverpool vor ohne Angabe des Ursprungs." — Hier kommt nämlich vieles mit cinereo-viridis und mit pygerythraeus überein, aber der Verf. widerspricht sich auch selbst, denn erst nennt er die Schwanzspitze oben „gelb", dann später wieder richtiger „hellgrau an der Spitze".— Sie leben sehr gesellig. Höchst interessant waren für uns die Tausende von Affen Cercopithecus Sabacus? im Walde (Gegend von Chartum). Verscheucht von uns, sah ich sie öfters Sätze von 10—15 Fuss machen; da diese Distanz für sie zu gross, sprangen sie nicht direct nach dem im Auge habenden Aste hin, sondern berührten auf halbem Wege, gleichgültig ob in gerader Richtung oder in einem Winkel abschneidend, strohhalmdicke, horizontale Zweiglein, gaben sich auf diesen neue Schwungkraft und setzten von da erst nach ihrem Zielpunkte hinüber. Fünf lebendige wurden für 5 Piaster: 20 Sgr. gekauft, sie machten sehr unglückliche Gesichter, liessen sich indess alle, obgleich sie erst gefangen worden, berühren und drückten ihren höchsten Schmerz über den Verlust der Freiheit dadurch aus, dass sie den Kopf in die Hände legten und mit diesen die Augen zudrückten. Vierthaler, Naumannia 1852. 47. — Weitere Beobachtungen über den Cercopithecus griseoviridis, den Äbäländj im Sudahn genannt, giebt Dr. Brehm: Bewohnt wasserreiche Waldungen im Sudahn, wo er überall gemein ist und wo sein Repräsentant in der Vogelwelt: Phalaeornis cubicularis, sich befindet. Ihre bewundernswürdige Klugheit, sagt Dr. A. E. Brehm*), zeigt sich auch in der Freiheit in mancherlei Weise. Man muss eine Heerde von ihnen in ihrem Waldleben beobachtet haben, um davon eine richtige Vorstellung zu bekommen. Am meisten hat mich immer die den Eingebornen empörende Dreistigkeit ergötzt, mit welcher sie sich ihre Nahrung rauben. Eine zahlreiche Bande zieht unter der Führung eines alten, oft geprüften und wohlerfahrenen Männchens den Getreidefeldern zu. Die Aeffinnen, welche Kinder haben, tragen diese, indem sich die Kleinen mit den Vorderfüssen am Halse, mit den Hinterbeinen am Bauche festhalten, auch wohl zum Ueberfluss mit ihrem Schwänzchen noch einen Haken um den Schwanz der Frau Mama geschlagen haben, ebenfalls mit dahin. Anfangs nähert sich die Bande mit grosser Vorsicht, am liebsten indem sie ihren Weg noch von einem Baumgipfel zum andern verfolgt. Der alte Führer geht immer voran, ihm folgt die ganze Heerde von Zweig zu Zweig. Bisweilen steigt der Führer auf einem Baume bis in die höchsten Spitzen hinauf, um von dort aus sorgfältig Umschau zu halten. Einige

---

*) Reiseskizzen aus Nord- und Ost-Afrika. III. 203—5.

beruhigende Gurgeltöne überzeugen seine Schaar von den günstigsten Resultaten seiner Forschungen. Von einem in der Nähe des Feldes stehenden Baume wird abgestiegen, dann geht es mit rüstigen Sprüngen dem Felde zu. Dort angekommen, ist es die erste Beschäftigung Aller, sich für jeden Fall die weiten Backentaschen mit Nahrung vollzustopfen, dann erst gestatten sie sich mehr Freiheit, zeigen sich aber auch immer wählerischer im Aussuchen des Futters. Jetzt werden alle Durrah- oder Maiskolben, nachdem sie abgebrochen worden sind, erst sorgsam berochen und wenn sie, was sehr häufig geschieht, diese Probe nicht aushalten, sofort ungefressen weggeworfen. Ein Affe vergeudet, wenn er viele Speise vor sich sieht, zehnmal mehr davon, als er verzehrt; daher stammt auch die grenzenlose Verachtung der Eingeborenen gegen dieses Geschlecht. Wenn sich die Affenheerde im Fruchtfelde vollkommen sicher glaubt, erlauben die Mütter ihren Kindern, welche stets unter ziemlich strenger Aufsicht gehalten werden, sie zu verlassen und mit Ihresgleichen zu spielen. Die Thierchen, welche von Gesicht und Körper ungemein hässlich sind, wurden so gut erzogen, dass sie auf den ersten warnenden Ruf sogleich zur Mutter zurückkehren. Diese verlässt sich, wie alle übrigen Mitglieder der Bande, ganz auf die Umsicht des Führers der Heerde. Derselbe ist immer wachsam und erhebt sich, selbst während der schmackhaftesten Mahlzeit, von Zeit zu Zeit auf die Hinterbeine, stellt sich aufrecht wie ein Mensch und späht so in die Runde. Auf einen einzigen von ihm ausgestossenen, unnachahmlichen, warnenden Gurgelton sammelt sich augenblicklich die Schaar seiner Vasallen, die Mütter rufen ihre Kinder zu sich heran und Alle sind im Nu zur Flucht bereit. Jeder sucht in der Eile noch so viel Futter mitzunehmen, als er glaubt forttragen zu können; ich habe Affen flüchten sehen, welche fünf grosse Maiskolben — zwei davon umklammerten sie mit dem rechten Vorderarme, die übrigen so mit den anderen Händen, dass sie im Gehen sich darauf stützten — mit fortnahmen. Bei wirklicher Gefahr wird mit saurer Miene alle Last weggeworfen, die Heerde erklettert den nächsten Baum und setzt von hier aus die Flucht fort, von Wipfel zu Wipfel. Die Gewandtheit im Klettern, welche die Affen hierbei zeigen, ist bewundernswürdig und übertrifft die aller übrigen Thiere weit. Für sie giebt es kein Hinderniss; der furchtbarsten Dornen, die dichtesten Hecken, weit von einander entfernte Bäume u. s. w., nichts hält sie auf. Jeder Sprung wird mit einer Sicherheit, welche uns in das grösste Erstaunen versetzt, ausgeführt; oft ergreift einer nur noch mit einer Hand einen Zweig, was keine Katze, kein Marder und kein Eichhorn kann, weiss sich aber dennoch geschickt auf den Ast zu schwingen; ein anderer ändert mit Hilfe des steuernden Schwanzes noch im Sprunge die anfangs beabsichtigte Richtung; ein dritter wirft sich vom Gipfel des Baumes auf die Spitze eines tief unten stehenden Astes, beugt ihn durch den plötzlich erfolgten Stoss tief herab und benutzt das Zurückschnellen desselben zu einem mächtigen Horizontalsprung. Der Leitaffe führt auch auf der Flucht noch immer seine Unterthanen, welche erst dann, wenn er es für gut befindet, ihre Eile mässigen. Dabei zeigen diese aber niemals Angst oder Muthlosigkeit, sondern vielmehr eine so vollständige Geistesgegenwart, dass für sie eigentlich gar keine Gefahr existirt. Sie fürchten sich nur vor Ihresgleichen und vor Schlangen; grossen Raubthieren entgehen sie durch die Flucht, Raubvögeln begegnen sie durch ihren festen Zusammenhalt; jeder Adler lässt, weil er weiss, dass er sofort von der ganzen Bande angefallen werden würde, die Affen in Ruhe. Sie führen das sorgenloseste Leben der Welt. — Ferner: Die kleinen Affen werden im Sudahn, sagt Dr. Brehm Reiseskizzen III. 205., häufiger als Paviane in Gefangenschaft gehalten. Ein männlicher Cercop. griseo-viridis oder Abalandj, welchen wir frisch gefangen gekauft hatten, zeigte eine ebenso grosse Neigung, junge Thiere zu martern, als dies fast gewöhnlich nur die Aeffinen zu thun pflegen. Einmal erhielten wir einen jungen, der mütterlichen Pflege noch sehr bedürftigen Affen seines Geschlechts. Koko, so hiess unser Männchen, adoptirte das Aeffchen sogleich, behandelte es mit wahrhaft mütterlicher Zärtlichkeit, bewachte es, wenn es frass und wärmte es zur Nachtzeit in seinen Armen. Er war beständig für sein Wohl besorgt, wurde unruhig, wenn es sich einige Schritte weit entfernte und rief es bei anscheinender Gefahr sogleich zu sich zurück. Wollte man es ihm entreissen, dann wurde er wüthend, sprang uns nach dem Gesicht, biss heftig um sich und vertheidigte sein Adoptivkind mit all seiner Kraft. So lebte er mehrere Monate mit ihm. Da wurde das Aeffchen krank und starb nach wenigen Tagen. Der Schmerz des Pflegevaters war grenzenlos, er

16*

glich nicht dem Schmerz eines Thieres, sondern dem eines fühlenden Menschen. Er nahm seinen erstarrenden Pflegling in beide Arme, liebkoste ihn auf alle Weise, lockte ihn mit den liebevollsten Tönen und wartete ihn wie früher mit grosser Zärtlichkeit. Dann setzte er ihn vor sich hin, betrachtete ihn genau und begann kläglich zu schreien, als er sah, dass er zusammensank. Immer und immer wiederholte er die Versuche, ihn in das Leben zurückzurufen; jedesmal schrie er laut auf, wenn er sah, dass sein Liebling todt blieb. Den ganzen Tag über nahm er keine Speise zu sich und das todte Thierchen beschäftigte ihn unaufhörlich. Zuletzt entrissen wir ihm dasselbe mit Gewalt und warfen es über die hohe Mauer unseres Hofes hinweg in den Garten. Schon nach wenig Minuten hatte Koko seinen starken Strick zerbissen, wozu er früher nie Versuche gemacht hatte, sprang über die Mauer und kehrte mit der Leiche in den Armen nach seinem Platze zurück. Wir fesselten ihn von Neuem, entrissen ihm das todte Aeffchen zum zweiten Male und warfen es in einen tiefen Brunnen. Koko befreite sich sogleich wieder von seinen Banden, durchsuchte unsern und einen benachbarten Garten stundenlang und verliess unser Haus, ohne dahin zurückzukehren. Am Abend desselben Tages sah man ihn den Wäldern zueilen. — Einer meiner Bedienten hatte eine alte Aeffin für mich gekauft, welche mit ihrem noch ganz kleinen, säugenden Jungen gefangen worden war. Es kann keine Mutter geben, welche zärtlicher als diese Aeffin wäre. Sie darbte sich jeden guten Bissen vom Munde ab, um ihn ihrem Kinde zu geben. Da wurde sie krank und starb. Wir pflegten ihr hinterlassenes Junges mit aller Sorgfalt, aber es folgte ihr nach wenig Tagen. An diesen Bericht schliesst der so trefflich beobachtende Reisende folgende uns nach so mancher derartigen Erfahrung wie aus der Seele geschriebene Bemerkung: „Solche und ähnliche Handlungen Instinct zu nennen, würde als sehr ungereimt erscheinen. Sie sind Beweise eines wahrhaft ausgezeichneten Verstandes, ja sogar eines tiefen Gefühls. Es giebt Affen, welche halbwegs beschränkte Menschen an Klugheit übertreffen. Ihr Verstand schärft sich, wie ich an zahmen Affen oft beobachtet habe, durch Erfahrung. Ohne Bedenken kann man die Affen für die nach dem Menschen auch in geistiger Hinsicht ausgebildetsten Thiere erklären." — Vaterland: Nord- und Ostafrika, Abyssinien, am weissen Nil.

292—94. **C. pygerythrus:** Le Cerc. Vervet, Guénon pygerythra Géoffr. Archives du Mus. II. 1841. 563. Fr. Cuvier Mamm. pl. 21. Jan. 1821. Desmoul. Fischer. C. pygerythracus Desmar. Mammol. 1822. Jardine Monk. Géoffr. St. Hil. Cours de l'hist. de Mammif. Lesson Quadrum. 83. 14. Ogilby, Martin. Die Rothafter-Meerkatze. Le Callitriche var. a. Audebert pl. 5. gehört entschieden hierher, nur ist der Schwanz verletzt, da das schwarze Ende fehlt. — Eine weisse Binde vor der Stirn, Behaarung grüngelblich, auf dem Kopfe, Rücken, Schultern und Seiten schwarz punktirt, Gliedmaassen ausserhalb grau. Gesicht, Kinn, die vier Hände ganz, der Schwanz an der Spitze schwarz. Umgebung des Afters hell rostroth. — So lange man den hell rostrothen After als Kennzeichen der Art für hinlänglich hielt, verwechselte man C. Lalandii mit ihm, aber auch cynosurus hat bis auf einen gewissen Punkt dasselbe Kennzeichen, ebenso C. rufoviridis. Pygerythrus wird sich immer leicht durch das schwarze Kinn unterscheiden, was Fr. Cuvier in der Beschreibung vergessen hat, während die Abbildung es deutlich darstellt. — Ich messe unter mehreren Exemplaren das grösste M. 19″, Schwanz 18½″. — Ich wiederhole, dass das Hauptkennzeichen die in ziemlicher Länge schwarze Schwanzspitze ist, nebst den schwarzen Händen und dem vielen Weiss um das ganz schwarze Gesicht. Die Rückenhaare haben 3—4 breite, weissgrünliche Ringel zwischen den schwarzen, welche letztere Farbe auch in die Spitzen ausläuft. Backenbart hier sehr lang, weiss, mit schwarzen Ringeln und Spitzen. Das schwarze Gesicht und das viele Weiss um das Gesicht, sowie die schwarzen Hände und Schwanzspitze lässt ihn schon aus der Ferne von allen verwandten Arten unterscheiden. Die Eckzähne stehen bei unserm ältesten M. auf $\frac{3}{4}$″ herab, die unteren sind kaum mehr als $\frac{1}{4}$″ lang. Die rostrothen Haare um den After sind wenig auffällig und kommen, wie oben gesagt, auch bei ein paar anderen Arten vor. C. pusillus Desmoulins Dict. class. art. Guénon VII. 562. beruht nach Is. G. St. Hilaire's Erläuterung bei Belanger, auf drei jungen C. pygerythrus, welche Delalande vom Cap mitgebracht hatte. Auch viele Angaben von C. Sabaeus in Reisebeschreibungen und

Museen gehören hierher. In herumziehenden Menagerien kommt er nicht selten vor und gilt auch da für den „Callitriche", — Südafrika, am Cap: DELALANDE, v. SCHOEMBERG-HERZOGSWALDE. In Tette und Sena auf Mossambique, daselbst „Pússi" genannt: PETERS.

295. SCOROLI. 301. ed viv. Dresd. **C. cynosurus** (Simia — SCOP. delic. Fl. et Faun. Insubr. 44. t. I. Malbrouc BUFF. XIV. t. XXIV. LATREILLE II. t. XXXIX. Sim. Faunus SCHREB. t. XIV.B.) L. GM. 31. 11. — Oberseits graugrünlich, Gliedmaassen und Schwanz grau, Gesicht weisslich fleischfarbig, Augenbrauen und ein Fleck von der Nase aus nach den Schläfen herübergebogen schwarz, Backenbart und Unterseite weisslichgrau, Skrotum blau, Schwielen und After roth. — Länge 1' 9", Schwanz ebensolang. — SCOROLI bildet den hundschwänzigen Affen in einer grossen Figur ab und beschreibt ihn 2' lang, wie ein mittelgrosser Hund. Gesicht länglich, Haare etwas länger am Kinn und den Lippen. Backentaschen, Augen nicht sehr klein. Stirn gegipfelt (gerade), roth oder schwarzbunt. Weisses Stirnband über den Augen. Ohren nackt, dunkelbraun. Weissgraue Haare bedecken den Hals und grössten Theil des Leibes von unten. Rücken und Seiten braunröthlich, Brust und Bauch ziehen in weissgrau. Hinterbacken auf der Abbildung behaart, am Thiere fast nicht. Schwanz etwa so lang wie Leib, behaart, hängend. Das Glied roth, das Skrotum blau, After roth, jederseits daneben ein runder, rother Fleck, welcher am todten Thiere gelb wurde und verschwand. Gliedmaassen aussen braunaschgraulich gescheckt, innerseits weissgrau. Hände fünfzehig, schwarzbraun, unten nackt, theilweise bis über den Knöchel, Daumen kürzer, Hinterhände fünfzehig, Zehen dicker, auch der Daumen dicker und länger als an den Vorderhänden, übrigens ebenso. Die Eckzähne stehen etwas von den Backenzähnen ab. Frass sehr gern Spinnen, einen Maikäfer, schälte Eidechsen aus und zerriss sie, oft frass er sie auch. Tabakspulver streute er sich über den Leib und gewährte dadurch ein lächerliches Schauspiel. Speisen nimmt er vor dem Kauen in die Backentaschen. Er war untreu, unruhig und ausserordentlich geil. Der Markgraf ANDRIOLI hielt ihn in seinem Garten zu Mailand und er kam dann an das Cabinet des Mineralogen R. HERMENEGILD PINI zu S. Alexandro, wo er ausgestopft wurde. BUFFON giebt a. a. O. Hist. nat. XIV. Paris MDCCLVI. pl. XXIX., diese copirt bei LATREILLE II. pl. XXXIX. S. Faunus SCHREBER t. XII., eine gute Abbildung dieses Affen als „Malbrouc", wie er in Bengalen genannt werden soll. Unbegreiflicher Weise wird er hier mit dem Chinesenmützenaffen als Varietät zusammengestellt und er beschreibt ihn p. 229: Er hat Backentaschen und Gesässschwielen, der Schwanz ist etwa so lang als Kopf und Leib zusammen. Augenlider fleischfarbig, Gesicht aschgraulich, Augen gross, Maul breit und aufgeworfen, Ohren gross, dünn und fleischfarbig, grauliches Stirnband wie bei der Mone, übrigens ist das Haar einfarbig, oberseits gelbbraun, unten graugelblich. Läuft auf den vier Beinen und ist vom Maul bis zur Schwanzwurzel etwa anderthalb Fuss lang. Und p. 230: Der Malbrouc ist um die Augen herum, an der Nase und den Lippen aschgrau, seine Augenlider fleischfarbig. Augen gross, Nasenspitze kurz und platt, Maul gross und vortretend. Augenwimpern aus einigen langen, schwarzen Haaren, solche auch auf den Wangen und Lippen. Ohren gross, dünn, aschgauröthlich, Ober- und Hinterkopf, Halsrücken, Rücken, Schultern, Aussenseite der Arme und Seiten eines abgebildeten Weibchens gelb und schwarz meilirt, da jedes Haar schwarz und gelb wechselt, ihre Wurzel ist aschgrau. Stirn mit einem gelbgraulichen Bande, fast wie bei der Mone, dieselbe Farbe an den Wangen, der Kehle, der Innenseite der Arme und Vorderarme, Brust, Bauch und Innenseite der Hinterbeine, auch an der Unterseite des Schwanzes. Aussenseite der Gliedmaassen und Oberseite der Hinterhände, Kreuz und Oberseite des Schwanzes aschgrau und schwärzlich, hier und da gelb meilirt. Längste Haare 2". Fusssohle und Nägel schwärzlich, diese hohlziegelförmig. Der Schwanz war unvollständig und sein Haar kurz. Länge 1' 5" 6"', Kopf 4". — In der Geschichte dieser Art kommt noch zur Sprache der Cercopithecus barbatus I. CLUSIUS exoticorum libri decem. 1605., wo derselbe in NICOLAI MONARDI Auctuario p. 371. im Holzschnitt abgebildet ist. Er ist sitzend und hat den Habitus etwa wie unsere Fig. 298., unterscheidet sich aber durch einen langen, spitz zulaufenden Greisenbart am Kinn: „barl am satis prolixam", und eine Quaste an der Schwanzspitze: „in longiorem villosum floccum desinebat, perinde ac leonis cauda". Er sagt, Kopf, Rücken, Aussenseite der Beine und Schwanz sei schwarz, dunkelbraun gemischt, Brust,

Bauch und Innenseite der Glieder aber weiss, der Bart am Kinn hänge eine Spanne lang herab. Der Kinnbart und die Schwanzquaste stimmen nicht zu unserer Art, mit der sich sonst alles vereinigen liesse, da selbst die Angabe der schwarzen Farbe der Haare dadurch erklärt werden kann, dass diese wirklich alle schwarz gespitzt sind. Der Bart und die Schwanzquaste waren vielleicht willkührliche Kunststücke jener Zeit, und wer erinnert sich nicht an die mancherlei gemachten Vögel, an welche selbst ein TEMMINCK, den man damit zu täuschen versuchte, noch geglaubt hat. Diese vermeintliche Art wurde nun Simia Faunus LINNÉE, L. GM. 31. 11., welche man mit Unrecht mit dem C. cynosurus verband. Etwas leichter wird der Cercop. barbatus I. CLUS. von BENNET Proceed. I. 1833. 109. als Diana erklärt, indem hier die schwarze Farbe und der Bart vollkommen passt, auch die Schwanzquaste ihre Andeutung findet. — Man glaubte sonst, die Art käme aus Bengalen, indessen bleibt die Erfahrung von Is. GÉOFFROY ST. HILAIRE am wahrscheinlichsten: Westafrika.

** Braune und rothbraune Arten.

296. 97 ♀. 98 u. 99 u. 300 ♂. **C. tephrops** (BENNET ex p.) RCHB. Haare der Oberseite an der Basis grau, dann gelblichbraun und schwarz lang geringelt und schwarz gespitzt, Gesicht einfarbig schwarzgrau, Backenbart dicht angedrückt und rückwärts aufsteigend, bei dem M. viele schwarze Haare darin und sehr lang schwarz gespitzt, bei dem W. mehr weissgrau, sowie die ganze Unter- und Innenseite bei beiden Geschlechtern, Schwanz sehr verdünnt, einfarbig aschgrau, oberseits dunkler. — Ich messe M. 22″, Schwanz 25″, W. 18¼″, Schwanz 20″. FR. CUVIER hielt ein lebendiges Exemplar, abgebildet im Jan. 1819, unsere Fig. 300. Es maass 1′ 4″, Schwanz verletzt, Schulterhöhe 1″, Kreuzhöhe 1′ 2″. Trug im Lauf das Kreuz sichtlich höher und erschien mehr für das Leben auf Bäumen geschaffen. Daher in seinen Bewegungen überaus behende. Es wurden öfters Exemplare von verschiedenem Geschlecht und Alter gehalten. Sie liessen selten eine Stimme hören, entweder einen schwachen Schrei oder ein dumpfes Grollen. Die jungen Männchen waren sehr gelehrig, im Alter sehr bösartig, sogar gegen ihre Pfleger. Die Weibchen blieben sanfter und schienen allein für Anhänglichkeit empfänglich. Sie sind höchst reizbar und vorsichtig und berechnen alle ihre Bewegungen sorgfältig. Ihre Angriffe gegen Menschen geschehen heimlich, von hinten, während man sie nicht bemerkt, stürzen sie sich auf einen und verwunden mit Zähnen und Nägeln. Unter diesen Umständen ist er nicht zähmbar und will man ihn dazu zwingen, so wird er traurig und schweigsam und stirbt. Hände und Finger wissen sie sehr geschickt zu benutzen und schälen Alles, was Schale hat, um es zu geniessen. — BENNET sprach sich Proceed. I. 1833. 109. über den Malbrouc aus und meinte, es sei nothwendig, denselben als neue Art zu betrachten und beschreibt deshalb einen Cercopithecus tephrops: Oben braungrünlich, unten weisslich, Gliedmaassen aussen graulich, Gesicht blass fleischfarbig, Nase, Wangen und Lippenränder mit kurzen, russfarbigen Härchen besetzt. Ueberlegt man alles, was BENNET hier sagt, so irrt er 1) darin, dass BUFFON's und FR. CUVIER's Malbrouc ein und dasselbe Thier sein sollen, jenes ist und bleibt der echte Malbruck mit fleischfarbenen Augenlidern, den er diagnoscirt, letzterer aber hat ein schwarzgraues Gesicht; 2) bezeichnet der Name tephrops ein Thier mit „aschgrauem" Gesicht und passt nicht auf ein solches, von dem der Verf. sagt: „facie pallide carnea", blass fleischfarbig, was nur von voriger Art gesagt werden könnte. Das Wahre der Ansicht besteht nun aber darin: dass FR. CUVIER's Malbruck den ganzen Untertheil des Gesichts einfarbig schwarz hat, nur die Augenlider fleischfarbig, aber um das Kinn herum ist er vollkommen schwarz. Zwei vor mir stehende weibliche Exemplare, M. und W., haben grauschwarze Gesichter bei minder breiter, mehr länglicher Gestaltung derselben, welche an ihre Verwandtschaft mit den Sabaeusartigen Meerkatzen ungleich besser erinnert, als der breitköpfige cynosurus, den ich 295. nach SCOPOLI und SCHREBER und 301. nach einem im J. 1829 hier lebendig anwesend gewesenen Exemplare gebe, und bei dem ich dem Talapoin viel näher verwandt halte, als mit dem Sabaeus. Sein Skrotum war entschieden schönblau. Unter diesen Umständen ergiebt sich, dass der Name tephrops für diese Affen mit länglich gestrecktem, dunklen Gesicht ein ganz passender ist. — Ihr Vaterland ist ungewiss und nicht unwahrscheinlich Mossambique, insbesondere wenn wir nicht irren, dass C. flavidus PETERS dessen Junges ist.

302. **C. ochraceus** Peters Reise n. Mossambique I. 2. Oberkopf, Rücken, Schwanz
bis zur Spitze, Seiten und Gliedmaassen aussen bis zu den Händen herab, auch die etwas
blasseren Haare des Backenbartes rostroth ochergelb, bei jüngeren Thieren mehr rothbraun.
Ganze Bauchseite bis an das Gesäss, die innere Seite der Glieder und Unterseite des
Schwanzes verwaschen ochergelb. Haut der Nase und des Gesichts schwarz und nur von
kurzen, ebenso gefärbten Härchen bekleidet. Ueber den Augen ist keine Binde, weder von
schwarzer noch von weisser Farbe zu bemerken und nur in der Mitte zwischen den Augen
vor der Glabella stehen einige längere schwarze Haare zusammengedrängt. Ohren innerseits
durch einige steife, gelbe Haare ausgezeichnet, übrigens nackt und ebenso wie die Gesässschwielen und nackten Theile des Gesässes über und zur Seite dieser letzteren von schwarzer
Farbe. Auch die Hand- und Fusssohlen schwarz. Die einzelnen Haare der Oberseite sind
rothgelb mit schwarzer Spitze, an der Basis etwas mit grau versetzt, andere sind einfach
braungelb ohne schwarze Spitze und graue Basis. An der Körperseite und der äusseren
Seite der Extremitäten werden die schwarzgespitzten Haare immer seltener und auf den
Händen und Füssen einfach fahlgelb. Auf der Oberseite des Schwanzes finden sich nur
anfangs einige Haare mit schwarzen Spitzen eingestreut, die übrigen, sowie die Haare der
Bauchseite und der Innenseite der Glieder einfarbig. Nägel braunschwarz. Backentaschen
nur über den Unterkiefer ausgedehnt. Der Schädel hat grosse Aehnlichkeit mit dem von
pyrrhonotus. Die Wirbelsäule besteht aus 7 Hals-, 12 Rücken-, 7 Lenden-, 3 Kreuzbein-
und 29 Schwanzwirbeln, das Brustbein aus 8 Stücken und von 12 Paar Rippen sind 4 falsche.
— Maasse: Schädel eines jungen M. 100 mill., vom Atlas bis ersten Schwanzwirbel
215 mill., sämmtliche Schwanzwirbel 335 mill., Oberarm 107 mill., Ulna 120 mill., Hand
89 mill., Oberschenkel 130 mill., Tibia 120 mill., Fuss 120 mill. Die grössten schienen
noch höher zu sein, als das ausgewachsene Exemplar von pyrrhonotus im Berl. Mus. —
Die Verbreitung des gelben Farbentones über die ganze Körperbehaarung unterscheidet diese
Art hinreichend, um sie nicht mit den durch ihre Gestalt verwandten pyrrhonotus und
ruber zu verwechseln. — Nicht selten in den Gebüschen der Ebene von Querimba, daselbst Njâne genannt, gewöhnlich truppweise.

303. **C. flavidus** Peters a. a. O. S. 3. Oberkopf und Rücken ochergelb mit eingesprengten schwarzen Punkten ohne alle grünliche Beimischung, Seiten und Aussenseite
der Gliedmaassen blasser und mit grau versetzt, Nase und Gesicht schwarz, mit gleichgefärbten Härchen. Backenbart von mittellangen weissen Haaren, nur einige sind gelb beringt
und schwarz gespitzt. Ueber den Augen findet sich keine Binde. Ohren abgerundet, schwarzbraun, Hinterrand schwach ausgeschnitten, inwendig mit einigen weisslichen, steifen Haaren.
Ganze Bauchseite und Innenseite der Gliedmaassen schmuzigweiss, die kurzen Haare der
Hände und Füsse blass ochergelb. Die obere Seite des Schwanzes anfangs ochergelb und
schwarz gemischt, nimmt aber immer mehr schwarz auf, so dass ihr letztes Drittheil ganz
schwarz ist, Unterseite des Schwanzes bis zur Spitze unrein gelblichweiss, nur an ihrer
Basis in geringer Ausdehnung mit einem Fleck rostrother Haare versehen. Die einzelnen
Haare des Oberkopfes und Rückens an der Basis grau, dann abwechselnd gelbbraun und
schwarz beringt, an der Spitze schwarz. Die grauen und weissen Haare der Bauchseite und
der Innenseite der Gliedmaassen sind einfarbig, die unteren Schwanzhaare sind schmuziggelb
und zum Theil an der Spitze schwarz gefärbt. Die nackten Gesässschwielen und die Fusssohlen schwarz, die Nägel bräunlich. Die Wirbelsäule besteht aus 57 Wirbeln: 7 Hals-,
12 Rücken-, 7 Lenden-, 3 Kreuzbein- und 28 Schwanzwirbeln. Das Brustbein wird nur aus
7 Knochen zusammengesetzt und nimmt 8 Paar Rippen auf. — Länge des Schädels 73 mill.,
der Wirbelsäule bis Ende des Kreuzbeins 145 mill., Schwanzwirbel 334 mill., Oberarmbein
60 mill., Ulna 60 mill., Hand 52 mill., Oberschenkel 70 mill., Tibia 65 mill., Fuss 73 mill.
— Der verwandte rufoviridis hat eine weisse Stirnbinde und grünliche Färbung, albogularis vergl. unsere no. 279. Mir scheint er vielmehr ein junger tephrops zu sein,
vergl. unsere no. 296—300. — Das einzige Exemplar des Berliner Museums wurde aus
Quitangonha, dem Festlande nördlich von der Insel Mossambique, erhalten, wo man
ihn „Niôve" nennt.

304 u. 306. **C. Patas** (Patas à bandeau blanc Buff. XIV. 208. pl. 26. Patas à b. blanc, male adulte Fr. Cuv. mamm. Janv. 1829.) Renn. Ganze Oberseite braunroth (hell röthelfarbig), ganze Unterseite nebst Gesicht und Backenbart, Vorderbeinen, Unterschenkeln und allen Händen weiss. Die ganze Oberseite zeichnet sich aus durch ein lebhaft glänzendes Rothgelb, die Arme stechen ab durch ein grauliches Weiss, ebenso die Unterschenkel der Beine und die ganze Innenseite der Gliedmaassen, auch die Unterseite des ganzen Leibes und Schwanzes. Zwei schwarze Haarlinien ziehen sich schief von jedem Ende des weissen Stirnbandes und vereinigen sich auf dem Kopfe ungefähr in gleicher Entfernung seiner Höhe und der Stirn, und endlich zeigt sich ein weisser Fleck auf der Hüfte unter der Schwanzwurzel. Ausserdem ist diese Art der folgenden gleich in Gestalt und Grösse, wie im Naturell. In ähnlicher Weise stehen einander, so wie diese rothen, auch die beiden als wirklich verschiedene Arten erkannten grünen Affen sehr nahe. Die Erfahrung der Zukunft wird lehren, dass auch diese rothen eben so verschiedene Species sind. — Gegenwärtige Art ist freilich selten und kommt aus Westafrika.

305. 7 u. 8. **C. ruber** (Simia rubra L. Gm. 34. 42. Buff. XIV. pl. 26. Schreb. t. XVI. u. XVI. B.) Géoffr. St. Hil. Ann. Mus. XIX. 96. n. 11. Ganze Oberseite und ganze Aussenseite der Gliedmaassen, die Hände und der Schwanz röthelfarbig, Backenbart und Unterseite nebst Innenseite der Gliedmaassen weisslich, Gesicht fleischfarbig mit schwarzer Zeichnung, besonders Nase, Augenring und Stirnband von einem Ohr zum andern. Die Haut an den Händen ist fleischfarbig violet, das Gesicht noch heller, schwarze Haare umgeben die Augen und Nase, sowie zwei Linien über der Oberlippe in Form eines Schnurrbartes. Die Haare des Pelzes sind seidenartig, am Grunde grau, in der Mitte dunkelgelb und schwarz an der Spitze, auch bei den ganz weissen Haaren ist diese schwarze Spitze vorhanden. Die Haare am Kopf sind kurz, nur die am Hinterhaupt lang, der Backenbart hebt sich ab von den Ohren und legt diese bloss. Rücksichtlich seiner Sinnes-, Kau-, Fortpflanzungs- und Bewegungsorgane stimmt er mit dem Malbrouc überein. — Fr. Cuvier hatte zwei Exemplare zur Pflege, beide waren, obwohl noch jung, dennoch bösartig und zeigten den capriciösen und theilnahmlosen Charakter der Meerkatzen, doch auch ihren Scharfsinn und ihre Einsicht. Der Simius Callitrichus Prosper Alpin gehört wahrscheinlich zum pyrrhonotus, vergl. no. 311. — Diese Art ist die bekanntere, welche auch nicht eben selten in Menagerien und zoologischen Gärten unter dem Namen „Patas", Husarenaffe oder Mumienaffe vorkommt. Die alte Figur von Schreber t. XVI. ist ungleich natürlicher, als die neuere XVI. B. Auch die des „Red Ape" Penn. syn. 116. 8. u. quadr. 208. ist schon kenntlich. Einen recht guten Holzschnitt giebt Bennet Zool. Gardens I. 135. Jung ist diese Art sehr lebhaft und beweglich, doch leicht erregbar, wenn man sie stört oder angreift. Im Alter wird der Affe gewöhnlich mürrisch und zieht sich vom Spiele der jungen Paviane und gemeinen Meerkatzen, mit denen man ihn etwa zusammengesperrt hat, wie ich sahe, sorgfältig zurück. — Er kommt vom Senegal.

309. **C. poliophaeus** v. Heuglin. Der graumähnige Patas. Gesicht schwarz, vom Auge zieht sich ein gleichfarbiger Streif jederseits neben der Stirn in die Höhe, Oberkopf, Rücken und Seiten bis auf die Aussenseite des Hinterschenkels und der ganze Schwanz röthelfarbig, Backenbart, ganze Unterseite und Innenseite der Beine, sowie auch die Aussenseite der Vorderarme und Unterschenkel nebst allen vier Händen weiss, Schultern mit rauchgrauer Mähne. — Länge von der Nasenspitze bis zum Schwanz 26″, Schwanz 24″. — Ueber ihn ist jetzt noch nichts veröffentlicht, v. Heuglin erhielt vor mehreren Jahren ein lebendes vierjähriges Männchen aus Fazoglo, welches er während 5 Monaten beobachten konnte, dies ist das abgebildete Thier. Später erhielt derselbe noch ein Fell aus dem Ketsch-Negerlande von Behr el Abiad, ohne weitere Notizen. — Neuerlich kaufte v. H. noch ein vierjähriges Männchen in Cairo, welches den früheren beiden Exemplaren bis auf die Jugendmerkmale vollkommen glich und daher die Species als eine eigene ausser allem Zweifel setzte. Das junge Thier war eben so gross als die anderen und unterschied sich von diesen nur durch etwas mattere Färbung. Das Gesicht war vollkommen schwarz und der weisse Bart zeigte sich als zarter Flaum. Die Gesässschwielen sind bei dem alten Thiere schön rosenroth, bei dem jungen nur gelblich fleischfarbig; das Skrotum bei den Alten

prachtvoll blaugrün und himmelblau bei den Jungen, nur mit einem Anflug dieser Farbe. Der Gesichtswinkel scheint etwas spitzer als bei den anderen Meerkatzen zu sein. — Diese Notizen nebst der schönen Abbildung verdanke ich der Güte des akademischen Malers, Herrn T. F. Zimmermann. — Aus Darfur.

310. **C. circumcinctus** Rchb. Patas mit schwarzem, weiss eingerahmten Gesicht. Röthelfarbig, Stirnband und Umgebung um das schwarze Gesicht und Kinn, sowie die Unterseite und Innenseite der Gliedmaassen weiss. — Befand sich im J. 1830 hier lebendig und wurde von unserm Thiermaler, Herrn W. Wegener, skizzirt und mir gefällig mitgetheilt. Die angeführten Kennzeichen unterscheiden ihn sehr bestimmt von seinen Nachbarn. — Wahrscheinlich aus dem westlichen Afrika.

311—13. **C. pyrrhonotus** Hemprich u. Ehrenberg Verhdlg. naturf. Fr. in Berl. I. 406. Symb. phys. I. t. 10. „Nisnas" in Darfur. Rücken, Kopfseiten und Schwanz schimmernd röthelfarbig, Gesicht schwarz, Nase weiss, Stirn mit dreieckigem, dunkelrothen, schwarz gesäumten Fleck, Kopfseiten nebst Backenbart, Unterseite und Innenseite der Beine, sowie die Vorderarme und Unterschenkel weiss. Körperhaut schwarz, Augenlider fleischfarbig bräunlich, Skrotum schön spangrün. — Wurde durch Prof. Ehrenberg in die Menagerie auf der Pfaueninsel bei Potsdam gebracht, wo er mehrere Jahre lebte ohne sein Ansehen zu ändern, nur die Oberlippe hat sich wulstiger gestaltet, so dass das Maul stumpfer geworden war. Nach seinem Tode kam er in das zoologische Museum in Berlin. Es ist wahrscheinlich, dass der Simius Callitrichus Prosper Alpin Aegypt. I. 244. mit schlechter Abbildung t. 10. fig. 4. hierher gehört. Le Nisnas Fr. Cuv. mamm. Nov. 1830. Abb. u. Beschr. von Ehrenberg's Exemplar. Bei Linnée, welcher diese Art noch nicht kannte, wurde er zu dem damals schon bekannten C. ruber citirt, dem aber das schwarze Gesicht fehlt, welches Alpin ausdrücklich beschreibt. — In Darschakie zwischen dem Senaar und Dongola.

D. **Lasiopyga** Illiger prodr. 68. 4. Wie Cercopithecus, aber das Gesäss behaart, ohne deutliche Schwielen. — Streng genommen, sind die Rudimente der Schwielen zu finden, indessen ist nicht zu leugnen, dass diese Art eine eigenthümliche, von allen übrigen abweichende Form repräsentirt.

314—16. **L. nemaeus** (Simia — Schreb. I. 110. t. 24. L. Gm. I. 34. 40.) Illig. prodr. 68. 4. Le Douc Buff. H. N. XIV. 298. t. 41. sppl. VII. 85. t. 23. Cercop. nemaeus Desm. 54. Semnop. — Fr. Cuv. mamm. 38. t. 12. Géoffr. voy. Belang. 34. Cat. meth. 101. Pygothrix — Géoffr. St. Hil. — Gesicht fleischfarbig, Oberkopf, Schultern, Oberschenkel und Zehen schwarzbraun, Hals und Leib schiefergrau. Der lange Bart von den Ohren bis zum Kinn abstehend und so wie Vorderarme, Kreuzgegend bis in die Weichen und Schwanz weiss, Unterschenkel rothbraun. — Länge 2', Schwanz 1' 8". — Wegen seiner bunten Färbung wird er auch Kleideraffe genannt, wegen seines Vaterlandes the Cochinchina ape Pennant syn. 119. n. 85. Buffon und Daubenton kannten nur ein schlechtes Exemplar und sprachen ihm deshalb die Gesässschwielen gänzlich ab, auf welchen Umstand eben die Gattungsnamen Lasiopyga und Pygathrix begründet wurden. Spätere Beobachtung lebender Exemplare hat allerdings bewiesen, dass der Affe doch Gesässschwielen hat. Mr. Martin proceed. V. 1837. 70. versetzte ihn vorläufig, „bis die innere Anatomie ihn fester bestimmt haben wird", unter Semnopithecus, unter welcher Gattung auch Isid. Géoffr. St. Hil. Cat. meth. 12. 1. ihn aufführt. Er steht hier sehr naturgemäss in der Nachbarschaft des leucoprymnus. Buffon erhielt das erste Exemplar von Poivre aus Cochinchina mit dem dort gangbaren Namen „Douc". Man vermuthete auch, dass der „Sifac", dessen Flacourt in seiner Reise nach Madagascar p. 153. erwähnt, dasselbe Thier sei, indessen hat man später auf Madagascar niemals Affen gefunden, auch bei Flacourt ist nur von einem Maki die Rede. Mr. Diard sendete im J. 1822 zehn Exemplare aus Cochinchina, aus denen sich ergab, dass M. und W., alte und junge Affen sich nicht unterscheiden, ja sogar ein Fötus hatte schon die bunten Farben und den dreieckigen weissen Fleck an der Schwanzwurzel. In den Menagerien kommt die Art sehr selten vor, ich sah das letze Exemplar in der von Tourniaire, welche dann in Braunschweig verbrannte. Der Affe war ernsthaft in seinem Benehmen, vergleichbar mit Mona. In der Vorzeit berichtete man, der Affenbezoar käme von ihm. — Cochinchina.

XXIII. Nasalis Et. Géoffr. St. Hil. Annal. d. Mus. XIX. 1812. Nasique.
Kiefertheil des Gesichts sehr kurz, Stirn ziemlich vorstehend, Gesichtswinkel 50°, Ohren
klein rundlich, Nase sehr breit und lang, dabei zungenförmig dick mit Längsfurche auf dem
Rücken und unten zwei grossen Nasenlöchern. Nägel ziemlich platt, die der Hinterdaumen
sehr breit und dick. Gliedmaassen und Vorderhände sehr gestreckt, Daumen ziemlich kurz.
Leib untersetzt, Schwanz länger als Leib. Backentaschen, grosse Gesässschwielen, dichte
Behaarung. Magen sehr gross, unregelmässig gestaltet; zwischen dem Fell ein Sack, welcher
sich von der Unterkinnlade zu den Schlüsselbeinen hinzieht. Vergl. Sectionsbericht: Martin
Proceed. V. 1837. p. 72—73. Das Skelet ist abgebildet von Hombron u. Jacquinot im Voy.
au Pôle Sud pl. 2. Einige Schriftsteller haben diese Gattung mit Semnopithecus vereinigt. Indessen trennen mehrere Kennzeichen, vorzüglich die Anwesenheit der wirklichen
Backentaschen, dieselbe von dieser Gattung und nähern sie mehr den Guénons; in der That
bildet der Affe eine ganz entschiedene Mittelform. Auch Vigors u. Horsfield hielten es
für nöthig, die Gattung im Zoolog. Journ. XIII. p. 110. wieder aufzunehmen und ihnen sind
mehrere Andere gefolgt. — Man kennt nur eine Art, denn die zweite, welche Vigors und
Horsfield aufstellen wollten, dürfte, wie Lesson bemerkt, nur ein junges Thier gewesen sein.

317—20. **N. larvatus** (Cercop. — „Kahau" Wurmb Verhandelingen van het batav.
Genootsch III. p. 145.) Et. Géoffr. Ann. l. c. Is. Géoffr. St. Hil. Belanger 46. Cat. meth.
mamm. 10. Fahl, Gesicht bräunlich, Oberkopf dunkel röthelfarbig, Leib, vorzüglich über
Rücken und Seiten, braunroth, über das Kreuz bis zu den Weichen abgegrenzt blassfahl
weisslich, ebenso der Schwanz. — Ich messe: Länge von Kopf und Leib 27¼″, Schwanz 25″,
Höhe des nackten Gesichts 4¼″, Nase von der Wurzel bis zur Spitze 2¾″, ihre Breite in
der Mitte 1½″. — Der „Kahau", wie ihn seine Landsleute nennen, le Guénou à long
nez Buff. suppl. VII. 53. t. XI. XII. Simia nasalis Shaw gen. zool. I. 55. t. 22. S. ro-
strata Blumenbach, Abb. t. 13. S. nasicus Auder. IV. 11. t. I. Semnop. nasicus Cuv.
régne an. I. 94. Martin in Loud. Edinb. phil. Mag. 1838. XII. 592. Wagn. Schreb. I. 102.
Nas. nasicus et recurvus Horsf. zool. Journ. XIII. p. 109—10. Le Nasique
Daubent. mem., the Proboscis Monkey Penn. Quadr. 2. app. Nasique masqué
Is. Géoffr. St. Hil., Hombr. et Jacquin. Voy. au Pôle Sud, pl. 2. Ich bilde das schönste
Exemplar eines alten M., welches ich noch gesehen, aus dem neuen Museum in Dresden in
zwei Ansichten ab, dazu ein jüngeres M. nach Hombr. u. Jacqu. und ein Junges, welches
unser Museum vor dem Brande besass. Unser Weibchen verhielt sich so, wie hier Fig. 320.
Der Absatz der Farben erinnert einigermaassen an den Nemaeus. Backen, Kinn, Hals
und Schultern, sowie die Brust fuchsroth, unter dem Hinterhaupt bildet diese fuchsrothe
Bedeckung einen Kragen (vergl. Fig. 313.), welcher oben die Spitze der dunkelbraunen Kappe
vom Oberkopf aufnimmt und von unten in der Mitte eine Ecke vom braunen Brustharnisch
in einem Ausschnitt empfängt. Der Rücken ist durch eingestreute fahle Haare und schwarze
Spitzen melirt. Die Vorderarme und die ganzen Beine sind hasenfarbig gelbgrau, schwarz
gespitzt und geringelt, alle Hände sind unterseits schwärzlich wie die Nägel. Kreuz und
Schwanz weisslich aus einfarbigen Haaren. — Der Affe ist in der späteren Zeit sehr selten
geworden, und man schätzt sich glücklich, einmal ein Exemplar zu erhalten. In früheren
Zeiten war das anders. Wurmb sagt a. a. O.: „Diese Affen halten sich in grossen Trupps
zusammen, ihr starkes Geschrei vernimmt man deutlich als „Kahau", woraus die Europäer
Kabau gemacht haben. Die Eingebornen von Pontiana nennen ihn Bantanjan von der
Form seiner Nase. Bei Aufgang und bei Untergang der Sonne versammeln sie sich an den
Ufern der Flüsse. Sie bieten auch ein angenehmes Schauspiel auf den Aesten der hohen
Bäume, wo sie mit grosser Behendigkeit sich 15—20 Fuss weit von einem zum andern hin-
überschnellen. Dass sie während des Springens, wie man sagt, ihre Nase halten sollen, be-
merkte ich nicht. Man kennt noch nicht ihre Nahrung und konnte sie deshalb noch nicht
lebendig erhalten. Man sieht sie von verschiedener Grösse, und solche von nur einem Fuss
Höhe*) hatten schon wieder Junge. Von oben gesehen, hat die Nase die Gestalt einer
Menschenzunge, mit einer Längsfurche in ihrer Mitte. Die Nasenlöcher sind länglichrund,
er kann die Nase ausdehnen und aufblasen, so dass jedes Nasenloch eine zollweite Oeffnung

---

*) Also so kleine Weibchen?

erhält. Das kleine Gehirn sieht vollkommen aus wie das vom Menschen. Die Lungen sind schneeweiss, das Herz mit vielem Fett bedeckt, welches man nur da findet. Magen ausserordentlich gross und unregelmässig und unter der Haut ein Sack, der sich von der Unterkinnlade bis auf die Schlüsselbeine erstreckt." — Im Voy. au Pôle Sud III. p. 17—22. finden sich noch anatomische Details, aus denen auch wieder hervorgeht, dass der Magen wie bei Semnopithecus nach Art des Colon vielsackig ist, wie auch die beigegebene Abbildung zeigt. Es geht hieraus die grosse Wahrscheinlichkeit hervor, dass diese Affen als Pflanzenfresser auch wohl in gewisser Beziehung Wiederkäuer sind. Die Backenzähne tragen vier schneidende Höcker. — Borneo! Sumatra?

Sechste Familie.

Makaks: Macacinae.

Gesichtswinkel 40—50°. Kinnladentheil dick, Nase kaum vortretend, Nasenlöcher kurz und endständig. Rumpf untersetzt, Gliedmaassen robust, mässig lang. Vorderdaumen kurz, Daumennägel platt, alle übrigen hohlziegelförmig. Hinterbacken nackt, Schwielen gross. — So zu ordnen: 1) Vetulus, als Wiederholung von Colobus und Semnopithecus, mit Schwanzquaste und vielsackigem Magen. 2) Cynomolgus, als Wiederholung von Cercopithecus und Typus der Familie, mit langem, verdünnten Schwanz und einfachem Magen. 3) Macacus, als Hindeutung auf die Cynocephalen, mit kurzem, verdünnten Schwanz und einfachem Magen. 4) Pithecus, als Vollendung der Familie und Hindeutung auf die letzten, die menschenähnlichen Affen, ungeschwänzt, gutartig, gelehrig.

XXIV. Vetulus (Erxleben pr. specie) Rchb. Der Wanderu, Silen. Wie Cercopithecus, Gesicht von Mähne umgeben, Schwanz mit Endquaste *).

321—25. **V. Silenus** (Sim. — L. Gm. 31. 10. Schreb. I. 87. t. 11.) Rchb. Der Wanderu. Grauschwarz, Gesicht schwarz, Oberkopfhaare und Backen- und Kinnbart mähnenartig verlängert und hängend, erstere schwarz, letztere weiss, in der Jugend graulich. Länge 2', Schwanz 10". — Er hat verschiedene Namen erhalten: Simia ferox Shaw. Cercop. vetulus Erxleb. mamm. 25. 4. C. senex Zimmerm. Ouanderou Buff. H. nat. XIV. 169. t. 18. Audebert fam. 2. sect. I. t. 3. Fr. Cuvier mamm. pl. 38. 39. Macacus Silenus Desm. m. 63. Le Macaque Ouanderou Lesson quadr. 93. 6. Macaque à crinière Cuv. règne. Papio silinus Et. Géoffr. St. Hil. Ann. XIX. Silenus veter Gray list 8. — Zweifelhaft, ob hierher gehörig, ist Simia leonina Shaw XVII. t. 26. Schreb. t. XI.B. La Guénon à crinière Latr. I. p. 289. pl. XXVII., bei ihm ist die Länge 2' und der Schwanz 2' 2", also länger als Leib. — Hierbei ist jedoch zu bemerken, dass der Lion-tailed Monkey Pennant Quadrup. p. 109. n. 73.a. t. XIII.A. f. 1. eine gute Abbildung des echten, ganz alten, kürzer geschwänzten Wanderu ist. — Dieser Affe ist in der neueren Zeit überaus selten geworden. Ich habe ein einziges altes Exemplar vor dreissig Jahren gesehen, dasselbe starb hier und ich hatte es im naturhistorischen Museum, wo es leider 1849 mit verbrannte. Im lebensgrosses, schönes Oelgemälde nach einem in der vormaligen kurfürstlichen Menagerie im Jagdschlosse Moritzburg lebendig gehaltenen Exemplare scheint das Original zu der Abbildung des alten Affen bei Schreber zu sein, auch befindet sich im Schlosse Moritzburg noch ein zweites Oelgemälde eines jüngern Exemplars, etwa mit unserer Fig. 325. übereinstimmend. — Die äussere Erscheinung wie das

*) Der Name Silenus ist bereits im J. 1834 von Latreille für eine Gattung der Coleoptera lamellicornia verbraucht worden.

Benehmen des Wandern ist äusserst imposant und von höchstem Interesse. Haben wir Tausende von Beispielen einer Harmonie in der Gesammtheit der organisirten Wesen in einem bestimmten Erdtheile oder Districte, so schliesst sich an diese Erfahrung das Urtheil, welches HEYDT im Schauplatz von Afrika und Ostindien, S. 187. giebt, ganz consequent an. Er sagt hier: Der weissbärtige Affe stellt einen alten Ceylaner mit seinem Barte nicht übel vor; er hält sich die meiste Zeit in den Wäldern auf und verursacht wenig Schaden. Er ist nicht so boshaft wie andere Affen, sondern possirlich. Er scheint mehr Nachdenken zu haben, er kann ein gläsernes Geschirr lange gebrauchen, ohne es zu zerbrechen, er weiss sogleich, wenn er unrecht gethan hat und giebt seine Traurigkeit darüber durch Geberden zu erkennen, welches er noch mehr thut, wenn er geschlagen worden ist, da man ihn oft Thränen vergiessen sieht. Der Pater der Barfüsser-Carmeliter VINCENT MARIE Voyage Rom. 1678. trad. p. M. le Marquis DE MONTMIRAIL cap. XIII. p. 405. sagt: Man findet in Malabar vier Arten von Affen, die erste ist ganz schwarz und schimmernd, sie hat einen weissen Bart um das Kinn, der mehr als handbreit lang ist, die übrigen Affen haben so viel Respect vor dieser Art, dass sie in deren Nähe sich ducken, als erkennten sie ihre Uebermacht an. Die Prinzen und die Grossen des Reichs schätzen diese Bartaffen hoch, da sie sich weit gravitätischer und einsichtsvoller benehmen als andere. Man erzieht sie für Ceremonien und Spiele und sie entsprechen diesem Zwecke in bewundernswerther Weise. DAUBENTON sahe einen Wandern auf der Messe zu St. Laurent, den man seiner Wildheit wegen in einem eisernen Käfig eingeschlossen hielt, und auch der, welchen ich selbst sah, benahm sich wie der wilde Schweinspavian, indem er mit der schärfsten Aufmerksamkeit immer aufgerichtet alles beobachtete und wiederholt mit kräftigem Griff an seinem Käfig rüttelte. Der englische Seefahrer ROBERT KNOX wurde in Ceylon gegen zwanzig Jahre gefangen gehalten und gab dann nach seiner Rückkehr sein „Historical Relation of the Isle Ceylon" 1681. I. 107—11. Er spricht von Affen daselbst, welche so gross sind, wie die English Spaniel Dogs, dunkelgrau, mit schwarzem Gesicht und langem, weissen Bart um das Gesicht herum, von einem Ohr zum andern, so dass er sie auch in der Figur wie einen alten Mann abbildet. Sie leben in Wäldern, fressen nur Blätter und Knospen und in der Gefangenschaft geniessen sie alles. BENNET hatte unter seiner Beobachtung zwei lebende Exemplare; er sagt, dass das in Burton Street ausserordentlich beweglich und manchmal sehr unruhig, dabei aber doch gutartig gewesen sei und sich damit vergnügt habe, an seiner Kette zu schaukeln. Sobald Jemand hereintrat, stieg es plötzlich von seiner Stange herab und passte den Augenblick ab, auf ihn zu springen und ihn unversehens zu fassen und zu necken, dann stieg es wieder auf seine Stange, als ob nichts geschehen sei, und freute sich seines Erfolgs. Das andere Exemplar im zoologischen Garten war noch neu und hatte seinen Charakter noch nicht gezeigt. Das Weibchen, welches FR. CUVIER im Jan. 1822 abbildete und beschrieb, unsere Fig. 324., zeichnete sich durch weisse Unterseite und weisse Innenseite der Gliedmaassen aus, ebenso das Männchen, Aug. 1837, war gutartig und liebte Liebkosungen sehr, doch aber blieb es capriciös. Die Indier nennen den Affen „Nil-Badar". — Man hielt ihn vormals für einen Bewohner von Ceylon, indessen ergiebt sich nach der Beobachtung der Neueren, dass der Silenus nicht Ceylon, sondern Malabar gehört. Proceed. 1855. 156.

326. **V. Nestor** (Semnopith. — BENNET) Proceed. I. 1833. 67. Dunkel aschgrau, Kopf, Kreuz, Schenkel hinterseits und Schwanz blasser, jene schwarzbraun, dieser an der Spitze, ebenso der lange Backenbart, Lippen und Kinn weisslich, Gesicht, Ohren und Hände schwarz, Gliedmaassen schwärzlich. Länge 16″, Schwanz 20″. Vorwaltend ist ein tiefes Grau mit leichtem Ueberflug von Braun, am Halsrücken und Kopf blasser, wo die dunkelbraune Schattirung mehr vortritt. An den Lenden zieht das tiefe Grau in reines Hellgrau, welches über dem Hintertheil der Dickbeine und längs des Schwanzes sich fortsetzt. Der Schwanz wird nach und nach heller, die Spitze mehrere Zoll lang weiss. An den Schenkeln herab wird das vorwaltende Grau nach und nach dunkler, die Hände sind fast schwarz. Die Untertheile sind etwas heller, als die oberen, besonders um die Kehle. Aufwärts von der Kehle wird die Farbe heller, da die unteren Theile der Haare mehr ausgesetzt sind. Lippen, Kinn und Backenbart reinweiss, nur die nach hinten verlängerten Spitzen desselben sind grau. Ueber den Augen stehen steife, schwarze Haare vor, wie bei vielen Semnopithecus.

Die Haare sind meist 1¼" lang. Die mässig langen Haare, die lichtere Färbung und besonders das Weiss des Untergesichts und der Gesichtsseiten unterscheiden die Art von Semn. leucoprymnus. Der Besitzer wusste nichts über seinen Ursprung, doch scheint er aus Indien zu sein. — Dieser Affe tritt wahrscheinlich in eine nahe Berührung mit Semnopithecus cephalopterus, p. 99. n. 239., und eine nähere Bekanntschaft mit ihm wird erst im Stande sein, seine wahren Beziehungen auseinanderzusetzen. Sehr wahrscheinlich gehört auch der Affe hierher, dessen Abbildung PENNANT von LOTEN, dem Gouverneur von Ceylon, erhielt und von dem er Synops. 110. nebst Abb. XIV. fig. 2. die Notiz giebt: Bei diesem schwarzen, weissbärtigen Affen geht die weisse Einfassung des Gesichts gleich ein paar dreieckigen Flügeln bis an die Gegend der Ohren, wo sie am weitesten absteht und sich auswärts zuspitzt. Unter dem Kinn ist wenig Bart, das Gesicht kurz, der Schwanz lang mit unrein weisser Quaste, wie auch SCHREBER I. 89. wiederholt. — Ebenso wahrscheinlich gehört wohl auch hierher der:

„Affe aus Ceylon". JOHN, neue Schriften d. naturf. Freunde in Berl. I. 1795. 216. „SCHREBER p. 89. beschreibt ihn richtig, aber kurz. Leib schwarzgrau, welches an den Hinterschenkeln und Schwanz in's Aschgraue übergeht. Gesicht kurz, schmal, ganz schwarz und glatt. Das Kinn unten und oben mit dünnen, kurzen Haaren besetzt. Bart weissgrau unter dem Kopf und an beiden Seiten kurz, der sich an den Ohren sehr verlängert, weit von einander absteht und spitzig zugeht. Augen mittelmässig, braun, Augenwimpern fast unmerkbar und Augenbrauen weit hervorragend, weit über die Haare am Kopfe, stark und kohlschwarz. Nase stark, am Ende eingedrückt, Ohren glatt und kohlschwarz. Daumen an den Vorderhänden ausnehmend kurz und klein, mit sehr kleinen Nägeln, an den übrigen Fingern aber sind sie lang. Der Schwanz ist eine Spanne länger, als der Körper, aschgrau, aber ohne Quaste (?). Eichel an der sehr kleinen Ruthe immer hervorragend. Gesässschwielen kahl und schwarz. Auf Ceylon nennt man ihn Roloway. Zärtlich, lebt 20 Jahre (steht p. 215), frisst Früchte und Gartengewächse. Lässt sich zwar angreifen, beisst aber oft unversehens, was ich selbst an mir auf eine sehr schmerzhafte Weise erfahren, da ich einen in meinem Hause hatte und ihn etwas genau befühlen wollte. Als ich ihn mit dem Fuss von mir wegstiess, ohne ihn eben beschädigen zu wollen, wurde er krank und starb einige Zeit nachher. Ich liess in Ermangelung eines geschickten Zeichners ihn durch einen Jüngling auf dreierlei Art abzeichnen, der Versuch gerieth aber so schlecht, dass ich nicht wagte, diese Zeichnungen beizulegen. Herr Capitain THIERBACH auf Ceylon, ein redlicher Strassburger und thätiger Freund, schrieb mir über diese weissbärtigen Affen folgendes: Die Europäer nennen freilich diese Art Rolloway, sie verwirren aber die Arten. Die Singalesen nennen ihn Rilowa, woraus die Europäer Rolloway machen, die gemeine Art Affen, deren es in Ceylon viele giebt und die ich auf den Capoverdischen Inseln gesehen habe und deren Farbe mehr braungelb ist. Die von schwarzgrauer Farbe aber mit dem weissen Barte, nennen die Singalesen Wanderu. Sie machen keine Possen oder Neckereien, wie die anderen Affen, sondern sehen sehr ernsthaft aus und sitzen, wenn man sie zu Hause hat, mehrentheils still, traurig oder tiefsinnig. Als ich 1792 zu Tabbowe in Pittigal Gorle mit meinem Commando lag, gab es da schon viele von diesen Affen, weil der Platz mit sehr hohen und dichten Bäumen bewachsen war. Da sie den Einwohnern an Cocosbäumen in den nahe gelegenen Gärten viel Schaden zufügten, schoss ich öfters unter sie und tödtete viele, denn es war wirklich ein Jammer, anzusehen, wenn man durch die Gärten ging, worinnen einige hundert Cocusbäume standen, und man nicht eine einzige Frucht auf den Bäumen sah, sondern den Boden gleichsam besäet von halbreifen Früchten, welche durch diese Affen und Bu-Kias, eine Art grosser Eichhörnchen, abgefressen waren. Einst schoss ich ein W., da es eben in Begriff war, von einem Baume auf den andern zu springen. Es fiel herunter und seine zwei Jungen waren noch fest mit den Vorderbeinen an der Brust geklammert. Ich wollte sie aufziehen, sie starben aber bald." — Silenus, welcher gewöhnlich in Ceylon angegeben wird, kommt da nicht wild vor, sondern bewohnt die Nachbarschaft, die Provinzen Travancore und Cochin am Mainlande Indiens. Dies ist der Rilawá der Cingalesen und Presb. cephalopterus, glaubt BLYTH, sei der Wanderu, verdorben in Wanderoo, welcher zu dem Innus Silenus von den Europäern versetzt worden ist. Major FORBES: eleven years in Ceylon II. 144. sagt: „Zu Newerra Ellia und verbreitet über die kälteren Theile der

Insel findet sich ein sehr grosser Affe von dunkler Farbe, ich sahe mehrere derselben noch
stärker als den Wandura, und einer ging in einiger Entfernung vor mir vorüber, als ich
etwa 4 Fuss von ihm ruhte, er sah aus wie ein Ceylon-Bär, dass ich ihn fast für einen
solchen hielt." Blyth meint, dies sei der Thersites gewesen, oder vielleicht Johnii?
Blth Journ. As. Soc. Beng. XVI. II. 1847. 1272. Vgl. V. ursinus. — Ceylon.

Anm. E. F. Kelaart prodr. Faunae zeylandiae 1852. p. 1. setzt allerdings den Nestor
mit cephalopterus, s. unsere p. 99. n. 239., zusammen. Er giebt das Maass auf 20'',
den Schwanz 24½'' und nennt ihn den „Kalloo Wanderoo" der Singalesen in den südlichen und westlichen Provinzen. Er geht nicht über 1300' über Seehöhe und gehört Südindien und Ceylon. — Die Affen Presbytis Priamus Elliot, vgl. p. 95. n. 230b., und
Pr. Thersites Blyth, vgl. unsere p. 96. n. 230d., sind in Ermangelung von Abbildungen
noch zu wenig bekannt und gehören sehr wahrscheinlich hierher. Sie würden dann nebst
einem dritten richtiger folgendermaassen aufgeführt werden:

326b. **V. ursinus** (Presb. — Blyth, Kelaart prodr. p. 2.) Rchb. Der Maha-
Wanderoo der Singalesen, der Bären-Wanderu. Pelz langhaarig, meist einfarbig grauschwarz, Backenbart voll, weiss, Hinterhaupt und Kreuz bei sehr alten Exemplaren blasser,
doch kaum weisslich. Hände und Füsse fast schwarz. Schwanz lang, minder weisslich am
Grunde, als an der Endhälfte, welche meist grau ist. Uebrigens wie cephalopterus, von
dem er sich aber durch seine grösseren, stärkeren Beine, längere Haare und Mangel von
grau am Hinterkopf, Kreuz und Seiten der Schenkel unterscheidet. Junge und mittelwüch-
sige haben durchaus röthlichen Anflug, gleichfarbig mit dem röthelfarbigen Kopfe. Ein
erwachsenes, bei Newera-Ellia geschossenes Exemplar misst: Von der Nasenspitze bis
Schwanzwurzel 1' 9'', Kopf vom Scheitel zum Kinn 4½'', Schwanz 2' 2'', vom Ellbogen zur
Spitze der längsten Finger 9½'', Handfläche 2½'', vom Knie zur Ferse 7¼'', von der Ferse
zum Ende der Zehen 6'', Sohle 4''. — Die ersten beiden Exemplare, von denen Mr. Blyth
eins unter obigem Namen beschrieb, wurden bei Newera-Ellia erhalten, und es ist dies
der einzige häufig vorkommende Affe. Seitdem wurden mehrere Exemplare aus verschiedenen Theilen der hohen Kandyan-Districte erlangt. Er scheint im Hochlande den Vet.
cephalopterus, den schwarzen Wanderu der südlichen und westlichen Strandpro-
vinzen der Insel, zu vertreten. Dieser Gebirgsaffe scheint in den Alpenregionen eine noch
bedeutendere Grösse zu erreichen. So zeigten sich sehr grosse Exemplare am Rambodde-
Pass. Ein Junger, welcher in Kandy ganz gesund gefangen wurde, härmte sich ab und
starb schon bald nach seiner Ankunft in Trincomalie, wo der cephalopterus niemals
vorkam, sondern wo der folgende ihn repräsentirt.

326c. (230b.) **V. Priamus** (Presb. — Elliot et Blyth, Kelaart prodr. Fn. zeyl.
p. 3.) Rchb. The crested Monkey, Koondé Wanderou der Singalesen. Graulich,
wie Milchchokolade, oft mit rothgelbem Zug. Alle Hände insgemein lichter grau. Bauch
und Innenseite der Gliedmaassen, manchmal auch die Kreuzgegend düster weiss. Haare
mässig lang, fast steif. Auf dem Scheitel ein dicker, zusammengedrückter Haarkamm blass-
rothgelb. Backenbart graufahl, kurz und am Kinn in einen kurz vorstehenden Kinnbart
übergehend, der Backenbart geht am Vorderkopf in graue Haare über, die von einem Mittelpunkte strahlig ausgehen. Oberlippe mit zerstreuten weissen Härchen. Hinterhaupt weisslich.
Augenwimpern lang, schwarz, horizontal über die Augenbrauen hinausragend, bilden eine
Art von gezähnter Leiste vor der Kappe, welche der hohe, verticale Kamm repräsentirt.
Die Schwielen unter dem Schwanze meist weiss. Schwanz länger als Leib, fast von derselben Farbe wie die dunklen Theile des Rückens, geht am Ende über in eine weissliche
Quaste. Gliedmaassen lang und verschmächtigt. Haare ganz gerade und graulich nächst
allen Händen. Zehen lang grau behaart, einige ragen über die Nägel. Gesicht, Handteller
und Finger, sowie die Sohlen und Zehen schwarz. — Ein ausgewachsenes M. maass: Kopf
und Leib 1' 9'', Schwanz 2' 4'', von der Schulter bis zu den Fingerspitzen 1' 3''', Bein bis
zur Ferse 1' 8'', Handteller nebst Fingern 4'', Sohle nebst Zehen 6''. Die Dünndärme
15' 2'', der Dickdarm 3' 8'', Blinddarm 4½''. Magen vielsackig wie bei entellus, Leber
zweilappig, der rechte Lappen mit tiefem Einschnitt im Mittelpunkt und hinten mit kleinem
Läppchen. Gallenblase 1½''. Milz gross, unregelmässig viereitig. — Dieser Affe ist sehr

gemein in den nördlichen und nordöstlichen Theilen der Insel und verbreitet sich zu den Felsen von Dambool und zeigte sich auch manchmal um Matello, Kadu- ganava, Hewehette und wahrscheinlich geht er bis Batticaloa und Hambantotte an der Südostseite der Insel.

Mr. KELAART sagt weiter: Neulich sahen wir einen grossen Affen sieben Meilen von Trincomalie, nächst der heissen Quellen von Kanniai, den wir aus der Ferne für einen Thersites hielten, man sah keinen Haarkamm und seine Farbe war dunkler, als gewöhnlich Priamus vorkommt. Nachdem ein schönes, ausgewachsenes Exemplar erlangt wurde, zeigte sich der Irrthum, denn er hat einen sehr kleinen Haarkamm, kaum einen Zoll hoch, die übrigen Kopfhaare sind kürzer und die von einem Mittelpunkt ausgehenden weissen Strahlenhaare am Vorderkopf zeigten sich nur undeutlich auf den Augenbrauen. Der Kopf ist rothgelb dunkelgrau oder braun, der Leib sehr dunkelgrau, ohne gelbrothe Nuancen. Einige lange, graue Haare hängen vom Rücken über die Schultern. Bauch und Gliedmaassen wie bei den dunkelsten Exemplaren von Priamus. Wir halten ihn vor der Hand nur für eine Varietät des Priamus verus. Das einzige untersuchte Exemplar maass: Kopf und Leib 1' 10", Schwanz 2' 8", Arm 1' 4½", Bein 1' 3", Handteller 3", Sohle 5", Dünndärme 19' 8", Dickdärme 4' 8", Blinddarm 5½". Magen vielsackig und übrige Eingeweide wie oben angegeben. — Südindien und Ceylon.

Priamus ist von allen übrigen Affen in Ceylon leicht zu unterscheiden durch seinen hohen, aufrechten, zusammengedrückten Haarkamm, seine schlanken Gliedmaassen und roth- gelben Kopf und ebenso gefärbten Rücken und Seiten. Beide Geschlechter sind gleich; einige schöngelbliche Haare am Hinterbauche finden sich bei ausgewachsenen Weibchen. Ein sehr junges lebendiges Exemplar von wenigen Tagen Alter zeigte den Haarkamm kaum sichtbar. Leib, Kopf und Glieder waren einfarbig lichtgrau, ohne irgendwo rothgelb zu zeigen. Dieser junge Priamus wurde an der Brust einer Frau genährt, welche sich dazu für mehrere Tage freiwillig erbot, bis er selbst Milch auflecken lernte. Wir bewachten mit wahrem Interesse die Entwickelung der kindlichen und jugendlichen Fortschritte dieses merkwürdigen Affen. Er zeigte sich seinem Aufseher sehr ergeben und wir besorgten ein Miniaturbild durch einen geschickten Künstler in Colombo. Aber das Klima von Colombo wirkte endlich nachtheilig auf ihn, eine Abzehrung, wie alle unsere Lieblinge, die aus dem Hochlande in unsere Niederung herabkommen, solcher erliegen, hat sein Leben geendet.

326ᵈ. (p. 96. n. 230ᵈ.) **V. Thersites** (Presb. — BLYTH et ELLIOT, KELAART prodr. Fn. zeylan. p. 5. Der graue Wanderu, the grey Monkey, Ellee Wanderoo der Singalesen) RCHB. Einfarbig dunkelgrau überseits, dunkler am Vorderkopf und den Vorder- gliedern, zieht an den Handgelenken und Händen in dunkel schieferbraun, die Haare auf den Zehen weisslich oder düster weiss, Gesicht weiss umzogen, schmaler über den Augen- brauen, Backenbart und Bart mehr entwickelt als bei den Verwandten und sehr auffällig weiss, sehr abstehend von Scheitel und Leib, welche dunkler als bei Priamus sind. (Negativ ist zu bemerken: kein rothgelber Anflug, kein Kamm auf dem Scheitel und keine Quer- pallisade von Haaren über den Augen, wie bei dem entellus.) — Obige Beschreibung ver- fasste Mr. BLYTH nach einem von Dr. TEMPLETON an die Bengal Asiatic Society gesendeten Affen. Der Affe wurde gezähmt in der Nachbarschaft von Badulla im Ouvah-Districte gezeigt. Mr. EDGAR LAYARD berichtet, Dr. TEMPLETON habe ihn von Trincomalie erhalten, wo sich aber kein anderer Affe gefunden hat, als der Priamus verus und die oben beschriebene Varietät, von beiden gleicht keiner dem Thersites. Der einzige bis dahin erlangte und mit dem Thersites vereinbare Affe, den wir erhielten, ist ein junges Exemplar von Doombera, man sagt aber, dass man dies ursprünglich von Bintenne gebracht habe. Es lebt noch*) und kam zu derselben Zeit in unsern Besitz, als der junge Priamus, von dem oben die Rede war. Obgleich das Thier etwas älter ist, zeigt es doch keine Spur von Haarkamm, das Haar war dunkler und nicht so seidenartig. Wir brachten diesen Affen mit von Trincomalie, und während wir über ihn berichten, wurden wir in den Stand gesetzt, ihn noch mit einem lebendigen jungen Priamus, ungefähr von demselben Alter, zu vergleichen, den wir aus Nicholson's cove nächst Fort Ostenburg erhielten. Letzterer ist ent-

---

*) Das Werk erschien 1852.

schieden blasser und hat einen entschiedenen Zug in rothgelb, wovon bei jenem keine Spur ist. Der Bart des Priamus ist düster weiss oder fahl, gerade, rauh und seitlich mehr rückwärts gewendet. Bei unserm Doombera-Affen ist der Backenbart mehr weiss, besteht aus feinen Haaren und ist reichlicher, läuft aber seitlich nicht so aus, wie der von cephalopterus und ursinus. Von diesen beiden unterscheidet er sich leicht durch sein einfarbiges Grau ohne alle schwärzliche Schattirung und seine dunkel schieferfarbigen Vorderarme und Beine (legs). Das Gesicht, die Ohren, Handteller und Sohlen schwarz, Schwanz weisslich. Er ist lebhafter als Priamus. Seine Schenkel (limbs) sind nicht so schlank, seine Physiognomie nicht so melancholisch, auch sitzt er nicht so oft langweilig da. Beide fressen Früchte, Schoten, junge Blätter und Schösslinge. Man sieht sie kaum kauen. — Owen giebt noch anatomische Nachweisungen. Die Leber, anstatt das Epigastrium zu kreuzen, nimmt das ganze rechte Hypochondrium ein und dehnt sich abwärts in die Lumbalgegend, und die Milz ist am Netz angewachsen und setzt sich fort an der rechten Seite des Magens. Wie entellus haben auch diese Ceylonesen lange Därme, fast in derselben Lage. Die Magen und Eingeweide aller, die man todt aus den Jungles brachte, enthielten dieselbe Pflanzensubstanz, in der zweiten Abtheilung des Magens nur halbverdaute Blätter und Früchte, die obere Abtheilung enthielt eine dünne, grünliche Masse, in einigen Fällen halbflüssig. Wir beachteten oft das Benehmen dieser Affen in den Bambusengebüschen (jungles); man sieht sie da meist truppweise zu 3—4, wie sie von Zweig zu Zweig der grossen Bäume hüpfen, und wenn sie sitzen, so sieht man, wie sie zarte Zweige anfassen, deren Blätter mit den Händen abstreifen und diese begierig auffressen. Manchmal gebrauchen sie die Hände, um die zarten Blätter und Schösslinge zu pflücken und in den Mund zu führen. Gezähmt nehmen sie allerhand vegetabilische Kost an. Gern fressen sie gekochten Reis, Brod und Bananen, auch Schoten und Bohnen. Wir beobachteten aber niemals, dass sie animalische Nahrung genossen, auch waren sie nicht für Süssigkeiten geneigt. Es ist interessant zu bemerken, wie sie die saftigsten und ihnen behaglichsten Blätter aussuchen, aus einer Masse vieler Arten, die man ihnen geboten. Blätter und Früchte von balsamischem Geruch lieben sie gar nicht, immer kosten sie die Blätter, bevor sie von den jungen Zweigen sie abbrechen. Ein Wiederkäuen haben wir an ihnen nicht bemerkt. Sie schlafen sitzend auf den Schwielen ihres Hintern, mit gebogenen Knien, den Kopf vorwärts zwischen die Arme gebeugt, die sie zusammenlegen um die Knie mit gefalteten Händen. In der Gefangenschaft leiden sie bald an Diarrhöen, Tuberkelkrankheit der Lungen uud Skrofeln. Fast in jedem in der Gefangenschaft gestorbenen Exemplare finden sich Tuberkeln. — Ceylon.

XXV. Cynamolgus (Simia Cynamolgus*) Linn.) Rchb. Der Tjäkko. — Schwanz lang und verdünnt. Sie vertreten die Cercopithecus und bilden den Typus der gegenwärtigen Familie. Sie sind noch ziemlich ungelehrig und boshaft, nur in der Jugend zähmbar und gutartig.

A. **Zati** (Zati Ind.) Rchb. Oberkopfhaare vom Mittelpunkte aus strahlig oder von einer Längslinie aus zweiseitig gescheitelt. Männliches Glied am Grunde zweiknollig, Glied selbst kurz walzig mit länglicher, wirklich eichelförmiger Eichel.

327—29. **Z. sinicus** (Simia sinica Linn. mant. plant. II. 521. L. Gm. 34. 39. capillitio undique horizontaliter caput obumbrante.) Rchb. Kopfhaare vom Scheitelpunkte aus ringsum strahlig, Pelz bräunlichgrün, unterseits und Innenseite der Glieder weissgrau. Länge 13″, Schwanz 15″, Rückenhöhe 1′ 6″. — Linnée's Diagnose zeigt bestimmt, dass er unter seinem Chinesermützenaffen zuerst diesen gemeint hat. Der noch von Niemand erwähnte Umstand, dass Buffon und Schreber auf einer und derselben Tafel zwei Figuren und durch diese zwei verschiedene Arten abbildeten, hat zu grossen Verwirrungen Anlass

---

*) Nach Lenz Naturgesch. d. Säugeth. 1831. 21. waren die Cynamolgi ein Negervolk und ihr Name von κύον und ἀμέλγω abgeleitet, also Hundsmelker. Dagegen erwähnt Plin. X. 33. einen Cynamolgus als arabischen Vogel und Faber thesaur. linguae latinae, meint, es sei richtiger zu sagen „Cinnamologus", ein Vogel, welcher in Arabien oder in Indien Zimmt sammele und auf Zimmtzweiglein sein Nest baue. Solinus nennt ihn Cinnamologus, woraus Andere Cinamulgus gemacht haben. Linnée schrieb Cynamolgus, Gmelin, Geoffroy und Andere aber Cynomolgus. In Müller's Natursystem heissen sie „Hundsbeisser".

gegeben, die wir hier zum ersten Male aufzulösen versuchen. Auf Buffon's XIV. t. XXX. und der copirten Tafel XXIII. bei Schreber sind ja nur die untersten Figuren Linnée's Kennzeichen entsprechend, die oben sitzende Figur hat ja längs gescheiteltes Haar und gehört zu folgender Art. Aus diesem Grunde nahmen andere Schriftsteller, ohne Linnée's Worte zu beachten, diese obere Figur mit gescheiteltem Haar fälschlich für sinicus und hielten den mit strahligem Haar, ohne dessen Figur zu erwähnen, für neu und für fähig, den neuen Namen Cercocebus radiatus Et. Géoffr. St. Hit. Ann XIX. 98. Macacus radiatus Desm. 64. 33. Dict. XXVII. 467. G. Cuv. règne I. 95. Is. Géoffb. Sl Hil. Dict. class. IX. 587. Belanger 54. Lesson man. 42. sp. 41., früher schon Cercop. radiatus Erxl. 41. 20. Kuhl 13. sp. 17. und Pithec. — Desm. Nouv. Dict. XVIII. 325. zu führen, bis endlich Is. Géoffr. St. Hil. im Cat. meth. 26. 1. einsieht, dass der Toque die wirkliche Simia sinica Linnée's und der wirkliche Bonnet chinois Buffon's ist, von dessen Physiognomie auch Bernard, Couailhac, Gervais & Lemaout in ihrem Jardin des plantes I. 88. eine treffliche Zeichnung gegeben haben, wobei er freilich übersieht, dass im letzteren Falle zwei Arten bei Buffon und Schreber vereinigt sind, da die obere längs gescheiteltes Haar trägt. Er zählt hier die Exemplare des Museum auf und darunter das Original für den radiatus seines Vaters und Desmarest's, vermeidet aber wohl, den Tocque von Fr. Cuvier zu citiren. Ob der Chinese ape Penn. syn. 117. 83. und der chinese Bonnet Monkey Penn. Quadr. 467. hierher oder zu folgender Art gehört, bleibt zweifelhaft, da ihn Pennant nur dadurch charakterisirt, dass sein Kopfhaar wie eine flache Mütze gelagert (disposed) sei, also am wahrscheinlichsten doch zu gegenwärtiger Art, wie auch the Zati or capped Macaque Gray list 7. Stirn nackt, runzelig. Haar seidenartig, graugrün, an der Unterhälfte grau, dann schwarz und schmuziggelb geringelt. Unterseite und Innenseite der Glieder und des Schwanzes weissgrau oder weisslich. Hände bläulich, auch alle nackten Theile bläulich-fleischfarbig. An der Oberlippe sehr kurze Bartborsten. Wangen hohl, Ohr wie Menschenohr, ziemlich gross und oben rundlich fleischfarbig. Sein Maul ist klein und schmal, die Stirn mehr platt. Buffon und Daubenton hielten die Stellung der Scheitelhaare für zufällig oder vom Alter abhängig, wie bei der Aigrette oder dem jungen Makak, und bildeten deshalb zwei Arten auf einer Tafel ab, indessen ist das ein Irrthum und beide Arten sehr beständig verschieden, und so muss man die Art der oberen Figur wohl unterscheiden, vergl. folgende Arten. Man citirt hierher auch den Macacus radiatus Tower Menagerie p. 147. Fig. links, aber wir können versichern, dass diese Figur nichts anderes darstellt, als einen jungen, ganz gewöhnlichen Cynamolgus Cynocephalus, wie solche wiederholt bei uns mit ebenso runzeliger Stirn geboren worden sind. Die Stellung der Kopfhaare ist ja hier eine gänzlich verschiedene. In ihrem Betragen gleicht diese Art sehr dem gemeinen Makak, ist nur noch schlanker und beweglicher. Cercop. radiatus ♀ wurde in Madras zwei Jahre lang im Sommer freigelassen und machte Bekanntschaft mit den Nachbarn, welche ihre Besuche begünstigten, aber sie kehrte immer in ihre Wohnung wie ein gutes Hausthier regelmässig zurück. Walt. Elliot Proceed. XII. 1844. 81. Bei uns sehen wir ihn nicht selten lebendig. — Indien und Insel Mauritius, wo der Affe neuerlich eingeführt worden, aber doch selten ist. M. radiatus ist auf der indischen Halbinsel der einzige Affe nach Sykes und Elliot's Catalog.

330. **Z. pileatus** (Simia pileata Shaw, non Desm. cf. p. 103.) Rchb. Der Hutaffe. Kopfhaare längs zweizeilig gescheitelt, Gesicht lohfarbig, Stirnband gelblich, Pelz olivengrünlichgrau, Unterseite und Innenseite der Gliedmaassen bläulichgrau, Vorderhände oben schwärzlich, unterseits alle Hände wie die Ohren fleischfarbig. — Ich messe 18‴, Schwanz 17‴. — Auch diese Art begriffen Linnée Gm. 34. 39. vermöge der Citate Bonnet chinois Buffon XIV. 224. t. XXX. und Simia sinica Schreb. t. XXIII., deren beider obere Figuren wegen ihrer zweizeilig gescheitelten Haare (was man damals für unwichtig und nicht unterscheidend hielt) offenbar hierher gehören unter dieser. Hierzu der Toque Fr. Cuv. mamm. Jun. 1820. t. 29., die Espèce inédite Dict. sc. nat. pl. 5. Simia sinica, Cercop. pileatus Tower Menag. p. 137. Fig. links u. p. 146. Hierzu sagt Dr. Templeton: C. pileatus (der Menagerien: Mac. sinicus Fr. Cuv.) ist der gewöhnliche kleine Affe in Ceylon. Vom Toque unterscheidet er sich bestimmt durch den fahlen Anflug im Gesicht und den schwarzen Rand der Unterlippe. Das M. ist kräftiger und nicht so scherzhaft als das W., doch werden beide zahm

und noch im Alter artig und zuthulich. Die Abbildung von Fr. Cuvier in der Hist. d. Mammif. zeigt das Thier zu steif, den Schwanz ziemlich kurz, die Scheitelhaare nicht reichlich genug und die Theilungslinie zwischen Rücken und Bauch zu deutlich. Uebrigens ist die Figur gut. In dem trefflichen kleinen Werke „Menageries" stehen p. 308. die Worte: „Die langen Kopfhaare stehen kammartig aufrecht." Das ist für unser Thier nicht verständlich*), bei den alten M. und W. hängt das Haar locker herab und geht bestimmt strahlig von einem Mittelpunkte aus, manchmal unterhalb der Mitte leicht getrennt, aber niemals kammartig aufrecht. Bei alten M. hat das Scheitelhaar die Farbe des Rückens, ziemlich lang, mäusefarbig unten dicht am Fell, gelblichbraun oder in vollem Lichte goldig und nussbraun schimmernd nach der Spitze zu. Das Gesicht ist blass lohfarbig, mit zerstreuten schwarzen Härchen, längs der Augenbrauen stehen einige steife, schwarze Haare vorwärts gerichtet und über ihnen und zwischen der Krone befindet sich ein dunkles Haarband, der Raum um die Ohren ist weisslich, die Ohren russschwarz, die Unterlippe breit schwarz gesäumt, die Conjunctiva im Auge schwarz, Iris röthlichbraun, Pupille schwarz. Unterseite des Körpers und Innenseite der Glieder blass, Hände russschwarz, Rücken derselben dünn behaart. Schwanz an der Wurzel dicklich, mäusefarbig, spitzewärts nicht verdünnt, Spitze lichtbraun oder grau, Schwielen lohfarbig, Haare, welche sie bis auf einen Zoll umgeben, russschwarz, Penis dreilappig. Bei dem W. sind Arme und Beine mehr röthlich, Innenseite der Oberarme und breite Flecken auf Brust und Bauch indigoblau, das Band am Vorderkopf gewöhnlich nicht dunkel, sondern rothgelb. Am unreifen Thier ist die Krone noch nicht so sehr herabgebogen und das ältliche Gesicht sieht komisch aus, der Schwanz ist fast nackt und die Wangen, Handflächen, Sohlen und Schwielen sind blass nelkenroth. Zu der trefflichen Beschreibung der Sitten in den „Menageries" ist nichts hinzuzufügen, aber diese Art und der Toque sollten von allen anderen Makaks getrennt werden. Dr. Templeton Proceed. XII. 1844. 3—4. Auch in diesem Bericht scheint nicht alles zusammenzupassen, denn hier wird wieder von strahlig stehenden Kopfhaaren gesprochen, die nur vorige Art hat und die weder in Géoffroy's Beschreibung erwähnt, noch in Fr. Cuvier's Abbildung dargestellt sind. Der Affe wird hier braun beschrieben, während Fr. Cuvier ihn rothbräunlich abbildet und er The Rillouweh or green Monkey, wie Kelaart versichert, in Ceylon genannt wird. Is. Géoffr. St. Hil. zieht hierher noch den sehr zweifelhaften Guénon couronée Buff. sppl. t. VII. 71. pl. 16. Dazu füge ich Latreille Singes II. pl. XLI. p. 25., den wir bereits n. 224. abgebildet und p. 91. erwähnt haben, wohin er wahrscheinlicher als hierher gehört, weil er gar nicht gescheiteltes, sondern struppig aufrechtstehendes Haar hat. — C. pileatus wohnt in allen Theilen der westlichen und südlichen Küstenprovinzen von Ceylon.

331. Z. Audebertii (Simia sinica: le Bonnet chinois Audeb. fam. IV. sect. 2. t. 11.) Rchb. Kopfhaar von der Längslinie aus zweizeilig gescheitelt und die ganze Oberseite des Pelzes rothbraun, Backen und Unterseite nebst Innenseite der Gliedmaassen weisslich. — Länge 18—20″, Schwanz länger als Kopf und Leib. — Diese grössere Art unterscheidet sich zugleich durch die rothbraune Färbung ihres Pelzes. Gesicht graulich-fleischfarbig, Ohren gross, nackt, Zehen dunkelfarbig. Die Beschreibungen der älteren Schriftsteller sind alle so unbestimmt, dass auch Is. Géoffr. St. Hil. bei Belanger p. 53. 54. sagt: Die wenigen Details, welche Buffon und Daubenton geben, lassen nicht mit Gewissheit unterscheiden, ob die Individuen, welche als Vorbilder zu ihren Beschreibungen und Abbildungen gedient haben, zum wahren sinicus oder zu radiatus gehörten. — Bengalen.

Anm. Cercopithecus cynosurus (Cynomolgus?) wird von Dr. Helfer östlich von der Bai von Bengalen erwähnt, wo er besonders die Flussufer bewohnt und die Mangroven-Wälder, da er vorzugsweise auf Muschelthiere erpicht ist. Auch ein anderer, einer der seltensten Cercopithecus kommt nach ihm nur in den nördlichen Theilen auf isolirten Kalkfelsen vor. Es ist kaum zu bezweifeln, dass dies die beiden Arten sind, welche Capit. Phayre lieferte, die ersten Exemplare zur Untersuchung, so wie die Gesellschaft ihm so viele Säugethiere von Arracan verdankt, unter denen mehrere neu waren, und gegen

---

*) Ja wir möchten gar vermuthen, dass der Verf. hier eine Aigrette oder jungen Makak vor sich gehabt hätte, wie dies in der Tower-Menagerie p. 147. der Fall war.

200 Arten Vögel, sowie noch viele Thiere anderer Classen. J. As. Soc. Beng. N. Ser. XIII. 1. 1844. 472. Hier sind die uns noch unbekannten Presbytis Phairei Blyth J. As. Soc. XVI. et Barbei gemeint, vergl. p. 103.

B. **Cynamolgus**: Kopfhaar in der frühesten Jugend unregelmässig aufrecht (s. die Suppl.-Figur!), dann bei dem Weibchen dicht neben der Mittellinie kammartig aufrecht (s. Fig. 332!), bei dem Männchen flach niedergedrückt (s. Fig. 333—39.) Eichel birnenförmig.

332—39. **C. cynocephalus** (Simia Cynamolgus, Cynomolgus und Cynocephalus L. Gm. 31. 15. 16. Macaque Buff. XIV. 190. t. 20. Schreb. I. 91. t. XIII.) Rchb. Gesicht bleigrau, zwischen den Augen weisslich, Backenbart kurz, grünlich, Ohren schwärzlich, Iris braun. Pelz olivenbräunlichgrün, schwarz melirt, Unterseite weisslichgrau, dünn behaart, Gliedmaassen innerseits etwas mehr grau als Unterseite, Hände und Schwanz schwärzlich, dieser unterseits aschgrau. Die Organe gross und so wie Schnauze und Schwielen fleischfarbig. — Ich messe bis 20", Schwanz 19", Schulterhöhe und Kreuzhöhe 16". — Weibchen: Kleiner, Kopf kleiner, Augenbrauenleiste minder vorstehend, Gesicht ringsum grau behaart, Haare lang, rauh, gerade, Scheitelkamm längs der Mittellinie von der Stirn nach dem Hinterhaupte aufrecht stehend: Simia Aygula Osbek iter 99. L. Gm. 33. 21. Schreb. I. 106. t. XXII. „Aigrette" Buff. H. N. XIV. 190. t. 21. Schreb. t. XXII. (Die bei L. Gm. citirte Simia nigra Edw. gehört gar nicht hierher, vergl. p. 89. n. 200.) Die Haare der Oberseite sind eine Strecke lang schwärzlich, spitzewärts werden sie schwarz und gelbgrün geringelt. Der Haarkamm des jugendlichen W. ist noch nirgends richtig abgebildet worden, unsere Figur 332. giebt davon zum ersten Male eine richtige Vorstellung, bei dem alten W. legen sich die Haare so wie bei dem M. — Als die älteste Quelle hat man den Cercopithecus Angolensis major, in Congo vocatus „Macaquo" Marcgr. Hist. nat. Bras. 227• betrachtet, daher der Macaquo Congensium Jonst. Quadr. 143. und Cercop. angolensis major Ray Quadr. 155. u. Barr., aber wahrscheinlich in Angola nur eingeführt und nicht einheimisch. The hare-lipped Monkey Penn. syn. 111. 74. Deutsch wird er angolischer Affe oder „Hundsbeisser" in Müll. Natursyst. I. 127. und „Meerkatze" oder „Makak" bei Schreber und Zimmermann geogr. Zool. II. 186. 86. Die Aigrette wird auch die Egret Monkey Penn. szn. 116. 81., der „Eulaffe" Müll. und der „Tjäkko" Schreb. genannt. Bei etwas schwerfälliger, besonders am Vordertheile untersetzter Gestaltung, hat er zugleich einen im Verhältniss zum Rumpfe grossen, oben platten Kopf, der Schnauzentheil ist kurz und stumpf, die Nase platt, über den Augen stehen Borstenhaare leistenartig vorwärts längs der Augenbrauen. Die Zehen sind durch deutliche Spannhäute verbunden. Seine gewöhnlichen Stellungen haben wir in den Figuren gegeben, entweder läuft er auf allen Vieren oder er sitzt nach Art der Hunde und Katzen, dabei bleibt ihm immer die freie Bewegung der Arme. Auf zwei Beinen zu gehen ist gegen seine Natur und diese Bewegung erfolgt nur durch Dressur. Er frisst entweder unmittelbar mit dem Maule oder bringt ihm mit der Hand die Nahrung zur Aufnahme. Gewöhnlich stopft er bald die Backentaschen voll, die dann angefüllt wie Geschwülste erscheinen, nach Maassgabe der eingestopften Nahrung in verschiedener Gestaltung, sogar eckig, wenn er geschnittene Brodwürfel u. dgl. aufnahm. Das Getränk nimmt er entweder unmittelbar mit dem Maule, oder er taucht, wie man das gewöhnlich sieht, wo die Affen ein Bassin haben, die Hände in das Wasser und schlürft von ihnen ab, was vom Wasser an ihnen hängt, denn man bemerkt eigentlich nicht, dass sie aus der hohlgemachten Hand tränken, aber gern gewöhnt er sich an ein Gefäss zum Schöpfen. Er schläft auf der Seite liegend und zusammengebogen, wobei der Kopf zwischen die Schenkel gelangt; auch schläft er sitzend mit gekrümmtem Rücken und den Kopf auf die Brust gestützt. Seine Stimme ist ein heiseres Geschrei, im Zorne sehr heftig. Ein mehr sanftes und schwaches Pfeifen drückt seine Behaglichkeit aus. In seinen allgemeinen Verhältnissen deutet er sehr bestimmt auf eine Vorbereitung und Vorbildung für den Magot. Seine Eckzähne sind gross und stehen bei alten Männchen lang über die anderen Zähne hinaus, nicht so oder weniger bei den Weibchen. Sie paaren sich in der Gefangenschaft gewöhnlich gegen den Winter hin, wo sie täglich drei- bis viermal sich begatten. Die Tragzeit dauert sieben Monate. Das Junge, wie unsere Supplement-Tafel mit der Mutter es darstellt, weicht sehr ab von den Alten. Nur seine Rückenfarbe ist ähnlich, die Stirn stark

18*

gerunzelt und so wie die ganze Unterseite und Arme und Beine fast nackt und fahl, ebenso das Ohr, der Oberkopf dagegen reich und sehr dunkel, fast schwärzlich behaart, aber die Haare daselbst stehen unregelmässig und weder angedrückt noch aufrecht, sondern etwas wirr. Die zum Sprüchwort gewordene zärtliche Liebe der Mutter offenbart sich in auffälliger Weise. Das Thier schleppt sein Junges überall mit sich herum und dieses klammert sich mit allen Vieren an die dasselbe beschützende Mutter. Dargebotene Nahrung fasst diese dann sitzend mit einer Hand, während sie das Junge mit der andern umschlingt. Vorsichtig flieht sie mit dem Jungen, wenn ihm Gefahr droht, oder setzt sich gegen die Verfolger muthig zur Wehr. Wahrhaftig ergreifend sind die Scenen nach dem Absterben eines Jungen, wie wir in ähnlicher Weise schon von amerikanischen Affen, dann zuletzt von solchen der alten Welt, wie z. B. oben S. 116 u. 117., berichteten. Die Pflege des kranken Jungen wird schon mit der zärtlichsten Sorgfalt betrieben, stirbt es aber dennoch, dann drückt sich der Schmerz der Mutter aus durch tiefe, hoffnungslose Trauer, welcher nur anfangs noch Versuche vorausgehen, das Junge durch Liebkosungen beleben zu wollen. Tritt aber endlich die Erstarrung und Eiskälte ein, dann ergreift ein heftiger Schreck die trauernde Mutter, und wenn sie bis dahin mit dem todten Jungen unablässig beschäftigt gewesen, so tritt sie auf einmal zurück und wendet sich verzweiflungsvoll von ihm weg. Wohl von keiner Affenart kommen noch gegenwärtig so viele Exemplare nach Europa, als eben von dieser, die selbst in den Hundekomödien eine sehr gewöhnliche, obwohl untergeordnete Rolle spielt. Für Haltung im Zimmer empfehlen sie sich nicht, weil sie alles herumwerfen und zerzupfen oder zerbeissen und wenn sie gefesselt gehalten werden, sich leicht erwürgen. In Hinsicht auf Unreinlichkeit sind sie auch so unangenehm, wie die meisten anderen. Ungeachtet ihrer Häufigkeit ist man über ihr Vaterland lange in Zweifel gewesen. Weil man den Cercopithecus angolensis major RAY hierher zog, glaubte man, der Affe käme aus Afrika, wo er nur eingeführt ist, auch für den Cercop. cynocephalus BRISS. liest man Afrika. Nur für das Weibchen, die Aigrette S. Aygula, erkannte man Indien, vorzüglich Java. Die neueste Angabe bei Is. GÉOFFR. ST. HIL. Cat. meth. 27. ist nun folgende: Ostasien, besonders die sondaischen Inseln.

Anm. In einer sehr weitläufigen Abhandlung: Du Macaque de BUFFON par M. FR. CUVIER Mém. du Mus. d'hist. nat. IV. 1818. 109—120., soll ein Macacus irus unterschieden werden, indessen da keine Spur von Diognose gegeben wird, bleibt die Sache unklar. Interessanter ist es jedenfalls, dass Is. GÉOFFR. ST. HIL. Cat. meth. 27—29. in der Aufzählung der Exemplare des Pariser Museum helle und dunkle Farbenvarietäten, auch röthliche, aufführt, unter ihnen den aureus und carbonarius, vgl. diese.

340. **C. philippensis** (Macacus philippensis, Macaque des Philippines variété albine GÉOFFROY ST. HIL. Archives d. Mus. II. 1841. p. 578. pl. V. Cat. meth. 29. 5.) RCHB. — M. GÉOFFROY glaubte hier diesen weissen Affen unter obigem vorläufigen Namen abbilden zu müssen. Er lebte in der Menagerie am Museum und seine Bestimmung ist schwierig. Er fesselte bald nach seiner Ankunft die Aufmerksamkeit der Zoologen wie des Publikums, und es fragt sich, ob er zum gewöhnlichen Makak oder zum M. aureus gehört, oder gar zu einer unbekannten, also neuen Art. Die Farbe kann freilich keinen Anhaltungspunkt bieten; alle Haare sind weiss, leicht gelb überlaufen. Alle nackten Theile sind zart rosa. Die Iris ist sehr wenig gefärbt und die Augen starr und kurzsichtig, durch das wahre Portraitbild von Mr. WERNER sehr treu wiedergegeben. Nach dem verschiedenen Einfall des Lichtes erscheinen sie bald bläulich, bald blassroth. Auch die Natur des Pelzes, die Länge der Haare geben so wenig wie die Farbe Kennzeichen an, denn der Albinismus verändert in hohem Grade auch diese. Sie werden dabei oft weich und kürzer[*]) Wichtiger ist die Richtung der Haare und die Gestalten und Verhältnisse der Theile. M. aureus zeigt auf der Stirn sein gelbroth in einem Dreieck hervortretend, seitlich durch weisslich begrenzt, der Scheitel verliert sich nach vorn in einige schwarze Haare, die zwischen zwei Augenbrauenleisten stehen. Die Haare dieses Dreiecks liegen meist schief. Bei diesem

---

[*]) Ein Hudson-Eichhörnchen, im Museum ausgestopft, ist halb weiss und die weissen Haare kürzer, als die der Normalfarbe.

Albino liegen dagegen die oberen Haare parallel und bilden deshalb zusammen nicht ein Dreieck, sondern ein Rechteck, welches durch die Richtung der Haare in der Umgebung begrenzt wird. Dazu kommt noch, dass bei M. aureus an den Schädel- und Gesichtsseiten lange, ausgespreizte Haare stehen, die hier fehlen, denn hier sind die Haare der Ohrgegend liegend und vorwärts gerichtet, die an den Seiten der Kinnlade liegend und nach hinten gerichtet. Jene wie diese begegnen einander in einer Linie, welche ein wenig hinter dem äussern Winkel der Augenhöhle entspringt und ein wenig hinter dem Mundwinkel endigt; nur auf dieser Vereinigungslinie sind die Haare etwas länger und aufgerichtet. Nach diesen Zeichen gehört der Albinos nicht zu M. aureus und steht durch dieselben dem M. Cynomolgus näher. Dagegen sprechen wieder die Proportionen gegen eine Vereinigung mit diesem. Besonders ist sein Schwanz weit länger. Die Entfernung des Maules vom After beträgt einen halben Meter, die Länge des Schwanzes etwa 6 Decimeter. Die gemeine Meerkatze hat den Schwanz nur etwa halb so lang, als die ganze Länge ist. — Es geht hieraus hervor, dass der Albinos einer noch nicht bekannten Art angehört. Die Vergleichung des Schädels zeigt starke Wülste unter den Augenhöhlen und an der ganzen obern Wand derselben, eine schmal längliche, fast rechteckige Gestalt der Augengruben, kurzes Gesicht, und die Oeffnungen der Nasenlöcher sind kaum länger als breit, was mit der Kürze des Gesichts übereinstimmt. Das ist alles auffällig, aber ist es specifisch? kann es nicht individuell abnorm sein? Auch die Stellung der Zähne ist nicht die, wie bei M. Cynomulgus und aureus. Die Eckzähne sind ausserordentlich divergirend und die oberen Schneidezähne nach rechts geneigt. Mr. Gervais theilte eine Notiz mit, dass ein Makak von den Philippinen im Normalkleide nach London gebracht worden sei, wo er ihn gesehen und beschrieben hat: Der Makak von Manila im Regents Park ist aber dunkler olivenfarbig und schwärzer von Gesicht, als der gemeine Makak. In dieser Hinsicht ähnelt er mehr dem M. aureus; ist er eine dritte Art? — Albinos giebt es mehrere unter den Affen auch im Museum zu Paris. So einige Gibbons, theilweise weiss, dann ein Mangabey, aus welchem Einige die S. Atys gemacht haben, und Cebus albus, ein vollständiger Albino, den man für Art hielt, endlich Marikinas, bei denen der Albinismus nur unvollständig ist, und ein weisser Hapale melanurus mit schwarzem Schwanz, den man als Art betrachtet, Simia argentata genannt hat. Der philippinische Albino war aber der erste lebendig betrachtete, an dem man ein ähnliches Benehmen wie an den Albinos unter den Menschen bemerkt hat. Er war immer lichtscheu, melancholisch und traurig und alle seine Bewegungen gravitätisch und langsam, ganz abweichend von dem behenden Benehmen der Normalthiere. So wie wilde Völker, insbesondere Neger, ihre Albinos verachten oder tödten, so benahmen sich auch andere Affen erst verwundert, dann aber beleidigend gegen diesen Albino. Mr. Ad. Chenest hatte diesen Affen auf Manilla gekauft und vermuthete auch, dass er dort einheimisch sei. Wir möchten ihn richtiger Zati philippensis nennen.

340ᵇ. **C. albinus** (Presbytis — Kelaart Prodr. Fn. zeyl. p. 7.) Rchb. Pelz dicht, Haare bogig (sinuous), fast gleichfarbig weiss, nur am Kopfe leicht grau überlaufen. Gesicht und Ohren schwarz. Handteller und Sohlen, Finger und Zehen fleischfarbig. — Leib und Glieder zeigen die Gestalt des ursinus. Lange weisse Haare gehen über die Zehen und Nägel hinaus, wie bei den weissen spanischen Hunden, so dass die Affen diesen ähnlich erscheinen. Iris braun, Backenbart weiss, voll und seitlich zugespitzt. — Diese Beschreibung ist nach einem jungen lebendigen Exemplare gemacht, welches Mr. Jansen von Matelle sendete, worauf es seitdem starb. Das ausgestopfte Exemplar wurde an Mr. Blyth abgesendet. Anfangs hielten wir die weissen Affen, von denen auf der Insel so viel erzählt worden ist, für Albinos von cephalopterus oder ursinus. Aber die schwarze Farbe der nackten Theile des Gesichts und der Ohren, sowie die dunkelbraunen Augen sprechen dafür, dass sie eigene Art sind. Die Kundyans versicherten uns, dass man sie, obwohl selten, in kleinen Trupps von 3—4 antreffe, über den Hügeln um Matelle, aber niemals in Gesellschaft mit den dunkel gefärbten. — Weisse oder weissliche Affen hat man schon in der alten Vorzeit gekannt, denn wir finden einen Κερκοπίθεκος λευκός bei Strabo geogr. L. VIII. 21 et 30. und einen Πίθηκος λευκὸς bei Aelian de animalibus L. XV. c. 14. in Indien. Die spätere Zeit hat sich viel bemüht, über diese Thiere Licht zu verbreiten, wozu freilich nur die Acquisition von Exemplaren befähigt erscheint. Die Simia alba Ray Syn. 158. incanis pilis, barba nigra promissa, Dr. Robinson Mus. Leyd., wird für Silenus gehalten. Auch bei Simia Atys Audeb. p. 96. n. 233. ist von weissen Affen die Rede gewesen und wird es ferner sein bei no. 364.

341. **C. carbonarius** (Macacus carbonarius, Macaque à face noire Fr. Cuv. Mamm. t. III. Octob. 1825.) Rchb. Färbung wenig verschieden von der des Macaque commun, doch etwas mehr ölivengrün, ausgezeichnet durch das in braunschwarz ziehende Gesicht. Kam aus Bengalen lebendig in die Menagerie des Museum, doch vielleicht aus Sumatra, dem eigentlichen Vaterlande der Art. — Wiederholt in Is. Géoffr. St. Hil. Dict. class. IX. 588. Lesson man. 42. 40. Compl. IV. 100. ed. II. I. 244. Less. Bim. et Quadr. 92. 5. Simia carbonaria Fisch. syn. 26. 34. Während der gemeine Makak ein fahles, zum Theil graulich livides Gesicht hat, zeichnet sich der Köhler-Makak vorzüglich durch sein bräunlichschwarzes Gesicht aus und gleichfarbige Ohren, Sohlen und Zehen an allen vier Händen. Sein die Oberseite bekleidendes Pelzhaar ist grau und spitzewärts gelblich geringelt und schwarz gespitzt, so dass diese Oberseite wie die Aussenseite der Gliedmaassen graugrünlich erscheint. Backenbart und Wangen, Hals, Brust, Bauch und Innenseite der Gliedmaassen grauweiss, ebenso ist der Schwanz, welcher nur am Grunde oberseits die Farbe des Rückens fortsetzt. Ein leichtes, schwarzes Stirnband verläuft über die Augenbrauen. Die oberen Augenlider sind weisslich, das Skrotum fahlgelb. — Diese Art kommt in Europa nur selten vor, und wenn sie vormals öfter vorgekommen sein sollte, so hat man sie bei der früher so geringen Aufmerksamkeit auf Unterscheidungskennzeichen unbeachtet gelassen. Es ist auffällig, dass Is. Géoffr. St. Hil., nachdem er die Art früher selbst im Dict. class. beschrieben hat, im Cat. meth. 28. sagt, dass Abbildung und Beschreibung bei Fr. Cuvier nicht übereinstimmten, während sie einander sehr genau entsprechen, und dass die Art schwer bestimmbar sein werde, während doch ihre Kennzeichen so sichtlich klar sind. Er erwähnt sie Cat. meth. 28. unter Cynomolgus. — Fr. Cuvier bekam nur zwei Exemplare zu sehen, welche ihm Mr. Alfred Duvaucel aus Sumatra sendete.

342—44. **C. mulatta** (Cercop. — Zimmerm. Geogr. II. 195.) Rchb. Orangenröthlichbraun, schwarz melirt, Gesicht fleischfarbig und livid, Backenbart, Unterseite und Innenseite der Gliedmaassen weiss, Aussenseite der vorderen Gliedmaassen hasengrau, Oberseite des Schwanzes und alle vier Hände schwärzlich. — Er wurde zuerst aufgeführt im J. 1771 als „Tawny Monkey" von Pennant Synops. of Quadrup. p. 120. 86. t. XIII. A. f. II., unsere 343. Hier wird gesagt, das Gesicht stehe etwas vor und sei so wie die Ohren fleischfarbig, die Nase platt, die Oberkinnlade enthalte lange Eckzähne, das Haar der Oberseite sei blassfahl, dessen Wurzeln grau, die Rückseite ziehe nach hinterwärts in orange, die Beine wären graulich, die Bauchseite weiss, der Schwanz kürzer als Leib und die Grösse die einer Katze, der Charakter bösartig. War aus Indien und befand sich in der Ausstellung eines Mr. Brooks. Er wurde wieder aufgeführt als „le Singe brun" Latreille II. 233. Hierauf folgt der Macacus aureus Is. Géoffr. St. Hil. „Le Macaque roux doré" bei Belanger S. 76. pl. 2., unsere Fig. 342. Dann in Ferussac Bull. 1830. 317. Kopf und Leib oben röthlich, schwarz punktirt, die Haare unten grau, gegen die Spitze schwarz und roth geringelt. Gliedmaassen äusserlich graulich, innerseits so wie die Unterseite des Leibes und Schwanzes weiss, letzterer oben schwarz und roth punktirt oder grauröthlich und nach der Spitze zu graubräunlich. Die Wangen sind hinten mit langen, weissen, rückwärts gerichteten Haaren besetzt, welche zum Theil die Ohren verbergen. Augenbrauen weiss, durch eine Mittellinie aus einigen schwarzen Haaren getrennt. Unter dem Kinn ein Büschel abwärts gerichteter, rother Haare. Dem gewöhnlichen Makak in der Richtung seiner Haare und den Verhältnissen seines Wuchses sehr ähnlich, aber auf den ersten Blick verschieden durch seine Farbe, da bei jenem alles Roth durch Olivenfarbe ersetzt wird und kaum auf den Seiten ein leichter Zug in Roth bemerkt wird. — Auf dem Continent Indiens und auf den Sunda-Inseln Bengalen: Leschenault, Pegu: Reynaud, Sumatra: Duvaucel, Java: Diard. Kommt auf dem Bazar von Calcutta häufig vor und kostet nur wenige Rupien, nach Belanger. Auch auf ihn mag der Cercopithecus mulatta zum Theil zu beziehen sein, sagt schon G. St. Hil. bei Belanger, S. 76. 77. — Endlich Mac. aureus Eydoux, Souleyet & Gervais

Bonite 6. Atl. zool. pl. II., unsere Fig. 344. Is. G. St. Hil. Archives II. 567. Man kaufte diesen Affen lebendig in Bengalen, ohne seine Herkunft zu erfahren. Sein Haar ist röthlich wie das des aureus, aber dunkler, mehr schwarz punktirt und nach den Seiten herabziehend, während diese bei aureus grau sind. Auch ist der Schwanz oben ganz schwarz und die Aussenseite der Hüften und vorderen Gliedmaassen mehr roth olivenfarbig als gelbgrau. Endlich hat auch dieser Affe ziemlich gerade Haare auf den oberen Theilen, während die Haare des aureus sehr wellig sind, übrigens schwarz am Grunde und etwa nur in ihrer zweiten Hälfte geringelt. Das Exemplar steht im Pariser Museum und nähert sich mehr dem gemeinen Makak, von dem es übrigens durch das schwarze Gesicht und die allgemeine Färbung der Behaarung sich unterscheidet. Die Verfasser bleiben zweifelhaft, ob er carbonarius oder aureus sei, beschreiben aber das Gesicht schwarz. Is. Géoffr. St. Hil. nimmt ungeachtet seiner Beschreibung bei Belanger auch das Exemplar der Verfasser unter seinen Macaque ordinaire Cat. meth. p. 29. als k. auf. Von den Verfassern wird das Vaterland aufgeführt als: Bengalen, Pegu: Leschenault u. Reynaud, Sumatra: „Carrey", Duvaucel, und wahrscheinlich Java, wo er „Croé" genannt wird: Diard.

344b. **C. palpebrosus** (Mac. — Is. G. St. Hil. Cat. d. primates Addit. p. 92. Archives d. Mus. V. 543. nota.) Rchb. Gehört zur Gruppe des gemeinen Makak, hat aber einen weit längeren Schwanz, weit schmaleren und längeren Unterkopf und sein Gesicht ist sehr dunkel, nur jederseits ein weisser Fleck über dem Auge ausserhalb. Auch das obere Augenlid ist reinweiss wie dieser Fleck. Pelz oben und aussen braun, etwas olive, untere und innere Theile weiss, Oberkopf röthlich. — Manilla. — Lebte als Geschenk des M. Cabaret, Schiffslieutenant, welcher ihn im Golf von Benin sich verschafft hatte, in der Menagerie des Museums, wo er jetzt ausgestopft ist.

XXVI. Macacus (La Cép. ex p.) Rchb. Makak. Schwanz so lang oder kürzer als Kopf, bei den folg. Arten immer mehr abnehmend, endlich kurz verstümmelt. La Cépède vereinigte die lang- und kurzgeschwänzten Makaks und Géoffr. St. Hil. theilte sie anfangs im Dict. d. sc. nat. in die Unterabtheilungen: 1) Cercocebus: radiatus, sinicus, Cynomolgus, aureus; 2) Maimon: Silenus, Rhesus, nemestrinus, arctoides; 3) Magot, ungeschwänzte: inuus, carbonarius, speciosus, libidinosus. Späterhin hat man wohl erkannt, dass diese Zusammenstellung keine natürliche ist, auch letztere Arten mit Ausnahme von inuus nicht ungeschwänzt sind. — Hodgson J. As. Soc. Beng. XII. 1841. 908. bestimmt Macacus oder Pithex so: Gesichtswinkel 50°. Vordergesicht nicht verlängert. Backentaschen und Schwielen gross. Gesäss oft nackt. Bau gedrungener, aber sonst Semnopithecus ähnlich. Gliedmaassen kürzer, Daumen grösser. Augenhöhlen mehr vorspringend, Kopf runder, Eckzähne veränderlich, Nasenlöcher kürzer, runder und mehr endständig. Magen einfach. Blinddarm und Mastdarm kleinsackig. Schwanz nicht halb so lang als Thier. Leicht beweglich, lebhaft, gesellig, zuthulich und gelehrig.

345—48. 354—56. **M. erythraeus** (Simia erythraea Schreb. t. VIII. C. ohne Beschr., Copie nach „Macaque et Patas à queue courte" Buff. VIII. p. 56. n. 58. t. 13 u. 14. Audeb. 2. 1. 4.) G. Cuvier tabl. p. 109. Fr. Cuvier mamm. 91. t. 31. 32. 35. Gesicht, Ohren und Hinterbacken fleischfarbig, Pelz fahl oder rothgrau, zieht am Hinterrücken und an den Lenden in fuchsroth, Vorderglieder aussen graulich, Hinterglieder, so wie die Innenseite aller und die Unterseite von Kopf und Leib weisslich, der kurze Schwanz von der Wurzel aus oben röthlich, unten weisslich, gegen die Spitze oben und unten braun. — Ich messe bis 18", Schwanz 5½". — Derselbe Affe ist Simia Rhesus Audeb. 2. 1. 1. Cuv. Menag. d. Mus. Mac. Rhesus, le Mac. Rhésus Desmarest Mamm. 66. Royle ill. Himal. mount. XI. 56. Inuus Rhesus Et. Géoffr. Ann. Mus. XIX. 101. Fr. Cuvier giebt bei Beschreibung des W. Oct. 1819. dieser Art fälschlich den Namen Maimon, welcher der folgenden gehört. Sein deutscher Name ist auch „Rhesus" und von den Thierwärtern wird er gewöhnlich der „Javaner", Rothafter oder „Roth-A...." genannt. Aber der Name Javaner deutet nur darauf hin, dass er in Java häufig verkauft wird, ohne dort gefangen zu werden. — Die Hauptfarbe des Pelzes ist jung oberseits ein grünliches Grau, denn die grauen Haare sind spitzewärts gelblich und schwarz. Ueber den Gliedmaassen wird das

Gelb blasser und diese Theile dadurch mehr grau, die Hüften aber sind lebhafter gefärbt, das Gelb zieht in röthlich. Die Unterseite gewöhnlich rein weiss, der Schwanz grünlich, unten graulich. Gesicht, Ohren und Hände ziehen aus fleischfarbig ein wenig in kupferroth und sind ganz nackt. Hintertheil vorzüglich im Alter lebhaft fuchsroth und das steigt auch über die Schenkel herab, zieht über das Kreuz und um den Schwanz herum. Zur Paarungszeit vermehrt sich das Roth; dann schwellen die Zitzen an und werden rosaroth; die Organe schwellen zwar zur Brunstzeit nicht an, aber doch zeigen sich Falten durch Erschlaffung, sobald dieselbe vorüber ist. Das Haar ist fein und seidenartig weich. Das Fell ist ausserordentlich schlaff. Schon die Jungen zeigen jederseits der Kehle eine Falte, wie sonst nur alte Exemplare sie zeigen, auch werden die Zitzen und der Bauch bald schlaff. Wenn sie fett werden, erscheinen sie unförmlich. Dann stehen die Brüste fast kugelig, der Bauch dick und das Gesicht wird ungemein breit, so dass man das Thier fast nicht wieder erkennt. Bei den Männchen ist der Backenbart stärker, die Statur kräftiger und die Eckzähne länger. — In Thierbuden, Menagerien und zoologischen Gärten kommt der Rhesus fast so häufig vor, wie der Tjäkko, von dem das Fuchsroth am Pelz und die fast fleischfarbigen Ohren, im Fall man den kurzen Schwanz, den die Tjäkko's bisweilen durch Erfrieren theilweise verlieren, nicht bemerken sollte, ihn leicht unterscheiden. Er gehört Indien an und scheint weit verbreitet zu sein. Er bevölkert vorzüglich die Wälder am Ufer des Ganges und kommt da in die Städte, wo er durch den Abscheu der Indianer, ein Thier zu tödten, gesichert ist. So kommen Schiffe mit dergleichen Affen am Bord aus Indien in die Häfen Europa's. Er kommt auch im Himalaia vor, doch nicht im Winter, obgleich er in tiefen, warmen Thälern verbleibt. Capit. HUTTON bemerkt J. As. Soc. Beng. VI. 935.: „ich sahe Rhesus wiederholt im Februar, als der Schnee 4—5 Zoll hoch um Simla lag, zur Nachtzeit auf den Bäumen schlafen, seitlich von Jakú und augenscheinlich ohne Rücksicht auf die Kälte." Journal of a Trip. to the Burend a Pass. Er sagt: anderwärts habe ich geglaubt, dass der Lungoor unserer Gegenden vom Entellus Bengalens verschieden sein müsse, nach dem Bericht aus verschiedenen Lokalitäten, in welchen er vorkommt, findet er sich aber da im Sommer und zieht sich bei Herannahung des Winters in die Ebenen zurück. Unsere Art dagegen scheint sich nicht um die kühle Jahreszeit zu kümmern und selbst nach einem Schneefall in meiner nach NW. gelegenen Gegend drängen sie sich noch zusammen („is crowded with them"). Ich glaube sogar, sie sind in der kalten Jahreszeit häufiger, als bei heissem Wetter. Von der Simla-Seite bemerkte ich sie auch springend und spielend unter den Nadelbäumen, deren Aeste mit Schneelasten bedeckt waren. Ich sahe sie noch bis 11000 Fuss hoch, selbst im Herbste, wo in jeder Nacht harte Fröste fielen, im Hattoo- und Whartoo-Gebirge, drei Stationen (marches) im Innern von Simla. Er erreicht eine ziemliche Grösse und ist ein gefährlich aussehender Bursche. Capitain HUTTON'S Vermuthung, dass der Lungoor vom Himalaia verschieden sei von dem bengalischen Hoonuman, schon wegen der Verschiedenheit des Clima's, das er bewohnt, wird theilweise durch den Umstand widerlegt, dass Mac. Rhesus zugleich den Himalaia und die bengalischen Soonderboons bewohnt, daher wird es noch zu bestätigen sein, ob S. Entellus sich über die Nordgebirge von Assam verbreitet. Dann ist es auch nicht gewiss, ob nach obigen Angaben Capitain HUTTON'S Lungoor von Mussoorie mit Mr. HODGSON'S Art von Nepal einerlei ist. Journ. As. Soc. Beng. N. Ser. XIII. 1. 1844. 149—50. — Mac. Rhesus allein scheint Bengalen zu bewohnen und ist häufig in den Soonderbuns, wo er sich wie Cynomolgus benimmt. Er besucht dichte Bambusengebüsche, besonders um die Ränder schmaler Wässerchen, und um den Verfolgungen zu entkommen, taucht er bisweilen sogar in das Wasser, indem er von einem überhängenden Baume herabspringt, schwimmt eine Strecke unter dem Wasser und landet dann an der andern Seite, um weiter zu fliehen. Entellus, der Hoonuman, dagegen geht niemals in's Wasser. Rhesus findet sich auch auf dem Himalaia, selbst so weit westlich als Simla, und Mr. HODGSON sendete ihn von Nepal, wo BLYTH vermuthet, dass er sowohl seinen oinops als pelops J. As. Soc. Beng. IX. 1213. in seinen verschiedenen Entwickelungsstufen darstellt, und er ist unter Dr. WALKER list of Mammalia of Assam, Calcutta Journ. N. Hist. II. 265. verzeichnet, mit der von Dr. Mc Clelland entdeckten Art Mac. assamensis Proc. zool. Soc. 1839. 148. beisammen. Auch noch weiter nach NW. In Afghanistan finden sie sich nach ELPHINSTON nur in NO., indessen zählt der Catalog,

den Capit. Th. Hutton über diesen Landstrich gefertigt hat, keinen Affen auf, auch hat
Blyth keine Nachricht über ihr Vorkommen daselbst erlangt. J. As. Soc. Beng. 1844. --
Ihr Benehmen ist nicht eben empfehlend. Jung sind sie wohl für gute Behandlung em-
pfänglich, aber später werden sie bös und im Alter wild und gefährlich. Vom wirklichen
Maimon oder Schweinschwanzaffen wird er sich immer durch den Mangel der schwarzen
Kappe auf dem Scheitel und den längeren, mehr gleich dicken, nicht spitzewärts verdünnten
Schwanz, auch durch geringere Grösse unterscheiden. — Bewohnt das feste Land Indiens.

357. **M. Geron** (Simia Geron Schreb. t. XI.C.) Rchb. Oberkopf und Gesicht weiss,
Pelz braun, Hinterhände schwarz, Sohle fleischfarbig. — Schwanz fast so lang als Leib —
Ein sehr zweifelhafter, nicht wiedergesehener und nur durch die citirte Abbildung bekannter
Affe, den die angegebenen Kennzeichen sehr bestimmt von vorigem unterscheiden.

358. **M. Rhesus** var.? Le Rhesus femelle à face brune Fr. Cuv. mammif. Mai 1821.
Gesicht braun, ebenso die übrigen nackten Theile des Körpers, übrigens durch dunklere
Färbung des Pelzes nur wenig verschieden, Kinnladentheil etwas mehr vorstehend. — Bei
ihm wurde noch die Eigenthümlichkeit bemerkt, dass diese Thiere zwischen den Augen
über der Nasenwurzel ein Höckerchen haben. Fr. Cuvier beobachtete, dass dasselbe sich
zur Zeit der Paarung vergrössere und nach derselben wieder abnehme, so dass er es als
Andeutung für ein solches Drüsenorgan betrachtet, wie am Hinterkopf der Kameele und
Dromedare es vorkommt. Das hier erwähnte Rhesus-Weibchen zeigte noch den merkwürdigen Charakterzug, dass es zwei junge Chinesermützenaffen mit der zärtlichsten Sorgfalt
pflegte, sie reinigte und putzte und ihnen Nahrung darbot, noch bevor sie selbst etwas
genoss. — Ich habe diese Figur absichtlich neben Geron gestellt, weil ich vermuthe, dass
sie dasselbe Thier im weiblichen und wahrscheinlich jüngeren Zustande ist. Der Schwanz
ist zwar weit kürzer, als bei Schreber's Geron, aber eben so dick und jedenfalls durch
Abfrieren verkürzt und verstümmelt. Auch über die gemeinsten Arten der Affen bedürfen
wir noch länger fortgesetzte und sorgfältigere Beobachtungen und genaue Sonderung der
Arten, die mit ihnen nahe verwandt sind. Ich habe niemals einen Rhesus mit so dickem
und langem Schwanze wie Geron gesehen.

B. Nemestrinus: Schwanz kürzer als Kopf, verdünnt und wenig behaart.

349—53 u. 359—63. **M. Nemestrinus** (Simia —a L. Gm.*) 284. The Pig-tailed
Monkey, le Singe à queue de Cochon Edw. glean. V. 8. t. 214.) Géoffr. Ann. Mus. XIX. 101.
Desmar. mamm. 66. Le Maimon Buff. H. N. suppl. VII. t. 8. XIV. 176. t. 19. Audeb.
fam. 2. 1. pl. 2. Fr. Cuv. mamm. pl. 33. 34. — Oberseits dunkelbraun mit kohlschwarzer Kappe
auf dem Oberkopf, unterseits gelblich, Gesicht und Hände fleischfarbig, Iris kastanienbraun,
Eichel dreilappig, Skrotum äusserlich nicht sichtbar. Schwanz kurz, stark verdünnt, fast
spiralig und kaum behaart. — Ich messe bis 1' 9", Schwanz bis 6". — Zu ihm gehört
New Baboon Penn. syn. quadr. t XIII. fig. II. Pig-tailed M. p. 105. 71. Le Babouin à
queue de Porc Latr. I. p.232. Simia fusca, „the Bruh" Shaw. S. platypygos Schreb. I.
t. V.B. Sim. carpolegos Raffles Linn. Transact. XIII. 243. und S. longicruris Link, und in
den Thierbuden kommt er ziemlich gewöhnlich vor unter den Namen: „le Brou", der
Laponter und Lapunder oder Schweinschwanzaffe. Wagner bei Schreb. sppl. I.
143. nennt ihn fälschlich den Schweinsaffen, denn das ist porcarius, vgl. 384—86. —
Der Affe ist bei seiner Grösse kräftig und sehr beweglich, aber nicht eigentlich bös und
bleibt sogar im Alter noch sanft, doch darf man ihm nicht unbedingt trauen. Oft sitzt er
still und schneidet Gesichter. Ein eignes Manöver sieht man von ihm sehr oft, dass er die
Lippen röhrenartig zusammenlegt wie ein pfeifender Mensch und in dieser Weise, das Maul
vorgestreckt, den Gegner ansieht. In ihrem Vaterlande werden sie gewöhnlich gezähmt gehalten und abgerichtet, Kokosnüsse von den Palmen zu pflücken, daher ihn Raffles carpolegus genannt hat. Bisweilen pflanzen sie sich in der Gefangenschaft fort, wie auch in
Paris, wo das Weibchen nach 7 Monat und 20 Tagen ein Junges gebar. Wir lesen über
Macacus nemestrinus? im Journ. As. Soc. Beng. N. Ser. XIII. 1. 1844. 473.: Ein sehr

*) Nemestrinus: Heingott, von nemus, der Laubwald, Hein.

grosses Exemplar wurde von Blyth für den gewöhnlichen Pig-tailed Monkey gehalten, welcher in Sumatra zahlreich vorkommt, wo Raffles drei Varietäten anzeigt, welche die Simia carpolegus beschliesst, vielleicht auch in anderen Theilen des malayischen Archipelag und der Halbinsel sich vorfindet, ist von der gewöhnlichen Art, die man so oft in Gefangenschaft sieht, in der Entwickelung von Haar und Pelz verschieden, besonders an den Vordertheilen, der Scheitel ist rein dunkelbraun, anstatt schwarz, und der Endbüschel des Schwanzes schön rostfarbig, überdies die Schultern stark goldigrostroth. Der Pelz ist sehr fein und an den Vordertheilen messen die Haare 4—5 Zoll, an den Lenden kaum über 2 Zoll und an den Untertheilen wie geschoren. Die vorwaltende Färbung wie bei den meisten Macacus graulichbraun, dunkelbraun und rothgelb geringelt, Scheitel dunkler und Rückenmitte hinterwärts, die verlängerten Haare auch dunkler, auf der Oberseite des Schwanzes schwarz, der Endbüschel schön rostroth. Doch ist davon keine Spur bei einem sehr jungen Exemplar, welches auch wenig von der Ringelung der Pelzhaare zeigt und in der Färbung blasser ist. Ein lebendes Exemplar echter nemestrinus, etwa auf ein Drittheil erwachsen, fängt an, das Grau und die Ringel der Pelzhaare an den Vordertheilen zu zeigen, doch noch keine Spur von der rostrothen Schwanzspitze. Im allgemeinen unterscheidet sich das grosse Exemplar nicht mehr von den gewöhnlich gezählmten Schweinschwanzaffen, als ein ungewöhnlich schönes, wildes, altes M. von Rhesus, welches vor einiger Zeit in der Nachbarschaft vorkam, von gezählmten, wie man sie hier und da bei Naturfreunden findet. Capit. Phayre erhielt diese Thiere in einer felsgebirgigen Gegend und ohne Zweifel ist das der von Dr. Helfer bezeichnete Cercopithecus. Er gehört aber, wie auch Rhesus, unter Ogilby's Abtheilung der Paviane, welche Cuvier's Macacus mit einschliessen, doch vermuthe ich, dass Papio Owen im Rep. on Brit. fossil Mamm. im Rep. of the Brit. Assoc. 1842. 55. nicht dahin gehört, sondern zu den langgeschwänzten afrikanischen Pavianen oder Cynocephalen mit Ausschluss von Mormon und leucophoeus oder dem Mandrill und Drill, während die langgeschwänzten Macaci: radiatus und sinicus aus Indien von Ogilby unter Cercopithecus versetzt worden sind. Die Wahrheit zeigt, dass, wenn irgendwie die Gruppe Macacus getheilt werden soll, wie man jetzt für nothwendig hält, einige, wie M. niger, nemestrinus, silenus, rhesus, cynomolgus, radiatus, mit sinicus und vielleicht anderen, die Blyth nicht genau kannte, zusammengehören, so dass Cercopithecus auf die zahlreichen afrikanischen Arten, welche des fünften Höckers am letzten unteren Backzahne entbehren, beschränkt wird und man Mr. Martin folgt, welcher die langgeschwänzten, afrikanischen, mit weissen Augenlidern versehenen Mangabeys, als Cercocebus absondert. Diese Eintheilung entspricht auch der geographischen Verbreitung und dem Habitus, was Jeder einsehn wird, welcher mit den Formen vertraut ist. Auch bei Cercopithecus und Cercocebus hat der Schwanz immer eine verhältnissmässige Länge und ist weit länger, als bei irgend einem Macacus. — Oben ist also angedeutet worden, dass die in Indien vorkommenden, hierher gerechneten Affen noch nicht ganz ausser Zweifel gesetzt sind und mit Gewissheit das eigentliche Vaterland des Nemestrinus sich nur beschränkt auf Sumatra und Borneo.

C. Eigentl. **Macacus**: Stummelschwanz sehr kurz, kegelförmig. (NB. 372. zu Nemestrinus.)

364. **M. brachyurus** Temminck, „white Maimon" in Hamlt. Smith introduct. to the Mammalia Vol. III. on Jardines Nat. Libr. Edinb. 1842. p. 103. pl. 1. Haar dicht, ganz weiss, Gesicht fleischfarbig, alle vier Hände blassfahl, Schwanz sehr kurz kegelförmig. Ein Exemplar in Temminck's Cabinet aus Indien.

Anm. Abermals ein weisser Affe, von dem ebenfalls wenig bekannt ist und welcher so wie alle weissen Affen eine weitere Untersuchung verdient.

365—66. **M. speciosus:** „le Macaque à face rouge" Fr. Cuv. Mamm. Fevr. 1825. ls. Géoffr. St. Hil. Cat. meth. 31. 9. Gesicht karminroth, von schwarzen Haaren umzogen, Oberkopf, Rücken und Seiten nebst Aussenseite der Gliedmaassen erdbraun, Rückgrath und Schwanz dunkler, Wangen, Unterhals, Bauchseite und Innenseite der Gliedmaassen aschgrau, alle Hände grauschwarz behaart. — Fr. Cuvier erhielt die Abbildung dieses Affen von Duvaucel und Diard. Er wurde später wieder entdeckt und erscheint als „Magot à face rouge", Inuus speciosus Temm. Schleg. Fn. japon. I. 4 u. 9. pl. I. et II., wo erklärt wird, dass die von Fr. Cuvier veröffentlichte Abbildung nach einem in der Menagerie zu Baracpour gehaltenen Exemplare gemacht worden und man irrig voraussetze, er stamme von den Sunda-Inseln und man habe ihn in Batavia gekauft, von wo die jährlich zu bestimmter Zeit von Java nach Japan abfahrenden Schiffe oft lebende Thiere für die Menagerien in Indien, wie für die in Europa mitbringen. Deshalb hielt man irrig Indien für sein Vaterland, während er ursprünglich Japan bewohnt. — Vergleicht man den Schädel mit dem von Inuus ecaudatus, so stimmen sie in allen relativen Theilen überein, sind aber in ihren Proportionen standhaft verschieden, bei speciosus in gleichem Alter stets um ein Fünftheil geringer. Der Kinnladentheil des ecaudatus ist mehr vorragend, minder verlängert bei speciosus, die Schnauze also in kleinerem Winkel vorspringend und mehr niedergedrückt. Beide Schädel haben bei dem alten Affen den Frontal Sinus oder die Augenbrauenleisten sehr stark, breit und seitlich verbreitert, die Jochbogen sehr stark, obwohl wenig vorragend, die Kronleiste ist kaum erheblich (saillante) und die Hinterhauptsleiste erhebt sich nur schwach, der Vordertheil der Kinnlade ist in seiner ganzen Länge nach den aufsteigenden Aesten des Zwischenkiefers verbreitert und dient als Scheide für die starken Obereckzähne; dieser Theil ist bei einer wie bei den andern Art mit Runzeln bedeckt, beide haben auch einen ganz ähnlichen Zahnbesatz. Zwischen den Vergleichungen der anderen Theile des Skelets finden sich für alle Differenzen; der ecaudatus hat die Oberarm- und Oberschenkelknochen länger als speciosus, auch steht er niedriger auf den Beinen; letzterer hat 13 Rippen, ecaudatus nur 12, dieser auch gar keinen Schwanz, der speciosus aber einen kurzen Schwanz aus 5 Wirbeln. — Er lebt gesellig und grosse Banden ziehen aus auf ihre verheerenden Züge. Er nährt sich von Eicheln, Kastanien, Dattelfeigen (Früchten des Diospyros kaki), Orangen u. a. Früchten. Jung eingefangen wird er ganz zahm und lernt auch auf dem Seile tanzen, Comödie spielen u. s. w. Die Japaner machen viel aus ihm, besonders wenn er sehr klein ist, in welchem Zustande sie ihn durch eigenthümliche Mittel erhalten. Solche verkümmerte Zwerge schätzen sie dann sehr und verkaufen sie für sehr hohe Preise. Europäer, welche diese Verhältnisse nicht kannten, hielten diese kleinen Affen für eine eigene Art. Man sah im J. 1826, als Herr v. Siebold in Japan sich aufhielt, in der Kaiserl. Menagerie zu Sjôgun einen Albino dieses speciosus, den man in den Nikko-Gebirgen gefangen hatte. Sein rein weisser Pelz contrastirte sonderbar mit dem karminrothen Gesicht und den rothen Schwielen und Skrotum. Die Japaner nennen den speciosus „Saru, sar“, die Chinesen „Mi-kô“. Die Färbung ist sehr einfach, über das karminrothe Gesicht macht ihn auffällig, eine Farbe, welche zur Paarungszeit an allen nackten Theilen stärker hervortritt. Bei Erwachsenen und Alten ist der Pelz lang, sanft seidenartig und überall dicht, auch der kurze Schwanz hat lange Haare, die einen niedergedrückten Busch bilden. Ohren gross, inwendig mit langen Seidenhaaren besetzt, die über die Ränder hinausgehen. — Länge 2′, davon 3″ der Schwanz, Höhe 12—13″. Einjährige sind 11—15″ lang. Ihr Gesicht ist sehr stumpf, ohne auffälligen Augenbrauenbogen und etwas livid. Der Schwanz ist deutlich behaart, der Pelz kürzer und mehr wollig, als bei alten, isabell oder unrein blond, Gliedmassen und Gesichtskreis etwas mehr braun. Unsere Fig. 365. zeigt die Abbildung von Fr. Cuvier, die obere 366. die der Fauna japonica. — Auf den japanischen Inseln wohnt nur dieser einzige Affe, er ist sogar selten und findet sich nicht überall. Gemein ist er auf der Insel Sikok und in der Provinz von Aki auf der Insel Nippon. Auf der südlichsten Insel Kiusiu ist er über die Figo-Gebirge verbreitet und geht nördlich bis zum 35.° N. B.

367. **M. Oinops** Hodgs. Journ. As. Soc. Beng. IX. on p. 1212. Länge 22″, Schwanz ohne die Haare 10″, Hände 4½″, Füsse 6″. Ohren vorzüglich gross, Hinterbacken nackt und so wie das Gesicht fleischroth, Pelz bräunlich gelbroth oder tief rostfarbig, geht in schiefergrau an den Vordertheilen über und innerseits purpurröthlich schiefergrau. Haare einer Art, 2—3″ lang am Körper, kürzer an dem verdünnten Schwanze ohne Büschel, Kopfhaar nicht strahlig. Daumen reicht bis zur ersten Hälfte des Zeigefingergelenkes, die Spannhaut der Hinterzehen bis über die ersten Glieder. Weibchen kleiner. — Tarai und niederes Hügelland in Indien.

367b. **M. Pelops** Hodgs. 20″ lang, Schwanz ohne die Haare 9½″, Hand 4½″, Fuss 5½″. Dem Oinops im Bau und Ansehen ähnlich. Farbe mehr schmuzig oder purpurröthlich, schiefergrau hebt sich theilweise in schimmelgrau (rusty). Hinterbacken mit Ausnahme der

Schwielen bekleidet. Gesicht nackt und dunkel, flacher als bei O i n o p s. Pelz voller, Haare mehr wellig als bei jenem. Daumen reicht bis in die Mitte des ersten Zeigefingergelenks. Nordwärts, ausschliesslich in der Hügelgegend. — Bei beiden sind die Finger unten durch eine Haut verbunden, welche an den Hinterextremitäten vorwärts bis über das erste Fingerglied reicht. — M. Assamensis Mc Clelland Proceed. VII. 1839. 148. Rothgelbgrau, oben dunkler, Unterseite und Innenseite der Gliedmaassen weissgrau, Kopfhaare mit wenig schwarzen Haaren untermischt, Gesicht und Schwielen fleischfarbig, Schwanz behaart, mehr als ein Drittel der ganzen Länge. Länge 2½" engl. Stark gebaut, Eckzähne lang und vorn tief ausgefurcht (grooved), der letzte Backenzahn oben stumpf. Diese Art von Assam soll nach Dr. Horsfield mit Pelops einerlei sein. Leider sind beide noch zu unvollständig beschrieben und ohne Abbildung eigentlich noch nicht bekannt. 367 u. 367ᵇ. wohl nach Rhesus?

(368—69.) 370. **M. maurus** Fr. Cuvier, le Macaque de l'Inde, mamm. Avr. 1823. Gesicht schwarz, ebenso die Ohren und die Haut der Gliedmaassen, Pelz dunkelbraun, Stirn und Backen blass bräunlichweiss, Schwanz nur kegelförmig verkümmert. — Fr. Cuvier hatte die Abbildung durch M. Alfred Duvaucel aus Indien erhalten und vermuthet in dieser Art den Wood Baboon Penn., le Baboin des bois und Simia sylvestris Schreb. t. VIII. darin wiederzufinden. Wer die Vorlagen sorgfältig selbst vergleicht, wird sich aber bald überzeugen, dass letztgenannter Affe, dessen Fell im Lewerian Museum ausgestopft wurde, nichts anderes ist, als ein junger gemeiner Pavian: Papio Sphinx, wie Schreber's Abbildung auf den ersten Blick lehrt. Unsere Abb. 370. stellt das von Cuvier abgebildete Thier dar, die Fig. 368 u. 69 sind nach einem Exemplar im Museum zu Dresden gemacht, welches gar keinen Schwanz und mehr grünliche Haare hat und jedenfalls der Gattung Pithecus gehört. Der eigentliche Maurus wurde wegen des Semn. maurus von Fischer syn. 30. sp. 41. Simia Cuvieri genannt, von Lesson man. 44. sp. 47. Magus maurus, gehört Indien an. Lutl. Sclater proc. 1860. 120. erklärt ihn für sehr verschieden von folgendem, nach einem jungen Männchen im zoologischen Garten, von einem Thierhändler gekauft. Das Haar ist gar nicht geringelt, das Gesicht schwarz und der Schwanz nur ein nackter Stummel. Zwei etwas hellere Exemplare kamen auch durch Ankauf der Sammlung von Lith van Jeude in das britische Museum. Nach Dr. Bartlet's Versicherung befinden sich auch zwei etwas grössere und dunklere Exemplare dieser Art im zoologischen Garten in Amsterdam.

371. **M. arctioides:** le Macaque ursin Is. Géoffr. St. Hil. Belanger 77. Mag. de Zool. I. pl. 11. Archives du Mus. II. 1841. 573. Cat. meth. 31. sp. 10. Pithecus arctoideus Blainv. ostéogr. I. 44. 1833. Gesicht bläulich fleischfarbig, Nase schwarz, Pelz braun, rothbraun punktirt, Haare lang, mehrmals braun und hellrothbraun geringelt. Länge 2' 8", Schwanz nur 1" lang. — Is. Géoffr. St. Hil. meint, Duvaucel's Abbildung könne fehlerhaft sein und die Art mit der seinigen, d. h. wohl richtiger die seinige mit der von Duvaucel zusammenfallen; dies scheint aber das Misstrauen gegen einen verdienstvollen Naturforscher zu weit getrieben. Sclater weist Proceed. 1860. 120. in einer Anm. nach, dass auch Papio melanotis Ogilby hierher gehört, während man irrig vermuthete, er gehöre zu M. speciosus, welcher einen längeren und behaarten Schwanz hat. — Cochinchina.

372. **M. libidinosus:** Macaque libidineux Is. Géoffr. St. Hil. Dict. class. IX. 589. Dict. sc. nat. Lévrault pl. 5. f. 2. Schreb. sppl. t. IX. B. Olivenbraun, Oberkopf schwarz, Rücken, Hintertheil und Schwanz olivengelb gemischt, Unterseite und Innenseite der Gliedmaassen weisslich, Gesicht und Hände fleischfarbig. — Scheint nichts anderes als ein jüngeres, zum erstenmale brünstig gewesenes Weibchen des M. nemestrinus zu sein, welches ohne Angabe des Vaterlandes in diesem Zustande abgebildet worden, wie zuerst Desmarest: M. nemestrinus variété ρ. 67. angedeutet hat. Simia libidinosa Fischer syn. 30. Gehört also zur Untergattung B. Nemestrinus.

373—407. die Paviane und Mandrills bilden die folgende Familie nach Pithecus.

408. T. XXVIII. **M. ocreatus** (Papio — Ogilby Ann. Mag. N. H. VI. 511.) Sclater. Ueberall düster schwarz oben und unten, nur die Oberarme und Oberschenkel grau, ebenso der Raum zwischen dunkelfleischfarbenem Skrotum und Gesässschwielen, Gesicht und Ohren nackt und schwarz, der nackte Theil der Hände und Füsse braun und daselbst ein grosser

nackter Fleck derselben Farbe rund um die Schwielen. Die Ohren mehr abgerundet als bei den Pavianen, die Haltung der des Nemestrinus ähnlich, doch das Gesicht mehr verschmälert, aber seine Grösse dieselbe. Das Vaterland war nicht ermittelt, das Exemplar befand sich in einer reisenden Menagerie. — Der schwarzbraune Makak: M. fusco-ater Schinz syst. Verz. I. 58. 10., ganz schwarzbraun, das Innere der Glieder, Vorderarme und Schienen grau, befindet sich durch Prof. Schönlein im Züricher Museum aus Celebes, ein grösseres Exemplar in Frankfurt. Schinz sagt, dass bei seinem Exemplar, einem Männchen, das Gesicht olivenbraun schwärzlich ist, der Backenbart fehlt und die Seiten des Kopfes sind dünn behaart, ebenso alle vorderen Theile. Die Augenbrauenbogen stehen stark vor, die Stirn ist gewölbt und die Schnauze wenig vorstehend, daher er ein wahrer Makak ist und kein Pavian. — Endlich verdanken wir Herrn Ph. Lutley Sclater als Sekretär der Zoological Society in London die bessere Kenntniss dieses Affen, den er Proceed. 1860. 420. beschreibt und pl. LXXXII. abbildet. Das Männchen wurde im J. 1858 von einer herumziehenden Menagerie im Tausch erhalten. Die Hinterbeine waren etwas gelähmt. Im British und im Pariser Museum ist kein Exemplar, aber im Museum zu Leyden sind zwei, bezeichnet als „maurus". — Die neueste Mittheilung über denselben Affen giebt Sclater in Jos. Wolf's grossem Prachtwerke Zoological Sketches II. pl. 1., wo zu der grösseren Abbildung desselben bemerkt wird, was wir oben sagten. — Wahrscheinlich Celebes, wo das Schönlein'sche Exemplar herstammen soll.

Prof. Owen bestimmt nach osteologischen Ueberresten noch zwei vorweltliche Arten:

✻ **M. eococnus** Owen Brit. foss. Mamm. 4. ic. Giebel Odontogr. III. Tab. I. f. 4. Stück von der Unterkinnlade von Kyson in Suffolk im eocönen Sandlager aufgefunden, worin der letzte Backenzahn diese Affenform bestätigt; im Ganzen dem erythraeus ähnlich, sind doch die beiden Höckerpaare tief getrennt und der fünfte unpaare Höcker getheilt. Uebrigens kleiner als die lebenden Arten.

✻ **M. pliocenus** Owen ibid. 46. Nur ein vorletzter oberer Backenzahn deutet auf Aehnlichkeit mit Zati sinicus hin und wurde in der County of Essex im Tertiärgebilde von Grays aufgefunden.

XXVII. Pithecus Aelian, Arist., Galen. Pitheque Buffon. Magot. Der
Schwanz fehlt äusserlich gänzlich, am Skelet hat er nur 5 Wirbel. Leib ziemlich kräftig gebaut. — Nordafrika und Gibraltar.

409 –18. **P. Inuus** (Simia — Linn. Gm. 27. 2. Schreb. I. 71. t. V.) Géoffr. Cat. p. 26. Desmarest Nouv. Dict. XVIII. 327. Blainv. Ostéogr. pl. 8—10. Pelz reichlich, aus olivengrün röthlich, Haare am Grunde schwärzlich, röthlich gespitzt, bei alten die äusserste Spitze schwarz, unterseits und Innenseite der Gliedmaassen olivengrün oder weisslich, Gesicht, Ohren und Hände fahl fleischfarbig, Augenwimpern schwarz, die Schwielen blassroth. Länge bis 2' 2'', der Schwanz kaum ein Höcker. — Dies ist der bereits den alten Griechen unter dem Namen Πίθηχος bekannte Affe, welcher auch in ganz Europa zuerst bekannt wurde, weshalb der Name „Affe" und „Simia" diese Art vorzugsweise bezeichnet. Die Geschichte hat Johnston theatrum univers. omn. animalium p. 137—140. cap. II. de Simia zusammengestellt. Dazu gehört Taf. LIX. Das Citat fig. 5. bei L. Gm. ist oft abgeschrieben worden, ist aber falsch, hierher gehört fig. 1. u. fig. 1. rechts, nackt, ebenso fig. 2. links (dagegen gehört fig. 2. rechts zum wirklichen Cynocephalus unter den Pavianen), von den unteren Figuren Cercopithecus nur die links, die langgeschwänzte rechts ist eine Meerkatze. Bei den Systematikern tritt er doppelt auf, einmal als junges Thier, klein, als Simia Sylvanus L. Gm. mit dem Citat der Simia Gesn. quadr. 847. (Pygmy-ape Penn. syn. 98. sp. 65. t. XII. f. 1. Pymy Ape auf der Tafel, mit schwarzem Gesicht, vgl. folg.), indessen spricht Schreber unter diesem Namen p. 70. auch von dem älteren Thiere; und zwar als Simia Inuus L. Gm. 28. 3., der Simius Cynocephalus Alpini aegypt. 241. t. 15. 1. t. 16 u. 20. 1., der Magot Buff. XIV. 109. t. 8. 9. Schreb. I. 71. t. V., der Barbary Ape Penn. syn. 100. sp. 67. Ferner gehört hierher der Cercopithecus ecaudatus Lenz N. G. d. Säugeth. 1831. 22. 29. Macacus Inuus Desm. Mamm. p. 67. 37. Lesson compl. I. 126. ed. 2. I. 252. Fr. Cuv. mamm. Jan. 1819. pl. 41 Inuus Pithecus Is. Géoffr.

Cat. meth. 31. 1. Inuus ecaudatus Et. Géoffr. Ann. XIX. 100. Kuhl 16. 1. Wagn. etc.

Das jüngere Thier hat wie bei den meisten Affen das durch die Kinnbacken gebildete Untergesicht kürzer, als das erwachsene, weshalb auch diese Cynocephali und Hundsaffen genannt wurden, welcher Name ursprünglich der ältesten Paviauart, unserm 387 — 395. dargestellten Thiere zukommt. — Der Kopf ist dick, die Nase ziemlich glatt und der Kiefertheil des Gesichts im Alter mehr verlängert und vorstehend, die Eckzähne überragen besonders bedeutend bei den Männchen ihre Nachbarn. Die Ohren ähneln durch Form und Leisten den Ohren des Menschen. Die Physiognomie ist im Zustande der Ruhe ziemlich gleichgiltig, aber jeder Reiz von aussen macht den Affen aufmerksam und neugierig, er horcht lebhaft auf, bewegt nach allen Richtungen hin die Lippen, klappert mit den Zähnen, fletscht sie und lässt wohl auch ein kurzes Kreischen vernehmen. Die beiden Backentaschen öffnen sich jederseits am Unterkiefer, in sie stopft er Nahrung hinein, um sie aufzuheben und später zu kauen. Das Pelzhaar wird bis zwei Zoll lang, ist weich und steht oberseits sehr dicht. Die eigentliche Haut ist weisslich, die Finger und Zehen behaart, nur die Daumennägel rundlich, die der übrigen Zehen sind hohlziegelförmig, obwohl Brisson und Linnée alle rund nennen. Die Weibchen sind immer um ein gut Theil kleiner, als die etwa 2 Fuss langen Männchen, welche aufrecht stehend etwa 3 bis 3½ Fuss hoch sind. Die Schwielen am Hinteren haben einen länglichrunden Umriss und einen Längsdurchmesser von 2 Zoll, bei etwa 1½ Zoll Breite. — In Hinsicht auf ihr Vaterland ist aus den alten Schriftstellern nicht viel zu entscheiden, denn sie sprechen oft von Affen, welche eingeführt wurden. So sagt Prosper Alpin selbst ausdrücklich, dass es in Egypten keine Affen gebe, sondern dass sie aus Arabien und Aethiopien um des Gewinnes willen erst dahin gebracht würden. Auch Ehrenberg brachte in Erfahrung, dass sie in Arabien und in Aethiopien nicht einheimisch sind. Die Jungen wurden so wie bei uns, schon damals abgerichtet und lernten verschiedene menschliche Handlungen verrichten, da sie im jugendlichen Alter sehr folgsam und gutmüthig sind. Bis vor etwa dreissig Jahren war es den Bärenführern erlaubt, in allen Theilen von Deutschland herumzuziehen, wobei sie gewöhnlich ein Kameel oder Dromedar führten, auf dem einer oder mehrere dieser Affen sassen. Da diese Leute meist aus dem Orient kamen, nannte man diese Magots auch „türkische Affen". Nach Johnston führten sie auch den alten Namen „Mommenet". Seit jener Zeit sieht man diese Art in Deutschland seltener, auch verhältnissmässig wenig in Thierbuden und zoologischen Gärten, wo die überwiegende Zahl aus Meerkatzen, Makaks und Pavianen besteht. Seine natürliche Bewegung ist das Laufen auf allen Vieren und das Klettern. Ruhend sitzt er wie ein Hund und schlafend beugt er den Kopf zwischen die Hinterbeine oder liegt auf der Seite. Seine Nahrung besteht aus Früchten, Backwerk verschiedener Art, Reis, Mais und Getreide, alles gern auch im gekochten Zustande, ebenso Möhren und Kartoffeln. Von animalischen Substanzen verzehren sie am liebsten Insekten. Er liebt Gesellgkeit und gewöhnt sich an Kinder und Hausthiere aller Art. Oft beschäftigen sie sich damit, einander oder Hausthieren ihre Schmarotzerinsekten abzusuchen. Sie frei im Hause herumlaufen zu lassen, ist immer unvorsichtig, weil sie alles durchstören und herumwerfen, auch wohl zerzupfen und zertrümmern, überhaupt sehr unruhig sind und viel Lärm machen. Gewöhnlich hält man sie also an einem Riemen durch ein Halsband oder unter den Hüften befestigt, welcher von einem an einer horizontalen oder perpendiculären Stange mit einem Sitz, frei laufenden Ringe ausgeht. Sie halten sich mehrere Jahre gesund und pflanzen sich in der Gefangenschaft fort, vertragen sich auch gut mit anderen Arten. Alte oder schlecht behandelte Exemplare werden bösartig und gefährlich. Ihr eigentliches Vaterland ist die Barbarei, deshalb „Barbary-Ape" von Pennant genannt, unter welchem Namen auch Bennet zoolog. gardens 1. 191. ihn beschreibt und abbildet. Er bewohnt dort in grossen Schaaren die Wälder und führt bei seiner Geselligkeit auch ein sehr bewegliches und munteres Leben. Er hat mehr Klugheit, als alle bisher betrachteten Affen und ist deshalb der, welcher in Affenkomödien eine Hauptrolle spielt. Wo die Abrichtung in Liebe geschieht, nur durch Belohnung mit Leckerbissen, da bleibt der Charakter gutartig, wo sie durch Prügel erzwungen ist, wird das Thier immer tückischer und sucht sich bei Gelegenheit durch Kratzen und Beissen zu rächen, bald aber verfällt es in Trauer und stirbt. Die Magots wurden bereits von den alten holländischen und deutschen wie französischen Künstlern in mannigfaltigen

Verhältnissen dargestellt, als Nachahmer und als Carricaturen der Menschen, mit und ohne
Bekleidung. Ihre Abrichtung ist die leichteste, weil sie in ihrem jugendlichen Charakter
meist gutartig und gelehrig sind, wobei noch eine seltene Klugheit ihre Leistung befördert.
Der Magot wird dann ein Acteur für das vulgäre Rollenfach. Seine Physiognomie macht
den Eindruck eines pfiffigen, dabei überlegten, entschiedenen Charakters. Der breite Querdurchmesser des Gesichts deutet entschiedene Beharrlichkeit an, die ihm eigenthümlich ist,
ebenso deutet die breite Mittelparthie des Kopfes auf Gutmüthigkeit hin, mit welcher er
von der Natur begabt worden ist. Die kleinen Augen zeigen zwar den pfiffigen, die minder
hohe Stirn aber den beschränkten Denker. Seine Rollen beschränken sich auch deshalb
nur auf die gewöhnlichen Spässe, auf das An- und Auskleiden, Hutabnehmen, Grüssen.
Reiten auf anderen Thieren, Schaukeln und Seiltanzen, Auffangen zugeworfener Nüsse u. s. w.,
auch auf das Trinken und Essen aus Gefässen und Geschirren. — Leo Africanus sprach
Africa 1559. 8. IX. 43. wahrscheinlich von dieser Art, wenn er sagte, in den maurita-
nischen Wäldern, besonders auf den Bergen von Bugia und Constantine, gäbe es
Affen, welche nicht nur an den Händen und Füssen, sondern auch im Gesicht menschenähnlich und von der Natur mit wunderbarem Verstand und Klugheit versehen wären. Sie
nährten sich von Kräutern und Körnern und gingen heerdenweise in die Kornfelder, wobei
sie am Rande Wachen ausstellten, welche bei eintretender Gefahr durch einen Schrei warnten,
worauf der ganze Trupp durch die Flucht sich zu retten versuchte und in grossen Sprüngen
sich auf die Bäume begebe. Auch die Weibchen sprängen mit und trügen dabei ihre Jungen.
Diese Affen würden abgerichtet und leisteten unglaubliche Künste, sie wären oft zornig und
bissig, aber leicht zu versöhnen. — Das Merkwürdigste in der Lebensgeschichte dieses Affen
ist der Umstand, dass er wirklich Europa, sicherlich wenigstens den Felsen von Gibraltar
bewohnt. Allerdings sind sie daselbst vielleicht nicht mehr in so grosser Menge wie vormals vorhanden, auch nicht leicht zu beobachten, indessen sind sie noch wirklich da und
werden sorgfältig gehegt, daher die Tödtung eines Exemplars schwer bestraft wird. Bei
heiterer Witterung erscheinen sie an den unzugänglichen Klippen an der Westseite des
Gipfels, wo die Weibchen beschäftigt sind, ihre Jungen auf dem Rücken zu tragen. Wenige
Reisende sind so glücklich, den günstigen Zeitpunkt zu treffen, diese Affen zu sehen, dies
beweist z. B. folgende Stelle: „Die kleinen Truppen des gemeinen Magot: Inuus ecaudatus, deren seltsames Vorkommen am Felsen von Gibraltar in einigen Reisebeschreibungen
die Sage veranlasste, es bestände eine directe unterseeische Verbindung zwischen den beiden
Säulen des Herkules, durch welche dieser einzige Repräsentant des Affengeschlechts in
Europa seinen Weg von Afrika nach dem gegenüber liegenden Felsen gefunden habe, wurden
von uns nicht gesehen; doch sollen noch zuweilen, wenn auch in sehr langen Zwischen-
räumen, auf den höchsten Punkten der völlig unzugänglichen Ostseite des Felsens einzelne
Individuen bemerkt werden, wahrscheinlich die letzten Reste jener Affenart, welche entweder
schon ursprünglich daselbst vorkam, oder durch menschliche Vermittelung von der marokka-
nischen Küste, wo ihre Stammgenossen in grossen Schaaren hausen, herübergekommen ist.
B. v. Müllerstorf-Urbair, Reise der Novara, Wien 1861. — Pennant meint, dass die auf
dem Felsen von Gibraltar lebenden Exemplare vielleicht von einem vormals aus der Stadt
entflohenen Paare abstammten, da man nicht erfahren habe, dass sie irgendwo ausserdem
in Spanien sich vorfänden, während Andere glauben, ihre Anwesenheit sei noch eine Folge
des vormaligen Zusammenhanges beider Welttheile geblieben. Martius Reise I. 39. sagt
darüber: Auf der Höhe des Berges lebt eine afrikanische Affenart, Simia Inuus L., welche
mehrere Glieder unserer Gesellschaft gesehen haben wollen. Wahrscheinlich ist solche durch
die Mauren hierher gebracht worden. Rüppel Abyss. Wirbelth. p. 8. berichtet: Inuus
Macacus häufig in den von Egypten westlich gelegenen Oasen, von wo aus er
in Menge nach Alexandrien und Cairo ausgeführt wird; er heisst daselbst „Girt". Da er
auf der ganzen Küste der Barbarei bis nach Marokko vorkommt, so ist mir die
bestimmte Höhe seiner Standorte unbekannt.

368—69. t. XXIV. **P. Pygmaeus** (Pygmy Pennant Synops. of Quadrupedes p. 98.
sp. 65. t. XII. f. 1. Pymi Ape) Rchb. Der Pygmäenaffe. Wie voriger, aber das Gesicht
schwarz, blass umzogen. — Pennant, welcher die vorige Art recht wohl kannte und als

Barbary Ape p. 100. sp. 67. aufführte, nachdem er den Gibbon zwischen beide eingeschoben hatte, unterscheidet die gegenwärtige Form, indem er sagt: Gesicht ziemlich flach, Ohren menschenähnlich, Leib so gross wie der einer Katze, Farbe oben olivenbraun, unterseits gelblich, Nägel flach, Hinterbacken nackt, sitzt aufrecht. Wenn sich in diesen Worten kein eigentlich unterscheidendes Kennzeichen ausspricht, so geschieht dies vielmehr durch die Abbildung, welche einen gänzlich ungeschwänzten Affen mit schwarzem, hell umzogenen Gesicht und hellfarbigen Backen darstellt, so dass wir hier in der Gattung Pithecus eine Analogie finden, für das Vorkommen desselben Charakters bei früher betrachteten Gattungen und zuletzt bei Macacus. Auf die Vermuthung, dass Pennant hier eine seitdem vergessene und übersehene Art vor sich gehabt habe, wirkt der Umstand günstig ein, dass ich ein in einer vor einiger Zeit hier anwesenden Menagerie verstorbenes Exemplar wirklich erhalten habe, welches jetzt vor mir steht. Ich stellte unter obiger Bezifferung von demselben eine Abbildung in zwei Stellungen neben den Macacus maurus, zum Vergleich mit ihm, aber der Affe ist ein wahrer Pithecus und gehört also hierher. Das Exemplar ist ein erwachsenes altes Weibchen mit abgenutzten Zähnen, von der Oberlippe bis zur Schwanzstelle 25″ messend, vom Ansatz der Nasenscheidewand bis zur Stirnschneppe 1″ 10‴, Gesichtsbreite über die Augen 3″ 6‴. Die ganze Oberseite des Pelzes ist dicht und olivengrüngraulich, die Haare vom Grunde aus bis über die Hälfte schwärzlichgrau, dann lang blass, kurz gelb und die Spitze schwarz, so dass der Pelz melirt erscheint. An den ganzen Beinen fehlt den Haaren das Gelb und das Dunkelgrau nimmt einen weit kürzeren Raum ein, weshalb die ganzen Beine mehr hasengrau und schwarzgespitzt erscheinen. Die Hände und Zehen sind etwas dunkler grau und die Nägel schwarzbraun. Umgebung des Gesichts, Backen und ganze Unterseite, sowie die Innenseite der Gliedmaassen trägt einfarbig grauweissliche Haare, nur die zunächst dem Gesicht sind noch schwarz gespitzt. — Hierbei ist noch zu erwähnen, dass auch Latreille von Collinson eine Abbildung erhielt, welche der von Pennant gleicht. Er gab dieselbe in seinen Singes I. pl. XIII. und beschrieb den Affen als le petit Cynocephale und berichtet auch, dass Collinson, daran zweifelnd, dass es Affen auf Gibraltar gebe, deshalb an den Commandanten Mr. Charles Frédéric geschrieben und von diesem die Nachricht erhalten habe, dass sie sich auf dem Felsen an der Seeseite zahlreich befänden und glaubwürdige Personen ihm versichert hätten, dass sie sich da fortpflanzten. Der Brief an Buffon war datirt: London 9. Fevr. 1764.

Siebente Familie.
Paviane: Cynocephalinae.

Gesichtswinkel 30—35°. Kinnbackentheil des Gesichts gestreckt und lang vorstehend, vorn wie abgestutzt, Nasenlöcher endständig, Ohren klein und nackt. Backentaschen. Hinterbacken stark schwielig. Leib, besonders der Brusttheil, sehr stark. Beine kräftig, fast gleich lang. Schwanz etwa kopflang, bei den Mandrills weit kürzer, bei dem Mohrling endlich gänzlich fehlend, so dass auch hier wie in der vorigen Familie dieselbe Abnahme sich wiederholt. Naturgemäss vertheilen sie sich folgendermaassen: 1) Papio, als Wiederholung der Cercopitheci, mit längstem, spitzewärts verdünnten Schwanze: 245—46. und 373—383. 2) Cynocephalus, als Wiederholung von Vetulus, mit Schwanzquaste und mehr oder minder deutlicher Mähne. 3) Mormon, eigenthümlicher Typus, an die Makaks erinnernd und sehr kurzschwänzig, auch zur Brunstzeit ebenso anschwellend wie diese. 4) Cynopithecus, Pithecus wiederholend, der Schwanz fehlt äusserlich bis auf einen Stummel. Alle sind im Alter mehr oder minder bösartig und die kräftigsten und wildesten unter allen Affen, hundsköpfig mit Hundsgebiss, durch die grössten und stärksten Eckzähne, die bei den Affen überhaupt vorkommen, charakterisirt. Am Skelet ist das auffallend, dass von der ziemlich horizontalen Stirn die Oeffnungen der Augenhöhlen fast perpendikulär abfallen, so dass der Augenpunkt nicht wie bei allen anderen Affen menschenähnlich, aus der Gesichtsfläche geradeaus unter rechtem Winkel, sondern unter sehr spitzigem Winkel über den Nasenrücken hinabgerichtet ist, wie bei den Raubthieren. Sie erreichen fast alle Wolfsgrösse. Die Schwanzlänge ist bei den jungen Thieren im Verhältniss zum Körper viel bedeutender, als bei den alten.

XXVIII. Papio Brisson e. p. Pavian. Mähnenlos, der Schwanz bei den Alten etwa kopflang, quastenlos, spitzewärts verdünnt.

245—46. u. 373—79. **P. Sphinx** (Simia — L. Gm. 29. 6.) Erxleben Mamm. 1777. 15. 1. Zimmerm., Herm., Géoffr., Kuhl, Lesson Quadrum. 106. Der gemeine oder braune Pavian. Pelz olivenbraun, erscheint schwarz melirt, Haare von Grund aus schwärzlichgrau, über der Mitte mit hellbraunen Ringen abwechselnd, Spitze schwarz, Wangenhaare mehr gelbbraun, Augenlider blass fleischfarbig, Gesicht und Hände schwarz, Schwielen roth. Nur ganz jung ist er unterseits heller. — Ich messe ein altes M. 36″, Schwanz 18″, aufrecht stehend 2′ 6″, laufend Schulterhöhe 23″, Kreuzhöhe 21″, Nase 3″ 10″, Ohr 1″ 4‴, breit 1″ 7‴, Raum von Ohr zu Ohr quer über die Stirn 6″, Vorderarm 7″, Hand 5″ 4‴, Bein 15″, Fuss 7″. Die Haare über den Schultern werden bei alten M. 5—6″ lang, bleiben indessen steif, ohne eine Mähne zu bilden. — Wahrscheinlich die Art, welche schon Diodorus Siculus III. 34. Sphinx nannte und welche im Lande der Troglodyten und Neger vorkam, die er zwar zahm, aber doch verschmitzt und eines zusammenhängenden Unterrichts unfähig hielt. Die alten Bilder, welche für diese Art citirt werden, gehören zu anderen Arten und die ersten, welche bestimmter unsere Art darstellen, sind die vom Grand Papion Buff. XIV. t. XIII. und Petit Papion ib. t. XIV. Simia Sphinx Schreber t. VI., beide nach Buffon, ebenso die bei Latreille I. 222. le Papion ou Babouin proprement dit pl. XIV. le grand et XV. le petit Papion, le Papion Audeb. 3. 1. pl. 1. 2 et 3., wohl alle jung, Originalfiguren. Fr. Cuv. mammif. ic. Mai 1819. The Baboon, Cynoceph. Papio Desmar. Tower Menag. 149. zwei Junge. Endlich machen wir noch aufmerksam auf unsere nach lebendigen Thieren gefertigten Abbildungen, t. XVIII. fig. 245 u. 46. ein paar Junge, von denen einer dem andern Ungeziefer absucht, dann t. XXV. 373—74. ein paar über halberwachsene Junge und 375—77. im Hintergrunde ganz junge Exemplare spielend, im Vordergrunde rechts 378—79. ein paar alte, das Weibchen liegend. In den Menagerien und zoologischen Gärten erscheint dieser Pavian ungleich häufiger, als alle andere, doch sieht man meist Junge, welche sich auch mit anderen Affen beisammen halten lassen und sich mit ihnen vertragen. Ausgewachsen sieht man sie selten und dann gewöhnlich nur wild und bösartig. Ihre bedeutende Muskelkraft und ihr furchtbares Gebiss machen sie zu höchst gefährlichen Thieren. In den Käfigen mit eisernen Stangen, in denen man sie gewöhnlich hält, sieht man sie stets in grösster Aufregung und wüthend rütteln sie durch Erfassen der Stangen den ganzen Käfig unter beständigem Kreischen und Schreien. In grösseren Räumen gehalten, benehmen sie sich ruhiger, ja gut erzogene sieht man sogar in Affenhäusern, wenn auch immer dominirend, doch ziemlich verträglich unter anderen Affen. Die unangenehmste Erscheinung bei den Pavianen ist ihre grenzenlose Geilheit, die sie so oft zur Wuth veranlasst und durch welche sie nicht selten untergehen. Dessenungeachtet sind die Beispiele von ihrer Fortpflanzung in der Gefangenschaft selten, und würden diese Affen nicht grösstentheils als sehr junge Thiere gefangen, so würde man deren nicht so viele vorführen können. Interessant ist es, die Hände eines verstorbenen, alten Pavians auf Papier abzudrucken, wie dies unser C. G. Carus gethan, wo man erstaunt, die Lineamente der Hand eines überaus rohen und gemeinen Menschen wiederzufinden. Schon Buffon hat durch Verwechselung die Nachrichten von Kolbe hierhergezogen. — Der gemeine Pavian gehört dem tropischen Westafrika an und wird gewöhnlich vom Senegal nach Cairo und von da nach Europa gebracht.

380—81. **P. Babuin** (Cynoceph. — Desmar. mamm. 68. 38.) Lesson Quadrum. 104. 1. Der gelbe Pavian. Le Babouin Fr. Cuv. mamm. 1819. — Gesicht und Ohren bleigrauschwärzlich, Nasenkuppe aufgestülpt mit Furche in der Mitte. Pelz olivengrünlichgelb, Backenbart, obere Augenlider und Unterseite wie Innenseite der Beine gelblichweiss, Hände

ziehen in grau, mit schwärzlichen Härchen. — Wird über 2′ lang, der Schwanz 22″. Ich messe
ein W. 25″, Schwanz 17″ 3‴, Höhe aufrecht 31″ 6‴, Nase mit Vorderstirn 2″ 9‴.
Fr. Cuvier's männliches Exemplar maass 2′ 3″, Kopf 9″, Schwanz 16″, Schulterhöhe
1′ 10″ 6‴, Kreuzhöhe 1′ 9″. — Hierher gehört: Cynoc. Babouin, le Cynocéphale Babouin
Is. Géoffr. St. Hil. Archives du Mus. II. 1841. 579. pl. XXXIV. Papio Cynocephalus
Géoffr. St. Hil. Tabl. d. quadrup. Ann. Mus. XIX. 102. Simia cynocephalus Brogn.
Journ. H. N. I. 402. t. 21. Schreb. t. XIII. B. fig. eodem. Le Babouin Fr. Cuv. Mém. d. Mus.
IV. 420. Hist. nat. d. Mammif. Mai 1819. Cynoc. Babouin Desm. Mamm. 1820. Fr. Cuvier
Hist. nat. d. Mamm. Mars 1819. ed. 2. 1826. C. antiquorum Schinz Uebers. Cuv. Agassiz
Isis XXI. 1824. 863. S. cynocephala Fisch. syn. Mamm. Papio Babouin Jardine Monkeys,
kaum erwähnt. Lesson species. Cynoc. Sphinx Ogilby Monk. Pithecus Cynocephalus
De Blainv. Ostéogr. fasc. IV. — Mr. Fr. Cuvier hält den Cercopithèque cynocéphale Briss.
Règne an 1759. 123. für den Babouin. Es ist leicht, dies als irrig zu beweisen. Cerco-
pithèque cynocéphale ist bei Brisson Collectivname für mehrere Arten, ein wahrer Gattungsname. Er sagt selbst: „plurimas vidi, Cercopithecorum cynocephalorum species, magni-
tudine tantum a se invicem discrepantes. Habitant in Africa." Die Färbung nennt er grünlich
und gelblich. Der Schwanz des Babouin ist nicht so kurz, als Fr. Cuvier sagt, und sein
Gesicht ist nicht schwarz, wie er nur irrig im Texte angiebt, während die Abbildung die
Farbe richtig darstellt. Dennoch haben alle Schriftsteller, selbst Mr. G. Cuvier rögne ed. 2.,
das Gesicht als fleischfarbig beschrieben, um den Babouin zu bezeichnen. Das Hauptkennzeichen des Babouin muss in den Haaren gesucht werden, bei Papion sind sie fein
gelb und schwarz geringelt, hier dagegen sind die Ringe lang und wenig zahlreich, deshalb
erscheint der Babouin fast einfach gelbgrünlich, wenig verschieden von der Farbe des
Magot und mehrerer Makaks und ganz verschieden vom Papion, dessen Behaarung allgemein fein gestrichelt scheint, wie die des Hamadryas. Der Babouin nähert sich in
der Stellung und Färbung der Haare mehr dem C. porcarius aus Südafrika und schliesst
sich auch in der Schädelbildung an diese Art. Die Kinnlade zeigt beide Horizontaläste über
den Backenzähnen mit einer tiefen Grube. Diese findet sich wieder bei dem Anubis
Fr. Cuvier, einer Art, die aber bis jetzt noch zweifelhaft bleibt. Sie ist in beiden Ausgaben
der Mammifères abgebildet und in der zweiten mehr dunkelgrün gemalt, zeigt also dadurch
noch einen auffallenderen Unterschied vom Babouin, der mehr gelblich olivengrün ist als
grün. Der hier abgebildete Babouin ist ein zwar erwachsenes, aber nicht altes Exemplar,
und wir wissen, wie sehr bei diesen Thieren die Gestalt im hohen Alter sich ändert. Jung
sind sie schlank, im Alter plump und robust. In dieser Weise erkläre man sich die Vergleichung dieser Abbildung mit der bei Mr. Fr. Cuvier, welche ein altes Thier darstellt.
Dasselbe lebte als Geschenk des Prinzen von Joinville etwa ein Jahr in der Menagerie
und war anfangs noch weit schlanker, als die hier abgebildete und im Museum aufgestellte
Form. Seine Herkunft ist geographisch nicht genau bekannt. Vergleicht man es mit einem
vormals in denselben Galerien vorhandenen W., welches das Original fast aller in Frankreich
gegebenen Abbildungen ist, ausser denen von Mr. Fr. Cuvier, so sind noch einige Unterschiede zu bemerken. Das bei dessen Abhandlung abgebildete M., etwas älter als das andere, hat meist längeres Haar und eine etwas graue Schattirung, ein Unterschied, den ich
bei verschiedenen Pavianen bemerkte. Die jungen haben mehr kurzes Haar, die halbalten
längeres und die alten sehr lange Haare, welche die Vorderhälfte des Leibes bedecken.
Ferner hat alte Pavian der Galerie den Oberkopf schwarz, weil die Haare daselbst eine
sehr lange, schwarze Spitze haben. Bei dem von Géoffroy abgebildeten Exemplare ist der
Oberkopf nicht schwarz, und vielleicht würde hier eine sehr deutliche schwarze Schattirung
herrschen, wäre nicht diese Stelle minder gut erhalten und nicht sogar etwas entblösst.
Uebrigens herrscht zwischen beiden Exemplaren grosse Uebereinstimmung, bei beiden ist
die Aussenseite der Hüften stark rothbraun überlaufen, die Unter- und Innenseite weisslich,
die Finger wie die Umgebung der Hand weisslich, während die Hände oberseits von der
Färbung des Pelzes sind. Länge von Kopf und Leib 0,63, Schulterhöhe 0,58, Schwanzruthe 0,52. — Diese Art ist weit seltener, als der braune Pavian in Menagerien und zoologischen Gärten vorhanden, sein Benehmen weicht kaum von dem jener Art ab. — Die
Affen, sagt Dr. Brehm Reiseskizzen III. 256., haben eine wahre Sucht, andere Geschöpfe,

deren sie habhaft werden können, sorgfältig nach Ungeziefer abzusuchen. Ich besass einen Pavian, welcher jedes kleinere Säugethier sogleich wie sein Kind behandelte und eifrig zu säubern anfing. Selbst die Menschen, mit denen er Freund war, mussten sich eine sorgfältige Untersuchung ihres Kopfhaares gefallen lassen. Dergleichen Bemühungen dehnte mein Affe bald auch auf einen Nashornvogel aus, er ergriff ihn bei seinem riesigen Schnabel und legte mit einer der Vorderhände die Federn auseinander. Dies liess der Vogel sich nicht nur willig gefallen, sondern unterstützte es sogar. Er lief selbst zu seinem Freunde hin, bückte sich in eine passende Lage, sträubte seine Federn und liess ihn gewähren. Gewiss ist dies ein höchst interessantes Beispiel von der Gefälligkeit der Thiere. — Die Paviane oder „Khiruhd", sagt derselbe ferner: III. 205., werden von den Bewohnern des Sudahn mit Recht gefürchtet. Sie werden den sie angreifenden Menschen oft sehr gefährlich; man versicherte mich, dass ihnen selbst der Löwe aus dem Wege ginge, jedenfalls würde er viel mit ihnen zu thun haben. Die alten Männchen erreichen eine bedeutende Grösse, sind bemähnt, bekommen ein furchtbares Aussehen und besitzen eine erstaunliche Kühnheit, Kraft und Gewandtheit. Sie sind Bewohner der Gebirge und scheuen das Wasser, weil sie nicht schwimmen können. Man weiss im Sudahn viele Geschichten von ihrer grenzenlosen Frechheit zu erzählen, und es ist gegründet, dass sie während der Brunstzeit Frauen und Mädchen schon tödtlich gemisshandelt haben. Man erhascht die Paviane, nachdem man sie vorher durch ihnen vorgesetzte Meriesa, welche sie begierig trinken, berauscht hat. — Das Vaterland des gelben Pavian ist Nord-Ost-Afrika. Rüppel sagt vom Babuin: häufig in Abyssinien um den Dembea-See, in der Kulla, bei Sennar und in den Wüstensteppen bei Ambukol in der Provinz Dongola, in einer absoluten Höhe von 2000 bis 3000 Fuss. „Gingero" in Westabyssinien, „Bedir" im Sennar, „Nisnas" in Egypten, wo er häufig gezähmt lebt.

382—83. **P. Anubis** (Anubis Fr. Cuv. mamm. Juin 1825.) Rchb. Nase gerade, nicht aufgestülpt, Gesicht, Ohren und Hände schwarz, Augenringe und Wangen ein wenig fleischfarbig, Haare oben dunkel schwärzlich olivengrün, Wangenhaare und Unterseite blasser, Schwielen violet. — Fr. Cuvier's Exemplar war jung 18″ lang, 2′ vom Boden bis zum Scheitel, doch wohl im aufrechten Stande. — Die Species wurde von Fr. Cuvier so zweifelhaft aufgestellt, dass es kein Wunder ist, wenn auch Andere an ihr zweifelten und Rüppel das plump gebaute Thier gar mit dem schlanken Babuin für einerlei halten will. J. A. Wagner erhielt von Prof. Wiegmann eine zweite Abbildung, welche er im Supplement zu Schreber t. VI.C. als Cynocephalus Anubis, vgl. unsere hintere Fig. 383., veröffentlicht. Diese weicht von der Fr. Cuvier's dadurch ab, dass ein grosses, rundes Feld um jedes Auge fleischfarbig ist und das Backenbart weit reicher und mehr aschgrau, was wohl auf ein höheres Alter hindeutet, während das Exemplar der Abbildung nach ein Weibchen zu sein scheint und sehr zu bedauern ist, dass Prof. Wiegmann keine weiteren Notizen dazu gegeben hat. Mr. Pucheran bespricht in der Revue & Mag. de Zoolog. ser. 2. IX. 1857. p. 244—249. den Anubis ausführlicher und erklärt die Zweifel der Schriftsteller, wie dies in so vielen ähnlichen Fällen der Fall ist, durch die Seltenheit der Vorlagen, und nennt die von Rüppel getadelte Figur gut. Er erhielt wieder ein Weibchen, welches zur Zeit der Krisis der Geschlechtsorgane abgestorben war. Das Thier war gross, der Pelz einförmig grünlich über Kopf und Leib, etwas gelblicher an der Aussenseite der Gliedmaassen, vorzüglich hinten. Die Haare sind lang geringelt, auf der Oberseite schwärzlich und gelblich, die Spitzen schwarz. Die Hände noch schwärzer. Der Schwanz sehr lang und obwohl von der Wurzel aus bogenförmig gekrümmt, so berührt er doch beinahe die Fersen und hat die Farbe des Rückens, aber überall, wo er nicht enthaart ist, zeigt er weissliche Färbung, besonders an der Spitze. Kopf und Leib gerade gemessen hielt 0,618 metr., Schwanz 6,476 m., Nasenspitze bis zum Auge 0,076 m., bis zum Ohr 0,15 m., Schulterhöhe 0,461 m., Kreuzhöhe 0,445 m. Vergleicht man ihn mit den ältesten vorhandenen Babuins, so zeigt sich, dass er weit untersetzter ist. Von jener hellen Färbung des Babuin, von seinen gleichfarbigen Händen und weisslichen Haaren u. s. w. ist keine Spur. Ebenso ist auch der Anubis vom olivaceus Is. Geoffr. St. Hil. verschieden. Dieser steht dem Babuin nahe, die allgemeine Färbung des Pelzes ist immer weniger grün, mehr gelblich, die Hände nicht schwärzlich. Fr. Cuvier

20*

hatte zwei Anubis gesehen und Mr. Pucheran sah diesen dritten. Schon in D'Orbigny's Dict. sc. nat. IV. 535. gab Mr. Puch. eine Vergleichung von Köpfen der Cynocephalen. Der Schädel des Anubis in der Galerie d'Anatomie comparée des Museum zeigte an seinem Hintertheile eine einzige Pfeilleiste (crête sagittale) anstatt zweier Schläfenleisten (crêtes temporales), welche sich bei dem Babuin finden. Am Schädel des typischen Anubis Fr. Cuv. findet sich hinter dem Augenbrauenbogen (rebord surcilier) eine leichte Aushöhlung, auf welche eine Verflachung mit Saum (aplatissement bordé) rechts und links einer Knochenleiste folgt; diese beiden Leisten vereinigen sich hinten, 9 cent. abstehend vom Augenbrauenbogen, von da aus eine einzige Leiste bildend, welche sich mit der Hinterhauptsleiste verbindet. An dem von Mr. Géoffroy abgebildeten Exemplare (also Babuin) dagegen, ist die entsprechende Region abgeplattet, ohne Aushöhlung, die beiden Leisten sie, welche sie mit den Rändern berühren, vereinigen sich weit mehr nach vorn, als bei dem Anubis. Ohne allen Zweifel hat der Babuin noch nicht seine Entwickelung erreicht, und sei es darum oder wegen der Gefangenschaft, die letzten Backenzähne sind noch nicht aus ihren Alveolen getreten. Aber ebenso gewiss zeigt sich die Mittelleiste am Schädel weit mehr nach vorn, als bei dem Anubis; auch ist es sicher, dass der Schädeltheil des Kopfes bei letzterem weniger länglich ist. Eine Geschlechtsdifferenz kann man hierin nicht suchen, denn beide waren Männchen. Der Schädel unsers Anubis deutet auch auf eine noch unvollständige Entwickelung, sowohl vom Gesichte aus gesehen, als in Bezug auf das Zahnsystem, da nicht mehr als vier Backenzähne über ihre Alveolen heraustreten. Am Schädel sind dagegen die Nähte schon im Begriff zu schwinden, aber die allgemeine Gestaltung dieses Theiles ist die des Anubis und keineswegs die des Babuin, sie zeigt deutlich die kleine Aushöhlung hinter dem Augenbrauenbogen, die letzterem fehlt. Von vorn zeigen sich ähnliche Verhältnisse. Im Oberkiefer sind die Backenzähne stärker und mehr entwickelt, als bei dem Babuin, und ähneln in dieser Hinsicht mehr denen des Anubis.

383b. **P. Doguera** (Cynoc. — Pucheran & Schimp. Rev. 1856. 96. 1857. 250.) Rchb. Kopfseiten weisslich behaart, nach dem Halse hin olivenbraun werdend, so wie der ganze Pelz. Innenseite der Gliedmaassen weissgraulich, Hinterbeine äusserlich röthlich, Schwanz spitzewärts weisslich, Hände, vorzüglich die vorderen, schwärzlich. — Ein Männchen ist 0,933 metr. lang, Schwanz 0,568 m., von der Nasenspitze zum Auge 0,137 m., zum Ohr 0,22 m. Weibchen kleiner. — An Rücken und Seiten sind die Haare breit schwarz und röthlich geringelt, Spitze lang schwarz, minder lang auf der Aussenseite der Gliedmaassen. An den Schwanzhaaren sind die schwarzen Ringe wesentlich schwächer, mehr braun. An den Vorderhänden und dem benachbarten Gliede sind die schwarzen Ringe dunkler und ausgedehnter. Das nackte Gesicht scheint röthlich gewesen zu sein, die Nägel sind schwarz. — Nur mit dem Chacma: Cyn. porcarius, ist er zu vergleichen. Beide sind einander sehr ähnlich durch ihre Grösse, aber auf den ersten Anblick sieht man, dass der Chacma eine schwarze Grundfarbe hat, während die des Doguera olivengrün ist. Bei jenem sind die Hände bis höher hinan schwarz und ebenso der Schwanz und seine Quaste. Der Doguera vertritt den Chacma in Abyssinien, woher ihn Schimper, gegenwärtig Director des naturhistor. Museums in Strassburg, erhielt. Sein abyssinischer Name wurde für die Species beibehalten, welche auf dem Semen-Gebirge, 8000 bis 10000 Fuss hoch, vorkommt und immer mit den nicht minder zahlreichen Trupps des Dschellada im Kampfe ist.

383c. **P. olivaceus** (Cynoc. olivaceus Is. G. St. Hil. Archives V. 549. nota, Cyn. olivâtre Cat. meth. 34. 3.) Rchb. Dem Papion und Babuin benachbart. Von ersterem unterscheidet ihn die olivengrünliche Färbung, die also weit dunkler und weniger gelb ist, seine Haare am Grunde grau, in der zweiten Hälfte mit langen, schwarzen und gelben Ringen. Dies Alles stellt ihn dem Babuin näher, von dem er aber dadurch sehr verschieden ist, dass seine Unterseite wie die Oberseite dunkel gefärbt ist, also nicht weiss. Hierdurch unterscheidet er sich auch vom Anubis Fr. Cuv., der aber nur unvollständig bekannt ist, daher auch der olivaceus zweifelhaft wird, so lange nicht eine Vergleichung auf Vorlagen stattfinden kann. — Der olivaceus lebt in Guinea. Der Officier der Handelsmarine Mr. Dugast schenkte der Menagerie ein lebendiges Exemplar, welches noch lebte, als es beschrieben wurde. -- Im Cat. meth. wird gesagt, dass diese neue Art durch ihre olivengrüne Färbung weit dunkler sei, als Sphinx und Babuin, von beiden überhaupt sehr verschieden, so auch von dem noch weniger bekannten Anubis, da seine Unterseite so dunkel ist wie die obere. Das Exemplar kam in das Pariser Museum von Guinea, vom Golf von Benin, im J. 1847 durch Mr. Cabaret, Schiffslieutenant. Ich füge hier noch zwei Exemplare dazu, erstens eins auf dem Museum in Dresden, das ich noch abbilden werde, da alle Kennzeichen auf dasselbe passen. Ich messe das noch junge Exemplar 14″, der Schwanz ist theilweise erfroren und hält deshalb nur 8 Zoll. Das zweite erwachsene männliche Exemplar steht im K. K. Hof-Naturalienkabinet in Wien als Anubis bezeichnet und stammt aus dem Sennar, also wohl der Anubis, den Rüppel angiebt. Von Anubis unterscheidet sich dasselbe durch länger gestreckten, ganz schwarzen Kinnladentheil des Kopfes, durch die ganze Unterseite, die eben so dunkel ist, wie die obere, endlich durch rothe Gesässschwielen, während bei dem Anubis der Schnauzentheil ungleich kürzer, das Gesicht um die Augen breit fleischfarbig, die ganze Unterseite und die Innenseite der Beine hellfarbig, die Schwielen endlich violet sind. Auch dieses Exemplar folgt noch in Abbildung.

XXIX. Cynocephalus Brisson e. p. Hundskopffaffe. Schwanz ziemlich lang, im Alter mit Quaste. — Die drei Arten bilden drei typische Formen, welche als Untergattungen betrachtbar erscheinen.

A. Choiropithecus*) Aristot. II. 11. 14. Schweinsaffe. Le Chacma. Kopf schweinsartig, Nase jederseits mit drei tiefen Furchen. Statur plump und untersetzt, Gliedmaassen sehr kräftig. Gesässschwielen verhältnissmässig klein, kaum sichtbar, verdeckt. Schwanzquaste struppig gelöst. Pelz bärenartig.

384—86. **Ch. porcarius** (Simia —a Bodd. Naturforscher Stück XXII. t. 1. 2. Schreb. I. t. 8.B. Otto's Buffon XIX. Taf. zu p. 204. (aber nicht Pennant, vgl. 398—400.) Rchb. Haare lang, besonders am Halse und über den Rücken, dunkel bräunlichgrau, andere schwarz, graugelblich geringelt, im Alter der ganze Pelz grünlichschwarz, am Hinterkopf und auf den Schultern auch ganz schwarze Haare, Beine nach dem Fuss hin und dieser selbst ganz schwarz. — Ich messe ein altes M. 3′, Schwanz 1′ 5″, die Haare im Endbüschel 4″, auf dem Rücken 5—6″, Höhe bei aufrechtem Stand 3′ 3″, Schulter- und Kreuzhöhe bei Stand auf allen Vieren 2′, Vorderstirn 2″. Ein Weibchen messe ich 2′ 3″, Schwanz 13″, dessen Endhaare 2″, Höhe aufrecht 2′ 8″. Ein junges M. hat 26″ Länge. — Das karrikirte Bild von Boddaert, welches derselbe durch einen Herrn Knipers in Amsterdam nach einem in der Sammlung des Kaufmanns F. L. Holthuisen befindlichen Exemplar hatte fertigen lassen, war eine Zeit lang die einzige Autorität, und Saumaise und Camper zweifelten an der Existenz dieses Thieres. Eine zweite Karrikatur gab Latreille Singes I. 270. pl. XXII. als 1e Singe noir nach einer Abbildung von Vaillant, welcher die Nachricht dazu gab: Auf den verschiedenen Excursionen, welche Swanepoel und Klaas Baster gemacht hatten, um mir einige Ochsen zu verschaffen, hatten sie einen grossen Affen eigenthümlicher Art getödtet und dessen Fell nach meiner Weise wohl erhalten. Er war 2½ Fuss hoch, mit rauhen, schweinsborstenartigen Haaren bedeckt. Seine sehr hoch und im Kopfe abwärts gerichteten Augen geben ihm eine Eigenthümlichkeit, die von den anderen Affen sehr abwich. Swanefeld sagte, sie hätten ihn unter einer beträchtlichen Anzahl anderer derselben Art getödtet, unter denen noch weit grössere sich befunden hätten. Vaillant second voyage en Afrique III. p. 311. pl. XVII. Papion noir G. Cuv. règne I. 97. In der That mag weder Boddaert noch Vaillant ein altes Exemplar darstellen, da beiden Exemplaren die Schwanzquaste noch fehlt. Hierher gehören wohl die Paviane über die man bei den Schriftstellern fälschlich zu Papio Sphinx gezogen findet. So z. B. Kolbe: Die Paviane sind grosse Liebhaber von Trauben, Aepfeln und überhaupt Früchten und Gärten. Ihre Zähne und Klauen machen sie den Hunden fürchterlich, die sie nur mit Mühe zwingen können, es sei denn, dass das Uebermaass von Trauben, die sie gefressen, sie steif und starr

---

*) Von ὁ und ἡ χοῖρος, Schwein, fälschlich also bei L. Gmel. u. A. χειροπίθηκος. — Es ist übrigens eben so gut möglich, dass Aristoteles unter diesem Namen den grunzenden Cynocephalus Hamadryas verstanden hat, wie später Lesson.

machte (?). Ich habe gesehen, dass sie weder Fische noch Fleisch essen, wo es nicht gekocht oder so zubereitet ist, wie es die Menschen essen, dass sie aber ein gut zubereitetes Stück Fleisch oder einen Fisch sehr begierig verschlucken. Wenn sie einen Obst- oder sonstigen Garten plündern wollen, so fangen sie es auf folgende Weise an: Gewöhnlich wird die Expedition truppweise vorgenommen, eine Parthie verfügt sich innerhalb des Geheges, unterdessen dass die andere Parthie auf dem Gehege als Schildwache Platz nimmt, um Nachricht zu geben, wenn sich etwas Gefährliches sehen liesse, der Rest der Truppe stellt sich ausserhalb des Gartens in nicht allzuweiter Entfernung von einander. Auf diese Art formirt sich eine Linie, die von dem Ort der Plünderung bis an den gemeinschaftlichen Sammelplatz geht. Ist dies geschehen, so fangen sie ihre Plünderung an. So wie sie die Melonen, Kürbisse, Aepfel, Birnen u. s. w. abreissen, werfen sie sie immer denen zu, die auf dem Gehege stehen, diese den unten stehenden und so immer weiter die Linie entlang, die gewöhnlich auf einem Berge endigt. Sie sind dabei so geschickt und haben ein so scharfes und richtiges Gesicht, dass sie die Früchte selten fallen lassen, wenn sie einander dieselben zuwerfen. Während der ganzen Expedition herrscht tiefes Stillschweigen und grösste Eilfertigkeit. Wenn die Schildwache merkt, dass sich Jemand nähert, so schreit sie auf, auf das Signal macht sich die ganze Versammlung mit erstaunender Geschwindigkeit auf die Beine. Tome III. 57. Als junges Thier mit verstümmeltem Schwanze gehört auch hierher Simia sphingiola Hermann obs. zool. I. p. 2. Schreb. t. VI.B. Die erste naturgetreue Abbildung ist der „Chacma" Fr. Cuvier mamm. Juin 1819. Das hier beschriebene M. war jung aufgezogen, späterhin war es bös geworden und wurde statt eines Kettenhundes am Eingange eines Hofes gehalten. Im zunehmenden Alter nahm seine Wildheit und Bosheit immer mehr zu, in dem Grade, dass, als es etwa fünfzehn Jahre alt war, selbst die Wärter der höchsten Gefahr ausgesetzt waren und man sich des Thieres entledigte. Es hatte 2′ 4‴ Schulter- und 1′ 9″ 4‴ Kreuzhöhe, der Kopf maass 1′, der Schwanz 1′ 8″. Die Farbe war bereits die schwarzgrünliche, die Vorderseite der Schultern und die Seiten waren blasser, die Haare am Grunde grau, dann mit einigen unrein gelblichen Ringen. Die Kopfhaare mehr grünlich, Vorderkopf und Ohren, sowie die Handflächen und Fusssohlen nackt und schwarz. Arme und Schenkel waren auf der Innenseite nur locker behaart. Die Zehen trugen kurze, steife, schwarze Haare und der stark behaarte Schwanz endigte schon in den das Alter charakterisirenden, quastigen Büschel und die langen Halshaare hingen fast mähnenartig herab. Der Backenbart richtete sich hinterwärts und war graulich. Die Augenlider, besonders das obere, waren blass fleischfarbig. An dem Ende der Nase zeigte sich zwischen beiden Nasenlöchern ein Eindruck und das Vorderhaupt war ganz flach. Die Schwielen am Gesäss erschienen verhältnissmässig klein. Hierzu das Synonym Tartarin Chacma: Hamadryas porcaria Lesson Quadrum. p. 108. 1. Die durch den Capitain Baudin in den Jardin des plantes gelangten Exemplare erhielten sich sehr lange, auch aus einer Menagerie von Mr. Tournière erhielten wir einmal ein vollständig ausgewachsenes altes Männchen. Endlich ist auch der Babuin chevélu: Papio comatus Geoffr. Annal. XIX. 103., Cynocephalus Chacma Desmar. 69., Desmoul., Kuhl Beitr. 19. dasselbe Thier. The Pig-faced Baboon Bennet Menageries I. 147. ic. ist ein noch junges Exemplar ohne Schwanzquaste. Dieser Pavian ist unstreitig unter allen in Menagerien bisher vorgekommenen Arten der allerwildeste und bei seiner grossen Körperkraft der gefährlichste für den Menschen. Sein Aufenthalt ist noch heute Südafrika, doch ist er bei weitem nicht mehr so häufig, als in der früheren Vorzeit, und kommt nur selten noch in der Cap-Colonie vor, da er, so weit die Cultur geht, unablässig verfolgt worden ist. Das treu nach der Natur abgebildete, ganz ausgewachsene, schöne Pärchen verdanke ich der freundlichen Mittheilung des Herrn Bischof Ch. Breutel in Herrnhut, welcher von seiner südafrikanischen Reise dasselbe mitgebracht hat.

B. **Cynocephalus** Strabo. Der ganze Hintere bildet zwei grosse, runde, wulstige Schwielen. Im Alter ist das Kopfhaar perrückenartig, die Haare am Hals über die Schultern und Seiten lang, mähnenartig, der Schwanz walzig, am Ende mit compacter Quaste. Das junge Thier schlanker gebaut, kurzhaarig, der Schwanz lang und verdünnt.

387—95. **C. Hamadryas** (Simia — L. Gm. 30. n. 8. Schreb. t. X*. Alpin. Eg. t. 17. 18 et 19. halb erwachsenes Männchen.) Desmar. mamm. 69. Der graue Pavian, Hundskopf, Perrückenaffe. Le Tartarin Belon, Fr. Cuvier mamm. Avr. 1819. The Dog-faced Monkey Penn. Synops. of Quadrup. p. 107. pl. XIV. 1. The Dog-faced Baboon Penn. gen. hist. of quadr. p. 460. ic. The grey Baboon Shaw. Papion à perruque G. Cuv. règne. — Untergesicht nackt und fleischfarbig, Pelz aschgrau, schwärzlich geringelt, Kopfhaar perrückenartig über die Kopfseiten herabhängend, Ohren versteckt, Haare am Oberleib sehr lang, aber gerade, mantelartig, am Hinterleib kurz, wie abgeschoren. Handflächen und Sohlen dunkler, Schwielen hochroth, der Schwanz kaum so lang als Rumpf, dickquastig. Junge sind olivenbräunlich, Backenhaar und Unterseite blasser, die Haare der Oberseite olivengrünlich und braun geringelt, die Haare des künftigen Mantels noch kurz, deshalb das ganze Ansehen noch meerkatzenartig. — Der ausgewachsene misst 2′ 4″ 3‴, sein Kopf allein 7″ 3‴, Nase und Vorderstirn 3″ 5‴, Vorderbeine vom Ellenbogen mit der Hand 1′ 3‴, Handsohle 3″ 10‴, Hinterbeine ohne Hand 8″ 9‴, hintere Sohle 6″ 4‴, Vorderdaumen 9‴, Hinterdaumen 11‴, Schwanz 6″ 8‴, grösste Kopfbreite 4″ 3‴, an der Schnautzenmitte 2″, Schulterhöhe 1′ 4″ 9‴, Kreuzhöhe 1′ 4″ 6‴, Schädellänge 7″ 4‴, grösste Schädelbreite 4″ 1‴, grösste Schädelhöhe 4″ 1‴, kleinste Unterkieferhöhe 1″ 1‴. — Das ganz verschiedene Ansehen der jungen Thiere hat auch neuere Schriftsteller verleitet, dieselben bei isolirter Betrachtung für eigene Arten zu halten. So erhielt das auf unserer Tafel unten als obere Figur links abgebildete Exemplar den Namen Cynocephalus Wagleri Agassiz Isis von Oken 1828. 861. t. 11., und das daselbst rechts Fig. 390. abgebildete wurde der Cynoc. Toth Ogilby Ann. Mag. N. H. XII. 446. Fraser zool. typ. t. 5. Allgemeine Synonymen für die Art sind noch Papio Hamadryas Et. Géoffr. Ann. Mus. XIX. 103., Kuhl Beitr. 20. und Hamadryas chaeropithecus Lesson Bim. et Quadr. 109. 2. Papion des anciens. Aeltere Namen: Cercopithecus Hamadryas Erxleben. Papion des Egyptiens Rosselini Antiq. und Pithecus Hamadrias Blainv. ostéogr. pl. XI. — Die Geschichte dieses Affen ist wahrscheinlich die interessanteste, da von ihm die ältesten Nachrichten einen heiligen Cultus bei den Egyptiern berichten. Die beste Bearbeitung dieses Gegenstandes verdanken wir Ehrenberg: „über den Cynocephalus der Aegyptier nebst einigen Betrachtungen über die ägyptische Mythe des Thot und Sphinx vom naturhistorischen Standpunkte“, gelesen in d. Akad. d. Wissensch. am 18. Oct. 1832. Physik. Abhdlg. 1833. Bog. U u. Der unter den egyptischen Denkmälern und Hieroglyphen auf einem Throne sitzend dargestellte Affe ist immer der männliche Hamadryas, so auch alle thönernen und metallenen Idole in den Katakomben und im Schutte der alten egyptischen Städte. Sie hängen meist am Halse der Mumien oder ihr Bild erscheint auf Münzen geprägt. Auch die in Hermopolis aufgefundenen Affeumumien selbst betrafen nur alte Männchen von Hamadryas, welche in gemalten Kisten aufbewahrt wurden und gewiss der Gegenstand der Verehrung der Menschheit gewesen sind, abgebildet in Belzoni's Werk über Egypten. Seltener kamen Cercopitheci dargestellt vor, wahrscheinlich der C. pyrrhonotus und fuliginosus. In den Tempeln ist indessen Hamadryas allein verehrt worden. Horapollo erwähnt daher nur des Cynocephalus als heiligen Affen, doch in beiden Geschlechtern. Pater Alvarez berichtet, dass er in Habessinien, wo er sich von 1570 bis 1576 aufhielt, öfter grossen Heerden langhaariger Affen begegnet sei, wahrscheinlich keine anderen als Hamadryas. Prosper Alpin fand in Egypten keine Affen, sie wurden aber eingeführt. Er bildete den Hamadryas t. XVII. XVIII. und XIX. ab. Hasselquist zählt 1750 zwei in Egypten beobachtete, aber aus Aethiopien gebrachte Affen auf, das Weibchen von Hamadryas nennt er Simia aegyptiaca und den Cercocebus Sabaeus nennt er Simia aethiopica. Forskål fand 1762 in den Häusern und bei Affenführern zwei Arten, den Hamadryas nannte er „Robah“, den Cercop. pyrrhonotus aber „Nisnas“. Niebuhr sah auf derselben Reise mehrere Heerden einer Affenart. Im J. 1770 brachte man ein altes M. von Hamadryas aus Moccha in Arabien lebendig nach London, wo Edwards dasselbe malte. Buffon's Benennung „Singe de Moco du Golfe persique“ ist falsch, dort giebt es weder ein Moco, noch diesen Affen. Bruce war 1790 in Habessinien und traf Affenheerden an, die er nicht genauer beschreibt. Valentia erzählt, im J. 1806 daselbst drei Affenarten beobachtet zu haben, eine grosse, mit weisslichem Kopfhaar, eine kleinere ohne jenen Kopfputz und eine dritte noch kleiner mit weissem Barte und weissgeringeltem Schwanze, letzterer war also der L e m u r , den LUDOLF abbildet. Band III. p. 238. bemerkt er, dass es ihm scheine, die an der zweiten Stelle genannten kleineren stammten von den ersteren ab, es waren also die sehr verschieden aussehenden Jungen des H a m a d r y a s. Auch SALT traf 1810 in Habessinien zweierlei Affen und den L e m u r und sagt, · dass man den grossen Affen „H e v v e", den kleinen „T o t a" nenne. CAILLAUD fand 1822 in N u b i e n und S e n n a r drei hier einheimische Affen, die er S i m i a S p h i n x, r u b r a und s u b v i r i d i s nennt, unter ersterem ist wahrscheinlich H a m a d r y a s, unter dem zweiten C. p y r r h o n o t u s zu verstehen. Ebenfalls 1822 befanden sich EHRENBERG und HEMPRICH in Dongola. Türkische Soldaten besassen C. S a b a e u s, dessen Wohnort von A m b u k o l aus zwei Tagereisen entfernt sein sollte, ferner war der C. p y r r h o - n o t u s bei Kaufleuten, die aus Cordofan und Darfur nach Egypten zurückkehrten. H a m a - d r y a s hatten EHRENB. und HEMPR. bei Affenführern in Egypten gesehen und die Weibchen und jungen Männchen anfangs für junge C. p o r c a r i u s gehalten. In ganz Egypten, Nubien und Dongola gab es wohl nie Affen. Die nördlichsten Affen im Nillande, zwei Tagereisen südlich von Ambukohl bei Sennar, also weit südlich von Egypten im 18. Breitegrade, hält EHRENBERG für Cercop. S a b a e u s. Im J. 1824 sahen die Reisenden in Alexandrien zwei kleine Cerc. f u l i g i n o s u s, die aus Darfur herstammen sollten. Im J. 1825 schifften E. u. H. auf dem rothen Meere nach Arabien. Längs der ganzen arabischen Küste fanden sie erst in den Bergen der Wechabiten bei G u m f u d e Affen. In Wadi Kanune im 19.º N. B. sahe E. auf einer zwölftägigen Excursion zum ersten Male fünf wilde Affen, einen alten, grossen, wohl behaarten, silbergrauen, männlichen, von vier kleineren braunen, um ihn spielenden umgeben. Die kahlen Schwielen liessen ihn schon aus der Ferne als H a m a d r y a s erkennen. Sie befanden sich auf dem Vorsprunge und der Spitze eines schroffen, sehr hohen Felsens und waren nicht zu erlangen. Nach Gumfude zurückgekehrt, traf er bei den Bewohnern einen jungen männlichen an, den sie auch Robah nannten und als Jungen des grossen, silbergrauen bezeichneten. Noch kamen mehrere in der Gefangenschaft vor, aber wilde zeigten sich erst in Habessinien wieder, wo HEMPRICH bei A r k i k o, 15 º N. B., grosse Heerden sah, aus denen sein Jäger zwei alte schöne M. erlegte, die jetzt im K. zoolog. Museum in Berlin aufgestellt sind. Auf einer Reise nach den heissen Quellen von E i l e t sahe E. in dem unteren T a r a n t a g e b i r g e Heerden von Hunderten von Individuen, grösstentheils junge, braune H a m a d r y a s, von etwa zehn alten M. und etwa zwanzig alten W. geführt. Letztere hatten zwar längeres, zottigeres Haar, als die Jungen, doch waren sie mehr diesen, als den Männchen ähnlich, da ihnen die dicken Haarwülste am Kopfe fehlten, auch die mantelartige Mähne, und ihre Farbe nicht silbergrau, sondern gelbbraun war. Die ersten begegneten an dem Tränkorte S a h a d i grunzend, so dass E. die Ankunft der dortigen wilden Schweine Phacochoerus H a r r o i a vermuthete, wie dergleichen schon bei A r k i k o erlegt worden waren. Sie kamen eilig, manche hüpfend, zum Wasser gelaufen und tranken, indem sie das Maul in das Wasser hielten. Die alten M. beschlossen den Zug oder gingen an dessen Seite, alle übrigen ohne Ordnung in der Mitte zwischen ihnen, schreiend und meckernd, während die Stimme der Alten ein tiefes und hohles Grunzen war. Einige Weibchen liessen Junge auf sich reiten oder trugen sie auf den Schultern, nach Ankunft am Platze warfen sie sie ab und diese setzten sich auf die Hinterbeine, aber auf dem Zuge klammerten sie sich fest an und wenn es zum Aufbruch kam, sprangen sie wieder auf oder die Mutter selbst nahm sie empor. Dort stehen auch die eingebornen Menschen den Affen nicht so fern wie uns. Die nackten Lastträger und Kameeltreiber tragen beiderseits an den Ohren aufgelockertes oder gekräuseltes Haar in Wülsten, wie jene Affen, und beide gehen gemeinschaftlich zur Tränke, wo keiner flieht vor dem andern. Der ärmliche Mensch, welcher seinen Kopfputz vom Affen entlehnt hat, ist nackter als dieser und kämpft nicht ohne Aengstlichkeit um Wasser und Nahrung mit ihm. Der reich behaarte, in seiner Erscheinung nichts weniger als kümmerliche, vielmehr kräftige C y n o c e p h a l u s erscheint als ein freier und mächtiger Sohn der Wildniss, kein Wunder also, wenn sein Uebergewicht schon in der ältesten Zeit durch Verehrung anerkannt wurde, während bei der fortschreitenden Cultur der Menschheit sich dergleichen Gefühle verloren. Der allgemeine Name für Affe ist dort „K i r d", der genannte hiess „R ó b a h". HEMPR. hörte auch die Namen K e r a i und K e - r a i t a. Ein Habessinier nannte den vorgezeigten Affen K o m b a y und ein dortiger Mönch sagte, dass diese hier Robah genannten Affen ambacisch Hobé oder Hoba, auch Kombè genannt würden, das Wort Barrai bedeute aber ein anderes zottiges Thier, welches die Araber Dubb, d. h. Bär nennen, das dem grossen Affen ähnlich, aber grausamer sei. Auf der Rückreise erhielt Ehrenberg in Djeddo ein W., welches etwa 18 Monate alt sein mochte und dann auf der Pfaueninsel bei Potsdam zwei Jahre lebte. Dasselbe war sehr sanft und erlitt die monatliche Periode. Bei allen diesen Affen tritt erst nach dem zweiten Zahndurchbruch Wildheit und Unbändigkeit ein. Auf der zweiten Tafel zu seiner Abhandlung giebt Ehrenberg mehrere Abbildungen des Cynocephalus der Antiken, auf der dritten den lebenden Affen und Portraits jetziger afrikanischer Völker im Kopfputz desselben, auf der vierten antike Denkmäler, welche auf denselben Kopfputz hindeuten. — Hierauf gehen wir über auf die Erscheinung der Abbildungen des Cynocephalus in naturhistorischen Werken, wie diese vor uns aufgeschlagen liegen. Die schon recht kenntliche Figur eines Männchens in aufgerichteter, betender Stellung in Conradi Gesneri Historia animalium Tiguri anno MDLIIII. lib. II. app. p. 16. dürfte wohl die älteste Abbildung sein. Der Verf. sagt hier „de Cynocephalo", dass Theodor Beza dieselbe nach einem in Paris lebendig gesehenen Exemplare fertigen lassen und an ihn geschickt habe. Das Thier wäre dort Tartarin genannt worden, und er halte es für einen Cynocephalus, es sei so gross wie ein Windhund, gehe aufrecht und habe eine articulirte Stimme. Ob der Name Tartarin von der Tartarei herkomme, wisse er nicht, habe ihn aber auch bei Belon gefunden, nach dessen Bericht die Franzosen den Affen Tartaret oder Tartarin nennten, welcher bei Anderen Maimon hiesse, indessen werde wieder von Anderen jener unterschieden. Ebenso kenntlich, doch ebenso ohne Schwanzquaste, ist die Figur bei Clusius exoticorum libri decem. Raphelengii 1605 auctuar. p. 370. nach einem von Jacob Plateau in diesem Jahre erhaltenen Bilde. Eine weit schlechtere Abbildung von Cynocephalus giebt Jonston in seinem Theatrum universale omnium animalium, Heilbrunn. MDCCLV. t. LIX. in der Mitte rechts. Schon erwähnt sind die Abbildungen bei Prosper Alpin Hist. nat. Aegypt. Simia supra aures comata t. 17. 18 u. 19. Nächst diesen folgen dann die, welche oben verzeichnet worden sind. In älteren Zeiten, wo eine öftere Berührung zwischen Abyssinien und Europa bestand, wurde der Affe öfter herüber gebracht, neuerlich ist das seltener geschehen, doch wird er immer noch und oft zu mehreren Exemplaren in unseren Menagerien gezeigt, wo er stets durch seinen pedantischen Anstand ein besonderes Aufsehen erregt. Sein ungemein pfiffiges Gesicht, mit den kleinen, so nahe beisammen stehenden Augen, seine Perrücke, die ihm eine Rococo-Toilette verleiht, und seine scharfe Beobachtung seiner ganzen Umgebung, bei der eigenthümlichen Erscheinung seines Costüms, vermehren täglich das Interesse, ihn zu betrachten. Horapollo Hieroglyph. I. 1. c. 14. sagt: γεννᾶται περὶ τετμημένος, vgl. Strabo 17. 2. 2.: „er wird beschnitten geboren; die egyptischen Priester haben ihm Tinte, Feder und Schreibtafel vorgelegt, um es von ihm zu erproben, ob er zu dem edlen Stamme gehöre, welcher die Buchstaben kenne. In der That giebt die ernste Natur dieses sinnreichen Affen dem Glauben Raum, dass einer seines Geschlechts der erste Schreibmeister des Menschengeschlechts gewesen sein könne." Vgl. von Ammon Fortbildung des Christenthums, S. 120. Friedrich Cuvier giebt über den von ihm im J. 1808 bei einem Thierhändler in Paris beobachteten Tartarin im April 1819 in dem Mammif. seinen Bericht. Er war ein erwachsenes Männchen und sein Charakter so bösartig, dass er selbst, wenn er gefüttert wurde, denen drohte, welche ihm das Futter darreichten. Er maass von der Nasenspitze bis zum Hinterhaupte 8", von da bis zu den Schwielen 1' 3" 6"', Kreuzhöhe 1' 4" 6"', Schwanz 1' 3". Ein zweites Exemplar, das junge W., welches Ehrenberg mitgebracht hatte, beschreibt Fr. Cuvier im Nov. 1830; es entspricht etwa unserer Fig. 390., dessen Sanftmuth schon oben erwähnt wird. Der Cynoc. Hamadryas mâle Diet. d. sc. nat. zool. pl. 5. ist nach einem alten ausgestopften Exemplare im Pariser Museum stehend dargestellt. — Unsere Abbildungen sind folgende: 387. links, die untere Figur ist das ziemlich erwachsene, von Ehrenberg Symbolae I. abgebildete Weibchen, das sitzende Exemplar daneben dessen Junges, die Fig. 388. darüber ein junges Männchen, die Fig. rechts 390. ein junges M., wie Ogilby dasselbe C. Toth genannt hat, und die Mittelfigur 391. ist Ehrenberg's altes M. Die vier Figuren in der Mitte der Tafel sind alle hier in Menagerien von van Aken, Casanova und Kreutzberg anwesend gewesene Exemplare, durch die geschickte Hand unsers berühmten

Thiermalers Herrn W. Wegener nach dem Leben in charakteristischen Stellungen gemalt.
Fig. 394. zeigt insbesondere, wie das Thier oft zwei Stricke ergriff, um daran emporzusteigen
und sich zu schaukeln. — Ueber sein Vorkommen spricht sich Rüppel so aus: Ungemein
häufig in ganz Abyssinien, von der Meeresküste bei Massana bis zu einer Höhe von
8000 Fuss, kommt auch im Sennar, Kordofan und Darfur vor, heisst zu Massana
„Combei", im östlichen Abyssinien „Heve", im westlichen „Gingero", in Kordofan und
Darfur „Farkale", in Egypten, wo er häufig lebt, „Nisnas", daher der Name: Simia
aegyptiaca Hasselquist Palaestina 269.

395b. **C. Moco** (le Singe de Moco Latr. Singes I. p. 281. pl. XXIV. Buff. XIV.
281. pl. 24.) Ein Affe vom Wuchs und der Grösse des vorigen, des grauen Pavian, aber
von gänzlich verschiedener Färbung: Gesicht fleischfarbig, Maul schwarz, Kopfhaar
graulich, Saum um das Gesicht, sowie die Arme unterseits und die ganze Brust weiss,
Rücken und Beine rothbraun, Hände schwarz, Schwielen angeblich behaart. Grösse
eines Kindes von sechs Jahren. — Der berühmte Maler Edwards sendete die illuminirte
Abbildung, nach welcher diese Beschreibung gemacht worden ist, drei Jahre vor seinem
Tode an Latreille, und dieser liess sie a. a. O. in Kupferstich erscheinen, indem er be-
dauert, dass ihm weitere Nachrichten darüber nicht zugekommen waren. Während dieselbe
offenbar Aehnlichkeit mit dem ausgewachsenen Hamadryas zeigt, ist nicht denkbar,
dass der treumalende Edwards dem silbergrauen Affen ein schwarzes Maul und so·höchst
contrastirende Pelzfarben gegeben haben würde, hätten sich dieselben nicht wirklich also
verhalten. Latreille glaubt, dass die Perrücke vielleicht übertrieben sei: „qu'on a exagéré
la disposition de la chevelure de la téte", aber man darf annehmen, dass ihm Hamadryas
nicht bekannt und deshalb freilich eine dergleichen Frisur auch bei diesem weiss und rothbraunen Affen höchst auffallend vorkam. Wir sind der Ansicht, dass, so gut Rüppel den
bis dahin noch überschenen Gelada in jenen meist ganz unzugänglichen Gebirgen entdeckt
hat, auch noch eine zweite, dem Hamadryas ähnliche Art mit schwarzem Maul und Rücken,
weisser Brust und Armen und braunrothen Beinen vorkommen kann, da Edwards an Latreille
schreibt, er habe sein Thier so nach dem Leben gemalt: „Ce singe mâle, que j'ai dessiné
vivant". Der Maler berichtet nur den einen Zug von dem Affen, in welchem derselbe mit
Hamadryas und anderen wohl übereinstimmt, dass er sehr lüstern gewesen sei, denn während
Edwards beschäftigt war, ihn zu malen, erschien ein junger Mann mit einer Frauensperson,
um ihn zu sehen; der Affe fasste letztere an ihrem Kleide und zog sie heftig zu sich hin,
aber der junge Mann befreite sie und der Affe machte ihm eine drohende Miene und warf
mit aller Kraft einen grossen zinnernen Topf nach ihm. · Der Name „Moco" könnte dem
Affen ebensogut wie dem Mangabey der seinige bleiben, da er mit demselben ursprünglich
erschien, so dass es ganz einerlei ist, ob geographisch ein Moco existirt oder nicht; vergl.
vorige Art, S. 153. Unter diesen Umständen ist es also nicht gerechtfertigt, wenn einige
Schriftsteller diesen Singe de Moco zum silbergrauen Hamadryas so ohne allen·Vorbehalt
citiren, derselbe ist im Gegentheil für weitere Beachtung recht sehr zu empfehlen.

Anm. Ein anderes gegenwärtig noch zweifelhaftes, weil nicht wiedergesehenes Geschöpf ist die bei Latreille auf vorigen Affen folgende Art: „la Guénon à museau alongé".
Pennant Hist. nat. d. quadrup. I. 187. pl. XXIII. gab zuerst die Figur eines langgeschwänzten
Affen, den er für einen Afrikaner hielt. Er war sehr sanft, zwei Fuss hoch sitzend, hatte
langes Haar, besonders über die Schultern, eisengrau und schwarz gemischt, Brust und Bauch
dagegen hellgrau. Auffällig war sein langgestreckter, dünn zulaufender Kiefertheil, an dem
das Bild die Nase schwarz zeigt. Latreille erkennt die nahen Beziehungen zu voriger Art,
findet sie aber durch Färbung der Haare und Länge des Schwanzes von ihm verschieden.
Es liegt wohl nicht fern, dass gegenwärtige als junger Hamadryas deutbar erscheint.

C. Theropithecus Is. Géoffr. St. Hil. Archives du Mus. Mém. sur les Singes 1843.

Augen entfernter stehend. Maxillartheil des Kopfes kürzer und die Nasenlöcher (nicht endständig, wie bei den übrigen Pavianen, sondern) etwas zurückstehend. Schneidezähne fast
vertikal, Eckzähne stark, bis viermal so lang als Backenzähne, vorn und hinten mit langer
Furche. Die drei letzten oberen Backenzähne haben ausser der vierspitzigen Krone eine

etwas tiefer liegende, vorspringende, nach vorn gerichtete, quer laufende Schmelzleiste, dieselbe ist auch an dem dritten und vierten unteren Backenzahne an deren Hinterseite bemerkbar, während der fünfte fünfspitzig ist. Kronenspitzen und Leisten nutzen sich ab. Wirkliche Wülste unter dem Augenhöhlenrande und die Kerbe in dem Augenhöhlenrande fehlen. Nasenhöhlen und Gesicht vorwärts verschmälert, beiderseits über den Zahnbögen zwei ausgedehnte, tiefe Gruben. Kinnlade nach vorn, wo die Schneidezähne stehen, sehr zusammengedrückt (fledermausähnlich), so dass die Schneidezähne vor den sehr einander genäherten Eckzähnen zu stehen kommen. Beiderseits unter den falschen Backenzähnen eine tiefe, kreisrunde Grube. Die aufsteigenden Kinnladenäste beträchtlich ausgedehnt, so dass das Gesicht eine schiefe Stellung, in ähnlicher Weise wie bei verschiedenen amerikanischen Affen und bei dem Orang-utang erhält. Während die Stellung der Nasenlöcher mit Macacus übereinstimmt, sind seine übrigen Verhältnisse pavianartig, so Wuchs und Pelz und Vaterland. Der Schwanz ist dünner als bei Hamadryas, und seine Quaste länger, Kopf, Hals und Schultern bemähnt, alles Haar weicher. Am Vorderhals und der Brust nackte Stellen, die Schwielen am Hintern ebenfalls nackt. Junge heller gefärbt, Weibchen mit Warzenreihen am Halse, der Brust und dem Bauche.

396—97. **Th. Gelada** (Macacus — Rüppel Neue Wirbelthiere zu der Fauna Abyss. p. 5. t. 2.) Is. Géoffr. St. Hil. Archives du Mus. II. 1841. p. 567. Gesicht schwarz, der Pelz weich, über Kopf und Rücken schwarzbraun, insbesondere um das Gesicht, am Kinn und an Halse, vorzüglich über die Schultern bis zu 10" lang und eichelgelblich, ebenso die lange Schwanzquaste, Bauchseiten und Oberarme braun, Kehle, Vorderhals, Brust, Bauchmitte und Vorderarme braunschwarz, wie die Hände. Auf dem Vorderhals und über der Brust finden sich zwei grosse, dreieckige, fleischfarbige Hautstellen, die mit ihren Spitzen gegeneinander gerichtet sind, so dass das Ganze die Gestalt einer Sanduhr darstellt. Rings um die nackte Stelle auf der Brust grau- und weissgesprenkelte Haare. Schwielen am Hintern ganz getrennt, dunkel grauschwarz. Nägel schwarz, länglich, gewölbt und die an den Vorderextremitäten viel grösser, als die an den hinteren. Sieht massiv aus, trägt den Kopf wagerecht, etwas zurückgebogen und hält den Schwanz an der Wurzel etwas aufrecht gekrümmt, dann bis zur Spitze vertikal hängend. Die Haare in der Gegend der Ohren vorwärts gerichtet, wodurch das Gesicht ein wildes Ansehen erhält, besonders wenn der Affe die Zähne fletscht. — Das ganz ausgewachsene Männchen misst vom Maul bis zur Schwanzwurzel 3' 2" 6''', Schwanzruthe 1' 10", Haarquaste 6''', Kreuzhöhe 1' 6" 6''', von der Maulmitte bis zum Augenhöhlen-Unterrand 3' 11'', Schädel: grösster Horizontaldurchmesser 6'', Höhe 4" 9'''. Kinnlade vom Oberrand der Schneidezähne horizontal bis zum Hinterrand als aufsteigender Bogen. Junge M. haben die Nacken- und Rückenhaare weit kürzer und mehr kraus, alle Färbung blasser. Das ausgewachsene W. ist ganz so gefärbt wie das junge M. und misst vom Maul bis zur Schwanzwurzel 2' 2", Schwanzruthe 1' 4", Quaste 3''. Die erwähnten Warzen am Halse, der Brust und dem Bauche des W. in mehreren regelmässigen Reihen sind ⅛'' lang. Rund um die nackte Hautstelle an den Afterschwielen fand Rüppel einen anderen Saum solcher dicht gestellter, aber etwas grösserer Warzen von ⅛'' Länge. Sie sind schwammig anzufühlen, liessen jedoch keinen Ausführungsgang entdecken, indessen erhielt der Reisende nur ein Weibchen und das nicht frisch. — Als Synonymen gehören noch hierher Theropithecus niger Is. Géoffr. Archives 1843. II. 374. und Gelada Rüppelii Gray list of the Brit. Mus. 9., sowie Papio Gelada Less. Bim. & Quadr. 103. 1. Die Abyssinier nennen den Affen „Gelada". Er bewohnt in zahlreichen Trupps felsige, mit Buschwerk bewachsene Gegenden und hält sich immer am Boden auf. In solchen Heerden suchen sie gemeinschaftlich ihre Nahrung, die aus Sämereien, Wurzeln und Knollen besteht. Nicht selten richten sie grosse Verwüstungen auf den bebauten Feldern an. Wenn sie angegriffen werden, so lassen sie ein rauhes Bellen hören, vertheidigen sich aber nie gegen Menschen. — Rüppel beobachtete sie in den gebirgigen Districten von Haremat, Simen und bei Axum, also 7000 bis 8000 Fuss über der Meeresfläche erhaben.

397ᵇ. **Th. Senex** Schimper & Pucheran Revue 1857. 244. Unter den von Schimper, Director des zoologischen Museums in Strassburg, aus Abyssinien an das Pariser Museum gesendeten Säugethieren befinden sich auch Theropitheci. Fast alle sind mit der bekannten Art übereinstimmend, aber einer unterscheidet sich bei geringerer Grösse durch gelbbraune Färbung der nackten Stellen an der Brust, die bei jenem roth sind. Auch das Benehmen war etwas verschieden, diese Art hielt sich nur in kleinen Trupps, die schon bekannte in grossen Heerden bis zu Tausenden. Jener lebte in Höhlen auf den Abhängen des Semen - Gebirges, welche in Kolla-Noari, nach dem Lande Latta sich hinrichten.

XXX. Mormon (Simia Mormon Alstroemer) Lesson Bim. et Quadr. 1840. 111.*) Mandrill. Le Mandril, Boggo, Choras. Kopf, insbesondere der Schädel, unverhältnissmässig gross. Augen sehr klein und sehr genähert, Augenhöhlen-Oberrand leistenartig vorwärts stehend. Nase beiderseits mit einem anschwellenden Längswulst. Schwielen über den ganzen Hintern nackt. Schwanz sehr hoch angesetzt, ein sehr kurzer, aufrechter Stummel. Leib und Gliedmaassen überaus robust. Junge Thiere mehr proportionirt, besonders der Kopf, an Leib und Gliedern schlanker gebaut.

A. **Mormon,** der echte Mandrill, hat blaue Wülste neben der Nase, von schwarzen Längsfurchen durchzogen.

398—400. **M. Maimon** (Simia Mormon Alstroemer Act. Holm. 1766. XXVII. 138. und S. Maimon L. Gm. 29. n. 36 et 7.) Lesson Bim. et Quadr. p. 111. Olivengrünlich dunkelbraun, Haare schwarz und olivengrünlich geringelt, hinter den Ohren ein graulichweisser Fleck, unterseits hellbraun, Bauch und Innenseite der Beine weisslich, Ohren und Hände schwarz, Kinnbart gelb, Nase roth, Wangenwülste cyanblau, schwarz gefurcht, Skrotum und After hochroth, Schwielen roth und blau, Iris hellbraun. — Altes M. Länge, sowie Schulter- und Kreuzhöhe 3', Höhe bei aufrechtem Stande 4¼', Schwanz 2". — Das junge Thier ist bis in das dritte und vielleicht vierte Jahr ungleich schlanker gebaut, sein Kopf steht im gewöhnlichen Verhältniss der Affen zum Körper, die Stirn ist noch gewölbter, der Kiefertheil weit mehr verschmälert, da die grossen, kräftigen Eckzähne noch fehlen. Die Gliedmaassen erscheinen länger und die ganzen Bewegungen des Thieres sind geschmeidiger und gefälliger, bei einer unverkennbaren Leichtfertigkeit ungemein behende und das Benehmen ist ungleich gutartiger, als das der alten Exemplare. Man kann diese Beweglichkeit des jungen Mandrill nicht besser ausdrücken, als Pennant hist. Quadr. 458. gethan, wo er sagt: Er ist lebhaft und lustig, geht gewöhnlich auf allen Vieren und ist in unaufhörlicher Bewegung und läuft mit erstaunlicher Schnelligkeit. — Dies höchst merkwürdige Thier ist der antiken Vorzeit unbekannt geblieben. Seine erste Erwähnung mit ziemlich kenntlicher Abbildung des alten Thieres finden wir in Gesner's Icones Animalium quadrup. Tiguri 1560. pag. 93. ohne Beschreibung bezeichnet als Arctopithecus et recent. quibusdam Papio. Dieselbe Abbildung wiederholt sich erst im Appendix MDLIIII. p. 15, dann in Gesner's Thierbuch, herausgeg. von Cünrat Forer Zürych MDLXXXIII. auf der Rückseite von Blatt CLVII. irrig mit der Ueberschrift: „Von dem Wolff", indessen sind die dabei gegebenen Notizen wichtig: „Dieses thier ist mit groſſem wunder gen Augspurg gebracht vn gezeigt worden deß 1551 jars. Wirt gefunden in den groſſen einödinen deß Indianiſchen landeß, gar fälten. An ſeinen füſſen hat es finger als der menſch, vnd ſo man ihm deütet ſo keert er den arß dar**). Von art vnd natur deß thiers. Apffel, Biren vnnd allerley andere frücht iſſet diß thier, auch Brot: trinckt inſonderheit gern weyn. So es hungrig iſt ſo erſteygt es die böum, ſchutt die frücht abhär. So es ein helffanten vnder dem baum erſicht, ſo laßt es in beleybē, alle andere thier mag es nit gedulden, ſonder treybt ſy von dannē. Iſt von natur fröudig vorauß gegen den weyberen, gegen welchen es ſein fröudigkeit vil erzeigt. Das weyblein deß geſchlächts gebirt alle jeyt jwey jumal ein par, namlich ein männlein vnd weyblein. Iſt das rächt, war eigentlich thier der alten Hiæna genannt." — Wenn auch hierin ein paar später erkannte Unwahrheiten unterlaufen, so ist doch diese naive Mittheilung aus jener ehrwürdigen Vorzeit nicht ohne Interesse. Spätere Schriftsteller glaubten bei den zwischen den jungen und alten Thieren

---

*) Die Alkengattung, welche Illiger im J. 1811 Mormon genannt, hatte schon seit lange den Namen Fratercula Brisson geführt.

**) In dieser Stellung, welche uns das Thier bekanntlich heutzutage immer wieder zeigt, hat es auch Gesner abbilden lassen.

bestehenden grossen Verschiedenheiten zwei Arten unterscheiden zu müssen, so dass wir bei LINNÉE GMELIN Mamm. p. 29. Simia Mormon das alte und S. Maimon das junge Thier nacheinander aufgeführt finden. Bei letzterem sind die Citate aus CLUSIUS und JONSTON zu streichen, da, wie oben ersichtlich, beide zum Cynocephalus Hamadryas gehören. Die Verwirrung scheint bei BRISSON regu. an. 1762. entstanden zu sein, wo p. 152. unter dem Cercopithecus Cynocephalus naso violaceo, in der Diagnose, den Synonymen und der Beschreibung beide vermengt sind, so ist auch in letzterer von grauweisslichem Haar und langer Halsmähne — also von Hamadryas — und von blauer Nase — also von Mormon — zugleich die Rede. ALSTROEMER sah ein Exemplar von der Grösse eines zwölfjährigen Knaben im J. 1764 in Berlin und bildete es a. a. O. ab, wiederholt in OTTO's Buffon Band XIX. Tafel zu p. 196. Der Pavian Mormon. Der Choras SCHREB. I. 75. t. VIII. u. IX. MÜLLER Natursyst. Sppl. p. 6. t. fig. 2. Man-Tiger BRADLEY philos. Account Lond. 1721. t. 15. 1. Tufted Ape PENN. synops. 102. t. XII f. II. mit aufrechtem Haarschopf auf dem Scheitel. Sim. Madarogaster ZIMMERM. II. 176. 72. III. 272. Cercop. Mamonet BARTHOL. Act. met. et Philos. Hafn. I. 67. Vom jüngeren Thiere giebt BUFFON: le Mandrill H. N. XIV. 154. pl. XVI. ♂ pl. XVII. ♀, SCHREB. wiederholt das M. als S. Maimon t. VII. Ferner Simia hircina SHAW gen. zool., the Goat Monkey PENN. syn. p. 120. n. 88., von KIKIUS im Brit. Mus. gemalt. Hierher gehört auch die schlechte Abbildung unter dem falschen Namen S. porcaria PENN. syn. zu p. 104. pl. XIII. 1., dann die viel bessere: the ribbed-nose Baboon PENN. Hist. Quadr. p. 456., doch soll dieser 5' hoch gewesen sein, also zu den alten gehörig. Das öfter vorkommende junge Thier, z. B. the small ribbed-nose Baboon PENN. Hist. of Quadrup. 458. mit Abbildung, ist aber gewöhnlich gemeint, wo bei den Schriftstellern vom Mandrill die Rede ist. Dieser Name, den die Engländer dem Boggo oder Boogoc der Bewohner Guinea's, zuerst gegeben haben sollen, scheint aus „man", Mensch, und „drill", dem französischen Worte, welches etwa „Kerl" oder „wilder Bursche" bedeutet, zusammengesetzt zu sein. Unter den älteren deutschen Schriftstellern haben ihn MÜLLER u. A. auch Teufel und Waldteufel genannt. — Die Stimme ist ein heftiges Rucksen oder ein Grunzen, nach SMITH sollen sie, wenn sie gequält werden, wie ein Kind schreien. Nach BOSMANN gebe es in Guinea gegen 5' hohe Maimons, welche die Holländer „Smitten" nennten, sie wären sehr bös und kühn. Voy. 15. 259. Reise p. 301. ALSTROEMER fand die Backentaschen so gross, dass sie acht Hühnereier ohne sehr sichtbare Erhebung fassen konnten. — Je weniger wir Berichte über das Leben des Mandrills im wilden Zustande besitzen, desto leichter sind wir im Stande, diese Thiere in der Gefangenschaft beobachten zu können, da sie vormals öfter in herumziehenden Menagerien erschienen, in welchen sie auch jetzt wieder vorkommen, nachdem sie in den letzten Jahrzehnten in denselben wie in zoologischen Gärten fast ganz fehlten, und man jetzt weiss, dass sie sich sogar abrichten lassen. In ihren ersten Lebensjahren haben sie einen breiten Schädel und in gleichschenkeligem Dreieck verschmälerten Kinnladentheil des Kopfes, denn die grossen Eckzähne fehlen noch in ihrem Gebiss; ihr Gesicht ist schwarz und neben der Nase jederseits blau mit 4 schwarzen Furchen, das Skrotum ledergelb und die Gesässschwielen noch gar nicht auffällig gefärbt. Das Benehmen ist jetzt meerkatzenartig, ungemein behende und leichtfertig, gutartig und sanft, zutraulich gegen den Wärter und verträglich mit anderen Affen. Mr. DE CASTELNAU brachte 1851 einen sehr jungen Mandrill mit nach Paris, er war oben unrein braun, ebenso die Gliedmaassen aussen, Unterseite blass, Kehle schon lebhaft gelb, Oberkopf olivenbraun punktirt. Auf jeder Wange schon drei Furchen sehr deutlich. Er besass ihn schon in Bahia lebendig, wo er oft aufrecht ging. Nach dem Vortreten der grossen Eckzähne im dritten Jahre ändert sich die Physiognomie wie der ganze Habitus und das Benehmen des Thieres. Alle Theile werden dicker und der ganze Wuchs robust untersetzt. Der Kopf nimmt die oben beschriebene neue Gestalt an und die Färbung aller nackten Theile erhöht sich nach und nach in auffälliger Weise. Am merkwürdigsten hierbei ist die gänzliche Veränderung des Charakters. Sowie die Paviane überhaupt, so sind insbesondere die Mandrills ein grosses Beispiel für die Wahrheit, dass auch bei der unschuldigsten vegetabilischen Nahrung ein überaus wilder und bösartiger, von den heftigsten Affecten und Leidenschaften immerfort und gewöhnlich plötzlich aufgeregter Charakter sich allerdings zu entwickeln vermag. Sehr gern verzehren sie ganz einfache Speisen auch gekocht, wie

Reis, Mais u. dgl., ausnahmsweise nehmen sie auch nur im gekochten oder gebratenen Zustande etwas Fleisch. Die Weibchen bleiben immer kleiner und werden weniger wild und nur das Anschwellen der vulva wird eine auffällige Erscheinung bei ihnen, zur Zeit des monatlich eintretenden Paarungstriebes. Dieser Paarungstrieb ist wie bei den Affen überhaupt, so bei den Mandrills vor allen anderen, der faule Fleck in ihrem Charakter, an dem sie in der Regel untergehen. Schon vor der Reife des Körpers, im zweiten Jahre, noch zeitiger bei dem Weibchen als bei dem Männchen, tritt dieser Trieb ein, wie die periodischen Anschwellungen des Weibchens denselben schon vor Ende des zweiten Jahres deutlich verkünden. Da nun in dieser Zeit keine wahre Begattung geschieht, so regen sich nicht nur beisammen, sondern vorzüglich einzeln lebende Exemplare in dem Grade auf, dass sie sehr bald bis zu dem Momente geschwächt sind, wo sie hinsterben, daher wir so höchst selten einen jungen Mandrill längere Zeit lebendig erhalten. Wir mögen uns das folgendermaassen erklären. Schon die Physiognomie des Mandrill scheint das Ideal eines Teufels realisiren zu sollen, daher er auch in Guinea schon seit seiner Entdeckung den obigen Namen des Waldteufels erhielt. Der lange, schmal zusammengedrückte Kopf deutet hin auf den grenzenlosesten Leichtsinn, wie die Höcker über den Schläfen auf den zornwüthigen Charakter, die gänzlich verflachte Stirn ist ein Zeichen vom Verluste aller edlen Empfindung, sie spricht Wildheit, Rohheit und Grausamkeit im weitesten Umfange aus, die überaus kleinen, einander so ganz genäherten Augen deuten auf die höchste List und Verschmitztheit, sowie die bedeutende Streckung des Untergesichts auf eine Sinnlichkeit hin, ohne Beschränkung. Welches Testimonium morum solchen Naturanlagen entspricht, ist nicht schwer zu errathen, und von dem schon durch Eduard Gesner bekannt gewordenen Manöver an, dürften alle gewöhnlichen Sitten des Thieres als Unsitten das Zerrbild vollenden, welches durch dasselbe auf der Stufe sogenannter menschenähnlicher Geschöpfe, wirklich repräsentirt wird. Kauft man also junge Mandrills, so erlebt man eine zeitlang an den leichtsinnigen, jugendlich frischen und munteren, immer beweglichen, gleichsam bizarr tättowirten Thieren die Freude ihrer Erscheinung, in Gestaltung, Farbe und Bewegung und in dem heitern, leichtfertigen Spiele ihrer Laune, doch bald hat das ein Ende. Die Einsamkeit erzeugt jene abnorme Aufreizung durch den zu früh erwachenden Paarungstrieb, dessen wir oben erwähnten. In Folge der eingetretenen Schwächung wird der Mandrill missmuthig, durch die Ueberreizung, die er erlitten. Die Bewegungen mindern sich, bis auf die einzige, welche den ganzen Organismus erschöpft und zerstört, endlich sitzt er still mit gekrümmtem Rücken, den Kopf vorn überhängend, an die Wand oder an den Kletterbaum gelehnt, alle Annahme von Nahrung hört auf und von Tag zu Tag wird das Thier schwächer, kann endlich nicht einmal mehr sitzen, sondern es erschöpft nur noch liegend seine letzten Spuren von Kraft, bis es jämmerlich hinsterbend endet. Solches Ende wird gewöhnlich den jungen Mandrills in Thierbuden und zoologischen Gärten zu Theil, daher wir fast niemals oder höchst selten an solchen Orten einen erwachsenen Mandrill gesehen. Rücksichtlich der oben erwähnten Abrichtung sagt schon Jardine Nat. libr. Monkeys: Wir haben einen solchen Affen in einer Menagerie gesehen, der folgsam gegen seinen Wärter, aber durch Fremde leicht in Wuth zu bringen war; er lernte u. a. Branntwein trinken und Tabak rauchen. Das erstere that er sehr gern, zu dem letzteren musste er aber erst durch das Versprechen gebracht werden, Branntwein und Wasser zu erhalten. In seinem Käfig stand ein kleiner, aber fester Armstuhl, auf den er sich, wenn es ihm befohlen wurde, sehr gravitätisch setzte und fernere Befehle erwartete. Alle seine Manöver wurden sehr langsam und bedächtig gemacht. Hatte der Wärter die Tabakspfeife angezündet und sie ihm gereicht, so beobachtete er sie genau und befühlte sie wohl auch, bevor er sie in das Maul steckte, um sich zu überzeugen, dass sie auch wirklich brenne. Er steckte sie dann in das Maul fast bis an den Kopf und hielt sie einige Minuten darin, ohne dass man Rauch sah, denn während dieser Zeit füllte er seine Backentaschen und sein geräumiges Maul, dann aber blies er den Rauch in Masse aus dem Munde, der Nase und bisweilen selbst aus den Ohren. Gewöhnlich schloss er dies Kunststück mit einem Trunk Branntwein und Wasser, der ihm in einem Becher gereicht wurde. Diesen nahm er ohne viel Umstände sogleich in die Hand. Als ein höchst merkwürdiges Stück erscheint besonders der alte Mandrill im Affentheater des Herrn Broekmann, welcher seit einigen Jahren zugleich mit einem Drill durch Deutschlands

Städte geführt wird. Dieser Mandrill vertritt das Fach der tragischen Rollen und seine imponirende Erscheinung nimmt sogleich für ihn ein, und er ist vielleicht der erste Mandrill, mit dem es gelungen ist, durch mühsame Bildung ihn auf diese Stufe, die er erreicht hat, zu stellen. Schon objectiv betrachtet, bleibt dieser Mandrill des Herrn Broekmann ein ausgezeichnetes Individuum in der Geschichte dieser Gattung für alle Zeiten, aber auch subjectiv, also an sich selbst, giebt derselbe der Menschheit eine nachhaltige, wichtige Lehre. Es ist nämlich eine allgemeine Erfahrung der Thierzüchter, dass diese Gattung von Affen, weil sie eben unter allen anderen am ungünstigsten organisirt ist, also gleichsam normal trotz ihrer Nahrung von süssen Früchten, Milch und Honig und Eiern, dennoch zum Teufel erschaffen — bei den allseitigen Gegensätzen, aus welchen die ganze Natur und das Leben der Welt besteht, muss es eben „auch solche Käutze geben" — auch nur in ihrer normalen Lebensweise, in ihrer freien Natur sich zu erhalten vermag, in der Gefangenschaft aber darum bald untergeht, weil sie da in Einsamkeit und Müssiggang ihren eben daraus zu früh erwachenden, rohen Lüsten erliegt. Bei dieser allgemeinen Erfahrung drängt sich uns also die Frage auf: aus welchem Grunde wurde es denn möglich, dass Herr Broekmann zwei dergleichen Mandrills, denn ein zweiter, noch stärkerer agirt in einem zweiten Affentheater, so glücklich aufziehen und gesund und kräftig zu erhalten vermochte? — Wir glauben die richtige Antwort auf diese Frage in demselben Verhältnisse zu finden, welches im Menschengeschlechte unter ähnlichen Umständen gleiche Resultate herbeiführt. Auch die zahlreichen Schoosshunde der Vorzeit traten in ihrer Faulheit und beständigen Ueberreizung auf, als die elendesten Karrikaturen des Hundecharakters, während im Gegentheil die, welche man beschäftigte und zur Arbeit anhielt, das Hundegeschlecht kräftig und würdig vertraten. Denselben Fall haben wir hier, bei einem der kräftigsten, wildesten und rohesten Affen. Auch seine niederen, rein thierischen Triebe und die seine eigene Existenz untergrabenden Gelüste fingen an zu schweigen oder wurden gar nicht erregt, als die besseren Fähigkeiten geweckt und bethätigt wurden, und als die Humanität dieselben emporzog aus jener Sphäre, die es zu seinem Untergange hingeführt haben würde, durch Lehre und Liebe zu Leistungen, welche den ersten Funken einer Intelligenz in ihm erweckten und das Geschöpf wahrscheinlich in einer ungewohnten Spannung nach einer neuen Richtung hin, fortwährend erhielten. Das sicherste Mittel also, um die niederen Triebe im lebendigen Organismus zu zügeln und vor dem Verderben durch sie selbst ihn zu schützen, ist die Weckung und die Bethätigung einer höhern Intelligenz, denn dies Mittel entspricht der wahren Bedeutung und der eigentlichen Würde des organischen Lebens, welche nur auf einer unablässigen Veredelung beruht. Schon Gessner deutet ganz naiv hin auf das Benehmen das Mandrill, gegen menschliche Frauen. Zu der schönen Abbildung von Marechal in der Ménagerie du Mus. National d'hist. nat. pl. I. spricht im Texte der ältere G. Cuvier folgendermaassen sich aus: „Wir haben schon Gelegenheit gehabt, von der Liebe der Affen zu den menschlichen Frauen zu sprechen, keine Art giebt davon lebhaftere Zeichen, als eben der Mandrill. Das alte, in der Pariser Menagerie befindliche Exemplar bekam bei dem Anblick gewisser Frauenzimmer Anfälle von Hirnwuth, ja man muss sagen, dass er durch den Anblick Aller aufgeregt wurde. Man bemerkte aber, dass er insbesondere diejenigen aussuchte, welche seine Einbildung vorzüglich erregten, und er ermangelte nicht, den jüngeren hierin den Vorzug zu geben. Er unterschied sie unter der Menge, rufte sie durch Geberden und Stimme und würde ihnen, im Fall er frei gewesen wäre, wahrscheinlich Gewalt angethan haben. Diese bekannten und durch Tausende von Augenzeugen bestätigten Vorgänge dürften wohl die mannigfaltigen, hierauf bezüglichen Berichte Reisender glaubwürdig machen, dass Negerinnen den Anfällen grosser Affen ausgesetzt wären. Man hat dem Orang-Utang und dem Chimpanze wahrscheinlich Züge der Art zugeschrieben, welche dem Mandrill gehörten. So ist es z. B. klar, dass der Barris von Gasendi weit gewisser ein Mandrill ist, als ein Chimpanze, ja wir sind im Gegentheil nicht einmal sicher, dass der Name Mandrill nicht vielmehr dem Chimpanze ursprünglich gehört habe, als dem Affen, den wir heutzutage so nennen, wenigstens ist so viel gewiss, dass Smith, von dem, wie Audebert bemerkt, der Name genommen, wirklich den Chimpanze gemeint hat. — Das Vaterland ist also Guinea und der Senegal.

B. Drill Fr. Cuv. Ann. d. Mus. IX. 37. Die Wangenwülste ohne Furchen.

401—3. M. leucophaeus (Simia leucophaea Fr. Cuv. l. c.) Rchb. Gesicht ofenschwarz schimmernd, Pelz oberseits olivenbraun, unterseits und an der Innenseite der Gliedmaassen weisslich, Backenbart fahlweisslich, Hände kupferbräunlich, Schwielen und Skrotum lebhaft roth. — Länge vom Mund bis zu den Schwielen 2' 10'' 8''', vom Mund bis zum Scheitel 8'' 8''', Höhe 1' 10'', Schwanz 3''. — Weibchen und jüngere Thiere sind weit kleiner, ihr Pelz oberseits mehr olivengrünlich — Wir verdanken erst Frédéric Cuvier die Kenntniss dieser Art, welche, im Fall sie früher vorgekommen sein sollte, in der Meinung, dass sie zum Mandrill gehöre, unbeachtet geblieben ist. Nach' Aufstellung der Art a. a. O. folgten die schönen Darstellungen in den Mammiféres, wie wir davon drei auf unseren Tafeln wiedergeben, ferner noch ein Originalportrait nach einem kürzlich hier im Affentheater anwesend gewesenen, erwachsenen Exemplare im Illustrirten „Familien - Journal" von Payne, Nr. 451. 1862. p. 41., von unserm geschickten Thiermaler Herrn W. Wolf gefertigt, hinzufügen. Fr. Cuvier veröffentlichte nach a. a. O. gegebener Beschreibung des jungen Thieres, zuerst im December 1818 die Abbildung eines ziemlich erwachsenen Drill, dem nur die Eckzähne noch nicht zur völligen Grösse gelangt waren, so dass er sich auch noch mit jugendlichem Gemüthe benahm. Seine Haare waren sehr fein, fast von derselben Farbe des Mandrill, doch mehr graugrün. Rücken, Seiten, Kopf und Aussenseite der Glieder, auch eine Binde unter dem Halse waren mit sehr langen Haaren besetzt, welche an ihrer untern Hälfte grau, dann abwechselnd schwarz und gelb geringelt waren, aus diesen Ringen geht die Farbe der ganzen Oberseite hervor. Die Haare der Unterseite waren weissgraulich und ebenso lang und fein. Die Haare um die Backen treffen nicht mit der Basis der hinter ihnen am Halse stehenden zusammen, so dass die untere graue Hälfte der letzteren nicht unter ihnen verborgen ist und eine Art von grauem Halsband bildet, welches am Unterhals beginnt und bis über die Ohren heraufsteigt. Die eigentlichen Backenhaare sind zerstreut (rares), weniger schwarz als die anderen und nach hinten liegend, die am Kinn sind gelb und hängen bartartig herab. Die Oberkopfhaare neigen sich zu einem kegelförmigen Kamme zusammen, wie man am deutlichsten aus dem Portrait a. a. O. sieht. Die Haare am Schwanz sind grau und derselbe wie eine Pinselspitze gestaltet. Gesicht und Ohren sind nackt, ebenso die Hinterbacken und das Skrotum. Die Zehen sind nur wenig behaart und die Sohlen aller vier Hände nackt und blau, wie das Fell der übrigen bedeckten Theile. Gesicht und Ohren sind schwarz, die Längswülste neben der Nase wohl fein gerunzelt, aber ohne die tiefen Furchen, welche den Mandrill auszeichnen. Hinterbacken und Skrotum lebhaft roth. Das Weibchen ist weit kleiner, nur 18'' lang und vorn 16'' hoch, hinten noch etwas niedriger, und mehr blass olivengrün, am deutlichsten am Kopf, der weniger gestreckt ist, und an der Aussenseite der Glieder, am Hinterrücken und an den Seiten ist das Grau vorwaltend. Zur Zeit der Brunst, welche gewöhnlich immer wieder nach dreissig Tagen eintritt, schwellen die Geschlechtsorgane so an, wie die Abbildung 403. zeigt. Das junge Thier 402. hat einen mehr gerundeten Kopf, die Augenbrauenbogen noch weniger entwickelt und die Färbung des Pelzes mehr graulich wie bei dem Weibchen. — Die Namen des gelben, grauen und Waldpavian: le Babouin des bois Buff. sppl. VII. pl. 7. Encycl. pl. 9. f. 4., Yellow Baboon, Cinereous Baboon und Wood Baboon von Pennant, oder die Simia sylvicola, sublutea et cinerea Shaw gen. zool. p. 23. pl. 12. auf diese neue Art beziehen zu wollen, würde eine um so undankbarere Bemühung sein, als diese Namen zum Theil schon andere Bedeutung enthalten, denn der gelbe Pavian ist der Babuin und der graue der Hamadryas, wäre nun neben diesen noch von einem kurzschwänzigen, grauen Pavian die Rede, so würde der Name zweideutig sein. — Das junge, etwa im zweiten Jahre befindliche M. Fig. 402. hat nur gelblichgrauen Pelz, die grünlichen Töne zeigen sich nach vorwärts beginnend. — Der alte Drill Fig. 401. zeichnet sich nun vorzüglich aus durch die unförmliche Grösse des Kopfes und die weit stärker vorstehenden Augenbrauenbögen, überhaupt dadurch, dass Alles, was nach und nach sich entwickelt hat, hier auf dem Punkte seiner Vollendung angelangt ist. Seine Maasse sind oben gegeben. — Andere Schriftsteller haben kaum irgend etwas zur Kenntniss dieser immerhin selten vorkommenden Art beigetragen. Kuhl kannte sie noch nicht und führte in seiner Tabula synoptica Simiarum p. 17. den

Inuus leucophaeus Fr. Cuv. nach dessen Mittheilung Annal. IX. auf, unter Zuziehung des Inuus brachyurus Temm., vgl. unsere Fig. 364. Dann setzt er wieder p. 20. Simia leucophoea Fr. Cuv. als Synonym zu Papio mormon Géoffr., dennoch unter Beisatz der Bemerkung: distincta autem est species". — Wagner hat ihn im Suppl. zu Schreber p. 166. richtig aufgeführt und nach Cuvier's Vorlagen beschrieben. Alle übrigen Erwähnungen beziehen sich ebenfalls auf Cuvier's Exemplare und unser Portrait a. a. O. nach dem im vorigen Jahre hier im erwachsenen Zustande lebendig anwesenden Exemplare, dürfte erst der zweite Originalbeitrag sein, die Tafel XXVII. war längst gestochen, als dieses Exemplar hier anlangte. — Ueber das Vaterland hat man noch keine Gewissheit, man vermuthet Guinea, aber in welchem Verhältniss zum Mandrill er sich verbreitet, ist noch zu erforschen. Die Thierhändler schätzen ihn geringer als den Mandrill, weil er, wie sie sagen, weniger schön aussieht, aber er kommt ungleich seltener vor.

XXXI. Cynopithecus Is. Géoffr. St. Hil. Voy. de Belanger p. 66. 1830. Leçons de Mammologie par Mr. Gervais 16. 1836. Archives du Mus. II. 574. Cat. meth. 32. Cynopitheque, Mohrling, Mohren-Makako. Der Schwanz äusserlich kaum durch einen Höcker angedeutet, also Wiederholung von Pithecus in der Pavianreihe. — Leib kurz, Gliedmaassen ziemlich lang, Hände verlängert, äussere Daumen ziemlich gestreckt. Schwanz fehlt. Schädel ziemlich gross, Augenbrauenleisten sehr entwickelt, Unterkopf sehr lang, breit und platt, Seiten im rechten Winkel mit dem Oberkopf. Augen mittelmässig, Nasengrube sehr ausgedehnt, Nase platt, Nasenlöcher nicht röhrig und nicht endständig (Nasenbein länglich dreieckig, endet hinten spitz zwischen beiden Kinnbacken, ohne bis zum Stirnbein hinanzureichen.) Backentaschen. Schneidezähne vorgeneigt, besonders aber die mittlen sehr breit, mehr nach vorn stehend als die seitlichen, letzter Unterbackenzahn fünfhöckerig, die übrigen unteren vierhöckerig, ein wenig länger als breit, obere vierhöckerig, so breit wie lang. Wuchs wie bei den Makaken.

404—7. C. Aethiops (Papio Aethiops Zimmerm. 11. p. 180.) Rchb. Schwarz an allen Theilen, Haarkamm zusammengedrückt, zurückgebogen. — Ich messe 25", von der Oberlippe bis zu den Augenbrauen 3½", zwischen den Augen ½", Nase 2½", Oberarm 6", Vorderarm 7½", Hand 8½", Schenkel 6½", Unterschenkel 7½", Fuss 5½". — Seit Zimmermann's Erwähnung, welche so lange unbeachtet blieb, wurde dies Thier gleichsam wieder von neuem entdeckt: Cynocephalus niger Desmarest 534. sp. 813. Papio niger Reinwardt msept. Mus. Lugdb. Cynocephalus malaianus Desmoulins Dict. class. Macacus niger J. E. Gray spicilegia I. p. 12. t. 1. f. 2. Magus maurus Lesson man. 44. sp. 47. Macacus maurus Less. compl. IV. 122. ed. 2. I. 251. Simia nigra G. Cuvier règne I. 96. Fischer syn. 32. sp. 44. Cynocephalus niger Quoy & Gaimard Astrolabe I. 67. pl. 6 et 7. Pithecus maurus Blainv. osteogr. pl. X. Fr. Cuv. Mammif. 4⁰ 109. in fol. livr. 40. Macacus niger Bennet zool. gard. 189. ic. xylogr. Cynopithecus niger Is. Géoffr. St. Hil. Belanger l. c. Leçons etc. Less. Bin. et Quadr. 101. 1. Inuus niger A. Wagn. ad Schreb. p. 147. Gray sah das Thier zuerst in der Tower-Menagerie lebendig und beschreibt seine langen, reinschwarzen, weichen Haare, seinen Haarkamm, welcher von Stirn und Scheitel sich zurücklegt, weshalb dieser Affe an die Drills vortrefflich sich anschliesst. Höchst auffällig ist das lange, schmale Gesicht, wie besonders Fig. 405. dies nach unserm schönen, grossen, männlichen Exemplare treu wiedergegeben darstellt. Nachdem die Tafel längst gestochen war, erhielt ich auch ein sehr junges Exemplar von 12" Länge, dessen Kopf mehr kugelig und dessen Gesicht dem eines Cercopithecus nicht unähnlich, also noch kurznasig ist. — Sehr wesentlich von den eigentlichen Pavianen verschieden ist hier der auffällige Bau des Gesichts, mit seiner Anlage für Augenhöhlen und Nase, sowie der Mangel des Schwanzes. Das erste bekannte Exemplar, welches Desmarest beschrieb, befand sich im Pariser Museum, das zweite war jenes lebende im Tower, welches J. E. Gray zuerst abbildete, das dritte wurde zu Exeter Change gezeigt und das vierte im zoologischen Garten in London beschrieben Bennet a. a. O. Die Schwielen waren am lebenden Thiere fleischfarbig, Das lange Haar ist reinschwarz und weich, am Leibe lang, an den Gliedmaassen kürzer, die Ohren sind klein, der Schwanz nur ein Höcker, noch nicht einen Zoll lang; die Backentaschen scheinen einer grossen Ausdehnung fähig zu sein. Das Gesicht ist am besten mit dem von Macacus vergleichbar, die Nasenlöcher öffnen sich sehr schief an der obern Fläche. Sein Temperament scheint sehr heftig zu sein, denn er tyrannisirte einen ruhigen, grauen Gibbon nicht wenig, der sich in einem Käfig mit ihm befand. — Wir müssen bemerken, dass wir die Ansicht einiger Schriftsteller, dass diese Gattung, weil sie die Nasenlöcher der Makaks habe, an diese sich anschliessen müsse, als stracks gegen die natürliche Systematik verstossend erkennen. Eine dergleichen einzelne Erscheinung in der organischen Bildung verlangt ja keinen Anschluss an Formen, welche dieselbe auch haben, sondern sie deutet sich uns nur als Wiederholung an, und in dieser Weise steht unser Cynopithecus hier an seinem rein naturgemässen Platze, in seiner Parallelstellung unter den Pavianen das Glied der Makaks wiederholend. Da diese Grundsätze von Parallelstellung, die wir für Pflanzen- und Thierreich seit länger als vierzig Jahren auf so vielen Stufen bis in das Detail durchgeführt und als in der Natur selbst von ihr vorgeschrieben nachgewiesen haben, da diese, sagen wir, seit Is. Géoffr. St. Hil., in gewisser Weise auch von Bonaparte aufgenommen und gelehrt wurden, so lässt sich hoffen, dass auch deutsche Schriftsteller einst anfangen werden, dieselben zu beachten, weil sie nun aus Frankreich zurückkommen. — Das Vaterland dieses Affen ist Celebes und die Philippinen und Molukken, woher ich auch unsere Exemplare durch das freundschaftliche Wohlwollen des Herrn General von Schierbrandt erhielt.

407b. **C. nigrescens** (Papio — Temm. coup d'oeil sur les possessions Néerl. III. 111.) Is. Géoffr. St. Hil. Cat. meth. 82. Pelz schwarzbräunlich, die Stellung der Gesässschwielen ist eine andere *). J. E. Gray erwähnt diese Art wieder Proceed. 1860. p. 4. und hat drei Exemplare mit Schädel, zwei alte und ein junges, vor sich. Die alten stimmen mit dem vor Leyden erhaltenen Exemplare von Celebes überein. Dem jungen fehlt der blasse Ring vor der Haarspitze an den langen Schulterhaaren, welcher mehr oder minder deutlich an allen alten Exemplaren sich vorfindet. Diese Art ist dem C. niger von den Philippinen sehr nahe stehend. Mr. Wallace bemerkt: „Diese Affen sind sehr selten und ich denke auch von hohem Interesse, denn ich vermuthe, sie sind aus den südlichsten Grenzen, innerhalb deren diese Thiere vorkommen." Doch ist wohl diese Bemerkung irrig, erstens sind dieselben mehr Monkeys als Apes, sagt Gray, und zweitens kommen Arten sowohl von jenen als von diesen häufig auf Sumatra vor und auf Java, noch weiter südlich als Batchian, welches fast am Aequator liegt.

408. s. pag. 142.
409—18. s. pag. 143.

Achte Familie.

Menschenähnliche Affen: Anthropomorphae.

Gesichtswinkel 55—65°. Gesicht menschenähnlicher als das aller anderer Affen, besonders durch den Bau und die Stellung der Augen und Ohren. Wuchs des Körpers menschenähnlich, nur die Vorderglieder länger, denn sie sind gänzlich für das Leben auf Bäumen organisirt, und bei dem seltener geübten Gange auf allen Vieren am Boden, zeigen sie eine schiefe Haltung des Körpers und beugen bei Berührung des Bodens die Finger zusammen, so dass sie denselben mit deren Rückseite berühren. Die Eckzähne, insbesondere die der Männchen im Alter, behalten noch thierische Grösse, aber der schon in beiden vorigen Familien in den Endgattungen verlorene Schwanz fehlt hier durchaus, am Skelet sind die drei Schwanzwirbel verwachsen. — Auffällig ist auch hier die Metamorphose des Kopfes, da, wie bei den Mandrills, der Maxillartheil erst bei dem Entwickeln der Eckzähne über-

---

*) Die ursprüngliche Beschreibung konnte ich nicht erlangen und kenne nur die a. a. O. befindliche Notiz. Ein geehrter Leser, welcher mir jene verschaffen wollte, würde wegen der von mir beabsichtigten Nachträge, der Wissenschaft nützen und mich sehr dankbar verbinden.

mässig sich ausbildet und die frühere Kugelgestaltung des Schädels dabei sich verliert Vgl. C. G. Carus zur vergleichenden Symbolik zwischen Menschen- und Affenskelet. Mit 2 Taf. N. Acta Acad. Leop. Carol. 1861. insbesondere Taf. II. u. p. 9—12. — Charakter durchaus sanft und gutmüthig, selbst der als wild verschrieene Gorilla nur in der Nothwehr gefährlich für den Menschen. — Ostindien und das tropische Westafrika.

XXXII. Hylobates Illiger prodromus 67. 3. Gibbon, Armaffe. Le Gibbon. The Gibbon, the long-armed Ape. Gesichtswinkel 60°. Kopf verhältnissmässig klein, oval, Kinnlade nur mässig entwickelt. Eckzähne schmal, weniger verlängert, auf der Hinterseite mit zwei Längsfurchen. Oben und unten jederseits fünf Backenzähne, beide erste zweihöckerig, drei folgende vierhöckerig. Ohrmuschel mit umgebogenem Saum. Backentaschen fehlen. Vorderglieder so lang, dass sie bei aufrechtem Stand den Boden berühren. Nägel hohlziegelförmig, am Daumen platt. Gesässschwielen von Haaren bedeckt. — Ostindien. — Sie sind zu betrachten als die höchste Potenz von Amerika's Eriodes und Ateles. Ueber die Osteologie vergl. auch George Gulliver Proceed. XIV. 1846. 11.

A. **Siamanga** J. E. Gray list of Brit. Mus. 2. Syndactylus Boitard Jardin d. pl. 1842. p. 11. Zeigefinger und Mittelfinger der Hinterhände vom Grunde aus verwachsen, bei dem M. bis zum letzten, dem W. bis zum vorletzten Gliede. Vgl. die Figur unter 419. Da H. Rafflesii und entelloides hierzu ein Mittelverhältniss darbieten, so ist dasselbe nicht fähig, sich von Hylobates als Gattung zu trennen. Aber ein Kehlsack liegt als grosser, nackter Beutel unter der Kehle, welcher während des Schreiens mit Luft angefüllt ist.

419—20. **H. syndactylus** (Simia —a Raffles Linn. Transact. XIII. 1821. p. 241.) Fr. Cuvier Mammif. le Siamang, Nov. 1821. Gesicht und der dichte Pelz ganz schwarz, Kehle nackt. — Wird bis 3½' lang. — Pithecus syndactylus Desmar. mamm. sppl. 531. 812. Hylob. — Sal. Müller Wiegm. Arch. 1845. XV. 79. Van der Hövens Tijdskr. 1835. II. 329. t. 5. Sandiford Verhandelingen t. 2. f. 3—5. t. 7. f. 1—3. Blainv. osteogr. Primat. Giebel odontogr. II. t. 1. f. 8. Siamanga syndactyla Gray list Br. Mus. p. 1. Orang syndactyle Bory St. Vinc. Dict. class. XII. 283. Griff. Anim. Kngd. I. 255. pl. V. — Diard und Duvaucel entdeckten den Siamang, und sowohl Raffles als Fr. Cuvies lernten ihn durch sie kennen. Der letztere giebt a. a. O. Mr. Diard's ausführlichen Bericht: Er ist der grösste Gibbon, seine Arme verhältnissmässig etwas weniger lang, als die des Wouwou. Seine Gestalt nackt gedacht, würde eine hässliche sein, besonders da die niedrige Stirn auf die Augenbrauenbogen reducirt ist, die Augen tief in ihren Höhlen liegen, die Nase breit und platt ist, die seitlichen Nasenlöcher aber sehr gross und das Maul sich fast bis auf den Grund der Kinnladen öffnet, seine Wangen unter vorstehenden Höckern (pommettes) eingesenkt und sein Kinn nur verkümmert ist. Rechnet man hierzu den grossen, nackten Kehlsack, der schmierig und schlaff wie ein Kropf am Vorderhalse herabhängt, den ganzen übrigen Körper mit einem tief schwarzen, langhaarigen, weichen und glänzenden Pelz überzogen, nur die Augenbrauen und die Kinnhaare rothbraun, seine gekrümmt einwärts gekehrten Gliedmaassen, die er immer theilweise gebogen trägt, so wird man sich eine richtige Vorstellung vom Siamang machen, welche keine Annehmlichkeit bietet. Die Kehltasche dehnt sich aus, wenn er schreit. Auf dem Skrotum stehen lange, gerade Haare, welche nach unten gekehrt einen Pinsel ausmachen, der' nicht selten bis zu den Knieen hinabreicht. So wie man die Männchen leicht hieran erkennt, so zeichnen die Weibchen sich durch die beiden Brüste aus, auf denen starke Brustwarzen stehen. Eine Eigenthümlichkeit in der Haarstellung ist die, welche auch bei einigen anderen Affen vorkommt, dem Wouwou aber fehlt, nämlich dass am Vorderarme die Haare rückwärts gerichtet sind und da, wo die vom Oberarme sich herabneigen, am Ellenbogen eine Manchette bilden. Das Band, welches die zweiten und dritten Finger verbindet, ist sehr schmal und steigt herauf bis zum dritten Gliede. Nach der Versicherung von Raffles kommen auch weisse Individuen vor. — Er ist in den Wäldern von Sumatra sehr gemein und wurde oft, sowohl im Zustande seiner Freiheit, als

22*

gefangen, beobachtet. Meist leben sie in Heerden zahlreich versammelt, die von einem Anführer geleitet werden, den die Malayen als unverwundbar erklären, wahrscheinlich weil er kräftiger und behender und ihm deshalb schwieriger beizukommen ist. In dieser Weise vereint, begrüssen sie den Sonnenaufgang durch ein furchtbares Geschrei, welches weithin auf mehrere Meilen hörbar erschallt und in der Nähe betäubt, dafern sie nicht vor Schreck es einstellen. Das ist die Morgenmusik für die malayischen Bergbewohner und eine unerträgliche Widerwärtigkeit für die Städter, welche ihre Landhäuser bewohnen. Dagegen schweigen sie den Tag über, dafern man ihre Ruhe oder ihren Schlummer nicht stört. Sie bewegen sich langsam und schwerfällig, sind auch etwas unsicher im Klettern, aber sehr behende, wenn sie springen, wenn man sie aber überrascht, kann man sie auch erlangen. Aber bei dem Mangel von Mitteln, den Gefahren sich entgegenzustellen, hat die Natur ihnen eine Wachsamkeit verliehen, welche sie selten verlässt, denn sie sind im Stande, ein ihnen unbekanntes Geräusch auf die Entfernung einer Meile zu hören, augenblicklich werden sie von Schreck ergriffen und fliehen. Ueberrascht man sie aber auf der Erde, so nimmt man sie, ohne Widerstand zu finden, gefangen, denn entweder hat der Schreck sie stutzig gemacht, oder sie fühlen selbst ihre Schwäche und erkennen die Unmöglichkeit an, noch zu fliehen. Versuchen sie aber die Flucht, so erkennt man bald ihre Schwäche für diesen Act. Ihr Körper ist zu lang und zu schwer für ihre kurzen und dünnen Schenkel und neigt sich vorn über, und ihre beiden Arme verrichten dabei das Geschäft von Stelzen; sie kommen so ruckweise vorwärts und sehen so aus, wie ein auf Krücken humpelnder Greis, welcher eine stärkere Anstrengung fürchtet. Die Heerde mag noch so zahlreich sein, so verlässt sie den, den man blessirt hat, dafern dies nicht ein ganz junges Individuum ist. Die Mutter ergreift dann dasselbe, fällt wohl mit ihm nieder und stösst heftiges Schmerzensgeschrei aus, wobei sie sich dem Feinde mit geöffneter Kehle und ausgebreiteten Armen drohend entgegenstellt. Freilich zeigt sich bald, dass sie zum Kämpfen nicht geschaffen sind, denn sie können weder einen Schlag austheilen, noch einen pariren. Die Mutterliebe zeigt sich aber nicht blos in der Gefahr, sondern sie wird gegen das Junge immer zärtlich geübt, so dass sie wie der Erfolg von Vernunft und Ueberlegung erscheint. Es war eine überraschende Scene, wenn es manchmal bei äusserster Vorsicht gelang zu sehen, wie die Mütter ihre Kleinen an den Fluss trugen, sie ungeachtet ihres Geschreies abwuschen, sie wieder abwischten und trockneten und überhaupt eine Mühe auf ihre Reinlichkeit verwendeten, die man manchen Menschenkindern wünschen möchte. — Die Malayen berichteten einen Vorgang, an dem Mr. DIARD anfangs zweifelte, doch aber späterhin denselben bestätigt fand. Die Jungen, welche noch nicht allein gehen können, werden nämlich immer von demjenigen Individuum ihrer Eltern getragen und geleitet, welches ihrem Geschlechte entspricht, die männlichen Kleinen also vom Vater, die weiblichen von ihrer Mutter. Ferner erzählten sie, dass die Siamangs oft den Tigern zur Beute würden und zwar durch dieselbe Veranlassung, wie die kleinen Vögel und Eichhörnchen die Beute der Schlangen, d. h. durch Bezauberung*). Ueber Begattung, Trächtigsein und Geburt mangelten noch die Beobachtungen, und die Malayen selbst kannten diese geheimnissvollen Vorgänge nicht, weil die Siamangs in der Gefangenschaft sich noch nicht fortgepflanzt haben. Uebrigens ändert aber die Gefangenschaft nichts im Charakter des Affen, da seine Stupidität, seine Langsamkeit und sein Mangel an Anstand dieselben verbleiben. Indessen wird er in wenigen Tagen, unter Menschen gehalten, so sanft, als er wild war, und so vertraulich, als er vorher scheu war, doch bleibt er immer furchtsamer als die anderen Arten, deren Anhänglichkeit er niemals erlangt, und seine Unterwürfigkeit ist mehr eine Folge seiner ausserordentlichen Apathie, als von Zutrauen und Neigung. Er bleibt fast gleichgiltig bei guter und schlechter Behandlung, Dankbarkeit oder Hass scheinen fremdartige Affecte für diese Geschöpfe zu sein. Ihre Sinne sind stumpf, besehen sie etwas, so geschieht dies ohne Empfindung, und berühren sie etwas, so thun sie es ohne den Willen. So ist der Siamang mit einem Worte ein Wesen ohne alle Fähigkeiten, und wollte man das Thierreich nach der Entwickelung seiner Intelligenz

*) Ich habe diese Bezauberung bereits an mehreren Orten als den Paroxismus der höchsten Mutterliebe erklärt, da gewöhnlich die Mütter in der Nähe ihrer Eier oder Jungen im Momente des Wahnsinns sich selbst in den Rachen ihrer Verfolger hineinstürzen.

classificiren, so würde derselbe eine der niedrigsten Stufen einnehmen müssen *). Meist sitzt er zusammengekauert, von seinen eigenen langen Armen umschlungen, den Kopf zwischen den Schenkeln verborgen, wenn˝er ruht oder schläft. Nur von Zeit zu Zeit unterbricht er diese Ruhe und sein langes Schweigen durch ein unangenehmes Geschrei, das dem eines Truthahns nicht unähnlich ist, aber weder durch Empfindung, noch durch Bedürfniss vermittelt, also ganz ohne Bedeutung. Selbst der Hunger scheint ihn aus seiner natürlichen Schlaftrunkenheit nicht zu erwecken. In seiner Gefangenschaft nimmt er seine Nahrung mit Gleichgiltigkeit hin, führt sie ohne Begierde zum Munde und sieht auch ohne Verwunderung sich dieselbe entreissen. Seine Weise zu trinken stimmt ganz überein mit seinen übrigen Sitten, er taucht seine Finger in's Wasser und saugt dann dasselbe von ihnen ab. Wir haben schon bei Betrachtung der amerikanischen Affen bemerkt, dass alle Affen so trinken. — Bewohnt Sumatra. Soll sich nach Dr. Helfer bis 15 ° N.B. ausdehnen, was aber erst zu bestätigen ist. J. As. Soc. Beng. N. Ser. XIII. 1. 1844. 463.

B. **Hylobates** Illig. Finger an allen Händen frei. H. entelloides bildet, wie oben gesagt, durch eine geringe Verwachsnug den Uebergang.

421. **H. concolor** (Simia concolor Harlan Journ. of the acad. of nat. sc. of Philadelphia V. 1825. 1. p. 229. pl. IX. Description of an Hermaphrodite Orang-Utang, lately living in Philadelphia, by Rich. Harlan, med. Dr., reead Oct. 17. 1826.) Ganzer Körper schwarz behaart, Gesicht, Handflächen und Ohren nackt, Haut schwarz, Nägel an allen Fingern, Augenkreis vorragend, Nase noch mehr. Backen- und Kehltaschen fehlen. Gesäss nur wenig schwielig. Gesichtswinkel mehr ausgespreizt, als bei dem Orang-Utang. — Länge vom Scheitel zur Ferse 2' 2", Obergliedmaasscn 1' 6", Arme $6\frac{5}{10}$". Vorderarm $9\frac{1}{10}$", Hand und Finger $5\frac{1}{10}$", Hinterglieder 11", Schenkel $5\frac{5}{10}$", Unterschenkel $6\frac{1}{10}$", Fuss $4\frac{6}{10}$", Leib $10\frac{1}{10}$", Kopf und Hals $11\frac{1}{10}$", nacktes Gesicht 3", Umfang der Brust $11\frac{3}{10}$", Umfang des Kopfes 10". — Kam aus Neu-York von Borneo im Mai 1826 und war, als er starb, wie man sagte, etwa zwei Jahre alt. Jede Kinnlade enthielt jederseits 3 Backen-, 1 Eck- und 2 Schneidezähne. Stand er aufrecht, so berührten die Finger der Hände fast den Boden; wollte er auf einer Ebene gehen, so ging er willkührlich aufrecht, hielt sich durch die langen Arme im Gleichgewicht, auf dem schlaffen Seile kletterte er sehr behende; wenn er schlafen ging, legte er sich rückwärts. Er zeigte grosse Begierde auf Früchte, besonders Trauben, und besass alle Gelehrigkeit und Einsicht des Orang-Utangs. Er starb nach übermässigem Genuss von Früchten an Durchfall. Er unterschied sich von allen anderen durch die gleichförmige Verbreitung der schwarzen Farbe, dnrch die wenig geneigte Gesichtslinie, den Mangel des grauen Haarringes um das Gesicht, die Spuren von Gesässschwielen und, mit Ausnahme des Hylobates agilis, durch die Abwesenheit der Kehlsäcke. Er frass auch alle Fliegen, die er erhielt. Das Exemplar wird als Hermaphrodit abgebildet und beschrieben.

422—24. **H. Lar** (Homo Lar Linn. mant. II. 521. Simia — Linn. Gm. 27. 35.) Illig. prodr. 68. Schwarzgrau, Gesicht lohfarbig, ringsum von weisslichen Haaren umgrenzt, alle vier Hände oberseits weisslichgrau, unterseits schwarz. — Bis 3' hoch, Leib 1' 3" 6''', Kopf 4" 4''', Vorderarm 9" 6''', Hand bis zu den Fingerspitzen 6" 6'''. — Kopf rundlich, Augen ziemlich gross, tief liegend, Nase platt, Ohren zugerundet. Schwielen auf dem Knorren des Sitzknochens klein und beschränkt. Ohren nackt und schwärzlich. Daubenton beobachtete das Weibchen lebendig, welches Buffon XIV. 92. pl. I. als le grand Gibbon abbilden lässt und von Tausenden von Schriftstellern nach ihm oder nach Schreber I. 66. t. III. 1. als Simia longimana, wieder copirt worden ist, unsere stehende Figur 423. Eine andere Original-Abbildung nach einem lebenden Exemplare bringt Pennant Hist. of Quadrup. p. 452. the long-armed Ape, unsere sitzende Figur 424. Eine dritte bei Audebert I. 2. I. nach dem Pariser Museum. Aus der Geschichte der Gibbons wird deutlich, dass, weil man gegenwärtige Art zuerst beschrieben fand, man auch die meisten später entdeckten Arten für

---

*) Ja, nach der künstlichen Classificationsweise allerdings, aber keineswegs nach der rein natürlichen. In ihr wiederholt sich eben das niedrige immer noch einmal auf der höchsten Stufe. Selbst die Fischform und der Fischcharakter tritt noch einmal unter den warmblütigen Wirbelthieren, unter den Säugethieren auf, ebenso hier die tiefe Apathie, um die höchste Intelligenz zu beginnen.

diese gehalten, welche besonders selten in den Sammlungen vorkommt. Der Charakter der
beiden lebendig beobachteten Exemplare war äusserst mild und gutartig. Daubenton gab
Pondichery als Vaterland an, indessen ist es ungewiss, ob nicht das Exemplar dorthin
transportirt war. Ebenso brachte Mr. Diard dergleichen aus Java, aber ihr wahres Vaterland ist nach Is. Géoffr. St. Hil. Cat. meth. 8. Malacca und Siam. Das letztere bestätigt auch Schlegel Essay sur la physiognomie des serpens 237. Die Simia albimana Vig.
vergleiche man später 429. Doch ist folgende Notiz nicht zu übersehen: J. As. Soc. Beng.
N. Ser. XIII. 1. 1844. 463. „Als ich mich neulich mit den Affen beschäftigte, bemerkte ich
XII. 176., dass zu der Zeit nur der Hylobates Lar mit Sicherheit als Bewohner der
Grenzdistricte der Bay von Bengalen ostwärts bekannt ist, wo man, wie Dr. Helfer, ihn
für die gewöhnlichste Art von Gibbon im Innern der Tenasserim-Prozinzen hält. Jetzt zeigt
sich, dass Lar bis Arracan sich ausbreitet, wo Capit. Abbot, Assistent des Commissionärs
der Provinz und wo er in Ranonee steht, ihn und syndactylus als Bewohner dieser
Insel traf."

425. u. 425. t. XXX. **H. Hoolock** Harlan Transact. Amer. Philos. Soc. 1834. IV.
N. 33. N. ser. 52. pl. 2. Hoolock der Indier. Féré Nieuhoff récueil des voyages. Rouen.
III. 168. Pelz schwarz, Stirnbinde weiss. Jung schwarzbraun, an den Gliedmaassen, über
den Rücken und die Mittellinie des Leibes aschgrau. Schwielen deutlich. — Vergl. Ogilby
Lond. Edinb. philos. Mag. 1838. XII. 531. Hierzu gehören schon die alten Notizen: Golok
de Visme philos. Transact. XIV. 73. pl. 3. Youlock Allamand Buff. & Sonnini XXXV. 141.
Langarmiger Affe aus Bengalen Dr. Becker Naturf. XXIX. 1. H. Houloch, Gibbon
Houloch Lesson Quadrum. p. 54. 6. — Wurde von Dr. Harlan lebendig beobachtet und
befindet sich auch im Museum zu Edinburg. In Gestalt und Grösse, sowie in den Proportionen kommt er dem Weibchen des agilis nahe, unterscheidet sich aber durch Farbe
und Zeichnung, besonders in der Jugend, wo beide ganz verschieden sind. Bei ihm sind
dagegen die Geschlechter einander gleich. Der Junge hat graue Hinterbacken und dieselbe
Farbe zieht sich vorn in der Mitte über die Brust herab. Das grauweisse Stirnband ist bei
dem alten Thiere in der Stirnmitte durch schwarze Haare getheilt (Fig. 425.), was dem
jungen fehlt, bei dem das Band in dem Verhältniss von $\frac{7}{10}$ zu $\frac{4}{10}$ breiter ist. Bei einem
halbwüchsigen Jungen war der Vorderarm kürzer, als der Oberarm, was den Verhältnissen
der Gibbons und Orangs zu widersprechen scheint. Bei dem ausgewachsenen sind Oberarm
und Vorderarm bis auf $1\frac{7}{10}''$ Abweichung gleich. Gebiss wie bei den anderen, die Eckzähne
lang. Dr. Harlan schreibt an die Philosophical-Society über diese Art Folgendes: „Die
Ihnen übersendeten Orang-Utangs oder Gibbons erhielt ich auf meinem letzten Ausfluge in
das Innere von Bengalen von dem Capitain Alex Davidson zu Goolpara an dem Flusse
Burramputer in Assam. Dieser Landstrich gehörte früher zu dem birmanischen Reiche,
macht aber jetzt einen Theil der Besitzungen der ostindischen Compagnie aus und bildet die
nordöstliche Grenze ihres Gebietes in diesem Theile. Die Assamesen nennen ihn „Hulock".
Er lebt in dem Garrowgebirge in der Nähe von Goolpara zwischen 25 und 28° N. B.
und die von mir mitgebrachten Exemplare wurden wenige Meilen von Goolpara gefangen.
Den ausgewachsenen besass ich vom Januar bis Mai lebendig, zu welcher Zeit er in Folge
eines Schlages über die Lendengegend starb, den er unversehens mit einem kleinen Stocke
von einem meiner Diener in Calcutta erlitten. Sie halten sich besonders auf den niederen
Bergen auf, da sie die Kälte jenes Zuges der Garrows, welche über 400 und 500 Fuss hoch
sind, nicht ertragen können. Sie nähren sich von Früchten, welche in den Bambuschwäldern
(Jungles) dieser Gegend besonders vorkommen, vor allem die Früchte und Saamen des heiligen Propul-Baumes, der im Garrow-Gebirge sehr gross wird. Sie verzehren auch gewisse
Gräser, zarte Zweige des Propul- u. a. Bäume; sie kauen dieselben aus und verschlucken
den Saft, während sie die ausgekaute Masse wegwerfen. Sie sind leicht zähmbar und beissen
nicht, wenn man sie fängt, dafern sie nicht übel behandelt werden. Selbst dann vertheidigen
sie sich selten und verkriechen sich gewöhnlich in einen Winkel. Im Zimmer oder auf
ebenem Felde gehen sie aufrecht und halten das Gleichgewicht ziemlich gut, indem sie ihre
Hände über den Kopf erheben, ihren Arm an dem Handgelenke und am Ellenbogen leicht
biegen, dann rechts und links wankend, ziemlich schnell laufen. Treibt man sie zu grösserer

Eile an, so lassen sie ihre Hände auf den Boden reichen und helfen sich durch deren Unterstützung schneller fort. Sie hüpfen so mehr, als sie laufen, halten aber den Leib dabei aufrecht. Kommen sie an Bäume, so schwingen sie sich erstaunlich schnell von Zweig zu Zweig und von Baum zu Baum, wo sie bald im Dickicht verschwinden. — Das erwähnte Exemplar wurde in weniger als einem Monat so zahm, dass es sich an meiner Hand anhielt und mit mir herumging, wobei es auf die beschriebene Weise die andere Hand auf den Boden stützte. Auf meinen Ruf kam es, setzte sich auf einen Stuhl neben mich, um mit mir das Frühstück einzunehmen, wobei es sich ein Ei oder einen Hühnerflügel vom Teller zulangte, ohne das Gedeck zu verunreinigen. Es trank auch Kaffee, Chokolade, Milch, Thee u. s. w. und obgleich es gewöhnlich nur bei dem Trinken die Hand in die Flüssigkeit tauchte, so nahm es doch auch bei Durst das Gefäss in beide Hände und trank in menschlicher Weise daraus. Die liebsten Speisen waren ihm gekochter Reis, gekochtes Brod mit Milch, auch Zucker, Bananen, Orangen u. dgl. Die Bananen liebte es vorzüglich, sehr gern frass es auch Insekten, suchte im Hause nach Spinnen und kam eine Fliege in seine Nähe, so fing es diese mit der rechten Hand. Wie die Indianer aus religiöser Sitte Fleischnahrung verweigern, so schien auch dieser Gibbon gegen alle Fleischnahrung Widerwillen zu haben, doch verzehrte er einmal gebratenen Fisch und ein wenig von jungem Hühnerfleisch. Das ausserordentlich friedliche Geschöpf liebte es sehr, seine Neigung zu mir und seine Anhänglichkeit zu erkennen zu geben. Besuchte ich ihn früh, so begrüsste er mich mit einem fröhlichen, lautschallenden wau-wau-wau, wohl 5—10 Minuten wiederholt, nur bisweilen unterbrochen, um Athem zu holen. Erschöpft legte er sich oft nieder, liess sich kämmen und bürsten und genoss dann ein angenehmes Gefühl. Er legte sich dabei bald auf die eine, bald auf die andere Seite, hielt bald einen, bald wieder den andern Arm hin, und wenn ich that, als wolle ich fortgehen, so hielt er mich am Arme oder Rocke fest und zog mich wieder an sich. Wenn ich ihn aus einer Entfernung rief und er mich an meiner Stimme erkannte, so begann er sogleich sein gewöhnliches Geschrei, das bisweilen etwas heulend klagte, aber sogleich wieder heiter und lauter wurde, wenn er mich sah. Er war ein Männchen, zeigte aber keine Spuren jener Geilheit der Paviane, und bei der Kleinheit der Organe des Gibbons hätte man ihn leicht für ein Weibchen gehalten. Die Länge der Eckzähne zeigte, dass er schon alt war. — Der andere grosse Hulock, von dem ein Schädel mitgesendet wurde, war auch ein völlig erwachsenes Männchen, ebenfalls im Garrow-Gebirge in Assam gefangen. Ich erhielt ihn im April und er starb im Juli auf dem Meere, ehe bevor wir die Höhe des Vorgebirges der guten Hoffnung erreichten, an einem Katarrh. Vielleicht hatte auch der Mangel an passender Nahrung sein Ableben beschleunigt. Er war 8 bis 10 Jahre oder noch älter und betrug sich ganz so wie der andere. Die Bewohner von Assam sagen, sie würden 25—30 Jahre alt. — Das junge Weibchen hatte ich gleichfalls lebendig aus derselben Gegend, es starb aber auf dem Wege von Goolpara nach Calcutta an einem Lungenleiden und litt grosse Schmerzen und Brustbeklemmung, ein warmes Bad schien Erleichterung zu schaffen, aber dennoch starb es nach zehn Tagen, nachdem es auch ein Abführmittel von Biberöl und Calomel eingenommen hatte. Das Bad that dem Affen so wohl, dass er, herausgenommen, sich wieder in das Wasser legte, bis er wieder herausgenommen wurde. Bei seinem sanften Benehmen war er sehr schüchtern und scheu gegen Fremde, gewöhnte sich an mich aber nach einigen Tagen vor Ablauf einer Woche, so dass, wenn ich ihn an einen freien Platz setzte, er schnell zu mir zurückgelaufen kam, in meine Arme sprang, mich umarmend. Er war etwa neun Monate bis ein Jahr alt. Ich fütterte ihn mit abgekochter Milch, mit verdünnter und mit Zucker versüsster Ziegenmilch, auch frass er bisweilen ein wenig Brod und Milch mit den älteren Gibbons. Er lernte die Milch wie ein Kind aus einer kleinen Flasche durch eine Federspule, über die vorn ein Läppchen gebunden war, aufsaugen." — Ein anderer schätzbarer Bericht ist folgender: „In Arracan ist Hoolock vorwaltend und breitet sich von da aus bis nach Sylhet und Assam, während Lar oder die weisshändige Art südlich auf den Strassen vorkommt. Die Gesellschaft empfing kürzlich ein blasses Exemplar Hoolock von Capit. PHAYRE, welches dem H. choromandus, wie er im zoolog. Museum bezeichnet ist, sich sehr nähert, aber dreifach dunkler und beträchtlich dunkler, als die Art von Assam, welche X. 839. erwähnt ist. Ein anderer Hoolock in diesem Museum ist noch weit dunkler, als das Exemplar von Arracan, und ein dritter hat aber die gewöhnliche dunkelschwarze Färbung, mit Ausnahme des beständig' weissen Bandes quer über den Vorderkopf. Nach Mr. J. Owen, welcher gegen zwei Jahre unter den wilden Nagas und Abors lebte, welche die bewaldeten Gebirgszüge östlich gen Ober-Assam bewohnen, sind die Hoolocks in diesen Wäldern in Gesellschaften von 100 bis 150 Individuen beisammen, so dass man den Lärm, den sie zusammen machen, auf eine weite Entfernung hört. Insgemein halten sie sich auf den Gipfeln der höchsten Olung- und Mackoi-Bäume: Dipterocarpus, auf deren Früchte sie sehr erpicht sind. Aber manchmal kommen sie von einem Fusspfade durch den dichten Wald herauf in die offenen Höhlungen, welche von der Einwirkung der reissenden Bergwässer gebildet sind. Mr. Owen kam plötzlich an eine Parthie von ihnen, welche sich da fröhlich belustigten und bei seiner Annäherung sogleich Lärm machten und in das Dickicht der Bambusen entflohen. Aber ein andermal, während er auf einer neulich angelegten Strasse einsam einherschritt, sah er sich plötzlich mit einer ganzen Masse von ihnen umgeben, welche überrascht waren von dem Vorkommen einer europäischen Erscheinung und Kleidung und erzürnt über deren Eindringen in den Bereich ihrer Herrschaft. Die Bäume von allen Seiten waren von ihnen voll, sie drohten mit Gesticulationen und stiessen ein schrillendes Geschrei aus, und als er vorüberging, stiegen hinter ihm mehrere von den Bäumen herab und folgten ihm auf der Strasse, und er war überzeugt, sie würden ihn angefallen haben, hätte nicht seine Eile auf diesem Boden ihm die Flucht möglich gemacht. Mr. Owen erzählt, dass, nachdem sie eine Anzahl gefallener Stämme über das Kreuz gelegt hatten, es wirklich nicht gut räthlich war wegzugehen, aber als er die offene Strasse einmal erreicht hatte, so gelang es ihm bald, seinen Verfolgern zu entkommen. Bei seiner Rückkehr nach diesen Angriffen der Hoolocks fragte Mr. Owen seinen Assam-Dolmetscher, welcher auf die Hügel gelangt war, ob es gewöhnlich sei, dass man von diesen Affen so feindlich angegriffen werde, und er berichtete, dass vor wenig Tagen, als eine Parthie von Nagas auf einem vielbogigen Pfade durch die Bambusengebüsche, nothwendigerweise in indischer Sitte reihenweise hinter einander gehend, der Vordermann, welcher etwas von den übrigen abgekommen war, förmlich angegriffen und tüchtig auf die Schulter geschlagen wurde und wahrscheinlich durch seinen Angreifer getödtet worden sein würde, wären nicht andere ihrer Parthei herbeigekommen, so dass die Hoolocks nun die Flucht ergriffen. In der That kann ich versichern, dass sie kräftige Kämpfer sind, da auch ein gezähmtes Weibchen des sumatranischen H. agilis einmal plötzlich seinen Wärter ergriff, auf ihn sprang, ihn mit allen vier Händen kratzte und ihn in die Brust biss, wobei es noch ein Glück für den Mann war, dass es seine Eckzähne kürzlich verloren hatte, auch sagte man, dass es in Macao einen Mann getödtet hätte. Sicht man dagegen zahme Gibbons, so findet man sie gutmüthig und anständig, aber jenes Weibchen offenbarte doch seinen Hass, den es gegen seinen Wärter hegte, welcher gewohnt war, seine wunderbare Beweglichkeit hundertmale täglich entwickeln zu lassen, wobei es an einem künstlichen Stamme von Ast zu Ast nur mit den Vorderbeinen sich aufschwingen musste, unter häufiger Anwendung der Peitsche. Nach Versicherung von Mr. Owen sind die Hoolocks auch fähig, grosse Schlangen zu tödten, er wurde einmal aufmerksam auf ein Geräusch im Gipfel eines hohen Baumes über sich, als nach kurzer Zeit eine Python-Schlange, 6—7 Fuss lang, einige Schritte von ihm herabfiel. Sie war ziemlich todt und zerbissen und zerrissen, ohne Zweifel nur durch die Hoolocks oben, die jedenfalls die Ursache ihres Herabfallens gewesen." J. As. Soc. Beng. N. Ser. XIII. I. 1844. 463.

426—27. **H. Rafflesii** Is. Géoffr. St. Hil. cours 1828. Cat. meth. 8. 4. H. Rafflei ejusd. Belang. Voy. 28. L'Ounko, der Unko. Pelz und Gesicht schwarz, Rücken und Weichen braunröthlich, Augenbrauen und Backen- und Kinnbart bei dem Männchen weiss, schwarzgrau bei dem Weibchen. — Etwas kleiner als der Wouwou, nämlich 2' 2". — S. lar Raffles Linn. Transact. XIII. 242. 1821. L'Ounko ou Gibbon noir, Hylob. Lar Fr. Cuv. Dict. art. Orang XXXVI. 289. et Mammif. Jun. 1824. pl. ♂ et pl. ♀. Bory Dict. class. XII. 284. Hylobates unko Less. man. 1827. p. 80. compl. à Buffon III. 400. ed. 2. I. 212. Simia Rafflesii Fisch. syn. 334. — Die Herren Duvaucel und Diard fanden diesen Gibbon als den dritten auf Sumatra. Jener sendete die Abbildungen, welche Fr. Cuvier publicirte und dazu den Bericht: „Unsern dritten Gibbon nenne ich „Ounco", wie die Malayen zu Padang. Er ist selten, denn nach fünfzehn Monaten Aufenthalt auf Sumatra hatten wir seine Existenz noch niemals geahnet. Während ich dies schreibe, haben wir eine ganze Familie, Vater, Mutter und Kind, vor uns, die ich beinahe zusammen erlegte. Ich habe mehrere ganz gleiche gesehen, Sie dürfen also nicht zweifeln an der Bestimmtheit der Art. Der Unko ist seltener, als der Wouwou und etwas weniger gross, dann unterscheidet er sich noch durch seine Farbe. Er ist ganz und gar mit langem, dichten Haar bedeckt, aber es ist etwas weniger glänzendschwarz, als das des Siamang und nähert sich dem des Wouwou durch seine Länge an einigen Stellen, durch einen leichten, braunen Anflug, welcher sich ändert nach dem Einfall des Lichtes, und durch ein dunkles Braun an den Weichen und der Unterseite der Schenkel. Noch ähnelt er ihm durch ein weisses Band über den Augenbrauen, welches an den Seiten im dicken, weisslichen Backenbarte sich verliert, der sich unter dem Kinne vereint. Die Kehle ist nicht nackt und ausdehnbar, wie bei dem Siamang, sondern lang behaart, aber weniger dicht, als am Bauche. Mitten auf der Brust hat das Männchen einen wenig bemerklichen, vielleicht zufälligen, graulichen Fleck. Das Skrotum ist, wie bei den beiden andern, mit langen Haaren, die pinselartig stehen und röthlich gespitzt sind, besetzt. So schliesst sich diese Art an den Siamang durch Natur und Farbe des Pelzes, durch Wouwou durch die Augenbrauen und den Backenbart, Physiognomie und Proportionen, aber durch den Mangel des nackten Kehlsackes und durch die Verwachsung des Zeige- und Mittelfingers des Weibchens von beiden verschieden. Unter anderen osteologischen Kennzeichen finden sich auch 14 Rippen, während die beiden anderen eine weniger haben. Das Weibchen ist merklich kleiner als das Männchen und fehlt ihm der weisse Backenbart. Sein Kopf ist ganz schwarz, nur die Züge über den Augen sind graulich. Brust und Bauch sind wenig behaart, aber die Haare des Rückens, der Schultern und des Nackens sind sehr lang und geben ihm eine Art Mähne, wie bei dem Siamang und Wouwou, doch ist sie bei dem Unko stärker. Während bei H. lar das Gesicht lohfarbig ist, ist es hier schwarz. Dass Is. Géoffr. St. Hil. und Lesson den H. concolor Harlan hierherziehen, bleibt unsicher. — Sumatra: Diard und Duvaucel.

428. H. leucogenys Ogilby Ann. Mag. 1841. VI. 303. Gibbon à favorits blancs. Tiefschwarz, nur Kehle und Wangen mit langen, weissen Haaren bedeckt, bilden ein breites Band von Ohr zu Ohr (über den Augen aber ist kein weisses Zeichen wie bei Hoolock.) Kinn und Unterkinnlade sind schwarz, wie der übrige Körper. Kopf durch seine pyramidale Erhöhung merkwürdig, was mit der flachen Form bei Hoolock sehr contrastirt. Mr. Ogilby bemerkt, dass er in Hinsicht auf die Art nur noch den Zweifel habe, dass sein Exemplar vielleicht das Männchen zu H. niger Harlan sei. Das Haar am Vorderkopf und Kopf überhaupt ist rückwärts gerichtet, nach dem Genick, das Scheitelhaar ist sehr lang und giebt eben dem Kopfe die erwähnte Kegel- oder Pyramidengestalt. Skelet und Zahnung zeigt, dass das Thier noch jung war, die bleibenden Zähne waren noch nicht entwickelt. — Schädel 4″, grösste Breite 2″ 7¾″, zwischen den Augenhöhlen querüber 2″, vom Grunde der Nasenbeine bis zur Spitze der Zwischenkieferknochen 1″ 1¼″, Oberarm 7″ 2″, Ellenbogenbein 8″, Speiche 7″ 7″, Schenkel 6″, Schienbein 5″ 3″, Vorderbein 5″ 1″. — Das Vaterland von Ogilby's abgebildetem Exemplare ist nicht genau bekannt.

429. H. albimanus (Simia albimana Vigors & Horsfield observ. on some of the Mamm. cont. in the Mus. of the zoolog. Soc. Zoolog. Journ. 1829. p. 107.) Is. Géoffr. St. Hil. Belang. Voy. p. 29. Pelz schwarz, Gesichtskreis und alle vier Hände weisslich. — Vom Scheitel über den Rücken gemessen 14¼″, Vorderglieder mit Hand 18″, Hinterglieder 15″. Kommt auch grösser vor. — Einige haben ihn für H. lar gehalten, bei dem sich aber der weisse Zug nur auf den Vorderkopf beschränkt, während er hier das ganze Gesicht in beträchtlicher Breite umzieht. Auch reicht hier die weisse Farbe der Hände bis auf einen Zoll über die Knöchel, Fingerspitzen und Nägel sind schwarz. Ein zweites Exemplar in der sumatraischen Sammlung weicht nur durch eine graubraune Grundfarbe ab und ist wahrscheinlich weiblich oder jung. Seine Farbe stimmt also mehr mit H. agilis oder variegatus. Sehr wahrscheinlich ändert die Färbung bei dieser Gattung, wie bei Semnopithecus, nach dem Alter. — Auch hier ist das Original-Exemplar abgebildet worden, ohne dass dessen Vaterland genau bestimmt werden kann.

430—31. **H. Mülleri** L. Martin gen. introduct. in the nat. hist. Quadrum. or Monkeys 1841. p. 144. Oberkopf und ganze Unterseite schwarzbraun, Augenbrauenbogen weiss, Gesichtskreis von einem Ohr zum andern graufahl, Scheitelkranz und ganze Rückenseite nebst Aussenseite der Glieder hellbraunfahl, gelblich gespitzt. — Ich messe von Oberlippe bis After 22″, ganze Gesichtslänge bis zum Kinn 3″, breit 3″, Nase 1″, breit 9‴, Oberarm 6½″, Vorderarm 9″, Hand noch 6″, Schenkel 7½‴, Unterschenkel 7½″, Fuss 5½″.— Sal. Müller over de Zoegdiere van den Ind. Archip. 1841. führte ihn unter dem schon vergebenen und hier unpassenden Namen H. concolor auf, ebenso Temminck im coup d'oeil sur les possess. Neerland. III. 403. 1849., weil ihn beide fälschlich für den concolor Harlan hielten, welcher ganz schwarz ist und noch nicht wieder gesehen. Martin a. a. O. und Is. Géoffr. St. Hil. bestätigten die neue Art, letzterer im Cat. meth. 7. 3. nach Vergleichung von drei Exemplaren von Borneo. — Auch von dieser Art geben wir die allerersten Abbildungen, Fig. 430. nach einem erwachsenen Weibchen des Kaiserl. Hof-Naturalien-Cabinets in Wien, und 431. nach einem alten Männchen im K. zoolog. Museum in Dresden, von Herrn General v. Schierbrandt gesendet und von Herrn W. Wolf, hier, gemalt.

432—36. **H. agilis** Fr. Cuvier, le Wouwou, Duvaucel in Géoffr. St. Hil. et Fr. Cuv. mammif. Sept. 1821. pl. 3. ♂. 4. ♀. Pelz braun oder hellbraun, Gesicht schwarz, weissgrau umzogen, bei dem Weibchen nur die Augenbrauenbogen heller. Junge ganz blass. Bei einigen der Hinterrücken und die Lendengegend blass. — Länge von Kopf und Leib 1′ 6″, Kopf allein 4″, Arm 9″, Vorderarm und Hand 1′ 8″, Schenkel 7″ 6‴, Unterschenkel und Fuss 6″. Weibchen etwas kleiner. Er hat keine Backentaschen, seine Schwielen sind ähnlich wie die bei den Guénons, aber kleiner. Seine Beine sind fast nach aussen gedreht, seine Fusszehen kurz, der Daumen lang und schlägt sich auch hinten um, die Finger der Vorderhände sind lang, ihr Daumen sehr kurz, die Nasenlöcher seitwärts geöffnet, die Ohren ähnlich denen der Guénons, die Lippen ganz, Pupillen rund, Backentaschen fehlen. Die unteren Backenzähne haben fünf Höcker, zwei nach vorn und drei nach hinten in einem Dreieck. — Le petit Gibbon Buffon enl. 237. Hist. nat. XIV. pl. III. Encycl. pl. V. f. 4. Forst. et Mill. pl. 7. Daubenton, Buff. XIV. 102. pl. III. Erxleben. Orang varié, petit Gibbon Latr. I. 206. pl. IX. Sim. longimana Var. Schreb. t. III. Sim. variegata Fisch. Ungka Puti Raffl. Linn. Trans. XIII. 242. Pithecus variegatus Desmar. mamm. 51. Kuhl 6. 2. Gibbon brun G. Cuvier règne. I. 90. Der kleine Gibbon. Little Gibbon, active Gibbon Griffith. Gibbon agile Is. Géoffr. St. Hil. Cat. meth. 7. 2. — Alfred Duvaucel hatte diesen Gibbon auf Sumatra beobachtet und sendete die beiden guten Abbildungen an Fr. Cuvier, die wir Fig. 432. M. und 433—34. W. mit Jungen, wiedergeben. Der Beobachter berichtet: „Der Wouwou ist weniger bekannt als der Siamang, weil er seltener vorkommt und wegen seiner Schnelligkeit weit schwerer zu erlangen ist. Sein Name entspricht seinem Geschrei, doch hat er noch andere. Er hat ein nacktes, blauschwarzes Gesicht, bei dem Weibchen etwas bräunlich. Die Augen stehen nahe beisammen und liegen um so tiefer, je mehr seine Augenbrauenbogen vorstehen und ihm die eigentliche Stirn fehlt. Die Nase ist minder platt, als die des Siamang, und hat grosse, seitlich offene Nasenlöcher. Das Kinn trägt einige schwarze Haare, die nicht wechseln. Die Ohren sind theilweise in dem langen, weisslichen Backenbarte versteckt, der sich mit einem 6‴ breiten, weissen Querbande über den Augenbrauen vereinigt. Die unbestimmte Farbe und der Mangel bezeichnender Ausdrücke für deren Nüancen lassen eigentlich für Diejenigen, welche das Thier nicht sahen, keine klare Idee zu. Die Farbe ändert mit dem Alter, auch nach dem Geschlecht ist sie verschieden. Der Pelz ist glatt, schimmernd und auf dem Kopfe sehr dunkelbraun, ebenso am Bauch und den Innenseiten der Arme und Schenkel bis an die Kniee, sie wird unmerklich heller über den Schultern und nach dem Halse, dann werden die Haare kraus, etwas wollartig und endlich sehr kurz und dicht, auf den Weichen blond, fast weiss. Zur Seite des Afters bis zu den Kniekehlen, ist der Pelz braun, weiss und röthelfarbig gemischt. Die vier Hände sind sehr dunkelbraun, wie der Bauch. Das Weibchen ist vorn weniger behaart, die Augenbrauen minder vorstehend, verfliessen in das Braun des Kopfes. Der Backenbart ist hier weniger lang und weniger weiss, als bei dem Männchen, aber immer noch gross genug, dass der Kopf breiter erscheint als hoch, so dass diese Art einen eigenthümlichen Anblick gewährt, ganz anders als bei dem Siamang, so ähnlich einander sonst beide auch sind. Die Jungen sind einfarbig gelblichweiss. — Man findet diese Affen öfter in einzelnen Paaren als familienweise und überhaupt selten. Man kann auf fünf bis sechs Wouwous immer hundert Siamangs treffen. Der Wouwou entflieht auch mit der überraschenden Behendigkeit eines Vogels und kann ebenso wie ein solcher nur im Fluge erlangt werden, denn kaum bemerkt er die Gefahr, so ist er schon weit weg. Er klettert mit reissender Schnelligkeit auf die Gipfel der Bäume, erfasst da den schlankesten, biegsamsten Zweig und schwenkt sich zwei- oder dreimal, um seinen Satz zu machen, und mehreremale hinter einander schwingt er sich so ohne Anstrengung und Ermüdung durch vierzig Fuss weite Räume dahin. Gezähmt zeigt er ¦keine besonderen Talente, wenn er auch weniger stumpfsinnig ist, als der Siamanga, und sein Wuchs schlanker, seine Bewegungen leichter und sicherer, so ist er doch minder lebhaft, als andere Affen; und man denkt nicht daran, dass in seinen langen und schlanken Armen und in seinen kurzen und gebogenen Beinen eine so tüchtige Muskelkraft und eine so bewundernswürdige Gewandtheit sich wirklich befindet. Die Natur hat ihn aber nicht mit grosser Einsicht begabt. Sie ist bei ihm, wie gesagt, weniger beschränkt, als bei dem Siamang, denn beide haben eigentlich keine Stirn, aber nach genauerer Beobachtung scheint er doch etwas erziehungsfähig zu sein. Er hat nicht jene unerschütterliche Apathie wie der Siamang, man kann ihn erschrecken und wieder beruhigen, er flieht die Gefahr und sucht Liebkosungen zu empfangen, er liebt Leckereien, ist neugierig, vertraulich, oft sogar lustig. Obgleich er den Kehlsack des Siamang nicht hat, so ist dennoch sein Geschrei fast dasselbe, eine andere Organisation mag ihm also den Kehlsack ersetzen. Dieser Gibbon ist ausser seiner Färbung besonders durch die Länge seiner Arme auffällig, welche, wenn er aufrecht steht, die Erde berühren. — Sumatra: Mr. Duvaucel.

437—40. **H. entelloides** Is. Géoffr. St. Hil. Compt. rend. XV. 717. 1842. Arch. d. Mus. II. 1842. 532. pl. XXIX. Voy. de Jacquemont IV. 13. 1844. Cat. meth. 9. 7. Pelz sehr hell strohgelb, Gesicht weiss umzogen, so wie die Handteller schwarz. Schwielen klein, rundlich. Zweiter und dritter Finger der Hinterhände am ersten Gliede durch eine Zwischenhaut verwachsen. — Ich messe 19½", Gesicht vom Oberlippenrand bis Stirn 1" 10''', breit 3", Raum zwischen den Augen 10''', Oberarm 7", Vorderarm 10½", Hand 6", Schenkel 8", Unterschenkel 6⅜", Fuss 5". — Is. Géoffroy untersuchte drei Exemplare, ein altes M., ein altes W. und ein junges M. Dem apostolischen Missionär Barbé, welcher nach Indien und der malayischen Halbinsel ging, verdankt das Museum diese Art. Er hatte noch ein viertes Exemplar für die Menagerie abgesendet, welches aber nie angekommen ist. Sie fanden sich auf der malayischen Halbinsel unter dem 12. ⁰ N. B. — Pelz sehr wollartig, aufgedunsen und länger auf Kopf und Rücken, hat insgemein eine rothgelblich-weisse Farbe, wie heller, gehechelter Flachs. Die Haare sind nächst der Wurzel rothbräunlich, weiterhin sehr hell. Die Innenseite der Arme, das Innere der Ellenbogen und der Hals erscheinen röthlich, viel mehr bei dem Weibchen und ziehen da sogar ein wenig in Goldschiller, besonders hinten an den Wangen. Die Oberkopfhaare sind ziemlich lang, richten sich nach hinten, die Wangenhaare sind auch ziemlich lang, aber backenbartartig vorwärts gekrümmt. Ein ziemlich breites, weisses Band nimmt das Vordertheil der Stirn ein und geht fast unmerklich in die sehr hell rothgelben übrigen Kopfhaare über. Das Kinn ist auch weiss, ebenso die Wangen vorn bei dem Weibchen und die Wangen bei dem Männchen fast ganz. Bei beiden Geschlechtern ist das Gesicht weiss umzogen, bei dem Männchen geht dieser Zug in die Wangen, bei dem Weibchen an den vorn röthlichen Wangen vorbei. Das Gesicht ist schwärzlich, auch die Nägel haben diese dunkle Färbung. Die Schwielen sind wenig ausgedehnt und rundlich. Merkwürdig ist nur die Verwachsung der Finger an den Hinterhänden. Die Verbindungshaut zwischen Zeige- und Mittelfinger reicht bis an das zweite Gelenk. Bei dem Männchen geht sie sogar darüber hinaus, die Verbindungshaut säumt noch einen grossen Theil der Innenseite des Mittelfingers. Bei dem Weibchen war dies wegen Verletzung der Finger nicht genau zu unterscheiden. Das Thier hat ungefähr die Grösse seiner Verwandten, 80 centim. hoch. Er erhielt den Namen von seiner Aehnlichkeit mit dem Entellus. H. syndactylus ist weit grösser, hat eine nackte Kehle, die Finger

23 *

noch mehr verwachsen und ganz verschiedener Pelz. H. Rafflesii und die übrigen Bewohner der sondaischen Inseln haben jene Zehen ziemlich frei und ganz andere Färbung, ihre Backenbärte sind weit länger und buschiger. H. leucogenys zeigt dieses Kennzeichen besonders deutlich und seine Kopfhaare sind aufgerichtet. H. choromandus hat auch die oberen Kopfhaare lang und zurückgebogen (redressés). H. Hoolock ist so verschieden, selbst wenn man die Farbe gar nicht beachtet, durch das Stirnband, welches sich seitlich nicht fortsetzt. H. albimanus, auch von Indiens Continent, kommt in den Grössenverhältnissen überein, auch in der Stellung der Kopfhaare und in der weissen Umkreisung des Gesichts; das weisse Stirnband ist bei entelloides weit breiter und die Zehenverwachsung unterscheidet ihn hinlänglich. — Von unseren Abbildungen zeigt Fig. 437. das schöne Exemplar unseres Museums in Dresden, welches ich Herrn General v. Schierbrandt verdanke, Fig. 438 u. 39. eine Mutter mit ihrem Jungen im Pariser Museum, Fig. 440. ein altes Weibchen im Wiener Museum, 17½", von dem akademischen Maler Herrn T. F. Zimmermann gefällig gesendet. — Von der malayischen Halbinsel, entdeckt von dem Missionär Barré.

441—44. H. choromandus Ogilby Lond. Edinb. philos. Mag. 1838. XII. 531. Blyth Journ. As. Soc. Beng. 1847. XVI. 729. Aschgrau, Stirnbinde und Backenbart von einem Ohr um das Kinn zum andern weisslich, Kopfplatte kohlschwarz, seitlich über den Ohren herausstehend (wie Eulenohren), Gesicht russig schwärzlich, Maul weisslich, Nase vorstehend! Soll auch ganz schwarz vorkommen, ich habe nur graue Exemplare gesehen und bilde sie zum erstenmale hier ab. Wenigstens ist zu bezweifeln, ob der Gibbon de Coromandel Cuvier Jard. d. plantes (pl. ohne Erwähnung im Texte) hierher gehört, doch spricht die Nase dafür, aber die Figur ist nicht illuminirt. — Ich messe 21", Gesicht bis zum Oberlippenrande 1¼", bis zum Kinn 2¼", Breite 3", Raum zwischen den Augen 8''', Oberarm 8", Vorderarm 9¼", Hand 6" 3''', Schenkel 8", Unterschenkel 8½", Fuss 4½", Eckzähne auf 5''' herausstehend. Die Gesichtskrause wiederholt die Eigenthümlichkeit jener vom Vetulus Nestor, dass sie jederseits oben in eine vorstehende Ecke ausläuft, aber ein zweites Kennzeichen ist vorzüglich die vorstehende Nase, während die Nasen der übrigen Gibbons plattgedrückt sind. Um darauf besonders aufmerksam zu machen, liess ich noch eins unserer Exemplare in der Figur 444. im Profil darstellen. — Das erste Exemplar, in dem Ogilby die Species erkannte, war vom General Hardwicke geschenkt. Er bezeichnet schon hier die höhere Stirn und die vorragende Nase als unterscheidend vom Hoolock, mit dem man ihn für identisch gehalten. — Plinius nannte einen Stamm der Indier Choromandus, hiernach ist dieser Name gebildet. Dieser Gibbon kam von Indiens Continent. Dresd. Mus.

445. H. funereus: Le Gibbon deuil Is. Géoffr. St. Hil. Compt. rend. XXXI. 874. 1850. Archives du Mus. V. 532. Gibbon noir et gris ou Gibbon deuil Is. Géoffr. Cat. meth. d. Primates p. 7. note. Allgemeine Färbung des Pelzes oberseits grau, in gewisser Beleuchtung aschgrau, in anderer bräunlich, Unterrücken und Lenden etwas heller. Aussenseite der Arme, Hinterhände, nicht so die Finger, Hinterkopf und ein schmales Band über Stirn und Gesichtsseiten mehr oder minder rein aschgrau. Der übrige Vorderkopf dagegen und die Bauchseite des Rumpfes mehr oder minder braunschwarz, ebenso der grösste Theil der Innenseite der Gliedmaassen. Die Vorderhände oberseits und die Finger der Hinterhände ziehen in dieselbe Farbe, aber das Braunschwärzlich ist hier bemerklich grau melirt. Gesicht schwarz, ebenso die nackten Theile der Hände und die Gesässschwielen. Augen braun. Länge ungefähr 65 Centimeter, so steht Maul und After etwa einen halben Meter entfernt. — Der verwandte H. leuciscus ist rein aschgrau, Oberkopf dunkler, Unterseite aber nicht dunkler. H. concolor S. Müller Verhandelingen, nicht Harlan, daher H. Mülleri L. Martin general introduction to the natural hist. Quadrumana or Monkeys p. 144. 1841. hat die Unterseite schwärzlich wie funereus, aber die Oberseite braun, nicht grau. H. funereus steht demnach zwischen leuciscus und Mülleri und verbindet diejenigen Gibbons, welche bisher isolirt standen, mit H. Mülleri und folglich mit agilis, indem er diesem und dem H. Rafflesii sehr nahe steht. — H. funereus stammt aus derselben Gegend, wie diese drei Arten, aber gehört einer andern Insel „Solo" an. Die Menagerie erhielt ihr Exemplar durch den Marinearzt Dr. Leclancher, welcher schon vor mehreren Jahren durch eine auf der Weltumsegelung der „Favorite" gewonnene werthvolle Sammlung das Institut beglückt hatte. Es lebte etwa ein Jahr und wurde dann ausgestopft. Dieser Gibbon war noch zehn Monate gesund und bewegte sich so behende, wie die Gibbons in ihrem Vaterlande thun. Seine Intelligenz war sehr entwickelt, doch nicht so, wie bei den Orangs und Chimpanzen. Er kannte seinen Wärter und alle Personen, die ihn öfter besuchten, nahm gern Liebkosungen an, doch war er keiner Person, auch nicht seinem Wärter, besonders geneigt. Die übrigen Affen verschmähte er und einige ihm beigesellte musste man wieder wegnehmen. Seine Stimme war eine ganz andere als die des leuciscus, nach Beobachtung eines Exemplars dieser Art in der Menagerie und eines anderen bei einem Privatbesitzer. Auch seine Stimme war verschieden von der des leuciscus, wie Cat. meth. p. 7. in der Anm. hinzugefügt wird. — Insel Solo: Dr. Leclancher.

446—48. **H. leuciscus** (Simia — a Schreb. t. 3.B.) Kuhl 6. S. Müll, Wiegm. Arch. 1845. XV. 83. Schlegel Diergard. 151. c. ic. Der graue Gibbon, le Gibbon cendré Cuv. règne. I. 103. Pelz silbergrau, Gesicht und Hände unterseits schwarz, Gesichtsumkreis mehr oder minder weiss. — Länge nach Audebert 1′ 8″, nach Lesson 2½′, von unserm vormaligen Pärchen der ersten Sammlung maass das M. 2′, das W. 18″. A. Wagner sagt, dass ein Exemplar der Münchener Sammlung noch über 2½′ messen solle, indessen hat er seinen leuciscus „bräunlich-aschgrau" beschrieben, so dass er zweifelhaft bleibt. Pennant's Exemplar war auch 3′ hoch. — Sicherer gehören folgende Citate hierher: Long-armed ape, white variety. White Gibbon Shaw 1800. I. 1. 12. pl. 6. Moloch Audeb. I. 3. t. 2., unsere Fig. 449. Pithecus leuciscus Et. Géoffr. Ann. d. Mus. XIX. 89. Simia cinereus Géoffr. leçons sten. 34. 7. Virey N. Dict. XXIII. 606. The Silvery-Gibbon or Wouwou, H. leuciscus Gray list Br. Mus. 2. Le Wouwou, Simia hirsuta Forster, Sonnerat voy. IV. 81—82. Mus. Leverian pl. n. 2. Camper allg. vaterl. Letteroefn. I. 18. Lesser Gibbon Pennant Synops. 100., bei Lord Clive lebendig gesehen, wird so beschrieben: Eleganter in Gestaltung, als der grosse Gibbon, Arme verhältnissmässig kürzer, Gesicht, Ohren, Oberkopf und alle vier Hände schwarz, übriger Leib und Arme silbergrau. Bis 3′ hoch, gutartig und fröhlich. — Sein Haar ist sehr weich und hängt mehr in Wollbüscheln zusammen, als das der anderen, wie schon Le Comte Mem. sur la Chine p. 510. bemerkt. Wo diesem Gibbon die schwarze Kopfplatte zugeschrieben wird, dürfte wohl eine Verwechselung mit dem choromandus zu vermuthen sein. Er ist der zweite Gibbon, den man in Europa lebendig gesehen, doch immer höchst selten. Ein Exemplar lebte auch in dem Jardin des plantes 1845. — Vom Hylobates leuciscus? dem Gibbon von Java, kam kürzlich ein Exemplar an die zoologische Gesellschaft in Calcutta, ein schönes Weibchen, dessen Färbung merkwürdig und nicht dem Männchen ähnlich, so wie es in den unausgegebenen Beschreibungen und Abbildungen von Dr. Buchanan Hamilton ist. Er ist blass graulichbraun oder mehr bräunlichgrau, Hals dunkler, Schultern, Gliedmaassen und Innenseite der Schenkel (tighs) vorn schwärzlich, Aussenseite der Schenkel und die Beine und Fuss oben blass, Hände schwärzlich überlaufen. Oberkopf schwarz, ein weisses Band umkreist das Gesicht, Kehle, Kehlseiten, ganze Unterseite, besonders die Lendengegend auch weisslich, aber ein dunkel braungrauer Streif dehnt sich von jeder Seite hinab auf die Brust und den Bauch, von den Achselgruben (arm-pits) und endigt in der schwarzen Innenseite der Dickbeine. Also ganz verschieden: Mülleri? — Mit dem Hoolock verglichen ist sein Pelz mehr dichtwollig, das Haar hängt mehr in Flocken zusammen, besonders über den Rücken. Der Pelz von Lar hält in dieser Hinsicht die Mitte. Blyth Journ. As. Soc. Beng. N. Ser. XIII. 1. 465. — Bewohnt Java und Sumatra.

449—81. folgen.

482—84. Taf. XXXVI. **H. pileatus** J. E. Gray Proceed. 1861. p. 135. pl. XXI. M. schwarz, Scheitel und Rücken und Vorderseite der Hinterbeine graulich, Vorderkopf und Umgebung des schwarzen Scheitelflecken blasser grau, Hände und ein langer Haarbüschel um das Geschlechtsorgan weiss. Drei Exemplare in diesem Zustande sind gleich gross (wie gross?) und scheinen erwachsen. Nur der Scheitelfleck weicht in seiner Grösse etwas ab und die Ausdehnung des Weiss auf den Händen. W. weiss, Rücken bräunlichweiss, leicht gewellt. Ein grosser, ovaler Fleck auf dem Scheitel und ein grosser, runder auf der

Brust sind schwarz. Diese Exemplare sind also alle in der Färbung bedeutend verschieden. Sie sind wahrscheinlich Weibchen und haben wohl entwickelte Zitzen. Nur der grosse, schwarze Brustfleck ändert in der Grösse ab, auch die Farbe des Backenbartes (of the whiskers) bei a. b. weiss, der Brustfleck mässig, halbwegs unter den Bauch hinabreichend, Backenbart weiss. c. bräunlich, Brustfleck grösser, weiter unter den Bauch hinabziehend, Gesichtsseiten schwarz, wenige schwarze Haare an der Kehle. d. bräunlich, Gesichtsseiten, unter dem Kinn und ganze Kehle, Brust und Bauch schwarz, Zitzen gut entwickelt. — Jung: einfarbig unrein weiss, ohne schwarzen Kopf- oder Brustfleck. — Dieser von seinen Entdeckern so kurz beschriebene und nicht einmal gemessene Gibbon, dessen Abbildungen wir hier wieder mittheilen, lässt die Frage aufwerfen: ob diese Variabilität der Farben öfter so vorkommt oder durch Umstände veranlasst worden, welche sonst gewöhnlich nicht stattfinden. Konnte nicht auch hier einmal ein Albino vorgekommen und durch die Paarung mit diesem jene mehr oder minder beschränkte helle Färbung hervorgegangen sein, wie uns ähnliche Fälle belehren, dass dies geschieht, denn ausserdem wäre dies Beispiel ohne Beispiel und würde alle gewöhnliche Diagnostik verspotten. — Mr. Mouhot hatte acht Exemplare von einer kleinen Insel nächst Comboja gesandt, die von Gray verglichen wurden.

XXXIII. Simia Linn. Amoen. acad. G. Cuv. & Et. Géoffr. St. Hil. VI. 95. Mag. encuclop. „Hist. nat. des Orangs" III. p. 148. genus Orang ex p. Gesicht länglich, Stirn gewölbt, Gesichtswinkel 30°, Schädel hoch gewölbt, ohne oder mit erhabenen Knochenleisten, im Durchmesser von vorn nach hinten in der Höhe ziemlich gleich, Hinterhaupt gewölbt. Zwischenkiefer vollkommen unterschieden, das Aufhängeband am Schenkel soll fehlen, drittes Glied des Fussdaumens vorhanden, mit Nagel oder ohne beides. Der aufsteigende Kinnladenast (im Alter) doppelt so breit, als der zahntragende Horizontalast. Zwölf Rippenpaare. — Diese Gattung begreift den bekanntesten menschenähnlichen Affen, den hochorganisirten und ersten, welchen Linnée in seinem Systeme als Simia aufführte, während der antike Name Pithecus, wie wir oben p. 143. gesehen haben, dem den Alten wirklich bekannten Magot gehört.

450—62. **S. satyrus** Linn. Amoen. acad. VI. 68. t. 76. f. 4. Der Orang-Utang, Waldmensch. „Majas" Ind. Kennzeichen dieser Art sind deshalb nicht anzugeben, weil unter den wissenschaftlichen Naturforschern der Zweifel noch nicht gelöst ist, ob man unter diesem Namen wirklich nur eine Art, wie man anfangs glaubte, oder mehrere Arten, wie späterhin durch gute Beobachter im freien Naturleben des Thieres gelehrt worden ist, unterscheiden müsse. Nur eine historische Verfolgung der Ansichten, welche im Laufe der Zeit aufgetaucht sind, kann uns klar machen über die Bedeutung der wahrscheinlich verschiedenartigen Thiere, welche man überhaupt Orang-Utang genannt hat. Es ist allerdings nicht unwahrscheinlich, dass die Alten in Indien diese Geschöpfe kennen gelernt haben, doch dürften manche auf sie gedeutete Erwähnungen täuschen und wir überlassen jene Auslegungen den Philologen*). Sehr fleissig hat besonders Dr. L. J. Fitzinger in den Sitzungsberichten der math.-naturwissenschaftl. Classe der K. K. Acad. d. Wissenschaften, Bd. XI. von S. 400. an die Geschichte des Orangs behandelt.

Gegenwärtig ist man darin einig, dass die Simia satyrus Linnée Gmel. nur den jungen Orang von Borneo bezeichnet. Auf die übrigen werden wir kommen.

Im Jahre 1780 gab Wurmb in den „Verhandelingen van het Batavianisch Genootschap, Deel II. 137." seine „Beschryving van de groote Borneosche Orang-Outang", welcher wahrscheinlich das mehr ausgewachsene Thier war. Der holländische Resident Palm hatte das Exemplar auf einer Reise von Landak nach Pontianak erlegt, es war männlich und 3 Fuss 10½ Zoll hoch, für den Prinzen von Oranien bestimmt. In demselben Bande II. p. 517. wird auch das noch grössere Weibchen von 4 Fuss Höhe beschrieben.

Et. Géoffroy St. Hilaire hielt im Journal de Physique Vol. XLVI. 342. diesen Orang von dem Linnée's für verschieden und derselbe wurde später von Fischer Simia Wurmbii

---

*) Wir verweisen insbesondere auf M. Anton Aug. Henr. Lichtenstein Johannaei Hamburg. Rectoris: Commentat. philolog. de Simiarum quotquot veteribus innotuerunt, formis earumque nominibus etc. Hamburgi MDCCXCI.

genannt. TILESIUS sprach sich in dem Berichte „Naturhistorische Früchte der ersten Kais. Russ. Weltumsegelung" S. 130. zuerst bestimmt dahin aus, dass LINNÉE's Orang nur das junge Thier des WURMB'schen Orang sei. Dasselbe that G. CUVIER in einem im Jahre 1818 in der Akademie zu Paris gehaltenen Vortrage, vergl. Règne animal. Nouv. ed. I. 88. Er begründete diese Ansicht auf einen von WALLICH aus Calcutta gesendeten halberwachsenen Schädel, bei dem der Schnautzentheil ungleich mehr als an dem Schädel des jungen Thieres vortrat, also Uebergang von LINNÉE's Orang zu WURMB's Pongo.

Auch RUDOLPHI sprach in den „Abhandlungen der K. Preuss. Akad. d. Wissensch. in Berlin" 1824. 131. in gleicher Weise sich aus. DONOVAN im „Naturalist's Repository" Nr. 19—21. und deutsch in FRORIEP's „Notizen aus dem Gebiete der Natur- und Heilkunde" Bd. VIII. u. 18. 278. zeigte ebenfalls, dass ein von Borneo nach London gebrachter, ausgewachsener Orang-Schädel deutlich zeige, wie sehr sich durch das Alter das Verhältniss der Grösse des Schnautzentheiles im Verhältniss zur Hirnschale umkehre, so dass jenes in dem Maasse sich vermehre, wie sich diese vermindere, und in dieser Weise der Orang in den Pongo sich umwandele. — Relation d'une dissection du Simia Satyrus ou Orang-Outang par JOHN JEFFRIES. Boston journ. of Philos. u. XII. Août 1825. p. 570. Philos. Mag. Mars 1826. p. 182. Feruss. Bullet. 1827. I. u. 110. p. 140. Ein Orang-Utang von Borneo wurde nach Batavia gebracht und an Capitain BLANCHARD überlassen. Er lebte auf dem Schiffe Octavia unter den Matrosen, die ihn George nannten, ging sowohl aufrecht, als auf allen Vieren, arbeitete mit wie die Schiffsleute, besonders trug er den Kaffee auf, holte Wasser, kehrte aus, ordnete die Kleider und dergl. Nach einem erhaltenen Verweis schrie er einmal wie ein Kind. Er ass Reis, Früchte, trank Kaffee, Thee, bei Tische auch weissen Wein. Er sass dabei auf einem erhöhten Stuhle. Er litt oft an Verstopfungen, wogegen man ihm eine Unze Ricinusöl eingab, welches Erbrechen und Stuhlausleerung erzeugte; während der Reise blieb aber eine zweite Dosis dieses Mittels bei ihm, er wurde kränker, magerte ab und starb. Der Capitain machte die Section. — An account of a pair of hinderhands of an Orang-Otang, deposited in the collection of the Trinity-House, Abell. By JOHN HARWOOD M. D. LINN. Transact. XV. n. XXII. p. 471. Verf. hält den Orang-Utang für verschieden vom Pongo, der alte Orang-Utang aber, von dem diese Hände herrührten, war zu wenig bekannt. Pater CAMPARE's Angabe, dass der Orang-Utang an dem Daumen keine Nägel habe, bestätigt sich theilweise.

CLARKE ABEL Calcutta Gouvernement Gazette 13. Jan. 1859. (deutsch in FRORIEP's Not. a. d. G. d. N. u. H. Bd. XI. no. 2. S. 17.) beschreibt einen sehr grossen Orang-Utang. Dr. ABEL giebt in den Asiatic Researches XV. 489 u. 941. seinen Bericht: „Some Account of an Orang-Outang of remarkable height found on the Island of Sumatra, together with a description of certain remains of this Animal, presented to the Society by Capt. CORNFORT at present contained in this Museum". Dann in BREWSTER Edinburgh Journal of science IV. 193. Dieser Bericht selbst lautet folgendermaassen: „Ein Boot unter Anführung der Herren CRAYGYMAN und FISCH, Offiziere der Brigg „Maria-Anna-Sophia" war an das Land gegangen, um zu Ramboon bei Turaman an der Nordwestküste von Sumatra Wasser zu holen, und fand an einer wohlcultivirten Stelle ohne viele Bäume einen riesenartigen Affen. Bei Ankunft der Mannschaft kam derselbe auf den Boden herab, floh, als er verfolgt wurde, auf einen anderen Baum und sah aus wie ein grosser, glänzend braun behaarter Mensch. Sein aufrechter Gang war watschelnd, er beschleunigte ihn mit Hülfe der Hände und half sich mit einem Baumaste vorwärts. Aber die Bewegung am Boden schien ihm nicht die gewöhnliche natürliche zu sein, selbst mit den Händen und dem Aste war sie langsam und wankend. Ungleich kräftiger und gewandter bewegte er sich auf den Bäumen. Zu einer kleinen Baumgruppe getrieben, sprang er auf einen sehr hohen Ast und mit der Schnelligkeit eines gewöhnlichen Affen von einem Zweige zum andern. Die Schnelligkeit war so gross, dass man nicht sicher auf ihn zielen konnte und man hieb einen Baum nach dem andern um und beschränkte ihn dadurch, wobei er durch mehrere Schüsse in den Eingeweiden verwundet wurde. Nachdem er fünf Kugeln erhalten, wurden seine Bewegungen schwächer, er lehnte sich an einen Ast und erlitt Blutbrechen. Die Jäger hatten keine Munition mehr und mussten den Baum fällen, sie erstaunten aber, dass er nicht so schwach war und scheinbar mit voller Kraft auf einen andern Baum sich begab. So mussten auch die andern Bäume niedergehauen werden, und auch bei dem Kampfe auf dem Boden zeigte er noch so unerwartet viel Kraft und Gewandtheit, dass er nur endlich durch die Ueberzahl besiegt und durch Lanzenstiche und Steinwürfe unterworfen wurde. Schon dem Tode nahe, ergriff er noch eine Lanze, welche der Kraft eines starken Mannes widerstanden haben würde, und zerbrach sie in viele Stücken. Seine Mörder wurden selbst tief ergriffen von dem menschenähnlichen Ausdruck seines Gesichts und dem jammervollen Anblicke, wie er die Wunden mit seinen Händen bedeckte. Nachdem er gestorben, wurde von Eingebornen wie von Europäern sein Gesicht mit Erstaunen betrachtet und er war nach der geringsten Schätzung 6 Fuss lang." Capit. CORNFORT erzählte dem Dr. ABEL, der Affe sei reichlich um einen Kopf länger gewesen, als irgend Jemand am Bord, denn er habe in der stehenden Stellung 7 Fuss und zum Abziehen der Haut aufgehangen, sogar 8 Fuss gemessen. Man vermuthete, er sei aus grosser Ferne herbeigekommen, da seine Beine bis über die Kniee mit Koth bedeckt waren und die Eingebornen ihn ebenso wie die Europäer für eine grosse Seltenheit hielten, da sie, obgleich sie nur zwei Tagereisen von einem der grossen und fast undurchdringlichen Wälder Sumatra's lebten, nie ein ähnliches Wesen gesehen hatten. Sie wollten durch die nunmehrige Bekanntschaft mit ihm manches seltsame Geräusch und verschiedene Töne, die sie weder dem Gebrüll des Tigers, noch sonst eines ihnen bekannten Thieres hatten zuschreiben können, erklären.

Die Ueberreste wurden im Museum der asiatischen Gesellschaft niedergelegt und Dr. ABEL maass die getrocknete und zusammengeschrumpfte Haut in gerader Linie von der Achsel bis an den Knöchel 5' 10", die perpendiculäre Halslänge hält am Präparate 8½", Kopf von Stirn bis zum Kinn 9" und die Länge der noch am Fusse befindlichen Haut von der Linie an, welche ihn vom Beine scheidet, 8", die ganze Höhe demnach 7' 6½". — Das Gesicht ist mit Ausnahme des Bartes fast nackt, da nur einige wenige kurze, weiche Haare darüber zerstreut sind, bläulichgrau. Die kleinen Augen stehen etwa 1" von einander; die Augenlider sind schön gewimpert. Die Ohren, 1½" lang, 1" breit, liegen dicht am Kopfe an und gleichen menschlichen Ohren, nur fehlt das untere Ohrläppchen. Die Nase erhebt sich kaum aus dem Gesicht und unterscheidet sich besonders durch die beiden ¾" breiten, schief aneinander treffenden Nasenlöcher. Das Maul ist weit vorragend, die Oeffnung sehr gross, die geschlossenen Lippen sehen schmal aus und sind ¼" dick. Das röthlichbraune Kopfhaar richtet sich von hinten nach vorn und ist 5" lang. Der schöne Bart scheint bei Lebzeiten lockig gewesen zu sein und ist ziemlich kastanienbraun und an 3" lang; er entspringt wie ein Schnurrbart von der Oberlippe und läuft nach unten mit dem Kinnbarte zusammen. Das Gesicht ist runzelig, von der Haargrenze bis an den Hals 13½". Die Abbildung zeigt die Unterkinnlade mit ihren Zähnen in natürlicher Grösse, ebenso die obere Zahnreihe mit den beiden ausserordentlich breiten paar Mittelschneidezähnen, gegen welche die seitlichen nicht halb so breit sind. — Die Innenfläche der Hände ist sehr lang und ganz nackt, die Rückenfläche bis zu den letzten Fingergelenken mit etwas rückwärts gerichteten Haaren bewachsen. Alle Finger tragen Nägel, diese sind stark, gewölbt und schwarz. Der Daumen reicht bis an das erste Gelenk des Zeigefingers, vom Handgelenke bis zum Ende des Mittelfingers ist eine Entfernung von 1', der Umfang über den Knöcheln 8", Daumen an der Innenfläche 2¼". Die Füsse sind oberseits mit langen, braunen Haaren bis an das letzte Gelenk der Zehen bekleidet und die grosse Zehe steht fast in rechtem Winkel ab. Länge des Fusses von der Ferse bis zum Ende der Mittelzehen 1' 2", Umfang um die Knöchel 9¾", grosse Zehe an der Unterfläche 2¾" lang.

Die Haut war dunkel bleifarbig, das Haar braunroth, von fern gesehen und an manchen Stellen fast schwarz, sehr lang, am Vorderarme oberwärts, am Oberarm abwärts gerichtet, unterseits zottig hängend. Auch von den Schultern hängt es büschelartig herab und bildet eine Art Mantel. An den Weichen ist es gleichlang und mag bis unter die Schenkel gereicht haben.

Hierher gehört auch: Simia gigantica, the gigantic Ape J. T. PEARSON Surgeon, Bengal Establishment, formerly Curator of the Museum. Haut vom Gesicht, linke Vorder- und Hinterhand und ein Theil der Haut wurde vom Capitain CORNFORT geschenkt, welcher das Exemplar in Sumatra erlangt hatte. ABEL hat das Exemplar im XIII. Bande der Researches of the Asiatic Soc. beschrieben. Journ. of Asiat. Soc. of Bengal. X. II. 660. —

Lesson Manuél de Mammologie p. 32. nannte Abel's Affen Pongo Abelii und hielt ihn für verschieden vom Pongo des Wurmb. Auch Fischer syn. Mamm. p. 10. nahm ihn auf, hielt ihn aber später p. 584. nur für den alten Satyrus.

Auch ein altes Weibchen vom Orang wurde an der südlichen Küste von Sumatra geschossen, welches 4 Fuss 11 Zoll Höhe hatte. Sir Stamford Raffles übersendete Haut und Knochen an die Zoological Soc. in London und berichtete, dass die Sumatraner den Affen unter dem Namen Mawah, Mavi oder Mawy kennten. Vgl. Taylor's Philos. Mag. and Journ. LXVIII. 231. und Froriep's Notizen XV. 18. p. 273.

Grant in Brewster's Edinb. Journ. of sc. IX. 1. (Froriep's Notiz. XXI. 20. p. 305.) macht auf die fleischigen Wangenwülste und — aber irrig! — auf Gesässschwielen des Pongo von Wurmb aufmerksam und will ihn auch noch seiner Farbe wegen vom Orang von Borneo und Sumatra unterscheiden.

Capitan Hull in demselben Journal New Series I. 369. (Froriep's Notiz. XXVIII. 17. p. 262.) glaubt einen wesentlichen Unterschied zwischen dem Orang von Sumatra und Borneo darin zu finden, dass der von Borneo mehr Wirbel habe.

Orang-Outang femelle pris sur la côte de Sumatra, par le Capit. Hull. Calcutta Governement Gazette. Asiat. Journ., Août 1826. Edinb. Journ. of science n. XIII. Jul. 1827. p. 162. Leben im Innern der Insel Sumatra. Die Einwohner verfolgen die Thiere nicht, weil sie den Glauben haben, dass die Seelen ihrer Vorältern in ihnen wohnen.

Owen wies im London and Edinb. Philos. Magaz. VI. 457. in seiner vortrefflichen Arbeit: „On the comparative Osteology of the Oran Utan and Chimpanzee" p. 467. auf die wesentlichen Formunterschiede hin, die zwischen dem im Royal College of Surgeons vorhandenen Schädel aus Borneo und dem im Besitze des Mr. Cross in Survey zoolog. Garden befindlichen, wahrscheinlich aus Sumatra, bestehen. Bei letzterem ist der Durchmesser von vorn nach hinten kürzer, der Scheitel höher, die oberen Augenhöhlenränder mehr vorspringend, der Querdurchmesser der Augenhöhlen übertrifft ihren Höhendurchmesser und die Augenhöhlenränder stehen mehr senkrecht, so erscheint das Gesichtsprofil zwischen der Glabella und den Schneidezähnen ausgehöhlt, bei dem aus Borneo fast gerade. Die Symphyse der Kinnlade ist vom Zwischenraum der Mittelschneidezähne bis zum Ursprung der musculi geniohyoidei um ⅘ niedriger, und die Hinter-Jochbeinnaht (mit dem Jochfortsatze des Schläfenbeins) weit mehr in die Mitte des Jochbogens gerückt, als bei dem Schädel aus Borneo. Owen bildet in der oben citirten „Osteology" t. 49. den Schädel von Borneo und t. 53. den als von Sumatra vermutheten ab.

De Blainville sur quelques espèces de singes confoudues sous le nom d'Orang-Outang p. 377. spricht zuerst mit Bestimmtheit von vier Arten asiatischer Orangs: 1) Der von Borneo und Sumatra, in der Jugend roth und das alte Männchen mit Wangenwülsten. 2) Der Wallich's vom indischen Continent. 3) Abel's Exemplar von Sumatra. 4) Der Pongo von Borneo. Der Verf. irrt hier sehr, wenn er sagt, dass Wurmb's Pongo keine Wangenwülste habe, da dieser im Gegentheil sie sorgfältig beschreibt.

Auch Et. Geoffroy St. Hilaire Considerations sur les singes les plus voisins de l'homme, Annal. d. sc. nat. 1836. p. 62. meint, dass von den drei grossen sondaischen Inseln Borneo, Sumatra und Java, jede ihren besondern Orang-Utang hätte: 1) den vom Wurmb aus Borneo; 2) den Abel's von Sumatra und im Fall der vom Wallich 1818 aus Calcutta an Cuvier gesendete Schädel von Java oder einer kleinen Nachbarinsel herstamme und auf den indischen Continent gebracht wurde, der Orang des Wallich von Java.

Müller Archiv f. Physiologie, 1836. p. XLVI. deutet an, dass die drei Gypsabgüsse erwachsener Orang-Utang-Schädel drei verschiedenen Arten gehören. Der eine ist der Pongo des Camper'schen Museums, abgebildet in Fischer's naturhist. Fragmenten, t. 3 u. 4., der zweite nach einem Originale in der Sammlung von Prof. Hendrikz, der dritte nach dem im Pariser Museum vorhandenen Pongo von Wurmb, den Audebert Singes auf Tab. II. der anatomischen Figuren, später auch D'Alton in seinen Skeleten der Vierhänder tab. 8. abbildet. Müller findet die verbreitete Ansicht, dass Simia Satyrus der junge Orang sei, durch Blainville sehr zweifelhaft gemacht oder gar widerlegt, wenigstens gehöre er nicht als Junger zum Pongo.

Wiegmann Archiv 1836. II. 277. wiederholt diese Zweifel.

TEMMINCK Monogr. de Mammalogie II. 113. unterscheidet von Simia Satyrus einen „Orang roux", welcher 1836 in der Pariser Menagerie lebte und aus Sumatra herstammen sollte. TEMMINCK vermuthete aber, dass er vielmehr dem indischen Continente gehöre. Alle von Borneo gesehenen Exemplare verschiedener Alter und beider Geschlechter liessen nur auf eine Art schliessen, dieselbe, welche auch auf Sumatra verbreitet ist. Indessen behaupteten die Dajakers auf Borneo, dass die zwei verschiedenen Arten Orangs da einheimisch wären, was man also wohl glauben müsse.

OWEN proceed. of zool. Soc. 1836. 91. (London and Edinb. philos. Magaz. X. 259.) verglich mehr Material für seine Arbeit: „On the specific distinctions of the Orangs." Der junge Orang von Sumatra ist in Behaarung und rother Farbe dem erwachsenen Weibchen von Sumatra, welches RAFFLES der zoolog. Gesellschaft zu London schenkte, vollkommen gleich. Zwei Schädel von Borneo weichen vom Orang von Sumatra, aber auch unter sich ab. Der grössere von Borneo gleicht dem von OWEN Transact. of the zool. Soc. of London I. part. 4. pl. 49. im College of Surgeons, auch von Borneo, und weicht ebenso wie dieser von dem männlichen von CROSS l. c. pl. 53. ab, welcher für sumatranisch gehalten wird. Hier wird hinzugefügt, dass bei den Schädeln der alten Männchen von Borneo die äusseren Ränder der Augenhöhlen eine unregelmässig rauhe Oberfläche zeigen, als Folge der Wangenwülste. Den kleineren der beiden Schädel von Borneo betrachtet OWEN als eigene Art: S. Morio, von S. Wurmbii und Abelii verschieden. Scheint er auf den ersten Blick eine Mittelstufe zwischen der jungen und alten S. Wurmbii, so hat er dagegen einem erwachsenen Thiere gehört, indem er schon die bleibenden Zähne besitzt. Hier sind die Backenzähne kleiner und die Eckzähne verhältnissmässig viel kleiner, als bei dem grossen Pongo, während die oberen Schneidezähne beinahe und die unteren genau dieselben Maasse zeigen, wie bei diesem. Auch der schmale Zwischenraum auf der Scheitelfläche zwischen der halbzirkelförmigen Leiste und das Schwinden der Zwischenkiefer-, Pfeil- und Lambda-Naht beweisen das Alter des Schädels. Die grosse Leiste längs des Scheitels fehlt aber. Die Lambda- und Mastoideal-Leiste sind wohl stark entwickelt, doch geringer als bei dem grossen Pongo. Hinterhaupt fast glatt, ohne Mittelleiste. Das Schläfenbein stösst mit dem Stirnbein zusammen, wohl nicht constant, da dies OWEN anderwärts bei einem jungen Orang einseitig fand. Das Hinterhauptsloch liegt nicht so weit rückwärts, als bei dem Pongo, die vorderen Gelenklöcher sind wie bei diesem doppelt. Das einfache Nasenbein ohne Spur früherer Trennung. Die Schmalheit des Raumes zwischen den Augenhöhlen und deren Form stimmt mit dem jungen Orang. Der wesentlichste Unterschied von S. Wurmbii und Abelii besteht in der verhältnissmässig weit geringeren Entwickelung der Eckzähne.

Um drei Jahre später gab OWEN seine Osteological Contributions to the Natural History of the Orang Utans in den Transact. of the zoolog. Soc. of London II. part. III. p. 165. und bildet t. 31 u. 32. den Schädel seiner S. Wurmbii und t. 33 u. 34. den der S. Morio ab, indem er entschieden behauptet, dass Borneo und Sumatra Orangs besitzen, die an Leibesgrösse alle bekannte Affen überträfen, furchtbare Bezahnung hätten, aber verschieden wären durch Schädelform und geringere äussere Merkmale. Der von Borneo sei lang und locker dunkelbraun, theilweise fast schwarz behaart, mit häutigen Backenschwielen der alten Männchen. Der Pongo von Sumatra lang und locker röthlichbraun und ohne häutige Backenschwielen.

WIEGMANN Archiv 1837. II. 146. vermuthet nun drei bis vier Arten, deren Junge nicht als verschieden erkannt worden wären: 1) der BLAINVILLE's von Sumatra, 2) der WALLICH's vom indischen Continent, 3) der Pongo von Borneo, 4) der ABEL's von Sumatra. Er glaubt, dass CAMPER's Schädel mit dem von CROSS Transact. t. 53. und mit BLAINVILLE's Orang von Sumatra, von dem nun auch Skelet und alter Schädel im Museum befindlich, zusammengehöre; HENDRIKZ's Schädel gehöre zu dem von WALLICH, doch sind die Augenhöhlen kleiner; D'ALTON's Schädel endlich sei der Pongo Wurmbii von Borneo. S. Morio, anfangs für Mittelstufe gehalten, sei nach seiner Form und seinem Gebiss auch eigenthümlich. Zwei andere Schädel durch Differenzen zweifelhaft.

Dr. C. F. HEUSINGER vier Abb. d. Schädels der Simia Satyrus von verschiedenem Alter, zur Aufklärung der Fabel vom Orañ utañ, Marburg b. Garthe 1838. bemüht sich nur, den Pongo als alten Orang zu erklären und bildet auf 4 Quartplatten 4 Schädel schön ab.

Dumortier Note sur les métamorphoses du crâne de l'Orang-Utang im Bullet. de l'Acad. de Bruxelles 1838. und Obs. sur les changemens de forme que subit la tête chez les Orang-Outans in den Annales des sciences naturelles 1839. 56. vergleicht 16 Schädel im Museum zu Brüssel. Er nimmt an, dass die rothen Orangs, als Pithecus Satyrus, Pongo Wurmbii und Abelii beschrieben, nur verschiedene Alterszustände derselben Art sind, indem er sechs Stufen unterscheidet: 1) in der ersten Jugend ist der Schädel vollkommen rund, die Untertheile wenig entwickelt, Leisten fehlen, dem menschlichen Kindesschädel ähnlich; 2) bei dem Hervortreten der vierten Backenzähne tritt die Verlängerung der Maxillartheile ein. Der Schädel hat noch keine Pfeil- und Hinterhauptsleiste, aber die Leisten am äusseren Augenhöhlenrande und seitlich am Hinterhaupt macht sich die Anlage dazu bemerklich, auf den Scheitelbeinen und dem Hinterhauptsbeine kaum durch eine Linie angedeutet. Die Jochbogen beginnen sich auszubeugen. S. Satyrus der Autoren. 3) Vier Schädelleisten heben sich leicht hervorragend, zwei Fronto-vertical- und zwei Occipital-Linien. Diese, vom Gehörgange ausgehend, laufen gegen den Scheitel und begegnen einander, um später sich an ihrem Oberende als halbkreisförmige Leiste zu vereinigen. Die beiden Fronto-vertical-Linien, vom äusseren Orbitalrande beginnend, gehen über das Stirnbein, dann über die Scheitelbeine gegen den Scheitel und, hinten etwas genähert, vereinigen sie sich mit den Hinterhauptsleisten. Die Jochbogen beugen sich mehr. Jünglingsalter mit 16 Mahlzähnen, dem S. Morio entsprechen soll*). 4) Beide Occipitalleisten durch Vereinigung ihrer oberen Enden nur halbkreisförmig. Hinterhaupt nunmehr abgeplattet. Beide Fronto-vertical-Leisten sehr erhoben, noch geschieden, aber auf dem Scheitel gegen die Fontanelle zu genähert. Oberorbitalrand, vorher schneidig, wird jetzt breit und flach, verbindet sich an den Aussenrändern mit der Basis der Stirnscheitelleisten. Mannbares Alter. 5) Beide Fronto-vertical-Leisten waren bisher ihrer ganzen Länge nach vollkommen getrennt, nähern sich jetzt gegen den Scheitel zu und berühren einander an einem Punkte, um sich der Länge nach gegen das Hintertheil anzulegen, ohne zu einer Leiste zu verschmelzen. So bilden sie einen verlängerten Kegel, Basis gegen die Augenhöhlen, Spitze gegen den Scheitel gerichtet. Soll in Europa nur der eine verglichene Schädel dieser Uebergangsstufe existiren. 6) Hohes Alter. Die Frontovertical-Leisten auf der Stirn genähert und von da zu einer Kronnaht, zu einer einzigen Vertical-Leiste verschmolzen, die sich ansehnlich erhebt und keine Spur der Verbindung der Parallelleisten wahrnehmen lässt. Zugleich erweitert sich das Gesicht durch Entweichung der Jochbogen und wird mehr thierisch. Der Daumennagel der Hinterhände verschwindet, nur nimmt man seinen Umriss noch wahr. Höhe in diesem Alter 5' und mehr. Hierher Pongo Wurmbii und Abelii.

Owen Note sur les differences entre le S. Morio & le S. Wurmbii dans la periode de l'adolescence, decrit par. M. Dumortier — in den Annal. d. sc. nat. 1839. 122. zeigt, dass seine S. Morio bereits 20 Mahlzähne habe, also das, was Dumortier dafür gehalten, gar nicht dazu gehöre. Auch Eck- und Mahlzähne sind bei dieser Art im Verhältniss zu den Schneidezähnen kleiner, als bei S. Wurmbii.

Schwarze descr. osteologica capitis Simiae parum adhuc notae, Berolini 1839. hält einen neuen Schädel des Museums für S. Morio und bildet ihn ab. Er hat aber grosse Zähne und gehört nach Müller nicht dazu.

Müller Archiv f. Anat., Phys. 1839. S. CCIX. erwähnt noch zwei neuerlich erhaltene, zu S. Morio gehörige Schädel mit 32 bleibenden Zähnen und auffallend kleinen Eck- und Schneidezähnen. Er vermuthet die beiden Typen als Geschlechtsunterschiede anerkennen zu dürfen.

Lesson Spec. d. Mammif. biman. & quadrum. p. 40. führt nur einen Satyrus rufus au und zieht unter ihm alles zusammen.

Wagner Suppl. I. zu Schreber nimmt zwei Hauptformen an, wie zuerst Owen. Die erste Form sei Owen's t. 49. seine S. Wurmbii, die andere der Schädel von Cross t. 53. Zu dieser gehöre auch der Schädel von Hendrikz, weshalb er ihn S. Hendrikzii nennt, mit geradem Gesichtsprofil, höherer Schnautze, stärkerer Entwickelung des Hirnschädels von vorn nach hinten, die massivere Form des ganzen Jochbogens, die vorgerückte Jochbeinnaht,

*) Vergl. weiter unten Owen's Antwort.

24*

gleich hinter dem Augenhöhlenfortsatze des Jochbeins beginnend, und die hohe Symphyse der Kinnlade; alles mit S. Wurmbii OWEN t. 49. übereinstimmend.

Die zweite Hauptform bestimme CAMPER's Schädel, auch der von D'ALTON abgebildet^e WURMB'sche Pongo des Pariser Museums, nach einem Gypsabguss, obgleich sich zwischen diesem und dem von CROSS verschiedene Abweichungen darbieten.

Bei WURMB's Pongo sei hauptsächlich der Kinnladenkörper höher, als bei dem von CROSS und die Symphyse stärker, ebenso wie bei dem von HENDRIKZ. Die stärkere Entwickelung der Scheitelleiste, gegenüber dem Schädel von CROSS, hänge vom Alter ab, alle anderen Verhältnisse aber stimmten mit diesem, insbesondere die für diese Hauptform charakteristische Lage der Jochbeinnaht in der Mitte des Jochbogens.

S. Morio OWEN entfernt sich gänzlich von dieser zweiten Hauptform und wird von WAGNER als zur ersten gehörig betrachtet. Sei durch Alters- und Geschlechtsunterschied zu erklären, ebenso Wallichii. Resultat: 1) Alle gesehene Junge wären junge Pongo; 2) unter den Schädeln gäbe es zwei in ihren Extremen sehr abweichende Hauptformen.

SCHLEGEL und SAL. MÜLLER Verhandelingen ov. de natuurlyke Geschiedenis der Nederlandsche overzeesche besittingen. Zool. p. 1. etc. kennen nur einen asiatischen Orang, verbreitet über Borneo und Sumatra, aber nicht auf dem Festlande und nicht auf Java. Sie verglichen an 30 Schädel und hielten die Form S. Morio OWEN für ein Mittelalter schon mit bleibenden Zähnen, das von OWEN im Leydener Museum bestimmte Exemplar sei von einem Weibchen. Es gebe auch Weibchen mit grösseren Eckzähnen.

Rothe Orangs, wie Orang roux TEMM., angeblich von Sumatra, nehmen sie für individuelle Abweichung, wie sie auf beiden Inseln vorkommt. Das Material für Entscheidung über Verschiedenheit zweier Orangs von Borneo und Sumatra sei noch zu gering, 1) für Sumatra nur das Exemplar von CLARKE ABEL, 2) das Weibchen von RAFFLES, 3) das junge von OWEN, 4) eins von S. MÜLLER bei einem Schiffskapitain zu Padang auf Sumatra lebendig gesehen, 5. 6) zwei grosse Schädel, die Dr. FRITZE auf Sumatra erhalten hatte, im Leydener Museum, mit linealischem Nasenbein. Bis jetzt ergebe sich nur, dass in Sumatra das alte Männchen keine Wangenwülste habe, die Scheitelleisten sich nicht zu einem hervorragenden schneidigen Kamme vereinigen und die Nasenknochen linear sind. TEMMINCK Monographie sur le genre Singe, Monogr. d. Mammol. II. 364. nimmt hiernach seinen Orang roux und S. Morio OWEN zurück, letzteren als weiblichen Schädel von Borneo.

ISID. GÉOFFROY ST. HILAIRE descript. des Mammif. nouv. ou imparf. conn. de la coll. d. Mus. d'hist. nat. Archives du Mus. II. 485. unterscheidet den Orang roux TEMM. unter dem Namen Pith. bicolor aus Sumatra, 1836—37 in der Menagerie lebendig gehalten. Die Zurücknahme der Art durch TEMMINCK wird, als nicht auf hinreichende Motiven begründet, nicht anerkannt. Deshalb führt auch der Verf. in seinem letzten Werke: Catal. method. de la collect. des Mammifères, Paris 1851. p. 6. wieder auf, die S. bicolor: 455—57 u. 497. Simia bicolor Is. G. ST. HIL. Cat. meth. p. 6., Orang bicolor: Pithecus bicolor, Ej. Atti della terza riun. d. sc. Ital. 1841., von S. satyrus leicht zu unterscheiden durch oberseits und in der Bauchmitte rothbraunen Pelz, die gelbweisslichen Seiten, Achseln, Innenseite der Hüften und Umgebung des Mundes. Die Augenhöhlen sind viereckig. Junges M. aus Sumatra, lebte in der Menagerie 1836—37, wurde nach dem Leben abgebildet von M. WERNER, für die Collection des velins. Dies Exemplar ist auch das Original schöner Lithographieen in natürlicher Grösse, welche derselbe Künstler veröffentlicht hat. Neben dem Orang bicolor hat man im Museum zugleich seine farbige Büste aufgestellt. Hierzu fügt Is. GÉOFFR. ST. HILAIRE noch folgende Bemerkung: Er war sehr jung und kaum 9 Decimetres lang. Sein Unterschied vom Orang-Utang, von dem mir jetzt alle Alter bekannt sind, ist gewiss.

Is. GÉOFFR. ST. HIL. sagt: „Der von meinem Vater Cours d'hist. nat. d. mammif. leçon VII. 27—31. 1829. sogenannte Orang de Wurmb, den auch FISCHER in seiner Synopsis Mammalium als S. Wurmbii aufnimmt, ebenso BLAINVILLE Compt. rend. hebdom. II. 76. 1836. als Pongo de Borneo, gründet sich auf das Exemplar, welches WURMB im J. 1780 beschrieb und für den alten Orang-Utang hielt: Beschrijbing van de groote Borneoosche Orang-Outang. Verhandelingen van het batav. Genedschap. II. 137. Mein Vater erklärte diese Art schon 1798 für verschieden vom Orang-Utang und für neu, und mit LA CÉPÈDE machten fast alle Schriftsteller eine verschiedene Gattung daraus, während Mr. Latreille in seiner Hist. de Singes ihn als Papio Wurmbii zum Mandrill versetzt, bis Cuvier nach Ankunft neuer Materialien ihn bestimmt wieder herstellte und Règne animal ed. 2. I. 88. 1818 in die Gattung Orang versetzte.

Während nun Einige ihn noch für einen alten, wirklichen Orang halten, nehmen ihn Andere, besonders nach Vorgang meines Vaters und nach Mr. de Blainville für eine congenerische Art. Die Kennzeichen werden, wie z. B. von Harwood Trans. Linn. Soc. XV. 471. und von Müller Archiv f. Anat. 1836., wo drei Arten angenommen werden, vom Schädel entlehnt. Die Augenhöhlen sind fast wie bei P. bicolor in ihren Durchmessern ziemlich gleich und bieten also eine sehr verschiedene Gestalt von denen des Orang-Utang. Auch ist das Nasenbein weit breiter. Man glaubte ihn äusserlich durch den Mangel der Backenhöcker charakterisiren zu können, die bei dem alten Orang vorkommen und ihn so merkwürdig machen. Indessen giebt Wurmb selbst diese Auswüchse zu beiden Seiten des Gesichts an. Auch die schwarze Farbe ist nicht charakteristisch, denn der Verf. selbst beschreibt sein Thier braun. Seine Existenz als Art ist also wahrscheinlich, aber noch ist es unmöglich, ihn festzustellen."

Nach so vielen Ungewissheiten wurde die Ankunft des Herrn Oskar von Kessel in Europa, nach mehrjährigem Aufenthalte auf Borneo und Sumatra, ein auch für die Naturgeschichte des Orang-Utang interessantes Ereigniss. Derselbe hielt am 9. Oct. 1851 in Dresden in der naturwissenschaftlichen Gesellschaft Isis folgenden Vortrag.

Durch die K. Holländische Regierung in den Jahren 1846—48 in das Innere von Borneo zur topographischen Aufnahme der von mir zu bereisenden Länder gesendet, interessirte mich vorzugsweise dabei die Kunde der dort vorkommenden Völker. Als geübter Jäger, wenn auch nicht eigentlich Naturforscher, gelang es mir, selbst mehrere der grössten Orang-Utangs erlegen und dergleichen in Wildniss beobachten und durch die Eingebornen, unter denen und mit welchen ich, von jedem europäischen Verkehr abgesondert, Jahre lang lebte, über diese Geschöpfe belehrt werden zu können.

Bei aller Achtung für theoretische Naturforscher muss ich doch sehr beklagen, dass dieselben dies Mittel, durch Eingeborne sich zu unterrichten, zu wenig benutzt haben, da diese nur die einzige sichere Quelle sind und sein können. Dies ist auch leichter, als es scheint, denn die Residenten der Niederländischen Niederlassungen von Sambas, Pontianac, Banjermassing, Katté u. s. w. haben Einfluss genug, um durch briefliche Anfragen an die malayischen Fürsten im Innern Aufschlüsse erhalten zu können, auch Exemplare zu schaffen. Nach eigener Ansicht und vielseitigen Mittheilungen stehen folgende Erfahrungen fest."

Den Eingebornen sind vier verschiedene Arten der Orang-Affen bekannt, welche sich wesentlich von einander unterscheiden; vielleicht sind deren sogar noch eine oder zwei Arten mehr, welche aber im Aeusseren so wenig Abweichung darbieten, dass die Eingebornen selbst darüber unsicher sind. Die vier mir bekannten sind: 1) Majas-Papan, 2) Majas-Bannir, 3) Majas-Rambei, 4) Majas-Kessah.

491. Der Majas-Papan und Majas-Bannir wurden bis dahin Pongo genannt. Beide haben die starken Wangenwülste und sind nicht wesentlich verschieden, Majas-Papan aber kolossaler und $\frac{1}{4}$ bis $\frac{4}{5}$ Fuss grösser. Im Berliner Museum steht ein Majas-Bannir ausgestopft, dessen Leib aber mindestens um einen halben Fuss zu ausgedehnt ist.

500. Der Majas-Rambei ist ziemlich selten auf Borneo, im Süden wohl gar nicht, überhaupt nicht alle vier Arten über die Insel verbreitet. Obiger am häufigsten in den Landschaften Brunnei, Blitang und Katurgan. Der Name bezeichnet eigentlich: „der haarige Majas", weil seine Haare ungleich länger und dichter sind, bei einer Grösse wie Majas-Bannir aber fast oder gänzlich ohne Wangenwülste.

Der Majas-Kessah, am häufigsten in der Landschaft Matan vorkommend, unterscheidet sich auffällig und wird mit Recht Orang-Utan oder Waldmensch genannt. Er hat ein intelligentes Gesicht ohne Wangenwülste und ist kürzer behaart. Seine Theile sind besser proportionirt, in seiner Länge kommt er dem Majas-Bannir ziemlich gleich, aber der Kopf ist um ein Drittheil kleiner und ohne Wangenwülste, von mehr menschlichem Ansehen, seine Bewegungen lebhafter, bei Majas-Bannir und Papan dagegen bedächtig.

„Majas" ist auf Borneo der Name für alle Orang-Utangs und dieser letztere Name‘ Waldmensch wurde erst in Java und auf der Halbinsel Malakka gegeben, wohin diese Thiere durch Handelsschiffe gebracht werden. Daher und von Singapore stammt auch das viele Fabelhafte, was die Verkäufer, um das Thier wichtiger zu machen, erzählen. Er geht niemals aufrecht, wohl gar mit einem Stocke, wie man ihn abbildet. Er raubt nicht Frauen und Kinder. Wohl mag mancher in der Gefangenschaft Angriffe auf Frauen ausüben, das thun aber auch andere Affen, wie ich dies vom Baru, Bruk oder Bruh, welcher gezähmt zum Herabwerfen der Cocosnüsse gebraucht wird, selbst gesehen, da er ein Mädchen von 12 Jahren überfiel, so dass man ihn auf dem Mädchen tödten musste.

Die Majas leben nur auf Bäumen, deren Knospen, Blätter und Früchte ihre Hauptnahrung bilden. Herabgestiegen geht der Majas auf allen Vieren. Die im hohen Greisenalter befindlichen besteigen selten mehr Bäume, sondern wohnen immer am Boden. Seinem Charakter nach ist er das friedlichste Geschöpf von der Welt und flieht nicht vor den Menschen, sondern betrachtet sie neugierig und entfernt sich endlich langsam, so wie er sich überhaupt langsam bewegt und nie, selbst verwundet nicht, springt. Nur mit den Vorderhänden zieht er sich von einem Aste bedächtig zum andern. Ist er gefallen, ohne todt zu sein, so wird allerdings die Annäherung gefährlich, da er sich im Todeskampfe verzweifelnd vertheidigt. Ein Eingeborner wollte in meiner Gegenwart einem verwundeten Orang-Utang mit dem Schwerte den letzten Hieb versetzen, der Majas hatte aber noch die Kraft, den Hieb aufzufangen, indem er den Arm fasste und entzwei brach, auch die Hand seines Verfolgers so grässlich zerbiss, dass alle Finger zermalmt wurden. Der Majas geht stets allein, nur zur Begattungszeit halten sie in einem Districte sich paarweise und rufen einander durch einen starken Schrei, ein weit schallendes Gebrüll, wie von einem Rinde.

Der Majas baut ein Nest, so gross wie ein Storchnest. Ich habe mehr als zehn derselben in der Wildniss gesehen, auf Unterlagen abgebrochener Aeste gebaut, gewöhnlich auf jungen Bäumen, nicht über 30 Fuss über dem Boden, während er selbst auf den Riesenbäumen sich aufhält.

In der Gefangenschaft hält er in Europa nicht lange, auch in Indien nicht viel länger aus, vorzüglich wohl wegen Wechsels der Nahrung. Mir selbst starben zehn Junge und alle an Dysenterie. Nach den Küsten von Borneo, Pontianak, Serawak, Banjermassing bringen malayische Kaufleute jährlich hundert bis hundert und dreissig Junge aus dem Innern heraus. Die Hälfte derselben stirbt schon hier. Die übrigen gelangen nach Singapore, einige nach Java. Von vier Exemplaren starben drei auf der Seereise, von hundert und zwanzig erreichen nur fünf und zwanzig Singapore und Java, von denen kaum fünf nach Europa gelangen. Das ist der wahre Grund ihrer Seltenheit und ihrer hohen Preise.

Ich lebte von 1840—46 nur auf der Westküste Sumatra's, die ich Jahre lang zu 100 bis 120 deutschen Meilen bereiste und bis in die Mitte der Insel gelangte, und habe da den sumatranischen Orang nie kennen gelernt. In Lampong aber, dem südöstlichen Theile von Sumatra und längs der Ostküste auf mehr flachem Lande, soll der Orang-Utang vorkommen, sowie er auch auf Borneo nur in den Niederungen lebt. So weit O. v. Kessel.

Kehren wir jetzt wieder auf die früher angenommenen Formen zurück, so waren es:

1) S. Wurmbii Owen: Gesichtsprofil gerade, Augenhöhlen schief, Schnauzentheil hoch und kurz mit höchster Symphyse und stärkeren Jochbogen. Hierher S. Hendrikzii Wagn. und S. Morio Owen.

2) Pongo Mus. Paris. Gesichtsprofil stark ausgehöhlt, Augenhöhlen mehr senkrecht gestellt, Schnauzentheil länger und niedrig, wie die Symphyse, Jochbogen minder stark. Camper's Orang und Simia Straussii Wagn., wo die Jochnaht individuell weiter nach vorn, nicht in der Mitte des Jochbogens liegt.

3) S. Crossii Owen von Sumatra: mit noch niedrigerer Symphyse des Unterkiefers. Unter den kleineren Schädeln von Kessel befindet sich einer, welcher in der Kinnlade jederseits 6, im Kiefer aber jederseits 5 Backenzähne hat, was an einem andern im Museum zu Frankfurt, wie Meyer in Troschel's Archiv 1849. I. 352 u. 356. berichtet, ebenfalls der Fall ist.

Die Anwesenheit oder der Mangel eines Nagelgliedes und Nagels am Daumen der Hinterhände verdient auch besondere Beachtung.

Vosmaer Descr. de l'Orang-Outang de l'isle de Borneo, Amsterdam 1778. bemerkt, dass an drei jungen Weibchen der Nagel am Hinterdaumen fehlte. Camper Naturg. d. O.-U. und einig. and. Affenarten p. 140. u. Oeuvres I. 54. fand unter acht Exemplaren von Borneo, dass nur ein einziges, ein Männchen, jenen Nagel hatte, und zwar nur am rechten, nicht aber am linken Daumen, dem auch das Nagelglied fehlte. Wurmb fand am grossen Orang von Borneo, seinem Pongo, bei beiden Geschlechtern Nagelglied mit Nagel, bei dem M. diese schwarz. Das W. hatte geringere Wangenwülste. Fr. Cuvier Annal. d. Mus. XVI. 48. fand bei dem in der Hist. nat. d. Mammif. abgebildeten Weibchen von Borneo, welches die Kaiserin Josephine vom Capitain Decaen erhalten, und welches 1808—9. in Malmaison fünf Monate gelebt hatte, an den Hinterhänden Nagel und Nagelglied. Stamf. Raffles descript. Cat. of a zool. coll. made in the Island of Sumatra and its vicinity, Trans. Linn. soc. XIII. 241. sahe bei dem lebenden, 1819 von Borneo nach Calcutta gesendeten Orang den Nagel am Hinterdaumen fehlen. Abel's Orang, M. von Sumatra, Asiat. Res. XV. 489. t. III. hatte diese Nägel. Jeffries Boston Journ. of Philos. II. 570. zergliederte ein junges M. von Borneo mit 16 Backenzähnen, dem das Nagelglied fehlte. Grant in Brewster Edinb. Journ. of sc. IX. 1. beschreibt einen andern daher des George Swinton in Calcutta, mit 16 Backenzähnen, welcher die Nägel besass, und meint, dass es deshalb irrig sei, wenn Camper annahm, der Orang von Borneo sei durch den Nagelmangel specifisch verschieden, indessen war Swinton's Exemplar, welches derselbe durch Montgomerie erhielt, auch nach dessen Bemerkung die einzige Ausnahme. Observations sur la structure, les moeurs et les habitudes de l'Orang-Outang de Borneo, par J. Grant Edinb. Journ. of science. 1828. n. XVII. p. 1—24. G. Swinton hatte von Dr. W. Montgomerie, Art in Erlangung einen jungen Orang-Utang erhalten, welcher aus Pontianac auf Borneo kam. Grant hatte Gelegenheit, ihn zu untersuchen. Er war etwas kleiner als der, den Dr. Abel auf seiner Reise in China beschreibt, allein dessen Abbildung zeigt auf das genaueste die Züge dessen von Swinton. Die Figur in Griffith Animal Kingdom hat durch den Zeichner zuviel Ausdruck in seiner Physiognomie erhalten und ist zu mager. Die Farbe um Augen und Mund, Innenseite der Hände und des Bauches ist fleischfarbig gelblich. Die Kehlsäcke, welche schon Camper beschreibt, scheinen aufgeblasen. Die grossen Fusszehen hatten Nägel (gegen Camper, welcher in deren Abwesenheit ein Kennzeichen des Orang-Utang von Borneo sucht). Ungeachtet der vorstehenden Kinnbacken ist die Menschenähnlichkeit des Thieres gross, sogar in der Entwickelung des Schädel- und des Stirnbeines. Die Hirnmasse scheint sich der vom Neger und ist zu nähern. Der Durchmesser von einer Schläfe zur andern am Bewohner von Neuholland ist verhältnissmässig kaum grösser, als am O.-U. Bauch aufgetrieben, Extremitäten abgemagert durch eine Art von Eingeweide-Verstopfung, empâtement, eine Krankheit, welcher diese Affen in der Gefangenschaft meist unterworfen sind. Der O.-U. ist schwerfällig, wie nachdenkend und sogar melancholisch, aber sehr neugierig und aufmerksam auf das, was vorgeht. Seine Bewegungen sind sehr bestimmt und er orduet seinen kleinen Haushalt, schüttelt seine Kette mit Verdruss und hält sich, ungeachtet er gesucht wird, in seiner Tonne wie ein Diogenes. Er trinkt gern Thee mit Milch und speist gern Bananenfrüchte. Er ist von Gemüth gut und anhänglich, aber fremde Gesichter wirken sehr verschieden auf ihn, und manche erschrecken ihn, so dass er dann mit den Zähnen klappt und zu entfliehen sucht, anderemale il fait la moue, besonders wenn man ihn reizt. Er hat eine grosse Begierde, Alles genau zu untersuchen und dann mit den Zähnen zu zerreissen. Er tanzt auch und hält sich dabei stets im Schwerpunkte. Unter anderen Affen behauptet er eine gewisse Superiorität, die man leicht anerkennt, wenn er sich unter ihnen befindet. Ein Hund setzt ihn in Schrecken, doch zeigt er sich weder feindselig noch boshaft gegen ihn, wie dies andere Affen thun, die den grössten Hunden auf den Rücken springen. Aber nichts war so auffallend, als sein Benehmen bei Annäherung von Indianern und Bengalen, seine solenne Gravität wandelte sich in bizarre und närrische Bewegungen, welche unwillkührlich zum Lachen zwangen. Man hatte ihm einigemale kaltes Wasser anstatt Thee gegeben, seitdem tauchte er allemal erst den Finger in das Getränk, um die Wärme zu prüfen, und nachdem man ihm einmal heisses Wasser gegeben und er sich daran verbrannt hatte, tauchte er einen Löffel oder ein Stückchen Holz hinein und rührte dann dies an, woraus man auf eine gute Ueberlegungsgabe schliessen muss. Er merkte auf, was er herbeibringen sollte, wenn man ihm zurufte und befolgte dies.

Als er sich im Spiegel sah, untersuchte er diesen auch mit den Zähnen. Er ertrug die brennenden Strahlen der Sonne, aber in der Kälte wurde er blass. Er war nur 26 engl. Zoll hoch, etwa 5 Jahre und so gross, als ein Kind von 2 Jahren. — Der 8 Fuss hohe Orang auf Sumatra, den ABEL beschreibt, hat Eckzähne fast wie ein Löwe, nicht so bei dem pflanzenfressenden Orang. — Jener (bei SWINTON) wuchs binnen 2 Jahren sehr wenig, und es ist noch sehr zweifelhaft, ob der Pongo das alte Thier dieser Art sei. GRANT erzählt noch, dass eine Frau auf Borneo, wegen eines Vergehens vertrieben, mehrere Jahre lang bei den Orang-Utangs im Walde gelebt habe, als ob sie zu ihnen gehöre, und später mit Mühe wieder entkommen sei. Es bleibt unerwähnt, ob aus dieser wilden Ehe eine Frucht hervorgegangen ist.

HARWOOD Transact. Linn. Soc. XV. 472. beschreibt ein paar sehr grosse Hinterhände von Borneo, ihrer Grösse wegen in der Familie des Sultan von Pontianak auf Borneo aufbewahrt und 1822 der Sammlung im Trinity-House zu Hull einverleibt, welche die Daumennägel nicht, sondern nur Schwielen an der Stelle hatten. G. SWINTON in Calcutta schrieb an Dr. BREWSTER Edinb. Journ. of sc. N. Ser. I. 369., dass ein junges W. aus Borneo, erst mit 4 Backenzähnen in jedem Kiefer versehen, keinen Daumennagel besass, so dass mit mehreren Fällen verglichen, der Nagel für Zeichen der M. gehalten wurde. Auch OWEN Trans. zool. Soc. I. IV. 369. bemerkt dies und sagt, dass das im Mus. du zool. Soc. in London secirte Exemplar vollkommene, kleine, schwarze Nägel und zwei Phalangen am Hinterdaumen hatte. BRAYLEY on the freq. deficiency of the ungueal Phalanx in the Hallux of the Orang-Utang, Lond. Edinb. Philos. Mag. VII. stellt die beobachteten Fälle zusammen und zeigt, dass sie einen specifischen Unterschied nicht abgeben. Unter 23 bis 25 Exemplaren von Borneo befanden sich 18 oder 20 ohne Daumennagel. TEMMINCK vermisste alle Spur eines Nagels an sechs geschossenen Exemplaren von Borneo, ein in der Gefangenschaft gehaltenes Exemplar hatte den rechten Nagel vollkommen, aber links keinen, und zwei Skelete im Leydener Museum hatten vollständige Daumennägel. SWINTON zeigt, dass der Nagelmangel nicht die W. charakterisirt, da drei M. im Museum zu Leyden keine Spur von Daumennagel habe, die W. allerdings eben so wenig. Ein grosses M., von SAL MÜLLER aus Borneo gebracht, im Leydener Museum, hat einen Hinternagel, der andere fehlt, er möge also leicht verloren gehen. OWEN's junger sumatranischer Orang hatte keinen Hinterdaumennagel, eben so wenig das W. aus Sumatra, welches die zool. Gesellschaft von STAMF. RAFFLES erhielt. Wenn HEUSINGER den Hinterdaumennagel noch für Kennzeichen des M. hält, so sprechen dagegen obige Fälle; auch WAGNER Schreb. Suppl. I. 45. sah an dem alten M. in Frankfurt den Nagel nicht vorhanden. VROLIK Rech. d'Anat. comp. sur le Chimpanzé p. 16. vermuthet Abnutzung des Nagels und Verkümmerung des Nagelgliedes in der Wildniss, während sich derselbe in der Gefangenschaft besser erhalte. — Von 11 M. von Borneo hatten 5 das Nagelglied und den Nagel, während es 6 anderen fehlte, von 18 W. aus Borneo hatten es 4 und bei 14 fehlte es. Von sumatranischen sind nur drei Fälle nach dem Geschlechte bezeichnet, 2 M. hatten Nagel und Nagelglied, 1 W. aber nicht.

Bringt man Alles in Einklang, so ergiebt sich, dass
1) auf Borneo wie auf Sumatra der Daumennagel da ist oder fehlt;
2) unter denen von Borneo auch im Gesichtsprofil und anderen Schädeltheilen Abweichungen vorkommen, und es scheint auf Borneo zwei und auf Sumatra ebenfalls zwei Orangs zu geben.

Auf Borneo: { 1) gerades Gesichtsprofil, keine Hinterdaumennägel;
{ 2) ausgehöhltes Gesichtsprofil, Hinterdaumennägel.

Auf Sumatra: { 1) ausgehöhltes Gesichtsprofil, keine Hinterdaumennägel;
{ 2) ausgehöhltes Gesichtsprofil, Hinterdaumennägel vorhanden.

Was noch die Wangenwülste betrifft, so ist zu bemerken, dass WURMB dieselben bei einem 3' 10¾" hohen M. sehr stark fand, minder gross und vorstehend bei einem 4' hohen Weibchen des Pongo von Borneo, während TEMMINCK Monogr. II. p. 122. angiebt, dass die dem W. von Borneo gänzlich fehlten und an dem alten W. von 3' 7" Höhe im Leydener Museum sich keine Spur zeige. Da diesem alten W. der Nagel fehlt, bei dem WURMB's aber nebst Wangenwülsten vorhanden ist, so tritt hier die grosse Wahrscheinlichkeit specifischer Differenz auf. Alte M. von Borneo haben die Wangenwülste, auch die W.

mit Hinterdaumennagel. Den Orangs von Sumatra fehlen die Wangenwülste gänzlich. — Die Hinterdaumennägel des Orangs auf Borneo sind sehr klein und kurz, ihre Haare dunkelrostroth, die Nägel derer auf Sumatra so gross und lang wie die übrigen Nägel und ihre Haare gelbroth, bei Jungen am Bauch und der Innenseite der Gliedmaassen sogar weisslichfahl. P. bicolor Is. Géoffr. St. Hil.

In dieser Weise unterscheidet Fitzinger vier Arten.

Noch eine interessante, mit der von Kessel und der von Fitzinger wohl in Einklang zu bringende Mittheilung darf hier auf Aufnahme Anspruch machen.

Zoological Society 13. Juli 1841. Annals and Mag. of Nat. Hist. IX. 1842. 54. Wurde ein Brief verlesen von James Brooke an Mr. Waterhouse adressirt.

Singapore, 25. März 1841.

Ich freue mich, Ihnen die Abreise von fünf lebendigen Orang-Utangs anzeigen zu können, sie gehen mit dem Schiffe Martin Luther, Capit. Swan, und ich hoffe, sie werden lebendig bei Ihnen ankommen. Im Fall sie sterben sollten, habe ich Capit. Swan veranlasst, sie in Spiritus zu legen, damit Ihnen die Gelegenheit wird, sie zu seciren. Alle fünf sind von Borneo, ein grosses, altes Weibchen von Sambas, zwei mit seichten Backenhöckern von Pontiana, ein kleines Männchen ohne alle Spur von Höcker auch von Pontiana, und das kleinste von allen, ein ganz junges Männchen mit Backenhöckern von Sadung. Bald werde ich eine Sendung von Schädeln und Skeleten von der Nordwestküste Borneo's schicken, die ich entweder selbst geschossen habe oder welche die Einwohner mir brachten, und ich bitte, diese Sammlung, sowie die fünf Orang-Utangs der zoologischen Gesellschaft von mir zu überreichen. Ich habe manche Nachforschungen angestellt und manche Belehrung über diese Thiere erhalten, und ich kann ohne Zweifel die Existenz von zwei, vielleicht gar drei verschiedenen Arten auf Borneo behaupten.

Ich will erst wiedergeben, was die Eingebornen darüber sagen, dann meine eigenen Beobachtungen hinzufügen und endlich in das Einzelne eingehen über die gesendeten Exemplare.

Die Bewohner der Nordwestküste von Borneo sind ganz entschieden für zwei verschiedene Arten, die ich mit ihrem Namen Mias Pappan und Mias Rambi bezeichnete. Seitdem haben mir intelligente Eingeborne gesagt, dass drei Arten da wären, und was man gewöhnlich Mias Rambi nannte, sei in der That der Mias Kassar, der eigentliche Rambi aber verschieden und eine dritte Art. Der Mias Pappan ist Simia Wurmbii Owen, und hat Backenhöcker. Die Eingebornen lachen über die Idee, dass Mias Kassar oder Simia Morio das Weibchen von Mias Pappan oder Simia Wurmbii sei, und ich meine, das Factum kann so klar dargethan werden, dass ich Sie nicht mit dieser Behauptung behelligen will. Sowohl Malaien als Dajaker sind entschieden dafür, dass das Weibchen des Mias Pappan Backenhöcker hat, ebenso wie das Männchen, und wenn man die Sache untersucht, findet man sie so. Das Dasein von drei verschiedenen Arten in Borneo ist festgestellt. Die Existenz des Mias Rambi behaupten nur wenige, aber gerade einsichtsvolle und mit der Thierwelt im wilden Zustande bekannte Personen. Sie sagen, der Mias Rambi sei so gross oder noch grösser, als der Pappan, aber nicht so stark, habe längeres Haar, kleineres Gesicht und weder Männchen noch Weibchen besitze Backenhöcker, und alle bestehen darauf, dass diese Art keineswegs das Weibchen von Pappan sei.

Mias Kassar oder Simia Morio ist von derselben Farbe wie Mias Pappan, doch kleiner und beide Geschlechter frei von Backenhöckern. Wenn wir aber bei den Eingebornen die Annahme von drei verschiedenen Arten finden: 1) Mias Pappan: Simia Wurmbii, 2) Mias Kassar: S. Morio und 3) Mias Rambi, so wäre S. Abelii noch eine vierte Art. Die Existenz des sumatranischen Orang-Utang auf Sumatra ist keineswegs unmöglich, und ich habe so manche von den Behauptungen der Eingebornen verglichen und bestätigt gefunden, dass ich auf sie mehr Gewicht lege, als ich anfangs gethan, besonders weil ich ihre Berichte auch in einer grossen Anzahl von Schädeln, die ich besitze, bestätigt gefunden. Ich hatte Gelegenheit, die Mias Pappan und Mias Kassar in ihren Urwäldern an ihren Geburtsstätten zu sehen und schoss einen von ersteren und mehrere von letzteren. Die Vertheilung dieser Thiere ist beachtenswerth, da beide bei Pontiana und Sambas in ziemlicher Anzahl vorkommen, ebenso auf der Nordwestküste zu Sadung, aber sie sind unbekannt in dem Zwischendistrict, welcher die Flüsse von Sarawak und Samarahan einschliesst. Ich bekenne selbst, dass es auffallend ist, dass sie an den Sarawak- und Samarahan-Flüssen fehlen, welche an Früchten reich sind und Wälder haben, denen ähnlich und zusammenhängend mit denen des Sadung-Linga und anderen Flüssen. Die Entfernung von Samarahan bis Sadung wird nicht über 25 Meilen betragen, und obgleich sie an letzterem Orte häufig sind, so kennt man sie an ersterem Flusse nicht. Von Sadung nördlich und östlich vorwärts findet man sie auf 100 Meilen, aber zwischen dieser Entfernung bewohnen sie die Wälder nicht. Die Mias Pappan und Mias Kassar bewohnen dieselben Wälder, doch traf ich sie da niemals an demselben Tage. Nach der Erfahrung der Eingebornen sind beide gleich häufig, doch ist nach meiner Erfahrung der Mias Kassar der häufigste. Der Mias Rambi gilt als nicht häufig, und man trifft ihn selten. Der Pappan heisst mit Recht Satyrus, wegen seines hässlichen Gesichts und der garstigen Backenhöcker. Ein altes M., welches ich schoss, sass nachlässig auf einem Baume, und als ich mich näherte, war es nur soweit beunruhigt, dass es sich hinter den Stamm, der zwischen uns stand, begab, nach mir guckte und sich herumbeugte, wenn ich mich wieder umbeugte. Ich traf es in das Handgelenk und es fiel. Ich sende Ihnen sein Maass, welches in seiner Höhe enorm ist, und bis ich zum Messen gelangte, machte es den Eindruck auf mich von 6 Fuss Höhe. Ein Auszug aus meinem Tagebuche, welcher folgt, giebt den Bericht gleich nach dem Tode.

Gross war unser Triumph, als das mächtige Thier zu unseren Füssen lag, und wir waren stolz darauf, den ersten Orang-Utang, den wir sahen, geschossen zu haben. Dies geschah also in seinem Geburtsorte, auf Borneo, in einem von einem europäischen Fusse bisher unbetretenen Walde. Das Thier war alt, hatte 4 Schneidezähne, 2 Eckzähne und 10 Backenzähne in jeder Kinnlade, aber seinem allgemeinen Ansehen nach schien es nicht alt. Wir erstaunten über die Länge seiner Arme, den enormen Hals und die Breite des Gesichts, welches, obgleich sehr hoch scheinend, doch einen mächtigen Ausdruck zeigte. Das Haar war lang, röthlich und dünn, das Gesicht bemerklich breit und fleischig und jederseits anstatt des Backenbartes zeigten sich die Backenhöcker oder fleischige Hervorragungen, die ich so sehr gewünscht hatte zu sehen und welche fast 2 Zoll dick waren. Die Ohren waren klein und wohlgestaltet, die Nase platt, der Mund vorstehend, die Lippen dick, die Zähne gross und missfarbig, Augen klein und rundlich, Gesicht und Hände schwarz, letztere sehr kräftig. — Höhe 4′ 1″, Fuss 1′, Hand 10½″, Arm vom Schulterblatt zu den Fingerspitzen 3′ 5¾″, Schulter bis Ellbogen 1′ 6″, Ellbogen bis Handgelenk 1′ 1½″, Hüfte bis Ferse 1′ 9″, vom Kopf bis zum Schwanzbein 2′ 5¼″, quer über die Schultern 1′ 5¼″, Umfang des Halses 2′ 4″, Umfang unter den Rippen 3′ 3¼″, unter den Armen 3′, vom Vorderhaupt zum Kinn 9¾″, um das Gesicht unter den Augen mit Einschluss der Backenhöcker 1′ 1″, von Ohr zu Ohr über den Kopf 9½″, von Ohr zu Ohr um den Kopf 9¾″.

Die Eingebornen behaupten, er sei noch klein und er erreiche die Grösse eines langen Mannes, ich vermuthe aber, dass da wohl ein Unterschied ist.

Einige Tage nachher und dreissig Meilen weiter hatte ich das Glück, zwei alte Weibchen zu schiessen, eins mit dem Jungen, und ein ziemlich altes Männchen, alle vom Mias Kassar. Das junge M. wurde nicht gemessen, da ich Papier und Maass verloren hatte, doch war es gewiss nicht über drei Fuss lang, während die Weibchen 3′ 1″ und 3′ 2″ hoch waren. Das Männchen hatte eben seine beiden hinteren Backenzähne erhalten. Die Farbe aller war die des Mias Pappan, aber der Unterschied zwischen beiden Thieren auffallend und selbst von unseren Matrosen erkannt. Der Kassar hat keine Backenhöcker, weder M. noch W., während schon die jungen Pappans, welche mit dem Schiffe „Martin Luther" abgingen · und eins von ihnen war noch nicht ein Jahr alt und hatte nur die heiden ersten Backenzähne — diese Hervorragungen zeigten. Der grosse Unterschied beider Arten in der Grösse spricht zuerst für die Unterscheidung der Arten, der Kassar ist ein kleines, schlichtes Thier, ohne kräftigen Eindruck, mit für den Körper proportionirten Händen und Füssen, und erinnert nicht an die gigantischen Gliedmaassen des Pappan, weder an Grösse, noch an Kraft, kurz, mit jenem nimmt es ein wenig kräftiger Mann auf, während er schon den Schatten des Pappan fürchten müsste. Nächstdem ist schon der Physiognomie Erwähnung geschehen, das Gesicht des Mias Kassar ragt unten mehr vor und die Augen sind äusserlich grösser im Verhältniss zur Grösse des Thieres, als bei dem Pappan. Dieser hat eine schwarze Haut, der Kassar hat im Gesicht und an den Händen die unreine Farbe, wie die Jungen beider

Arten. Die Schädel entscheiden noch weiter, von zwei ganz erwachsenen Thieren verglichen, bieten sie den Unterschied der Grösse, wodurch schon allein die Vermuthung einer Identität widerlegt wird. Mit einer Folge von Schädeln vom jüngsten bis zum höchsten Alter in beiden Geschlechtern von Mias Kassar, welche ich Ihnen zukommen lassen werde, kann kein Zweifel bleiben, indessen erwähne ich, dass zwei junge Thiere, die ich besass, eins vom Kassar, das andere vom Pappan, diese Zeichen durch ihre verhältnissmässige Grösse ausdrückten. Der Pappan mit 2 Backenzähnen zeigte sehr bestimmt die Gesichtshöcker und war grösser und stärker, als der Kassar mit 3 Backenzähnen, während der Kassar keine Spur von Wangenhöckern zeigte. Auch ihre Art zu gehen war verschieden; während der Kassar seine Hände zusammenlegte und die Hinterbeine nachzog, so hielt sich der Pappan auf den offenen Händen seitwärts auf dem Boden und bewegte ein Bein um das andere fort in aufrecht sitzender Stellung, doch sahe man dies nur bei den beiden Jungen und es lässt sich nicht auf alle anwenden.

Ueber die Sitten der Orangs, so weit ich sie beobachten konnte, bemerke ich, dass sie alle so dumm und träge sind, als man sich nur denken kann, und wenn ich sie verfolgte, bewegten sie sich nie so schnell, dass sie meine ruhige Haltung durch einen mässig hellen Wald gestört hätten und selbst mit Hindernissen, z. B. einer Last auf dem Nacken, kam man ihnen doch nach. Niemals bemerkte ich eine Neigung zur Vertheidigung, und wenn bisweilen das Holz knackte, so war es unter ihrem Gewichte gebrochen, und sie brachen es nicht, wie manche Personen erzählen. Auf das äusserste getrieben, erscheint der Pappan allerdings furchtbar und ein unglücklicher Mann, welcher es versuchte, einen alten lebendig zu fangen, verlor zwei Finger und war im Gesicht heftig zerfetzt, während das Thier endlich seinen Verfolger zurückschlug und entkam. Wünscht man einen alten zu fangen, so schlägt man die Bäume nieder, welche rings um den herumstehen, auf dem er sitzt, dann fällt auch dieser, und bevor er sich retten kann, wird er gebunden.

In dem Werkchen „The Menageries 1838" befindet sich ein guter Bericht über den Borneo-Orang, mit kurzem Auszug aus Mr. Owen's werthvollem Aufsatz über Simia Morio, aber nachdem er das schlaffe und apathische Benehmen des Thieres geschildert hat, fügt er hinzu, dass dasselbe zwischen den Zweigen der Bäume mit überraschender Behendigkeit sich bewegt, wenn sie auch sonst unter allen Affen die faulsten und ihre Bewegungen die ungeschicktesten sind. Die Bewohner der Nordwestküste halten sie nicht für gefährlich und schildern sie immer als harmlos und friedlich, und soviel ich sahe, nie einen Menschen angreifend. Was man von Hütten erzählt, die sie sich auf Bäumen bauen sollen, beschränkt sich vielmehr auf einen Sitz oder ein Nest. Die Leichtigkeit, mit der sie diesen Sitz bauen, ist auffallend, und ich sah ein verwundetes Weibchen Zweige zusammenfügen und nach einer Minute sich darauf setzen. Dann traf sie unsere Kugel, ohne dass sie sich bewegte, und sie starb auf ihrem luftigen Sitze, so dass es uns viele Mühe machte, sie zu erlangen. Ich sah mehrere Exemplare mit Nägeln am Hinterdaumen, aber gewöhnlich fehlen diese, an den fünf Thieren, die ich nach Hause sendete, hatten zwei diese Nägel, den drei anderen fehlten sie. Eins hatte wohlgestaltete Nägel und bei einem andern waren nur Spuren davon.

Unter den Schädeln zeigt die erste Art zwei hohe Kammleisten, von den Stirnbeinen aufsteigend und auf dem Scheitel sich verbindend, dann hinten über den Hirnkasten hinablaufend.

Die zweite Art ist Simia Morio ohne Kammleisten. Nr. 9. in der Sammlung ist der Schädel eines alten M., Nr. 2. ein fast altes M., von mir selbst geschossen, Nr. 11. u. 3. alte W., auch von mir geschossen, Nr. 12. ein junges M. mit 3 Backenzähnen, von mir geschossen, Nr. 21. ein junges M., auswärts geschossen, mit 3 Backenzähnen, Nr. 19. ein junges M., auswärts geschossen, mit 2 Backenzähnen. Noch mehrere andere Schädel von S. Morio stimmen mit dieser Suite genau überein, und sie selbst ist durch ihre Altersstufen so merkwürdig und beweist also hinlänglich, dass über diese Art von S. Morio kein Zweifel sein kann. Diese Kennzeichen des Schädels, seine geringe Grösse und kleinen Zähne setzen die Bestimmung der Art fest und bestätigen vollkommen Mr. Owen's siegreichen Beweis, den er nach einem einzelnen Exemplare gegeben.

An der dritten Art steigen die Leisten von den Stirnbeinen auf und laufen nicht zusammen, sondern neigen sich gegen den Scheitel hin gegen einander und beugen sich nach

25 *

hinten wieder auseinander. Diese Leisten sind aber nicht so hoch, als die der ersten Art, aber die Grösse der alten Schädel ist gleich und beide sind von alten Thieren vorhanden. Lange Zeit hielt ich die Schädel mit Doppelleisten für Weibchen derjenigen mit einer Leiste, aber Nr. 1., von mir selbst geschossen, zeigt, dass die Doppelleiste einem alten und nicht jungen M. gehört und dass dasselbe S. Wurmbii mit hohen Wangenhöckern ist. Diese Unterscheidung kann also nicht das Geschlecht treffen, dafern wir nicht annehmen, dass die Schädel mit mehr entwickelter einfacher Leiste Weibchen wären, was im höchsten Grade unwahrscheinlich ist. Die Schädel mit der niederen Doppelleiste gehören also, wie Nr. 1. beweist, zu S. Wurmbii und die mit hoher Leiste zu einer verschiedenen Art, dafern wir sie nicht durch das Alter erklären können. Dies ist nun aber unmöglich, da Nr. 7. u. 20. mit der alten Nr. 1. in der doppelten, auseinander laufenden, niederen Stirnleiste ganz übereinstimmen. Dagegen sind unter obigen Nr. 4. u. 5. Exemplare mit der einfachen, hohen Stirnleiste gleichfalls alt.

Diese drei Unterscheidungen der Schädel fallen mit den Angaben der Eingebornen von drei verschiedenen Arten auf Borneo zusammen und die dritte Art auf Borneo ist wahrscheinlich S. Abelii. Diese Wahrscheinlichkeit wird durch ein altes W. bestärkt. Seine Farbe ist dunkelbraun, Gesicht und Hände schwarz, und in der Farbe der Haare, dem Umriss und dem Ausdruck des Gesichts unterscheidet es sich von dem Orang-Utang mit den Wangenhöckern in solchem Grade, dass ich zweifeln muss, es sei ein Weibchen dieser Art.

Mit Sehnsucht sehen wir einer klaren Zusammenstellung der Arten mit Angabe der für sie vorhandenen Exemplare und Abbildungen, in vielleicht naher Zukunft entgegen.

Bei den beiden hier in Dresden lebendig gezeigten Exemplaren, vor längerer Zeit einem im Hôtel de France und später dem des Herrn STIEGLITZ aus Anvers im Hôtel de Pologne — unsere Fig. 451. — bestätigte sich Alles, was über die Gutmüthigkeit und Zahmheit dieser Thiere so oft wiederholt worden ist. In des letzteren Anzeige erläutern dies sachgemäss folgende Worte: Dieser Orang-Utang hat sich sehr an Menschen gewöhnt, so dass er, wenn er allein gelassen wird, wie ein Kind weint und wirkliche Thränen vergiesst. Er ist sehr gelehrig und geschickt im Nachahmen menschlicher Handlungen. Er macht sich das Bett, legt sich hinein und deckt sich zu. Er trinkt frühmorgens seinen Kaffee aus einer Tasse, sein Bier aus einem Glase und isst mittags von einem Teller mit Löffel, Messer und Gabel, wie der Mensch, und dasselbe, was der Mensch isst, dabei so anständig, dass man sich nicht zu schämen braucht, mit ihm table d'hôte zu speisen. Er zieht sich selbst seinen Rock an und aus, setzt sich seine Mütze auf und zieht sich die Handschuhe an und aus, giebt Jedem die Hand, auf Verlangen einen Kuss u. s. w.

Noch ist auf folgende Schriften aufmerksam zu machen. 1) Dr. MAYER, Prof. in Bonn, zur Anatomie des Orang-Utang und des Chimpanze, Bonn 1856, und 2) BRÜHL, G. B., zur Kenntniss des Orang-Kopfes und der Orang-Arten, mit 2 Tafeln fol. Wien 1846. MAYER nennt den Orang-Utang von Borneo und Sumatra: Satyrus Mavej oder Sat. sundaicus-borneensis und sundaicus-sumatranus. Weiter unten nennt er ihn wieder Satyrus Knekias von dem Worte κνήκιας, gelb.

Erinnern wir noch einmal an die wahrscheinlich vier Arten. Erstens zwei auf Borneo: 1) 459. 499. S. Wurmbii OWEN. Hässliches Gesicht mit Backenhöckern bei M. und W. Die Haut schwarz, das Haar dunkelbraun. Mias Pappan der Eingebornen, wohnt nebst Mias Kassar in ziemlicher Anzahl auf Borneo bei Pontiana und Sámbos, ebenso auf der Nordwestküste zu Badung, ist aber unbekannt in den Zwischendistricten, welche die Flüsse Sasawak und Samarahan einschliessen. Niedere Leisten steigen von den Stirnbeinen auf und laufen nicht zusammen, sondern neigen sich erst gegen den Scheitel hin gegen einander und beugen sich nach hinten wieder auseinander.

2) 458. 500. S. Mias-Rambi. Gesicht kleiner, ohne Backenhöcker. Haare länger. Statur dabei eben so gross oder noch grösser, als Pappan, aber nicht so stark. Selten! Verschieden ist das Urtheil über S. Morio OWEN, wie wir oben gesehen. Wir machen aber noch einmal darauf aufmerksam, dass gegen die Einziehung der Art auch das entgegengesetzte Urtheil Beachtung verdient, wenn dieser Orang, von Farbe des Mias Pappan, gerade die am häufigsten vorkommende Art, Mias Kassar genannt ist. Ein kleineres, schlichtes Thier, ohne kräftigen Eindruck. Gesicht ragt unten mehr vor, die Zähne sind

verhältnissmässig klein, der Schädel von geringer Grösse ohne Kammleiste, und WATERHOUSE sagt: „Alles bestätigt in den verschiedensten Altern Rich. Owen's siegreichen Beweis von der Selbstständigkeit dieser Art!"

Zweitens auf Sumatra:

3) 496. u. Hand. S. Abelii. Gross, bis 7' hoch? Dunkelbraun, Gesicht und Hände schwarz (von dunkler Bleifarbe: ABEL!), Augen klein, auseinander stehend. In Farbe, Umriss und Gesichtsausdruck von Mias Pappan in hohem Grade verschieden.

4) 455—57. u. 497. S. bicolor Is. Géoffr., s. oben S. 182.

5) 450—54. 460—62. u. 498. S. Mias-Kassar, die gewöhnliche Art, dazu S. Morio Owen und der Orang-Utang vieler Schriftsteller.

Da der Orang Wallichii BLAINV. ein halberwachsener Schädel, der S. Wurmbii ähnlich, irgend etwas Charakteristisches nicht besitzt, so ist seine ganze Erwähnung sehr gleichgültig. Die Annahme, dass er vom Continent Indiens herstamme, ist durch nichts unterstützt, da gar nicht gesagt wird, woher ihn WALLICH erhalten hat. — Da durch die Geschichte des Orang hinlänglich bewiesen worden, dass eine Unterscheidung der Species nach anatomischen Kennzeichen der Schädel durchaus nicht früher möglich sein kann, bis man dieselben in eine genauere Beziehung mit allen äusseren Kennzeichen gestellt und in Folge ihrer Entwickelung sorgfältig beobachtet und erkannt haben wird, so haben wir zum ersten Male versucht, auf diese äusseren Kennzeichen durch Zusammenstellung von Abbildungen aufmerksam zu machen, vielleicht dass künftige Beobachter in der freien Natur dadurch in den Stand gesetzt werden, Berichte zu geben, welche die richtige Species-Unterscheidung zu fördern vermögen, wie wir durch Photographien dies hoffen, vgl. Leopoldina.

XXXIV. Pseudanthropos Rchb. Forts. d. vollst. N.-G. 1860. Chimpanze G. Cuvier Règne an. ed. 2. 1829. Troglodytes*) Et. Géoffr. St. Hil. tabl. d. Quadr. 1812. Gesicht breit und ziemlich flach, Gesichtswinkel 55°, bei dem Erwachsenen fast rundlich viereckig. Stirn nach hinten zurückweichend, Augenbrauenbogen sehr vorstehend, Kinnladentheil kurz, Maul in halbem Kreisbogen nach unten, Ohrmuscheln gross, abstehend. Arme mittelmässig wie bei dem Menschen, Hände breit, Finger im Verhältniss der menschlichen, Nägel (menschlich) platt. Schwanz und Backentaschen fehlen. Gesässschwielen kaum sichtbar. Zwischenkiefer vollkommen verwachsen, ohne Nahtspur, das Schenkelaufhängeband (wie bei dem Menschen) vorhanden. Fussdaumen mit Nagel. Dreizehn Rippenpaare. — Die Gattung steht am höchsten unter den menschenähnlichen Affen und Is. Géoffr. St. Hil. charakterisirt dieselben folgendermaassen:

Arme
{ in fast menschlichem Verhältniss: I. Troglodytes.
{ weit länger als bei dem Menschen: II. Gorilla.
{ sehr lang, Finger erreichen den äusseren Knöchel, keine Gesässschwielen: III. Simia.
{ „ „ mit Gesässschwielen: IV. Hylobates.

464—65. **Ps. leucoprymnus** (Pithecus —a Lesson Illustr. de zool. 1831. pl. 32. le Chimpanze à coccyx blanc) Rchb. Schwarz, Gesicht nackt, blass fleischfarbig, Bauch weisslichgrau, Hinterbacken weiss. — Ein Exemplar von 26' 6''' Länge von Lesson in Paris lebendig gesehen und abgebildet, wurde von ihm selbst späterhin Bim. et Quadrum. p. 39. für ein jugendliches Exemplar des schwarzen Chimpanze gehalten, da aber dessen Junge überall ohne die Auszeichnungen des leucoprymnus, d. h. mit schwarzem Gesicht und schwarzen Hinterbacken, abgebildet und von uns selbst einer so im Juli 1858 von kaum zwei Fuss Höhe hier lebendig gesehen worden ist, so ist Lesson's Art für weitere Beobachtung sehr zu empfehlen. Is. G. St. Hil. sagt Archives X. 48., dass alle Exemplare des Chimpanze jene weissen Haare am Hinteren hätten, indessen kann hier wohl nur von Spuren derselben die Rede sein, nicht von so ausgeprägter Färbung wie bei Lesson's Abbildung? Das Gesicht des hier lebendig geschenen hatte bereits die Färbung wie das, welches wir Fig. 501. nach einem photographischen Bilde (vergl. unten) Is. Géoffroy's dargestellt haben.

---

*) Nachdem der Troglodyte BUFF. ois. V. 352. in der Ornithologie seit VIEILLOT 1807 als Gattung Troglodytes eingeführt worden, ist obige später aufgestellte Gattung erloschen. BLAINVILLE's lange Benennung Anthropopithecus aber, ist durch den Verf. selbst wieder getilgt.

466—72. 493—94. u. 501. **Ps. Troglodytes** (Simia — L. Gm. 26. 34.) Rchb.
Ganz schwarz, Unterhaar grau, Kinnladentheil lohgelb. Seine Gesichtsfarbe hält die Mitte
zwischen fleischfarbig und lohgelb, deshalb sagen die Neger sehr bedeutungsvoll, dieser Affe
habe das Gesicht der Weissen. — Erwachsen bis 4¼ Fuss hoch. — Wahrscheinlich zuerst
als „Pygmie" oder Orang-Utang aufgeführt von Tyson Anat. of a Pygmie 1669., vergl.
Schreber suppl. t. I. B. ♂ jung. Dann Pygmaeus Guinensis, Baris or Barris in der
Description of some curious creature, London, 8°. 179. Chimpanzee. Animalis rarioris,
Chimpanzee dicti ex regno Angola Londinum advecti, brevior descriptio, mit in Kupfer ge-
stochener Tafel des ganzen aufrecht stehenden Thieres, welches im August 1788 in London
lebendig gezeigt wurde. Ein Weibchen kam mit dem Schiffe „Speaker" unter dem Capitain
Harris Hower nach London. Johann Sloane liess das Exemplar durch Scotinus in Kupfer
stechen. Copie: Schreber t. suppl. I. C. ♀ jung. Gravelot & Scotin Nova Acta Eruditor,
Lipsiae 1739 publ. 1738. voy. 75—76. not. Quimpézé La Brosse 1738. ex parte. Voy. 74.
Enjoko Prévost hist. nat. d. Voy. V. 1748. Mandril Smith Nov. voy. en Guinée p. 73.
Jocko ou petit Orang-Utang Buff. hist. nat. XIV. 1766. Daubenton u. A. Pongo Buff.
suppl. VII. (1786) 1789. Le Pongo Audebert Hist. d. Singes t. I. 1797. Copie: Sim. Troglodytes Linn. Schreb. t. I. C. Kimpezey Degranpré Voy. I. 26. 1804. Inchego Bowdich
mission to Ashantee 1819. Enche-eko Savage Journ. of nat. hist. de Boston 1847. Engé-
eko ou Enché-éko Gautier-Laboullay notes et notice mainscrite sur le Gabon 1849.
voy. 83. N'tchego Franquat notes mainscrites sur les grandes singes du Gabon 1852.
voy. p. 92. Gouerko-mahoudo (Homme sauvage) Hecquard notes manuscrites 1852.
voy. 58. note. Arappie Temminck d'après Pel Esq. zool. sur la Guinée 1853. Tchégo
Aubry-LeComte notes inedités sur le Gorille et le Chimpanzé 1854 et 1857. — Bei wissenschaftlichen Schriftstellern kommt er vor als Simia Satyrus Hoppius 1760. ex p. Schreber
Säugeth. t. II. Simia troglodytes Gmelin 1788. S. Nat. p. 26. 37. und bei vielen Andern.
Troglodytes Chimpanzé: Tr. niger Et. Géoffr. St. Hil. Tabl. d. Quadr. 1812. etc.
Desmarest Mamm. 1820, p. 49. 2. Griffith An. Kingd. Owen. Temminck Esquisse de la
Zoolog. de Guinée. Orang Chimpanzé Fr. Cuv. Dict. sc. nat. ant. Orang 1825. Orang
noir: Pith. troglodytes B. St. Vinc. Dict. class. ant. Orang 1827. Anthropopithecus
Blainville leçons orales 1839. Sénéchal Dict. pittor. ant. Quadrum. 1839. Holland Elém.
de zool. 1839. Pouchet Zool. class. 1841. Chimpanza troglodytes Haime Ann. sc. nat.
1852. Satyrus Chimpanse oder lagaros Mayer Archiv f. Naturg. 1856. 282. — Hierzu
auch: Fischer naturhist Fragm. 181. t. I. f. 1. Owen Transact. zool. Soc. I. 344. t. 48. 50—52.
III. 381. t. 58—60. Ann. Mag. N. Hist. 1848. XVII. 476. Jardine Monkey's t. I. Dict. sc.
nat. pl. 2. Guérin iconogr. pl. 1. Curmer Jardin d. pl. I. 83. J. Wolf zoological sketches
pl. I. 1861. Trogl. Chimpanze Duvernoy Archiv. d. Mus. VIII. 1855—56. pl. V. f. 7. Schädel
des Jungen noch ohne Zähne, pl. XIV. Kehlkopf, XV. Zunge, XVI. Gebiss und Penis.
    Von untersetztem Bau, der Kopf verhältnissmässig bedeutend gross, wie oben be-
schrieben, Hals kurz, Brust stark gebaut, Gliedmaassen in menschlicher Proportion, ebenso
die Hände und Füsse. Gesicht, Ohren und Hände fast nackt, die stark gebogenen Augenbrauen und Umgebung der Augen nebst den Wangen fahlbraun, ebenso die Ohren, Nase
und Maul nebst Kinn gelblichfahl, Haare lang, straff, etwas gebogen, schwarz, auf der Stirn
und Oberkopf gescheitelt und seitlich abwärts hängend. Das Kinn mit kurzem, weisslichen
Flaumhaar, bei älteren Exemplaren umzieht ein schwarzer Bart das ganze, breiter und mehr
viereckig gewordene Gesicht. Die Augen sind von mittelmässiger Grösse, gutmüthig, ihre
Iris tombakgelb. Die langen, schwarzen Haare sind an den Vorderarmen rückwärts gerichtet
und auf dem Handrücken so begrenzt, dass dessen Ränder und sämmtliche Finger, sowie
die Seiten und ganze Unterfläche der Hände an vorderen und hinteren Gliedmaassen nackt
und menschlich fleischfarbig sind, ebenso zieht sich ein nackter Streif dieser Färbung längs
der Unterseite des Vorderarmes zum Ellenbogen herum. Der Unterleib ist wenig behaart,
aber die Hinterbacken tragen die schwarzen Haare, welche denen des übrigen Körpers ähnlich sind, nur kürzer als jene. — Man sagt, er sei erst im neunten oder zehnten Jahre erwachsen, dann so schwer, dass zwei starke Männer ihn kaum zu tragen vermögen. — Wie
man erzählt, soll er gesellig die grossen Wälder bewohnen und durch nächtliches Geschrei
sich als anwesend verkünden. Er lebt immer auf Bäumen und sieht man ihn wie gewöhn-

lich auf allen Vieren gehen, so setzt er, wie der Orang-Utang, die Hände mit zusammengebogenen Zehen und die Handränder etwas einwärts gebogen auf den Boden. Er ruht in Nestern aus Zweigen auf Bäumen in einer Höhe von zwanzig bis dreissig Fuss über dem Boden. Seine Nahrung besteht, wie die der Verwandten, aus Knospen, Blättern, Früchten und Wurzeln, vorzüglich liebt er auch die Bananen und die Baummelone der Carica Papaya, daher sie wandern, um diese Früchte zu suchen, wobei ein kräftiges Männchen als Anführer vorauszieht. Der Affe ist gutmüthig und sanft und greift nie an, bis er durch auf ihn gerichtete Angriffe zur Gegenwehr sich gezwungen sieht, wobei er sich ausserordentlich kräftig gegen mehrere Personen vertheidigt, wobei er auch Steine und Aststücke werfen, erst im Handgemenge kratzen und beissen soll. Solche Fälle deuten auf Verzweiflung hin, denn der Charakter dieser Affen ist an sich gutartig und eingefangen gewöhnen sie sich sehr bald an ihnen wohlwollende Menschen, besonders gern an Negerknaben, denen sie mit wahrer Zärtlichkeit sich hingeben. Die Neger selbst halten sie nur für eine andere, ihnen aber nahe verwandte Art von Menschen, welche zur Bestrafung für Faulheit der Rede beraubt wären. Die nach Europa ungleich seltener als Orang-Utangs gebrachten Exemplare zeigten den oben erwähnten sanften Charakter. Es ist nicht schwer, ihnen menschliche Sitten beizubringen und sie leben dann wie unter ihres Gleichen mit den Menschen, indem sie in ihrer Weise essen, trinken und schlafen, auch mancherlei Dienste verrichten. Das im Juli 1858 hier in Dresden anwesende Männchen war kaum zwei Fuss lang und wurde für zweijährig gehalten. Mr. Robertson, Capitain der Brigg „Frecholden VIII.", hatte ihn von einer Negerfamilie gekauft, aber die mit ausgegebene Nachricht enthielt Confusionen rücksichtlich des geographischen Ursprungs. Das Thier war schon schwach und leidend und öftere Beobachtung zeigte deutlich, dass die Behandlung durch seinen Wärter ihm nicht günstig gewesen. Derselbe glaubte zur Unterhaltung der Zuschauer das arme Geschöpf immer auf alle Art necken zu müssen, redete es immer barsch an, entriss ihm oft die dargereichte Nahrung oder seine Kleider, oder behandelte es sonst hart durch sein Commando. Diese so tief empfindenden Thiere befinden sich ohnedies schon in unserm veränderlichen und für sie nachtheiligen Klima und bei der immer ungestillten Sehnsucht nach ihrem Vaterlande und nach ihres Gleichen, in dem sie quälenden Zustande des Heimwehs und der Trauer, um so mehr wird ihr Leiden verschlimmert, wenn ihr Gemüth in unangenehmer Weise täglich aufgeregt wird. Sie halten deshalb im europäischen Klima nie lange aus. Die Tagebücher der Menagerie der Zoological Society in London berichten, dass von 1836 bis 1853 nicht weniger als neun Chimpanzen daselbst verstorben sind, welche zu den trefflichen Sectionsberichten von Prof. Owen Anlass gegeben. Vergl. Proceedings 1835. 30—40. Osteologie. Auch G. Gulliver Proceed. XIV. 1846. 12. 15.! Unter diesen Umständen nehmen freilich die meisten derartigen Anstalten Anstand, ein so kostbares Stück für einen unsichern und voraussichtlich kurzen Besitz sich zu verschaffen. Mr. Broderip giebt einige interessante Bemerkungen über das Benehmen des Chimpanze in der Gefangenschaft nach Beobachtung eines jungen Männchens, welches 1835 in der Menagerie lebte. Lieutenant Henry K. Sayers brachte ein anderes junges M. im Jahre 1839 nach England und berichtete darüber in den Sitzungen der Societät nach L. Sclater's Mittheilung in den Zoological sketches wie folgt. Man hatte ihm den Namen „Bamboo" gegeben und ihn acht Monate vorher in Sierra Leone von einem Mandinga gekauft. Dieser gab an, er sei im Districte von Bullom gefangen worden, nachdem seine Mutter erschossen war, in welchem Falle die Jungen immer bei den verwundeten Eltern verbleiben. Man übergab ihn einem Negerknaben, an den er sich innig anschloss, so dass er einen kreischenden Angstschrei hören liess, wenn dieser ihn nur auf einen Augenblick verlassen hatte. Eine lebhafte Neigung zeigte er für Kleidungsstücke und versäumte keine Gelegenheit, sich das, was er dazu brauchen konnte, zu verschaffen, wenn er in mein Zimmer kam. Er nahm dergleichen in Besitz, setzte sich darauf und knurrte selbstgefällig, so dass er ohne Kampf es sich nicht nehmen liess und darüber in die grösste Angst gerieth. Ich gab ihm ein Stück Baumwollenzeug, welches er zum Vergnügen der Beobachter nicht wieder hergab, sondern überall mit sich herumtrug, um es auch nicht auf einen Augenblick von sich zu lassen. Unbekannt mit seiner Lebensweise im Walde gab ich ihm früh 8 Uhr ein Halbpenny-Brodchen in Wasser oder Milch eingetaucht, um 2 Uhr ein paar Pisangfrüchte oder Bananen und bevor er schlafen ging, eine Banane, Orange oder einen Schnitt von einer Ananas. Bananen schien er am liebsten zu nehmen, wenigstens liess er neben ihr alles übrige liegen und wurde unwillig, wenn man sie ihm nicht gab. Einmal entzog ich ihm eine, weil ich glaubte, er habe genug genossen, aber er regte sich darüber gewaltig auf und kreischte heftig und stiess mit dem Kopfe so heftig gegen die Wand, dass er auf den Rücken fiel, dann auf eine Kiste stieg, verzweiflungsvoll die Arme ausstreckte und sich herabstürzte. Diese Scenen ergriffen mich so sehr, dass ich den Widerstand aufgab. Darüber zeigte er sich erfreulich beruhigt und knurrte wohlgefällig einige Minuten hintereinander. So ungeduldig und kindisch erregbar zeigte er sich bei allen Gelegenheiten, doch aber im höchsten Affect des Zornes niemals boshaft, so dass er weder den Wärter noch mich zu beissen oder sonst uns übel zu behandeln versucht hätte. Im kranken Zustande bieten sie ein trauriges Bild. Das Gesicht wird tiefer gerunzelt und das gutmüthige Auge verliert seinen Glanz, der quälende Husten schwächt immer mehr und der Kopf beugt sich vorwärts, auch die Hände legen sich auf die leidende Brust, während die Beine sich unter den Leib krümmen und den Dienst zur Bewegung versagen. So sterben sie jämmerlich im ersten oder zweiten Jahre nach ihrer Ankunft an Körperleiden und Seelenschmerzen dahin. — Ueber ihr Leben in der freien Natur, worüber oben Erwähnung geschehen, sind noch weitere Beobachtungen zu wünschen, obwohl dieses dem der Orangs sehr ähnlich sein dürfte. — Ihr Vaterland ist Ober- und Nieder-Guinea.

Andere Arten von Chimpanzen können bis jetzt nur noch zweifelhaft genannt werden. Dahin gehören: Chimpanse n. sp. cranium Proceed. 1848. p. 29. Ferner:

494b. **Ps. Tscheco** (Troglodyt. — Duvernoy) Rchb. Duvernoy Archives du Mus. VIII. 1. M. Franquet, chirurgien-major der Staats-Marine, fand 1855 in Westafrika, wo sein Schiff im Gabon lag, und brachte aus diesem Flusse ein fast vollständiges Skelet mit, welches er für das eines neuen Troglodyte (Chimpanze) hält, den die Neger am Gabon N'tschego nennen. Im Monat Juli verehrte er es dem Museum d'hist. nat. — Vgl. Des caractères anatomiques des grands singes Pseudo-Anthropomorphes. Premier mémoire: Des caractères que présentent les squelettes du Tschego: Troglodytes Tschego Duvernoy et du Gorille Gina Is. Géoffr. St. Hilaire, nouvelles espèces de grands singes pseudo-anthropomorphes de la côte occidentale d'Afrique et comparativement les autres singes de cette famille. Par M. Duvernoy Archives du Muséum VIII. 1855—56. p. 4—248. pl. I—XVI. pl. I. Skelet des Troglod. Tschego Duvern., pl. III. linke Hand, pl. IV. linke Fusshand, pl. VI. Schädel desselben, pl. IX. f. c. Becken.

494c. **Ps. calvus** n. sp. (Trogl. — Du Chaillu Boston Journ. N. Hist. 1860. 296. Travels t. 32. p. 332. t. 48. p. 357. t. 63. p. 422.) Rchb.

494d. **Ps. Koolo-Kamba** (Trogl. — Du Chaillu Boston Journ. p. 358. Travels t. 39. p. 270. t. 49. p. 360. t. 50. p. 361.) Rchb. J. E. Gray hat die Felle dieser Art untersucht und konnte kein Unterscheidungszeichen von T. niger entdecken. — Dr. Sclater und Mr. Gerrard kamen bei Untersuchung der Schädel und Skelette zu demselben Resultate. Der Verf. der Beschreibung von Du Chaillu's Reise, sowie Prof. Owen nennen beide nur interessante Varietäten von niger. Von diesem hat man schon lange berichtet, er baue sich ein Schutzdach aus Zweigen und Blättern, was also für T. calvus nichts Besonderes ist, und es ist zweifelhaft, ob diese Sage nicht davon entstanden ist, dass man sie etwa unter dem Schatten irgend einer Schmarotzerpflanze, z. B. eines Loranthus, hat sitzen sehen. — Dr. Franquet in den Archives du Museum ist geneigt, an drei Arten oder Varietäten vom Chimpanze zu glauben. Mr. Du Chaillu meint indessen, es sei hier bei Dr. Franquet von Alten und Jungen die Rede. Du Chaillu gab Beobachtungen und Abbildungen in den Ann. & Mag. of. N. Hist. 1861. Juni 463 u. s. w. Ein Schädel in der Sammlung, von einem alten Thiere, hat die untere Kante der Unterkinnlade gerade und mehr rechtwinklig mit dem Aste, den Hinterwinkel etwas mehr verlängert. So stand der Schädel aufrecht auf seinem Grunde, die anderen sind geneigt, hinterwärts nach den Condylen abzufallen, doch scheint das nur individuell zu sein. Dieselbe Gestalt-Verschiedenheit kommt auch bei dem Gorilla vor.

XXXV. Gorilla Is. Géoffr. St. Hil. Compt. rend. XXXIV. Janv. 1852. Le
Gorille, der Gorilla. Kopf in der Jugend fast kugelig (arrondie!), im Alter sehr ver-
längert und sehr niedergedrückt, Scheitelleisten sehr hoch, Ohrmuscheln klein, den menschlichen ähnlich. Vorderglieder lang, bei aufrechtem Stande die Mitte der Schenkel erreichend,
Vorderhände breit, besonders der Daumen so breit als lang, Finger kurz, Hinterhände gestreckt, die drei Mittelfinger über das erste Glied durch Bindehäute vereint. Nägel an allen
Fingern platt, wie bei Mensch und Chimpanze. Eckzähne, auch die unteren, überaus gross,
Schneidezähne fast in gerader Linie, die drei unteren Backenzähne von vorn nach hinten
verlängert, mit Höcker (et à talon). — Der Gorilla hat mit dem Chimpanze die menschlichen
Kennzeichen: 1) breiten Daumen, 2) platte Nägel, nur 8 Handwurzelknochen, aber 13 Rippenpaare, wie der Chimpanze. Auch die Verhältnisse seiner Gliedmaassen sind wenig abweichend
von denen des Menschen. Nur dem Kopfe liegt ein mehr niedrig stehendes Vorbild zu
Grunde, und wir mögen nicht verkennen, dass schon die enormen Eckzähne darauf hindeuten, dass in dieser Kopfbildung der Paviantypus mit menschenähnlichen Formen com-
binirt ist, weshalb wir in der Zusammenstellung der nächstverwandten Arten ihm auf Tafel
XXXVIII. die unterste Stelle, dem Chimpanze die oberste angewiesen haben, zwischen welche
die Orang-Utangs eintreten als vermittelnde Glieder. Von besonderem Interesse ist die Vergleichung des bedeutenden Abstandes der Modulverhältnisse des Gorilla-Skelets von dem des
Menschen. Vgl. C. G. Carus: zur vergleichenden Symbolik zwischen Menschen- und Affen-
Skelet. Mit 2 Tafeln. N. Act. Acad. Leop. Carol. XXIX. 1861. — Noch ist zu bemerken, dass der
fünfte untere Backenzahn fünfhöckerig ist. Anstatt dass er so breit als lang oder — wie
bei dem Chimpanze — breiter als lang und vierhöckerig sein sollte, wie der entsprechende
Backenzahn bei dem Chimpanze und Menschen, so hat er hier eine grössere Ausdehnung
von vorn nach hinten, als von rechts nach links, was von dem fünften beträchtlichen Höcker
abhängt, der fast so breit ist, als der übrige Zahn, in der Weise also, wie bei den Makaks,
Pavianen und vielen anderen Affen der zweiten Abtheilung, von welchem Höcker auch der
Orang-Utang noch eine Spur zeigt. Bei dem Gorilla ist dieser Höcker sogar mit zwei kleinen
Hervorragungen versehen, die nach vorn aneinander stehen, bei einem Gorilla sah Is. Géoffr.
St. Hil. sogar drei derselben. — Hierzu sei folgender Zusatz erlaubt, welcher darauf hindeuten soll, dass dieser fünfte Höcker bei dem Menschen nicht eben selten vorkommt. Ich
verdanke hierüber nach Vergleichung unserer bedeutenden Schädelsammlung Herrn Gerichts-
arzt und Prosector Dr. F. G. Lehmann vom 22. Dec. 1862 folgende schätzbare Notizen.
1) Das Vorkommen der fünf-höckerigen Backenzähnen beim Menschen ist nicht sowohl
als eine Abnormität, als vielmehr als Regel anzusehen. Mit nur sehr geringen Aus-
nahmen finden sich 5 Höcker an den beiden unteren vorderen Stockzähnen (also an
dem sechsten Zahne beiderseits im Unterkiefer), während alle übrigen Stockzähne deren nur
vier haben. Letzteres gilt vor Allem auch vom letzten Backenzahne, dem sogen. Weisheits-
zahne, wenn man absieht von den Unregelmässigkeiten, die dieser Zahn sehr häufig an sich
trägt, und wornach man nicht selten sogar 6—7, aber ganz unregelmässig gestaltete und zu
einander stehende Höcker zählen kann. 2) Man findet die 5 Höcker der vorderen unteren
Stockzähne immer beiderseitig. 3) Der fünfte Höcker ist im Allgemeinen ziemlich mit den
übrigen symmetrisch und steht hinten fast in der Mitte zwischen den beiden anderen Höckern,
jedoch so, dass er sich mehr der äusseren Reihe anschliesst; man findet deshalb auch in
den Anatomien gewöhnlich kurzweg angegeben: „Die zwei ersten unteren Stockzähne haben
an ihren Kauflächen fünf Höcker, — drei äussere und zwei innere." 4) Obgleich der
fünfte Höcker meist der kleinere ist, so kann er doch nicht als ein bloser, durch Spaltung
eines der vier übrigen entstandener Anhang angesehen werden. 5) Die 5 Höcker der genannten Zähne kommen ebenso bei Frauen, wie bei Männern vor. 6) Bei Schädeln verschiedener Racen habe ich folgende Abweichungen gefunden: a. Bei sämmtlichen fünf Neger-
schädeln konnte ich auch an den hier in Frage kommenden Zähnen nur 4 Höcker auf-
finden. b. Dagegen zeigten sich an einem Javanesen-Schädel sämmtliche 6 untere Stockzähne mit 5 Höckern versehen, während an dem Schädel einer Javanesin nur an den beiden
vorderen und den beiden hinteren 5 Höcker vorhanden sind, und zwar mit der Abweichung,
dass hier an den beiden hinteren Stockzähnen der mittlere Höcker der äusseren Reihe am
kleinste ist. c. An einem Hinduschädel sind die beiden vorderen und die beiden hinteren

Stockzähne fünfhöckerig. d. Bei einem Schädel eines Ostindiers aus Palempang tragen die beiden vorderen Stockzähne sogar 6 vollkommen symmetrische Höcker, die beiden mittleren 5, wovon ausnahmsweise 3 mehr der inneren Reihe angehören, und die beiden hinteren auch 5 ziemlich symmetrische Höcker. e. Der Schädel eines Amboinesen und der eines Bewohners von Boli zeigt nur die beiden vorderen unteren Stockzähne mit 5 Höckern versehen, ganz wie bei den Kaukasiern. f. Bei einem Schädel eines Bewohners von Madeira tragen die beiden vorderen und die beiden hinteren Stockzähne 5 Höcker. g. Der Schädel eines Makassaren hat alle 6 unteren Stockzähne mit 5 Höckern versehen. — Leider fehlten an anderen Raceschädeln theils alle, theils gerade die hier in Frage kommenden Zähne, theils liess sich, z. B. an den beiden Zschaui-Indianerschädeln, wegen des bedeutenden Abgeschliffenseins der Zähne etwas Bestimmtes nicht erkennen; doch möchte ich behaupten, dass die beiden vorderen unteren Stockzähne der letztgenannten Schädel nur vier Höcker tragen.

478—75. 491—92. u. 495. **G. Savagesii** Is. Geoffr. St. Hil. leçons Dec. 1852. Aucapitaine Rev. zool. Mars 1853. Bei Beachtung der aufgeführten Gattungskennzeichen erscheint der Gorilla mit dem trockenen, straffen Haar und fast in der Färbung des Chimpanze, doch veränderlich, aus schwarz in dunkelbraun und rothbraun übergehend, ja sogar an einem Exemplar aschgrau. Die Haare des alten M. sind an den Obertheilen und Armen bis über 1 Decimeter lang, Gesicht und Daumen, Unterseite des Halses um die Brustwarzen, oben und seitlich an der Brust, unter den Achseln und auf der Mittellinie des Rückens von den Schulterblättern bis in die Lendengegend nackt. Weibchen und Junge sind am Rücken behaart*). Auch bei ihm zeigen sich am Hintern weisse Haare. Am Kopf sind röthelfarbige Haare mit den schwarzen gemischt, ebenso um das Gericht, auch graue Haare zeigen sich eingemischt, besonders am Rücken und am grossen Exemplar in Paris an der Vorder- und Aussenseite der Schenkel grauweisslich ohne Uebergang. Die schwärzliche Färbung bleibt vorwaltend. Gesicht runzelig, schwarz oder schwärzlich wie die übrigen nackten Theile Von den vier schwarzen Exemplaren des Pariser Museums sind 2 M. eins alt, das andere jung und 2 später durch Mr. Gaillard erhaltene W. eins alt, das andere jung, dieses mit noch kurzem, wolligen Haar, am Grunde heller, übrigens bräunlichschwarz. Mr. Gautier-Laboullay und M. Ford beschreiben ihre Gorillas „eisengrau", gris de fer. Diese Farbe passt auch auf das schöne, grosse Exemplar, welches wir im Kaiserl. Museum in Wien sehen. Ein fünftes Exemplar in Paris ist das oben erwähnte ganz aschgraue, wie Hylobates leuciscus. Es ist jung, nur 9 Decimeter und wurde von Mr. Aubry-Le-Comte erhalten. — Es hat keine nackten Stellen und röthelfarbige Haare am Kopfe und braunen Bauch. — Der Erwachsene misst 5' 6", Schulterbreite 3', Arme 3' 4", Beine 2' 4", Kopf und Leib 3' 6" (Sehr detaillirte Maasse vgl. Archives X. p. 96. 97.) Mr. Franquet maass nämlich einen getödteten Gorilla 1 mtr. 67, vom Vorderhaupt bis zum Schwanzbein 1,03, Halsumfang 0,75, Brustumfang 1,35, um die Lenden 1,40. Nach Mr. Gautier-Laboullay maass ein anderes Exemplar, ein Weibchen, 5' 8" Höhe, vergl. = 1 m. 73, also 6 ctm. mehr; als das von Franquet. Andere Reisende geben die Höhe 6' bis 6' 3", ja der Häuptling „le roi Louis" auf Gabon, den Franquet ganz zuverlässig nennt, versicherte, dass in der Höhe des Flusses Como Exemplare von 6—7' Höhe vorkämen. Auch Mr. Cousin giebt sie auf 2 mtr. an und vermuthet mehrere Arten. Archives du Mus. X. 47. nota. — Ob die Namen Γορίλλα und Ἄνϑρωπος ἄγριος bei Hanno im Periplus auf Affe oder auf den Chimpanze sich beziehen, dürfte wohl immer zweifelhaft bleiben. Der Pongo Battel Pilgr. de Purchas 1625, und Buffon 1766. XIV. Pango und Quoja-Vorau Hist. gén. des Voyages III. Quimpézé La Brosse 1738. ex p. Ingena Bowdich Mission to Ashantée 1819. Enge-ena und Ingééna Savage Journ. of N. H. de Boston 1847. Gautier-Laboullay manuscr. not le Gabon 1849. Ngena Ford proceed. Ac. Philad. 1852. N'jina oder Gina Amiral Penaud & Franquet not. manuscr. sur les grands singes du Gabon 1852. Sammantam Pel voy. p. 60. Legenden-

---

*) Der grosse Affe im Museum zu Havre, den Mr. Thouret aus Gabon mitbrachte, ist nach der Bemerkung von Mr. Lennier, des dortigen Conservators, eine verschiedene Art und sein Rücken behaart. Leider haben an dem unvollständigen Felle der Vorderkopf, Hände und Füsse ersetzt werden müssen, um ihn in Menschenform ausstopfen und aufstellen zu können.

Name. D'jina Aubry-LeComte, not. manuscr. sur le Gorille et le Chimpanzé. 1854—57.
Unter Simia Satyrus mit begriffen in: Hoppius thesi sub praesidio Linnaei 1760. Trogl.
Gorilla Savage s. oben. Wyman ebend. Owen Transact. zool. Soc III. 1849. etc Kneeland
Journ. of N. H. de Boston VI. n. III. 1853. Temminck Esqu. zool. de la côte de Guinée.
1853. Trogl. Savagei Owen proceed. Fevr. 1848. voy. 7 u. 8. Transact. zool. Soc. Lond.
III. 381. Gerre Gorilla s. oben. Chimpanza Gorilla Haime Ann. sc. nat. ser. 3. zool.
XVI. 160. 1852. (dat. 1851.) Grand Gorille du Gabon, Tr. Gorilla Dureau de la Malle
ebend. 1852. Gorilla Savagesii vgl. oben. Gorilla Gina Is. Géoffr. St. Hil. Compt.
rend. 1853. Mai. Hist. nat. gén. II. 1856 Duvernoy Compt. rend. Mai 1853. Archives du
Museum 1853—55. L. Rousseau & Déréria Photogr. zool. III. 1852. Gervais hist. nat. de
Mamm. I. 1854. Ricard chir. au Gabon, notice sur le Gorille Rev. zool. 1855. 502—511.
Dahlbom zoologiska studies I. 63. t. II. Lund. 1857. Simia Gorilla Wagn. Schreb. sppl.
1855. Pithecus Gorilla Giebel Säugeth. 1855. p. 1083. Satyrus Gorilla oder adrotes
Mayer Archiv f. N.-G. 1856. 282. Gorilla Owen proceed. 1859. 1. — Der Name Gorilla
stammt aus der Sprache der Lixiten, denen also dieser Affe schon bekannt sein musste.
In Müller's Geographici graeci minores heisst es: Die Mandingi, ein schwarzer Menschen-
stamm, nennen diese Affen „tooprallas". Hugi macht dazu die ingeniose Conjectur, dass dieser
Name mit „Gorilla" einerlei sei. Die übrigen Namen vergl. oben und ferner. — Gorilla
Duvernoy Archives d. Mus. d'hist. nat. VIII. 1855. 56. pl. II. Skelet, III. linke Hand, IV.
linke Fusshand, V. 1) Schädel, altes M., 2) altes W., 3) kurzköpfiges W., 4) Schädel vom M.
noch mit Milch- und Eckzähnen, 5) Schädel vom Jungen mit den ersten Hinterbackenzähnen,
6) Schädel eines Jungen mit Milchzähnen, pl. VII. Vorderglied, VIII Hinterglied, IX. Fortsetzung der Muskeln und dés Beckens, X. Muskeln des Plattfusses, XI. XII. XIII. Muskeln,
XIV. Kehlkopf, XV. Zunge, XVI. Gebisse und Penis.

Die Kenntniss des Gorilla datirt eigentlich erst vom Jahre 1847, als M. Savage's
Mémoire erschienen, da dieser Missionär die Art zuerst genauer unterschied. Unsere oben
gegebene Anführung von Synonymen zeigt allerdings, dass der Gorilla schon im 17. Jahrhundert erwähnt, indessen mit dem Chimpanze vereint oder doch nicht genauer unterschieden
worden ist. Das erste Exemplar, welches in die Museen kam, war die oben erwähnte defecte
Haut im Museum zu Havre. Dureau de la Malle deutet die Kenntniss der Art noch viel
weiter, selbst vor die christliche Zeitrechnung zurück, indem er annimmt, dass Hanno den
Gorilla nicht nur gesehen, sondern von Carthago mitgebracht habe. Ja man vermuthet sogar, dass unter den von den Klassikern erwähnten Satyren und Pygmäen dergleichen Affen
gemeint worden seien. Im sechsten oder fünften Jahrhundert vor Christi Geburt, ja Einige
glauben sogar noch früher, machte Hanno seine Entdeckungsreise als Admiral einer Flotte
von 60 Schiffen mit 30,000 Personen beiderlei Geschlechts besetzt, und gelangte über die
Herkulessäulen zu den lybisch-phönicischen Colonien. Ἄννωνος Περίπλους befindet sich in
dem Sammelwerke: Geographiae veteres scriptores graeci minores. I. Oxoniae 1698. Hier
wird gesagt, dass nach dreitägiger Schifffahrt längs der Flüsse der Meerbusen „Süd-Horn"
erreicht wurde, in dessen Tiefe sich eine Insel mit Landsee zeigte, und in diesem wieder
eine Insel von wilden Menschen: „Ἄνθρωποι ἄγριοι" bewohnt. In grösserer Anzahl fanden
sich die über den ganzen Leib behaarten Frauen: „πολὺ δὲ πλείους ἦσαν γυναῖκες δασεῖαι
τοῖς σώμασιν", welche die Dolmetscher Γορίλλας nannten. Wir verfolgten sie, konnten aber
keine Männer erlangen, alle entwischten mit grosser Behendigkeit, denn sie waren Fels-
und Baumkletterer: „κρεμνοβάται ὄντες" und warfen uns mit Steinen. Wir fingen nur drei
Frauen, sie bissen und kratzten diejenigen, welche sie führten, und wollten nicht mitgehen.
Man musste sie tödten. Sie wurden ausgeweidet und ihre Felle brachten wir nach Carthago,
denn wir segelten aus Mangel an Lebensmitteln nicht weiter vorwärts. Plinius lib. VI.
XXXI. 200. sagt hierüber bei Erwähnung der Gorgaden-Inseln: „Penetravit in eas Hanno
Paenarum imperator prodiditque hirta feminarum corpora, viros pernicitate evasisse, duarum
Gorgadum cutis argumenti et miraculi gratia in Junonis templo posuit, spectatas usqua ad
Carthaginem captam. Vgl. ed. Sillig I. p. 472. Ist nun auch hiernach anzunehmen, dass
hier die Rede von grossen Affen gewesen, so wird es doch wahrscheinlicher, dass jene Go-
rilla's, nahe am Meeresstrande, deren Männchen entflohen, wahrscheinlicher Chimpanzes gewesen sein mögen, welche sich sowohl in der Nähe des Strandes aufhalten, als auch entfliehen,

während diejenigen, welche man jetzt unter dem Namen Gorilla versteht, im Dickicht der Waldungen wohnen und den Menschen nicht fliehen, sondern sich ihm entgegenstellen. Noch unsicherer zu deuten sind andere Nachrichten der Vorzeit über die Capripedes Satyri bei Lucretius und Horatius. Die Pongo, Engéco, Enjoko, Engé-eko und Enchêeko von Battel gehören aber wahrscheinlich zum Gorilla. — Hier vergl. le Gorille des Naturalistes et le Gorille des Archéologues par M. Brullé, Mém. de l'Acad. imp. d. sciences, arts et b. l. de Dijon IX. 1861. Macht sehr wahrscheinlich, dass der Gorilla der Neueren nicht der des Hanno ist, da dieser nicht soweit kam, um den Gorilla finden zu können, nicht an die Küste von Gabon. Dureau de la Malle wie Danville und Bougainville wiesen nach, dass Hanno nicht über das Cap des Trois-Pointes auf der obern Küste Guineas, 5° N.B. hinausgekommen ist. Gosselin, Gail u. A. beschränken seine Reise auf das weisse Vorgebirge oder auf das Cap Bajador, also 21° und 27° N.B. Uebrigens lebt der Engé-Ena oder Gorilla nach Savage tief im Lande (Ann. sc. nat. 177.), der Enché-Eko dagegen, oder Chimpanze nähert sich dem Strande des Meeres (Ann. sc. nat. 178.) Wenn Bougainville die Insel Ichoo für die Gorilla-Insel hält, welche durch den lac Couramo vom Festlande getrennt ist und mehrere grosse Flüsse aufnimmt (Ann. sc. nat. 163 et 178.), so ist das ein Irrthum. Die Naturforscher haben den Namen Gorilla von den alten Schriftstellern entnommen, aber diese verstanden unter diesem Namen den Chimpanze, welcher also, wollte man seinen älteren Namen behalten, jenen führen müsste.

Die Lebensweise der Gorillas zeigt uns ihren Aufenthalt im Dickicht der Wälder. In Gabon ist es besonders ein kleiner Berghöcker „monticule boisé" in einem der ausgedehntesten Wälder des Landes, wo er sich findet. Dort sitzt er auf Bäumen oder klettert und hält sich hängend, indem er einen Zweig mit den Händen umfasst. Wie die meisten Affen lebt er gesellig. Ein Männchen führt in der Regel einen Trupp Weibchen an und Mr. Savage sagt, dass die jungen Männchen um diesen Vorzug streiten und der stärkere die anderen verjagt oder tödtet. Die Trupps wandern. Wo sie sich aufhalten, nehmen die Amomum einen grossen Raum ein, auch Zuckerrohr, Oelpalmen, die Banane und der Melonenbaum, deren Früchte sie aufsuchen. Darf man den Versicherungen des Missionärs Savage glauben, welcher im J. 1847 durch seine Entdeckung des Affen am Gabon dessen Kenntniss erst möglich machte, so frässe er auch gejagte Thiere und getödtete Menschen, was aber aller Analogie, wie aller späteren Erfahrung widerspricht. Der Gorilla ist wohl grösser und kräftiger, als der Chimpanze, aber seine geistigen Gaben sind weit geringer. Zwar baut auch der Gorilla eine Art Nest, aber mit weit weniger Einsicht, als der Chimpanze, indem er nur einige beblätterte Baumzweige zusammenlegt und bisweilen mit eingezogenem Kopfe dem Regen ausgesetzt ist, während der Chimpanze durch ein Dach vor den Unbilden der Witterung sich zu schützen versteht. Nach Mr. Aubry-Le-Comte's Versicherung sagen die Neger, der Chimpanze ginge aufrecht wie ein Mensch, der Gorilla dagegen wie ein Thier, das mag doch vorzugsweise wahr sein. Mr. Ford berichtet nicht allein nach Angabe der Neger, sondern nach eigener Beobachtung eines jungen „Ngena" (Gorilla), dass er meist auf allen Vieren ginge, aber die Füsse platt aufsetzte, wie der Mensch, die Hüften mit den Schenkeln in spitzigem Winkel gebogen. Die offenen Hände stützten sich von hinten auf die Erde und ausserhalb der Füsse, die Arme dabei der Achse des Körpers parallel gehalten, welche sie hinterwärts der Füsse, nicht vorwärts derselben erhalten (qu'ils supportent en arrière des pieds et non pas en avant). Ihr Gang ist eine zuckende Bewegung (oscillatoire), durch die Haltung nach vorn von der einen Seite ganz, welche sich um die entgegengesetzte Seite dreht. Diese bewegt sich, wenn die Reihe sie trifft, ebenso. So sah es Mr. Ford (Ann. d. sc. nat. 1855. 509.) und fügt hinzu: Ausser dieser Art zu gehen, nehme ich an, dass er im Walde halbaufrecht einherschreitet und durch Anklammern an Baumzweige sich hilft. Manchmal geht er aufrecht. Chimpanze und Gorilla leben in Gabon benachbart, doch ohne sich unter einander zu mischen. Man spricht dort von keinem Kampfe zwischen ihnen. Auch die Gorillas machen keine Anfälle aus der Ferne auf Menschen und Thiere, nur wenn man zu ihnen vordringt oder auf sie losgeht, werden sie furchtbar. Vom Panther erzählt man, er sei mit ihm öfter im Streit. Einige haben erzählt, er verjage Elephanten, doch andere lachen darüber. Nur die Männchen sollen kämpfen, die Weibchen und Jungen den Gefahren entfliehen. Wenn der Kämpfer sich auf den Angreifer stürzt, sträubt er das Haar, erweitert die Nasenlöcher schnaubend und die Oberlippe hängt ihm anschwellend herab. Mr. Savage sagt, sein Kriegsgeschrei klinge wie Kh-ah! Kh-ah! gezogen und scharf. Mr. Ford sagt, dass es dem des zornigen Chimpanze ähnlich sei und weithin gehört werde. Zusammentreffen von Gorillas mit Menschen sind selten. Die Neger fliehen vor ihm und antworteten dem Admiral Penaud: „und wenn Du mir goldene Berge geben wolltest, ich wagte es nicht". Die Fälle, wo ein Neger einen Gorilla getödtet oder jung eingefangen hat, sind höchst selten, und ein solcher wird gerühmt als ein Held. Nur unter den Boulons, sagt Mr. Franquet, soll es Gorilla-Jäger geben. Wird er nicht sogleich getödtet, sagt Mr. Aubry, so zerbricht er die Schiessgewehre wie Strohhalme und zermalmt seinen Feind mit den Zähnen. Aehnliches berichtet Mr. Ford, indem er seine furchtbaren Umarmungen schildert, auch soll er die Schiesswaffen zerbeissen. Als der Amerikaner Du Chaillu (Explorations and adventures in Equatorial Africa, auch deutsch von Steger) unter den Stamm der Fana's gelangt war, wurde sein Wunsch erfüllt, den Gorilla zu sehen. Bis dahin waren ihm nur Spuren vorgekommen und er hatte einmal einige Junge gesehen. Er erzählt weiter: „Im Walde hörte ich ein Geräusch, als ob Baumzweige abgebrochen würden. Die gespannten Mienen der Neger sagten mir, dass wir einen Gorilla zu erwarten hatten. Alle untersuchten die Pfannen ihrer Gewehre, um sich zu überzeugen, dass das Pulver nicht verschüttet sei, und ich that dasselbe, worauf wir vorsichtig weiter gingen. Das Geräusch der brechenden Zweige dauerte fort. Wir schlichen uns so leise fort, dass man uns gar nicht hörte. Auf den Gesichtern meiner Leute las ich, dass sie ein Gefühl hatten, in ein sehr ernstes Unternehmen verwickelt zu sein. Sie folgten mir aber ohne Zögern, bis wir endlich durch die dicken Büsche hindurch die Bewegung der Zweige und jungen Bäume wahrnahmen, welche das grosse Thier niederbog, um zu den Beeren und Früchten zu gelangen. Plötzlich, indem wir noch immer so leise vorwärts schlichen, dass ein tiefer Athemzug laut und deutlich hörbar wurde, ertönte der Wald von dem furchtbar bellenden Gebrüll des Gorillas. Im nächsten Augenblicke wurde das Unterholz gerade vor uns niedergebogen und es zeigte sich ein ungeheurer männlicher Gorilla. Durch das Dickicht war er auf allen Vieren gegangen; als er uns wahrnahm, richtete er sich auf und sah uns kühn in's Gesicht. Er war etwa ein Dutzend Ellen von uns entfernt und gewährte einen Anblick, den ich nie vergessen werde. Beinahe sechs Fuss hoch, mit einem riesigen Leibe, hoher Brust und langen, muskelkräftigen Armen, mit wilden, grossen, tiefliegenden, grauen Augen und einem teuflischen Gesichtsausdrucke — so stand der König des afrikanischen Waldes vor uns. Er fürchtete sich vor uns nicht. Da stand er und schlug seine Brust mit seinen breiten Fäusten, bis sie wie eine mächtige Pauke erklang, wobei er Gebrüll auf Gebrüll ausstiess. Das ist die Art, wie der Gorilla herausfordert. Sein Gebrüll ist der eigenthümlichste und schrecklichste Ton, den man in den afrikanischen Wäldern hört. Es beginnt mit einem scharfen Bellen, wie ein gereizter Hund es ausstösst, und geht in ein tiefes Rollen über, welches genau so wie ein ferner Donner klingt und von mir auch oft dafür gehalten wurde, wenn ich das Thier nicht sah. Es ist ein so tiefes, dass es weniger aus dem Maule und der Kehle, als aus der breiten Brust und dem umfangreichen Bauche zu kommen scheint. Seine Augen begannen wilder und wilder zu leuchten, als er bewegungslos so dastand und der kurze Haarbüschel auf seinem Vorderkopfe ging rasch auf und nieder, während seine langen Fänge hervortraten, als er uns wieder ein donnerndes Gebrüll zuschickte. Er erschien mir jetzt wie eins der höllischen Geschöpfe, von denen man im Fieber zu träumen pflegt, wie eins jener hässlichen, aus Mensch und Thier zusammengesetzten Ungeheuer, welche wir von alten Künstlern unter den Gestalten der Hölle dargestellt finden. Er trat einige Schritte vor, stiess wieder jenes scheussliche Gebrüll aus, schritt abermals vorwärts und machte endlich in einer Entfernung von sechs Ellen Halt. Hier, gerade als er ein neues Gebrüll begann, feuerten wir und tödteten ihn. Mit einem Stöhnen, das etwas entsetzlich Menschliches hatte und doch wieder ganz thierisch war, fiel er nach vorn auf's Gesicht. Sein Körper zuckte einige Minuten lang krampfhaft, seine Glieder warfen sich umher und dann war alles ruhig. Der Tod hatte sein Werk gethan und ich konnte den mächtigen Körper mit Muse untersuchen. Er maass in der Länge 5' 8" und die Muskelentwickelung der Arme und der Brust sprach für die ungeheuere Stärke, die das Thier besessen haben musste. — Seine Wildheit macht den Gorilla zu dem gefürchtetsten Thiere dieser Gegenden. Er versteckt sich im Walde und man kann dicht an ihm vorübergehen, ohne ihn zu sehen. Wird er dagegen überrascht, so ergreift er niemals die Flucht, sondern geht dem Jäger kühn entgegen. Er kommt nicht überall vor. Besonders liebt er den einsamen Urwald, wo er in ewiger Dämmerung und durch kein Geräusch gestört, seiner Nahrung nachgehen kann. Eine der Gegenden, wo man ihn häufig findet, ist das Land jener Fau's. Du Chaillu hält dieses Volk für Nachkommen der Jaggas, eines der vier afrikanischen Stämme, von denen man weiss, dass sie als Eroberer aufgetreten sind. Ihre Sprache ist von der aller anwohnenden Neger abweichend. — Vergl. hierzu: On the habits of the Gorilla an other tailless Long-armed Apes, by Dr. J. E. Gray F. R. S. Ac. Neuerlich hat man den Gorilla als aussergewöhnlich wild und unbezähmbar beschrieben, bei seiner Kraft und Stärke sollte er alle übrigen wilden Thiere vertreiben. Man hat früher den Orang-Utang mit allen Sünden belastet, er sollte Frauen und Kinder rauben, sich mit Knütteln vertheidigen, die durch den Wald gehenden Leute mit den Hinterfüssen kratzen; doch als man seine Sitten kennen lernte, ergab sich, dass diese Aussagen unwahr sind, und man trug sie mit etwas mehr Recht über auf den Gorilla oder auf den alten Chimpanze. Battle nennt ihn mit den Eingebornen „Engeco", Buffon „Engoko", abgekürzt „Jocko", daher auch „Jacko" oder „Jackey", ein Name, den die Affen in Indien oft führen. — Dr. Abel's Erzählung vom Orang auf Java, wiederholt in Griffith An. Kingd. I. 239., dann in Mr. Wallace's Bericht über die Sitten des Oran Utan auf Borneo Annals & Mag. N. H. 1856. XVIII. 26. haben alle diese Beschuldigungen und Täuschungen in Betreff des Orang-Utang gelöst, doch wird gesagt, „es giebt kein Thier in den Bambusengebüschen so stark als er". Man weiss aber, dass Stärke nicht eben Wildheit bezeichnet und alle Berichte vom Gorilla stützen sich auf die Annahme, Stärke müsse auch Wildheit sein. Aber nichts ist täuschender als dies. — Der Chimpanze ist nach Du Chaillu ein grosser Baumkletterer und bringt seine Zeit grösstentheils in den Riesenbäumen des tropischen Afrika zu. Erwachsen ist er durchaus unbezähmbar, doch nicht wüthend und bösartig, wie der Gorilla. Man kennt kein Beispiel, dass er Menschen angefallen habe und jung ist er sehr leicht zu zähmen. So wie sein grosser Verwandter lebt er nicht in Trupps beisammen. — Raffles Schilderung vom Benehmen des Siamang, auch von Griffith im An. Kingd. I. 255. wiedergegeben, zeigt, dass er ein mildes und harmloses Geschöpf ist, leicht gezähmt wird, die Gefangenschaft gern erträgt und unüberwindlich (unconquerably) furchtsam ist. — Duvaucel beschreibt den Hylobates agilis, den Wouwou, als paarweise lebend. Er springt von Ast zu Ast mit wundervoller Behendigkeit und lässt sich deshalb schwer lebendig erhalten. Das ist auch der Charakter aller Gibbons, wie auch der Verf. sie in ihrem natürlichen Aufenthalte beobachtet hat. — Zufolge dieser Berichte und der Erzählungen der Eingebornen ist nicht der geringste Grund, von der Jagd auf sie Gefahr zu fürchten. J. E. Gray glaubt, dass alle ungeschwänzten, langarmigen Affen, auch den Gorilla nicht ausgenommen, Baumbewohner sind, welche sich von Früchten ernähren und da leben, wo blutdürstige Thiere nicht, oder im Fall sie vorhanden sind, nur ausser Berührung mit ihnen vorkommen, so dass sie nicht nöthig haben, grimmig oder bösartig zu sein, vorzüglich deshalb, weil die üppige Natur ihnen ihre Nahrung auf den Bäumen bietet, so dass sie gar keine Veranlassung haben, herabzusteigen auf den Boden, wo sie dann nur ungeschickt einherschreiten können, um Wasser zu suchen. Dabei ist freilich nicht zu zweifeln, dass sie manchmal zur Paarungszeit unter einander um die Gattinnen kämpfen, dabei vielleicht ein grösseres Thier angreifen, wohl sogar einen Menschen, wenn es die Nothwehr verlangt, und dass sie dann freilich alle ihre Kraft zusammen nehmen, um sich frei zu machen und entfliehen zu können. Indessen thut dies jedes Thier, auch das zahmste, wie die gelehrigsten Grasfresser, Hirschwild, Antilopen u. s. w. und Niemand wird sie deshalb bösartig und unzähmbar nennen. — Die meisten, vielleicht alle, haben sehr laute Stimmen, und der Siamang trägt grosse Kehlsäcke, von denen man annahm, dass sie die Stimme verstärkten. Mr. Duvaucel, welcher dieselben bei dem auch mit einer sehr kräftigen, lauten Stimme versehenen Wou-wou nicht wiederfand, meint, dass diese Säcke keinen Einfluss auf die Stimme hätten. Bei den Brüllaffen in Südamerika kennen wir die Knochenkapseln am Kehlkopf, welche die Stimme verstärken. — Der Orang und der Siamang kommen selten entfernt von der Meeresküste vor und Kaufleute von Gabon versicherten, dass alle Gorillas, die sie gesehen, in der Nähe der Küste sich vorfanden. — Ein Freund versicherte

J. E. Gray, dass alle Felle und Skelette, die er in Whitehall-Place untersuchte, nur Verwundungen von hinten zeigten, so dass die Thiere also nicht angreifend, sondern fliehend den Tod fanden. Das ist freilich wahr, dass er in Du Chaillu's Buch vorschreitend dargestellt und von ihm gesagt wird, er griffe an, aber auf den Platten erscheint er auch auf dem Rücken liegend. — Dass sie Negerinnen rauben, wird, wie von allen grossen Affen, auch von ihnen erzählt, und nächst zwei unsicheren Fällen aus dem 17. Jahrhundert berichtet Buffon Hist. nat. XIV. 51. einen von dem Reisenden La Brosse von 1738, welcher glaublich scheint; man erzählte ihm, dass sie in Angola die Negerinnen überfielen, mit ihnen spielten und sie gut ernährten*). La Brosse lernte aber zu Lavango eine Negerin kennen, welche drei Jahre lang unter diesen Wesen, die sie 6—7 Fuss hoch und überaus kräftig beschrieb, gelebt hatte. Mr. Aubry-Le-Comte konnte bei aller Nachforschung keinen einzigen derartigen Fall bestätigt finden, und Mr. Savage, obgleich er manches Unglaubliche berichtet, spricht sich doch gegen alle dergleichen Erzählungen sehr bestimmt negativ aus und nennt sie „sottes histoires". Bory St. Vincent Dict. class. article Orang XII. 271. spricht sogar von Bastarden, doch ist kein Beispiel derselben bekannt und wir erinnern nur daran, wie geschäftig in dieser Hinsicht die Fama in solcher Weise den Ursprung der vor einigen Jahren sich hier präsentirenden Miss Julia Pastrana aus Südamerika, wo es gar keine menschenähnlichen Affen giebt, zu erklären versuchte. — Mr. Savage sagt, dass die Mitbewohner Gabons sowohl die Gorillas, wie die Chimpanzen als wirkliche, nur aber verwahrloste Menschen betrachten. Sie glauben an die Seelenwanderung. Sie sagen, der Chimpanze besitze den Geist eines einsichtsvolleren, weniger heftig gearteten Menschen, der Gorilla den eines Waldmenschen. Die Menge hält beide für wirkliche Menschen. Mr. Ford brachte in Erfahrung, dass die mehr aufgeklärten Neger solche Ansicht für Beleidigung hielten. — Mr. Savage und Mr. Ford berichten beide, dass die Neger das Fleisch der Gorillas, wenn sie es haben können, gern essen, und Mr. Gautier versichert auch, dass sie es ebenso wie das Elephantenfleisch räuchern und dasselbe eines ihrer leckersten Gerichte ausmache. — Der Gorilla soll auch nach dem Beispiele der Neger Reisbündel: „des fagots" machen, so schwer, dass er sie dann selbst nicht tragen kann und sie dieselben verwenden.

Wenn so der Gorilla für manche Neger ein Mitbruder, für die meisten ein wilder und gefürchteter Feind, für andere eine Beute, ja fast ein Wildpret, endlich wieder ein Helfer in ihren Geschäften genannt werden kann, so ist er auch für andere ein — Gott. Capitain Wagstaff erzählte Mr. Owen mem. I. 391., dass die Neger die Schädel der Gorillas als Fetische brauchen. Vergl. Proceed. 1861. 277. Die erste Andeutung gab, wie J. E. Gray bemerkt, ein unvollkommener Schädel, welcher als Fetisch benutzt worden war und von Mr. Bowdich vom Gaboon mitgebracht wurde, als er von der Ashantee-Expedition 1817 zurückkehrte. Er wurde damals für den eines alten Chimpanze gehalten, obgleich Bowdich in seinem Werke p. 440—441. beide, sowohl den „Inchego" Troglodytes niger, als den „Ingéna" Trogl. Gorilla, als verschiedene Arten erwähnt. Der amerikanische Missionär nach Gabon, Mr. Thomas Savage, erhielt mehrere Schädel und brachte 1847 die Unterscheidung dieser Schädel von denen des Chimpanze heraus. Prof. Owen verfolgte diese Sache und bildete in den Proceedings 1848 die Schädel ab, indem er bemerkt, das mancher Skepticismus über die Unterscheidung der grossen und kleinen Chimpanze von denjenigen Naturforschern zu erwarten sein dürfte, welche nicht selbst Exemplare vergleichen könnten. Proc. 1848. 34. Aber um zu zeigen, wie wenig die Beschreiber das vollkommene Thier kannten, erwähnt Gray, dass Mr. Henry Stutchbury dem British Museum ein altes schwarzes Chimpanze-Männchen als ein Gorilla-Weibchen anbot und dies Exemplar von einem andern Museum gekauft und dort als ein Gorilla aufgestellt wurde. Vergl. Commiss. on the Brit. Mus. 1849. App. No. 19. p. 12. Von der andern Seite wurde wieder ein junger Gorilla vor einigen Monaten in Wombwell's Menagerie in Nord-England als ein Chimpanze gezeigt, er war so

---

*) Eine Redensart, die sich immer wiederholt, auch vor fünfzehn Jahren durch einen aus Ostindien zurückgekehrten hohen Reisenden mir so erzählt wurde, dass Orang-Utangs auf Borneo die durch ihre Sklaven in einer Sänfte getragene Tochter eines Gouverneurs entführt, drei Tage bei sich behalten und gut genährt hätten, bis sie befreit wurde. Bei dieser Gelegenheit wurde eine Jagd auf die Orangs angestellt, in Folge deren mehrere Exemplare in europäische Sammlungen kamen, von denen ich selbst ein grosses (etwa der Abb. 458. entsprechend) erhielt, welches leider in der Revolution mit verbrannt ist.

zahm und so leicht zu behandeln, wie diese Thiere gewöhnlich. Dies Exemplar befindet sich jetzt zu Walton Hall, Wakefield. So wird auch diese Sitte ein Hemmniss für die Verbreitung von Exemplaren für naturhistorische Sammlungen. Lebendige Exemplare in Europa dürfen wir erst von der Zukunft erwarten. JOHN BUCHANAN schiffte ein junges Exemplar vom Gaboon 1859 ein, es starb auf der Reise und wurde in Spiritus nach London gebracht, wo es Mr. PH. L. SCLALER bei der Versammlung der zoological Society am 14. Mai 1861 ausgestopft vorstellte. Du CHAILLU beschreibt auch diese Jungen als halsstarrig und wild. Unter dem Legendennamen „Sammantum" werden mancherlei Fabeln von ihm erzählt. Zufolge deren ist er 7 Fuss hoch, stärker als ein Mensch und gilt als gespenstiger Geist an Flüssen, an die er sich begiebt, um zu fischen. Er fischt mit seinem Kopfhaar die Fische, von denen sie glauben, dass er sie geniesst. Andere Legenden führen ihn auf als Helden in Kriegsgeschichten, als König und als Eroberer. — Westafrika, nördlich und südlich vom Aequator. Nördlich in geringer Entfernung von dem Flusse Money oder Danger, daher stammte der starke Schädel, den Mr. OWEN beschrieb. Mr. FORD meint, dass er in den beiden Bergketten, zwischen denen dieser Fluss strömt, auch noch mehr nördlich, sicherlich vorkommt. Südlich ist er am Gabon und daher kamen die Exemplare von Mr. SAVAGE, WALKER, WILSON, GAUTIER, FRANQUET, Admiral PENAUD, AUBRY-LE-COMTE, GAILLARD und VERREAUX, fast alle Exemplare, Skelette und Schädel, welche in europäischen Museen existiren. Am Gabon findet er sich besonders am rechten Ufer, etwa 30 Kilometres oberhalb des Dorfes Denis. Unter den Localitäten, wo Gorillas getödtet worden sind, nennt man auch Abatta, die Wohnung des Chefs und die Nachbarschaft von Cap Lopez. Nach FORD findet er sich noch weiter südlich bis Congo, in der Bergkette, welche sich etwa 100 Meilen im Innern von Guinea, von Cameron nach Norden, von Angola nach Süden, ausdehnt, welche die Geographen die Crystall-Berge nennen. Diese Angabe ist indessen noch zu bestätigen.

Zur Förderung eines Ueberblickes über die letzten drei Gattungen menschenähnlicher Affen stellen wir auf Taf. XXXVII. noch unter Fig. 491—92. Abbildungen vom jungen Gorilla und Fig. 493—94. vom jungen Chimpanze zusammen und geben auf Taf. XXXVIII. die Physiognomien der bisher bekannt gewordenen Hauptformen aus jenen drei Gattungen in einer gewissen Steigerung zusammengestellt. Wir stellen hier 495. den Gorilla in sichtlicher Wiederholung des Paviancharakters auf die niedrigste Stufe. Die wahrscheinlichen Arten der Orang-Utangs: 496. Simia Abelii, 497. Simia bicolor, 498. Simia Kassar, 499. Simia Pappan und 500. Simia Rambi treten ein als Mittelglieder zur Verbindung des niedriger organisirten Gorilla mit dem höchstzustellenden 501. Pseudanthropos Troglodytes, dem Chimpanze.

Hoffentlich wird auch hier Jedermann leicht begreifen, wie alle dergleichen Zusammenstellungen aus der Natur, nur im Wesen der Natur, d. h. bei einem Blicke auf das Ganze und auf die Steigerung des geistigen Lebens und keineswegs auf einzelne, aus dem Zusammenhange gerissene anatomische Kennzeichen, wie hier etwa die Rippenzahl, begründet werden dürfen, und so erscheint der Orang-Utang mit seinem menschlichen Dutzend von Rippenpaaren als Vermittler der beiden extremen Glieder der mit dem Orang-Utang verwandten Gruppe, welche die grosse Familie der Affen und das Reich der Thiere zum Abschlusse bringt.

Nachtrag.

Zu pag. 157. nach 397 b.

397c. **Th. obscurus** v. Heuglin Act. Soc. Leop. Carol. 1863. XXX., eingegangen den 2. Sept. 1862. Stirn, Hinterhauptsmitte, Rücken, Schultern, Vorderbeine und die Hinterhände schwärzlichbraun, Schultermähne und Vorderhals kaum schwarz, Kopf- und Halsseiten, der Hintere, die Fussenden (podiis) und Schwanz unrein ocherfarbig, Brust, Innenseite des Armes, Nabelgegend und zerstreute Kinnhaare reinweiss, Bauch übrigens blassbraun. Iris lebhaft blassbraun, Gesicht nackt, Handsohlen und Nägel schwärzlich, Augenring breit fleischfarbig. — Länge 4′ 5″, Schwanz 2″ 2‴, Schulterhöhe 23″, Schädel 7¼″. — ♀ u. jung: ziemlich („vix"?) einfarbig löwengelb, Mähne kürzer, etwas dunkler. — „Tokur-Sindjero", d. h. „schwarzer Pavian" der Eingebornen am Quellenlande des Takasch. — Schon einige äussere Unterschiede vom Gelada, in der Färbung der alten Männchen sind auffallend. Er ist im Allgemeinen dunkler, das Gesicht schwarz wie bei dem Gelada (Djellada), doch um die Augen ein breiter, fleischfarbener Ring, das Kinn weisslich behaart, Vorderhals, Mähne, Arme und Hinterhände fast reinschwarz, auf der Brust und Innenseite der Arme die Behaarung weiss. Bei beiden Arten steht die Nasenkuppe (wie auch bei Cynocephalus niger von Celebes) weit hinter der stumpfen und breiten Schnautze zurück, die kleinen Ohren sind bei obscurus, vorzüglich dem alten M., von den nach hinten gerichteten, langen, flockigen Haaren der Kopfseiten gänzlich bedeckt, jeder Nasenflügel zeigt innen nach seitwärts und oben einen Anhangsflügel, der Nasenrücken ist in der Mitte leicht eingedrückt, jederseits neben ihm verlaufen drei bis vier Längsfalten vom äusseren Augenwinkel gegen die Nasenflügel herab, die Wangen sind ausserordentlich tief eingefallen. Die Mähne ist sehr lang, dicht und weich, die zwei kahlen, dreieckigen Flecken am Unterhals und der Brust fehlen nicht, ebenso bei einem alten W. ähnliche Warzenreihen um diese Flecke wie bei Gelada vorhanden, bei anderen fehlend. Die Farbe der kahlen Stellen ist veränderlich, gewöhnlich dunkel fleischroth, im Affect hochroth bis violet, im Tode weisslich. Gesässschwielen blaugraulich, von fern gesehen fast weiss. Augen klein, lebhaft, stehen etwa um einen Augendurchmesser von einander, von den Orbitalrändern hoch überragt. Die oberen Mittelschneidezähne wenig breiter, als die seitlichen, obere Eckzähne ungemein lang, bei dem alten M. bis 1″ 7‴ aus dem Kiefer vorragend, verhältnissmässig schwach, innerseits spitzewärts zugeschärft, bogig divergirend, aussen- und vorderseits mit je einer tiefen, scharfen Längsfurche, die auf den kleineren, bei dem M. kaum 1″ langen, unteren Eckzähnen fehlt. Der erste äussere Backenzahn bei dem M. über 7‴ breit, flach, mit stumpfer, nach hinten gerichteter Spitze gegen das hintere Ende, alle Mahlzähne vierhöckerig, der dritte (letzte) im Unterkiefer nach hinten mit einem niedrigen weiteren Höckerpaar-Ansatz. — In dem sonst sehr glatten Gaumen neun bogige Querfalten. Lunge und Herz im Verhältniss zu den Eingeweiden des Unterleibes klein, die grosse Leber schien fünflappig (bei dem einzigen untersuchten Exemplare war sie durch den Schuss zerschmettert). Gallenblase 3″ lang, walzig, mit umgebogener Spitze; Magen gross und dick, bei einem alten W. über 10″ lang, etwas birnenförmig, dünnwandig, glatt; Därme dick, häufig eingeschnürt, über 21′ lang, Dünndarm wenig länger als Dickdarm, Blinddarm sehr kurz, weit und zellig, Nieren gross, breitoval, unterseits glatt; Milz lang dreiseitig, wenig kleiner als letztere; Ohrspeichel-, Achsel- und Leistendrüsen sehr stark entwickelt.

Er findet sich meist an felsigen Schluchten. Man sieht ihn selten auf Bäumen, gewöhnlich auf offenen Weideplätzen oder auf sterilen, unzugänglichen Felsen, von denen er nicht selten auf seine Verfolger Steine herabzuwerfen versucht. Die Nacht verbringt er gesellig in Klüften und Höhlen, steigt bei Tagesanbruch auf von der Morgensonne beschienene Hügel und Flächen, wo er zusammengekauert stundenlang sitzt und sich sonnt. Dann geht er gewöhnlich in tiefer liegende Thalgründe, zum Aufsuchen der Nahrung aus Blättern, obwohl er auch Fruchtfelder besucht. Ziemlich harmlos führen gewöhnlich zwei bis sechs alte Männchen gravitätischen Schrittes eine Heerde von 20 bis 30 Weibchen und Jungen. Letztere tummeln sich spielend um den Trupp herum, oder werden von den Müttern getragen und zuweilen tüchtig geknippen oder geohrfeigt. Naht Gefahr, so wird von dem, welcher davon die erste Kunde vernimmt, ein leichtes Bellen ausgestossen, in das die ganze Heerde mit einstimmt und nach den Umständen wohl in die Felsen sich zurückzieht. Die alten M., die auch bisweilen allein gehen, sind weit scheuer als die W., die auf den Hinterbeinen stehend, den Verfolger oft ankläffen und ihre weissen Zähne zeigen. Auf Raubzügen und auf der Flucht, die gewöhnlich nicht sehr eilig ist, geht die Truppe meist in einer Linie und ein alter Schach beschliesst den Zug. Nicht selten vereinigen sich mehrere Züge, jeder kehrt aber bei Anbruch des Abends in seine Standquartiere wieder zurück. Die Stimme ist ein kreischendes Bellen, bei den M. sehr rauh. Einer der Hauptfeinde des Tokur-Sindjero ist der Caffern-Adler, auch wohl der Lämmergeier. In ihren Eingeweiden, vorzüglich dem Blinddarm, fand v. HEUGLIN einen Echinorhynchus in grosser Menge. — Dieser stattliche Affe lebt in grossen Rudeln im südlicheren Abyssinien, im Takasch-Quellenlande, wir trafen ihn auf der Reise von Begemeder nach dem Lande der Wollo-Galla nicht selten an den Gehängen des Djidda und Bäschlo und ihrem Zuflusse und konnten daselbst mehrere Exemplare ansammeln. Er fand sich überhaupt in den Provinzen Lasta, Wadla, Talanta, Daund, Seint-Amara, Woro-Heimano, im Lande der Jedgu und Wollo-Galla, auf 6—10,000 Fuss Meereshöhe. HEUGLIN.

397ᵈ. **Th. Nedjo** v. HEUGLIN. Noch eine weitere, bisher unbeschriebene, grosse Pavian-Art sahen wir in Wadla und Talanta, sie heisst dort Nedj Sendjero oder Nedjo. Das alte M. scheint ganz silbergrau zu sein, Gesicht, Schwielen und die nackten Theile der Oberschenkel rosenroth, um die Augen dunkle Ringe. Leider ist es uns nicht gelungen, das alte M. zu erlangen.

Anm. Da Th. Senex, vergl. p. 157., dem Verf. unbekannt zu sein scheint, so dürfte eine Vergleichung mit demselben nothwendig werden, um zu bestimmen, ob es hier sich um eine und dieselbe oder um zwei Arten handelt.

SIMIARUM
ICONOGRAPHIA COMPENDIOSA
IMAGINIBUS CCCCLXXXI NOVIS
ILLUSTRATA

Die
vollständigste Naturgeschichte
der
Affen
durch 481 neue Abbildungen
erläutert von

LUDWIG REICHENBACH
DIR. D. KGL. NAT. MUSEUMS
in
DRESDEN

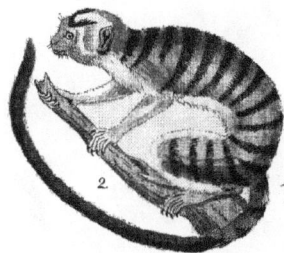

46.

44. 45.

47.

41.

43.

42.

39.

33.

40.

34. 36.

37. 38.

60.

61.

62.

59.

38.

57.

53.

54_55.

56.

52.

49_51.

48.

47.

115.

116.

117.

112.

113.

114.

108.

109.

11 — 110.

105.

104.   103.

106.   107.

131.

132 — 33.

134.

135.

126 — 27.

128 — 29.

130.

122 — 23.

124.

125.

118.

119.

120 — 121.

136 — 37.

138 — 39

140.

141. 142.

143 — 44.

145.

156

157

158

159

160

161

162.

163

164 — 165.

166

167 — 68

169

170.

171.

172.

78 — 177.

176

75 — 74 — 173

Lagothrix.

189.

188.

187.

184.

185.

186.

179.

81—180.

182.

183.

195.

197.

196.

193.

194.

190.

191 – 192.

216.

215.

213-14.

207-8.

209-10.

211-12.

198.

199.

200-1.

202-3.

204-5-6.

225.

226.

222.

223–24.

217–18.

219.

220 – 21.

237-38.

239.

240-41.

233.

234-35.

236.

231-32.

227.

228.

229.

230.

256 — 259 — 260 — 261. — 262

254 — 255

248 — 249 — 250 — 251. — 253.

242 — 243 — 244. — 245 — 246 — 247

289 — 291 292 293 294.

283 284 — 287 288.

280. 281. 282.

309   310   311   312   313

305   306 — 7   308

302   303   304

295   297   298 99   300 — 1.

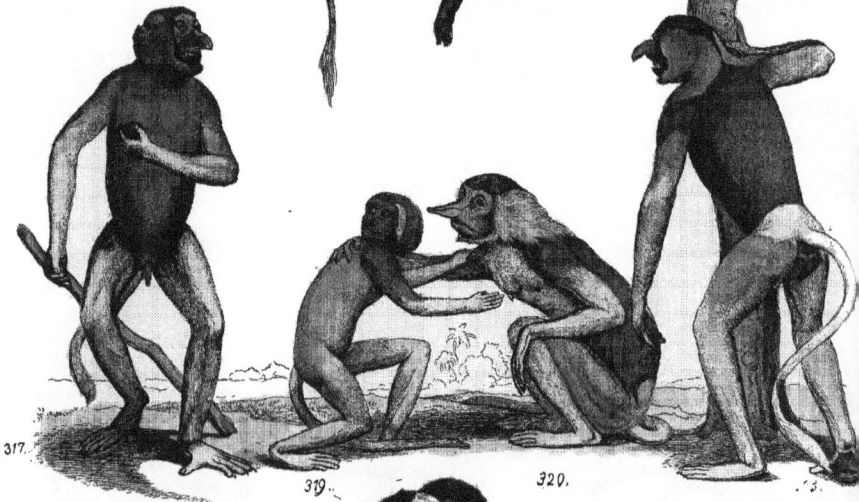

314 316 *Lasiopyga.*

327.-31 *Zati.*

365-66.   367.   368-70.   371.   372.

359.   360.   361-63.   364.

349-53.   354.   355-56.   357.   358.

345.   346.   347.   348.

384. 386. 385.

380. 381. 382–83.

373–77. 378–79.

396. 397.

392. 394. 395.

393.

387–89. 391. 390.

387–95. *Cynocephalus.*

404.   405.   406-7.

403.   402.   401.

398-99.   400.

398 - 403. *Mormon.*

408. *Macacus.*

422 423.-24. 425.

419. 420. 420.

419-20. *Siamanga.* —

445.　446.　449.　448.　447.

441.　442.　443.　444.

471.

472.

468.

469.

470.

464.

465.

466.

467.

485-87. 488. 489-90.

493.

494.

491.

492.

500.

501.

499.

498.

496.

491.

495.

.

www.ingramcontent.com/pod-product-compliance
Lightning Source LLC
Chambersburg PA
CBHW021524210326
41599CB00012B/1371